V&R
unipress

Thomas Assinger / Elisabeth Grabenweger /
Annegret Pelz (Hg.)

Die Antrittsvorlesung

Wiener Universitätsreden der Philosophischen Fakultät

Mit 3 Abbildungen

V&R unipress

Vienna University Press

Bibliografische Information der Deutschen Nationalbibliothek
Die Deutsche Nationalbibliothek verzeichnet diese Publikation in der Deutschen Nationalbibliografie; detaillierte bibliografische Daten sind im Internet über http://dnb.d-nb.de abrufbar.

Veröffentlichungen der Vienna University Press erscheinen im Verlag V&R unipress GmbH.

Gedruckt mit finanzieller Unterstützung durch die Philologisch-Kulturwissenschaftliche Fakultät, die Fakultät für Physik und die Historisch-Kulturwissenschaftliche Fakultät der Universität Wien.

Umschlagabbildung: Erste Seite des Manuskripts von Erwin Schrödinger: »Die Krise des Atombegriffs«, Antrittsrede Wien 1956. Handschrift, 18 Bl. – Österreichische Zentralbibliothek für Physik, Nachlass Erwin Schrödinger, pack 21 n. 9, Sig. W33–801.
Druck und Bindung: CPI books GmbH, Birkstraße 10, D-25917 Leck
Printed in the EU.

Vandenhoeck & Ruprecht Verlage | www.vandenhoeck-ruprecht-verlage.com

ISBN 978-3-8471-0933-4

Inhalt

Mit herzlichem Gruß + Dank!

Einleitung

Die Universität Wien kommuniziert seit dem Jahr 2005 ein ausdrückliches Interesse an der »Wiederbelebung der universitären Tradition der Antrittsvorlesungen«. Bei diesen Veranstaltungen sollen »neu berufene WissenschafterInnen« sich und ihre Schwerpunkte in der Forschung einer breiteren (Universitäts-)Öffentlichkeit vorstellen.[1] Der explizite Bezug auf eine »universitäre Tradition« verweist indessen nicht – wie man erwarten könnte – auf eine wohldefinierte Einrichtung aus der Geschichte europäischer Hochschulen. Die Antrittsvorlesung als universitäres Ritual, akademische Praxis und Textgattung zeichnet sich, im Unterschied zur Tradition der akademischen Lehrform der Vorlesung,[2] nämlich weniger durch explizit formulierte Kriterien aus, die in universitären Regularien und Erlässen nachzulesen wären, sondern vielmehr durch ein implizites Wissen, das die Akteurinnen und Akteure im universitären Feld teilen und das sie dazu befähigt, Antrittsvorlesungen zu halten. Der Besitz dieses impliziten Wissens versetzt sie aber nicht zwingend in die Lage, die besonderen Eigenheiten dieser Redeform auch abstrahieren und erklären zu können. Hinzu kommt, dass sich die Antrittsvorlesung nur bedingt vom Ereignis der Rede, wenn man will, von ihrer »Aufführung«, trennen lässt und dass sie sich in ihrer jeweiligen Realisierung als akademische Praxis durch historische Variabilität, regionale und lokale Differenzen sowie disziplinenspezifische, situative und individuelle Unterschiede auszeichnet.

All diese Faktoren sprächen eigentlich dafür, dass die Konventionalität von Antrittsvorlesungen – wenn überhaupt – kaum mehr als lokale Verbindlichkeit

1 Mitteilungsblatt. Universität Wien. Studienjahr 2005/6, 11.05.2006, S. 103–104 – https://www.univie.ac.at/mtbl02/02_pdf/20060511.pdf (abgerufen am 08.02.2018); vgl. auch Mitteilungsblatt. Universität Wien. Studienjahr 2008/9, 26.05.2009, S. 8–9 – http://www.univie.ac.at/mtbl02/2008_2009/2008_2009_171.pdf (abgerufen am 08.02.2018).

2 Vgl. dazu Arno Dusini, Lydia Miklautsch (Hg.): *Vorlesung. 12 Vorlesungen über die Vorlesung*, Göttingen 2007; Friedemann Schmoll: »Vorlesen, Hören, Denken in Gemeinschaft. Ein Plädoyer für die immer wieder zeitgemäße Lehrform Vorlesung«, in: Brigitta Schmidt-Lauber (Hg.): *Doing University. Reflexionen wissenschaftlicher Alltagspraxis*, Wien 2016, 81–102.

hat. Zudem ist die Geschichte und Theorie der Antrittsvorlesung wenig erforscht.[3] Mithin ist zuallererst räumlich und historisch bewusst begrenzte Grundlagenarbeit erforderlich, wie sie der Anspruch des vorliegenden Bandes ist: Um eine systematische Begriffsbildung leisten zu können, müssen zunächst lokale historische Gegeben- und Gepflogenheiten untersucht werden. Dadurch wird nicht zuletzt auch der universitäre und professorale Inszenierungs- und Idealisierungscharakter von Gattung und Praxis der Antrittsvorlesung deutlich.[4] Mark-Georg Dehrmann macht in seinem Aufsatz zu Antrittsprogrammen und Antrittsvorlesungen an preußischen Universitäten des 19. Jahrhunderts den Vorschlag, diese auf ihre jeweilige Realisierung als Darstellung eines zukünftigen Forschungsprogramms, als Gruß an die universitäre Kollegenschaft und, im Falle von Antrittsvorlesungen als Teil zu erbringender Leistungen im Rahmen eines Habilitationsverfahrens, als akademische Prüfung – unter Berücksichtigung lokaler rechtlicher und institutioneller Voraussetzungen – hin zu untersuchen. Während Dehrmanns heuristisches Modell die Antrittsvorlesung als Praxis im universitären Kontext analysierbar macht, arbeitet Fançoise Waquet in ihrer Studie zu Antrittsvorlesungen am Collège de France verstärkt inhaltliche und rhetorische Aspekte der Textgattung Antrittsvorlesung heraus. Dazu zählt sie den obligatorischen Dank an die Institution und die versammelten Kolleginnen und Kollegen, eine Hommage an akademische Lehrer, eine Erzählung der eigenen Bildungs- und Forschungsgeschichte, die Geschichte des Lehrstuhls und der Disziplin sowie eine Skizze des geplanten Forschungsprojekts.[5]

Anhand der in den vorliegenden Band aufgenommenen Antrittsvorlesungen lässt sich darüber hinaus Folgendes zur Systematik dieser Gattung feststellen: Inhaltlich folgen die Antrittsvorlesungen einer dreigliedrigen Struktur, die mit

3 Es gibt bislang keine umfassende Untersuchung zu Geschichte und Systematik der Antrittsvorlesung. Für die Universität Wien existiert außerdem weder ein Verzeichnis gehaltener Antrittsvorlesungen noch eine Auflistung der im Druck erschienenen Antrittsvorlesungstexte. Für das Collège de France im Zeitraum von 1949 bis 2003 hat jüngst Françoise Waquet eine systematische Bestimmung von Antrittsvorlesungen vorgelegt; mit Antrittsvorlesungen und -programmen an preußischen Universitäten im 19. Jahrhundert hat sich Mark-Georg Dehrmann beschäftigt. Vgl. Françoise Waquet: *Respublica academica. Rituels universitaires et genres du savoir (XVIIe–XXIe siècle)*, Paris 2010, 101–122; Mark-Georg Dehrmann: »Prüfung, Forschung, Gruß. Antrittsprogramme und Antrittsvorlesungen als akademische Praktiken im 19. Jahrhundert«, in: *Zeitschrift für Germanistik* XXIII/2 (2013), 226–241.

4 Dehrmann fasst diese Tendenz folgendermaßen zusammen: »Der Begriff hat einen alt-ehrwürdigen Klang: Der Meister, so mag man extemporieren, stellt seine Meisterschaft vor der Fakultäts- und Universitätsöffentlichkeit zur Schau; er markiert, wofür er steht. [...] Die Antrittsvorlesung könnte so als Ideal der um 1800 entstandenen, aber immer noch virulenten Vorstellung von der Einheit von Forschung und Lehre gedeutet werden: *In actu*, in der lebendigen Rede, wird lehrend ein Grundsatzprogramm entworfen, das zukünftig die Lehre und Forschung der Universität mit prägen wird.« – M.-G. Dehrmann: »Prüfung, Forschung, Gruß«, 226f.

5 F. Waquet: *Respublica academica*, 103.

»Würdigung des Vorgängers«, »Geschichte und Auffassung des jeweiligen (Teil-)Faches« und »Skizze und Ziele des eigenen Forschungsvorhabens« beschrieben werden kann.[6] Dass es sich bei den genannten Punkten um ›typische‹ Abschnitte von Antrittsvorlesungen, d.h. um zwar nicht explizit formulierte, aber allgemein bekannte Anforderungen an diese Gattung handelt, wird nicht zuletzt deutlich, wenn von den Rednern auf diese Struktur ausdrücklich und teilweise ironisch hingewiesen wird. So beginnt Ludwig Boltzmann nach seiner Rückberufung an die Universität Wien 1902 seine Antrittsvorlesung »Prinzipien der Mechanik« mit den Worten:

> Man pflegt die Antrittsvorlesung stets mit einem Lobeshymnus auf seinen Vorgänger zu eröffnen. Diese hier und da beschwerliche Aufgabe kann ich mir heute ersparen, denn gelang es auch Napoleon dem Ersten nicht, sein eigener Urgrossvater zu sein, so bin doch ich gegenwärtig mein eigener Vorgänger. Ich kann also sofort auf die Behandlung meines eigentlichen Themas eingehen. (141)[7]

Und bei Heinrich von Srbik heißt es 1922 diesbezüglich:

> An dem Tage, an dem ich meine Lehrtätigkeit an dieser altehrwürdigen Hochschule, der Stätte meiner Studentenjahre und der Anfänge meines akademischen Wirkens, beginne, ist es mir erste Pflicht und innerstes Bedürfnis, des ausgezeichneten Forschers und Lehrers zu gedenken, dessen Lehrstuhl ich nunmehr einnehme [...]. (203)

Zum zweiten Punkt, zur Darstellung der Entwicklungsgeschichte der jeweiligen Disziplin, bemerkt bereits Alexander Conze 1869, dass »[e]ine solche Wahl des Themas, dass der Lehrer über das Ganze seines Faches sich ausspricht, [...] bei Antrittsvorlesungen oft genug und gewiss immer passender Weise getroffen« (17) wird. Erwin Schrödinger meint 1956 entsprechend, dass man sich »[i]n der Antritts-Vorlesung [...] mit einem allgemeinen Thema seines Faches befassen« (237) soll.

Dass die Darlegung der eigenen Forschungsziele zu den Aufgaben einer Antrittsvorlesung gehört, kommentiert Franz Brentano 1874 mit Blick auf die vorangegangene Entwicklung der Philosophie an den Universitäten. Er hält fest, dass »[v]or wenigen Jahrzehnten [...] ein Lehrer der Philosophie beim Eintritte in einen neuen Wirkungskreis sicher darin seine Aufgabe erblickt haben« würde, »ein Bild seines besonderen philosophischen Systems vor den Augen seiner Zuhörer zu entrollen«. Die damals »schwebende Frage« sei inzwischen aber zugunsten der Erfahrung und nicht der Intuition als Grundlage der Philosophie entschieden, weshalb sich sein wissenschaftliches »Unternehmen«, das er im

---

6 Die einzige Ausnahme bildet in dieser Hinsicht die Antrittsvorlesung von Elise Richter. Zu deren spezieller Funktion und Ausrichtung s. den Kommentar im vorliegenden Band.

7 Sämtliche Zitatnachweise in Klammern im Haupttext beziehen sich auf den vorliegenden Band.

Folgenden skizziere, damit beschäftigen werde, »ob überhaupt Wahrheit und Sicherheit in philosophischen Fragen erreichbar sei.« (53)

Mit diesen ›typischen‹ Elementen der dreigliedrigen Textstruktur wird in den Antrittsreden und Antrittsvorlesungen nicht zuletzt auf institutionelle Anforderungen und pragmatische Kontexte reagiert. Aus der Mitte des 18. Jahrhunderts datiert ein markantes Ereignis der offiziellen Geschichte dieses Rituals und seiner Praxis in Österreich.

Am 8. Februar 1757 verfügte Kaiserin Maria Theresia – und mit ihr die niederösterreichische Repräsentation – im Zuge der Übergabe des neuen Wiener Universitätsgebäudes, dass jeder neu bestellte Professor bei Antritt seiner Professur eine öffentliche Rede zu halten habe.[8] Als Zeichen des Amtsantritts und als Instrument der Außenwirkung relevant wurden Antrittsvorlesungen jedoch erst mit der Universitätsreform ab 1848/49 und der damit einhergehenden Modernisierung der Berufungsmodalitäten und der Einführung der Habilitation.[9] Dabei bezeichnete man als Antrittsvorlesung sowohl den öffentlichen Habilitationsvortrag als Qualifikationsschritt, in dem der jeweilige Bewerber um die akademische Lehrbefugnis sein Forschungsgebiet präsentierte, als auch die öffentliche Rede, mit der sich ein neu berufener Professor dem Kollegium, den Studenten und der interessierten Öffentlichkeit vorstellte.[10]

***

Der vorliegende Band versammelt in chronologischer Reihenfolge die Texte von insgesamt dreizehn Antrittsvorlesungen von elf Wissenschaftern und einer Wissenschafterin aus beinahe 100 Jahren Geschichte der Wiener Philosophischen Fakultät von 1869 bis 1956. Den edierten Vorlesungen und Reden folgen universitäts- und wissenschaftshistorische Erläuterungen durch ausgewiesene Expertinnen und Experten. In diesen Beiträgen werden die Antrittsvorlesungen in fachgeschichtlicher Hinsicht kommentiert sowie in ihrem institutionellen, biographischen und politischen Kontext verortet. Außerdem wird der spezifi-

8 »Einführung des Restaurationsfestes«, UAW, Rektorat, CA 1.1.80.

9 Vgl. Kamila Staudigl-Ciechowicz: *Das Dienst-, Habilitations- und Disziplinarrecht der Universität Wien 1848–1938. Eine rechtshistorische Untersuchung zur Stellung des wissenschaftlichen Universitätspersonals*, Göttingen 2017.

10 Eine verwandte Tradition an europäischen Universitäten sind Dekanats- und Rektoratsreden in Form von Fachvorträgen. Nicht selten haben auch sie programmatischen und (institutions-)politischen Charakter. Vgl. das Forschungsprojekt *Rektoratsreden im 19. und 20. Jahrhundert* an der Historischen Kommission bei der Bayerischen Akademie der Wissenschaften – Dieter Langewiesche: »Rektoratsreden – ein Projekt in der Abteilung Sozialgeschichte«, in: Historische Kommission bei der Bayerischen Akademie der Wissenschaften (Hg.): *Jahresbericht 2006*, München 2007, 47–60; Dieter Langewiesche: »Zur untergegangenen Tradition der Rektoratsrede«, in: *Akademie Aktuell. Zeitschrift der Bayerischen Akademie der Wissenschaften* 2 (2007), 47–49.

sche Ereignischarakter der Antrittsvorlesungen mittels der Darstellung ihrer zeitgenössischen Rezeption verdeutlicht. Als Einzelstudien leisten diese Kommentare darüber hinaus einen Beitrag zur bislang ungeschriebenen Geschichte der Redeform und Praxis der Antrittsvorlesung an der Universität Wien und nehmen Bezug auf die wechselvolle Geschichte der Philosophischen Fakultät unter Berücksichtigung sowohl wissenschaftlicher als auch politischer Entwicklungen in Österreich.

Aufgenommen wurden bis auf den Habilitationsvortrag der Romanistin Elise Richter, die 1907 als erste Frau an der Universität Wien die *Venia Legendi* erhielt, ausschließlich Vorlesungen zum Antritt einer Professur. Diese Einschränkung führte dazu, dass Richter als einzige Wissenschafterin im vorliegenden Band vertreten ist. Denn erst 1956 wurde mit der Physikerin Berta Karlik der ersten Frau an der Universität Wien ein Ordinariat verliehen. Ihr folgten an der Philosophischen Fakultät 1961 die Klassische Archäologin Hedwig Kenner, 1966 die Theaterwissenschafterin Margret Dietrich und 1967 die Psychologin Sylvia Bayr-Klimpfinger.[11] Doch keine dieser vier Wissenschafterinnen, deren akademische Karrieren während der Zeit des Nationalsozialismus begonnen hatten,[12] hielt eine Antrittsvorlesung. Diese Beobachtung lässt zumindest die Vermutung zu, dass auch nach der Zulassung von Frauen zu ordentlichen Professuren akademische Rituale wie das Halten einer Antrittsvorlesung und die damit einhergehende Demonstration von institutioneller und diskursiver Macht nach wie vor männlich dominiert waren. Eine weitergehende Untersuchung der Geschichte und Funktion von Antrittsvorlesungen müsste sich deshalb unter Berücksichtigung der Frage, wer aus welchen Gründen eine Antrittsvorlesung hielt und wer nicht, vor allem auch mit impliziten Ausschlusskriterien beschäftigen.

Die Auswahl der Antrittsvorlesungen – von nunmehr ausschließlich männlichen Wissenschaftern – erfolgte für den vorliegenden Band anhand der Zusammenschau folgender Kriterien: Zunächst sollten die versammelten Reden ein möglichst breites Spektrum und möglichst viele Fächer der »alten« Philosophischen Fakultät mit ihrer Vereinigung von sowohl philologisch-historischen als auch mathematisch-naturwissenschaftlichen Fächern und der Philosophie abdecken. Das Herausgeberteam orientierte sich also an jener Konzeption der Philosophischen Fakultät, wie sie im Zuge der Universitätsreformen unter Minister Thun-Hohenstein 1849 etabliert wurde, als die Philosophische Fakultät ihren propädeutischen Charakter als Vorbereitungsstätte verlor und gleichwertig neben die drei anderen, die Theologische, die Rechtswissenschaftliche

11 Vgl. Doris Ingrisch: *»Alles war das Institut!« Eine lebensgeschichtliche Untersuchung über die erste Generation von Professorinnen an der Universität Wien*, Wien 1993.

12 Doris Ingrisch: »Weibliche Exzellenz und Nationalsozialismus an der Universität Wien«, in: Mitchell G. Ash, Wolfram Nieß, Ramon Pils (Hg): *Geisteswissenschaften im Nationalsozialismus: Die Universität Wien 1938–1945*, Göttingen 2010, 141–166.

und die Medizinische Fakultät gestellt wurde.[13] Das bedeutet auch, dass im vorliegenden Band insgesamt zehn Disziplinen und Fachrichtungen vertreten sind, die heute nicht mehr nur einer Fakultät, sondern vier verschiedenen Fakultäten zugeordnet sind, nämlich der Fakultät für Philosophie und Bildungswissenschaft, der Fakultät für Physik, der Philologisch-Kulturwissenschaftlichen und der Historisch-Kulturwissenschaftlichen Fakultät.

Ein weiteres Aufnahmekriterium war die Relevanz der Reden für die wissenschaftliche und institutionelle Verortung des jeweiligen Faches. Antrittsvorlesungen sind auch deshalb wichtige Quellen für universitäts-, fach- und wissenschaftshistorische Untersuchungen, weil sie oftmals von den Vortragenden dazu genutzt wurden, die zeitgenössische Positionierung ihres Faches mit ihren programmatischen, fachpolitischen und gelegentlich auch allgemeinpolitischen Implikationen zu thematisieren. Hervorzuheben sind in dieser Hinsicht vor allem jene Antrittsvorlesungen, die von Vertretern neu gegründeter Fächer und Teilfächer gehalten wurden, da diese Umfang, Relevanz und Methoden ihres gerade erst universitär beglaubigten Forschungsgebietes detailliert zu erklären und zu rechtfertigen versuchten. Hierzu zählen im vorliegenden Band etwa die Antrittsvorlesungen des Archäologen Alexander Conze, des Kunsthistorikers Moriz Thausing, des Germanisten Erich Schmidt, des Musikwissenschafters Guido Adler und des Theaterwissenschafters Heinz Kindermann.

Außerdem spielte bei der Auswahl der Antrittsvorlesungen noch die zeitliche Verteilung der Reden über die zweite Hälfte des 19. und über das 20. Jahrhundert eine Rolle, wobei keine Antrittsvorlesungen von lebenden Wissenschafterinnen und Wissenschaftern ausgewählt wurden. Schließlich war auch die Überlieferungslage der einzelnen Reden ein wesentlicher Faktor. Nicht alle neu berufenen Professorinnen und Professoren hielten eine Antrittsvorlesung und nicht alle gehaltenen Antrittsvorlesungen sind überliefert, geschweige denn publiziert worden. Manche Antrittsvorlesungen wurden hingegen zur Gänze oder als

13 Diese große Philosophische Fakultät bestand bis zum Inkrafttreten des UOG 1975, mit dem sie in eine Grund- und Integrativwissenschaftliche, eine Geisteswissenschaftliche sowie in eine Formal- und Naturwissenschaftliche Fakultät aufgeteilt wurde. – Vgl. zu den Universitätsreformen ab 1848/49 Hans Lentze: *Die Universitätsreform des Ministers Graf Leo Thun-Hohenstein*, Wien, Graz 1962; Christof Aichner, Brigitte Mazohl (Hg.): *Die Thun-Hohenstein'schen Universitätsreformen 1849–1860. Konzeption – Umsetzung – Nachwirkungen*, Wien, Köln, Weimar 2017. Zur Geschichte der Philosophischen Fakultät vgl. Irene Ranzmaier: »Die Philosophische Fakultät um 1900«, in: Katharina Kniefacz u. a. (Hg.): *Universität – Forschung – Lehre. Themen und Perspektiven im langen 20. Jahrhundert*, Göttingen 2015, 133–148; Kurt Mühlberger: »Das ›Antlitz‹ der Wiener Philosophischen Fakultät in der zweiten Hälfte des 19. Jahrhunderts. Struktur und personelle Erneuerung«, in: Johannes Seidl (Hg.): *Eduard Suess und die Entwicklung der Erdwissenschaften zwischen Biedermeier und Sezession*, Göttingen 2009, 67–102.

Zusammenfassungen und zum Teil mit markanten Abweichungen zum Vortrag mehrfach gedruckt und breit rezipiert. Die vorliegende Edition greift überall dort, wo eine Publikation vorliegt, auf die – teils weit verstreuten und schwer zugänglichen – Erstveröffentlichungen als Textgrundlage zurück.[14] In zwei Fällen, bei der Antrittsvorlesung von Moritz Schlick und der Antrittsvorlesung von Erwin Schrödinger, war es zudem möglich, auf Grundlage des Originalmanuskripts (Schrödinger) bzw. Typoskripts (Schlick) die Erstveröffentlichung der Antrittsvorlesungstexte zu veranstalten.

Den Band eröffnet Alexander Conzes Antrittsrede *Ueber die Bedeutung der classischen Archæologie* (1869). Conze unternimmt darin eine systematische Definition der Archäologie als eigenständige historische Wissenschaft. Karl Reinhard Krierer würdigt in seinem Kommentar die Leistungen Conzes, der als erster Ordinarius an der Lehrkanzel für Archäologie die Etablierung des neu eingerichteten Faches an der Universität Wien maßgeblich vorantreibt. Grundlegendes zur Herausbildung und Bestimmung einer eigenständigen historischen Disziplin bietet auch die von Georg Vasold kommentierte Antrittsvorlesung Moriz Thausings über *Die Stellung der Kunstgeschichte als Wissenschaft* (1873). Anders ist der Zugang, den Franz Brentano in seiner Rede *Ueber die Gründe der Entmuthigung auf philosophischem Gebiete* (1874) zum Antritt seiner Wiener Professur wählt. Entgegen der in den ersten Jahrzehnten des 19. Jahrhunderts dominanten Systemphilosophie schließt er an das mittlerweile weithin akzeptierte Programm von Philosophie als einer erfahrungsbasierten Wissenschaft an und fragt nach den Ursachen und der Berechtigung des zeitgenössischen Misstrauens gegenüber der akademischen Philosophie; ein Zugang, der von Hans-Joachim Dahms in seinem Kommentar kontextualisiert wird. Elisabeth Grabenweger stellt in ihrem Beitrag Erich Schmidt als einflussreichen und charismatischen wissenschaftlichen Akteur vor, der mit seiner Wiener Antrittsvorlesung *Wege und Ziele der deutschen Litteraturgeschichte* (1880) im Anschluss an die ›Schule‹ Wilhelm Scherers die wissenschaftliche Grundlegung der neueren deutschen Literaturgeschichte unternimmt und damit zur Konsolidierung und Institutionalisierung dieses germanistischen Teilfachs beiträgt. Mit Ernst Machs Rede *Über den Einfluß zufälliger Umstände auf die Entwicke-*

14 Besonders hervorzuheben ist in diesem Zusammenhang die Antrittsvorlesung von Ludwig Boltzmann, die unter dem Titel »Ein Antrittsvortrag zur Naturphilosophie« am 11. Dezember 1903 in der nur wenige Monate lang erschienenen Wiener Wochenzeitung »Die Zeit« publiziert wurde, jedoch nicht im Hauptteil, sondern in einer technisch-naturwissenschaftlichen Sonderbeilage, die aber in keiner bestandhaltenden Bibliothek in Österreich der Zeitung beigebunden worden war. Erst nach langwieriger Recherche erhielten wir von Bernhard Ornezeder von der Universitätsbibliothek Wien Nachricht, dass er ein einzelnes, ungebundenes und nicht katalogisiertes Exemplar der Beilage gefunden hatte, das er uns freundlicherweise zur Verfügung stellte. Ihm sei hier ausdrücklich gedankt.

lung von Erfindungen und Entdeckungen (1895) wird der Antritt einer der schillerndsten Figuren der Philosophie und Wissenschaftstheorie der Jahrhundertwende dokumentiert. Bastian Stoppelkamp setzt die Berufung des experimentell arbeitenden Naturwissenschaftlers an die eigens für ihn errichtete Professur für Philosophie sowie Geschichte und Theorie der induktiven Wissenschaften in den historischen Kontext.

Wolfgang Fuhrmann zeichnet in seinem Kommentar die unwegsame Karrierelaufbahn und das Wirken des Musikwissenschaftlers Guido Adler nach, der mit seiner Wiener Vorlesung *Musik und Musikwissenschaft* (1898) das erste Ordinariat für Musikwissenschaft überhaupt antritt und darin mit Nachdruck für ein produktives Verhältnis von musikalischer Praxis und wissenschaftlicher Erforschung ihrer Geschichte und Ausarbeitung ihrer Theorie eintritt. Ludwig Boltzmann ist gleich mit zwei Texten im Band vertreten. Wolfgang L. Reiter stellt den akademischen Werdegang Boltzmanns, der insgesamt sieben verschiedene Professuren bekleidete, dar und beschreibt die Umstände der Berufung Boltzmanns auf seine letzte Wiener Professur für Theoretische Physik, zu deren Antritt er über *Die Prinzipien der Mechanik* (1902) liest. Ein Jahr später wird Boltzmann ein Lehrauftrag für Philosophie der Natur und Methodologie der Naturwissenschaften erteilt, mit dem die ausbleibende Nachfolge Ernst Machs kompensiert werden soll. Um Fehldarstellungen der ersten Vorlesungssitzung in der Presse entgegenzusteuern, publiziert Boltzmann als Richtigstellung seinen *Antrittsvortrag zur Naturphilosophie* (1903). Beide Vorlesungen zeichnen sich durch ironische Bezüge auf die Gepflogenheiten des akademischen Antritts aus und sind somit auch für ein Studium von Ritus und Genre der Antrittsvorlesung zur Jahrhundertwende aufschlussreich.

Auf ganz andere Weise wird in dem von Melanie Malzahn vorgestellten Habilitationsvortrag von Elise Richter der historische Kontext bemerkbar. *Zur Geschichte der Indeklinabilien* (1907) beschließt das Habilitationsverfahren Richters an der Philosophischen Fakultät, wodurch sie zugleich als erste Wissenschafterin in den akademischen Lehrkörper der Universität Wien aufgenommen wird. In der junggrammatischen Tradition historisch-vergleichender Sprachwissenschaft trägt sie ein denkbar trockenes Thema vor und in der Planung und Abwicklung ihres Vortrags wird Bedacht darauf genommen, die Veranstaltung unter weitgehendem Ausschluss der Universitätsöffentlichkeit über die Bühne zu bringen, um antisemitische und frauenfeindliche Störaktionen zu vermeiden. Moritz Schlick knüpft bei seinem Antritt der Lehrkanzel für Naturphilosophie mit der *Vorrede zur Vorlesung ›Einführung in die Naturphilosophie‹* (1922) an die Leistungen seiner fachlichen Vorgänger Ernst Mach und Ludwig Boltzmann an. Das in diesem Band erstmals im Druck erscheinende (stichwortartige) Typoskript diente als Vorlage und Gedächtnisstütze für den lebendigen und publikumswirksamen Vortrag Schlicks. Friedrich Stadler charakterisiert Schlick in seinem Kommentar als einen der Protagonisten des Wiener Kreises, der – nicht zuletzt mit seiner Antrittsrede – die empiristische Tradition der Naturphilosophie an der Wiener Universität entscheidend befördert hat.

In ihrem Beitrag zu Heinrich von Srbik arbeitet Martina Pesditschek heraus, wie einer der einflussreichsten österreichischen Historiker des 20. Jahrhunderts in Auseinandersetzung mit der historischen Person Metternichs auf zeitgenössische politische Konjunkturen sowohl im Hinblick auf für seine Karriere opportune Möglichkeiten als auch auf Basis eigener ideologischer Überzeugungen reagiert. Seine Antrittsvorlesung *Metternichs Plan einer Neuordnung Europas 1814/15* (1922) ist ein Dokument dafür, wie sich ein wichtiger Vertreter der Geschichtswissenschaft mit seiner historiographischen Arbeit indirekt, aber wirkungsvoll politisch positioniert. Eine ganz offenkundig politische Veranstaltung war die Eröffnung des Zentralinstituts für Theaterwissenschaft 1943. Zu diesem Anlass entwickelt der auf die neu eingerichtete Professur berufene Ordinarius Heinz Kindermann in seiner Rede *Theaterwissenschaft als Lebenswissenschaft* (1943) nicht in erster Linie die Grundlegung einer neuen Disziplin, sondern legt vielmehr ein kultur- und wissenschaftspolitisches Programm im Dienst des Nationalsozialismus vor, das weniger an die Fachwelt als an Funktionäre und Ideologen der Partei gerichtet ist. Birgit Peter beschreibt und analysiert den Festakt und die Antrittsrede mit Blick auf den spezifischen Kontext und verfolgt Kindermanns Werdegang bis ins postnazistische Österreich. Erwin Schrödingers Antrittsrede *Die Krise des Atombegriffs* (1956) beschließt die Auswahl des Bandes. Der Nobelpreisträger für Physik, der als einer der Wegbereiter der Quantenmechanik gilt, legt seinem Publikum darin die Frage nach den kleinsten Teilchen vor. Herbert Pietschmann würdigt Schrödingers Antritt in Wien als akademisches und gesellschaftliches Ereignis auf dem Weg der Modernisierung der Wissenschaften im Österreich der Nachkriegszeit.

***

Die Recherchearbeiten an dem vorliegenden Band wurden durch den Jubiläumsfonds des Rektorats der Universität Wien, namentlich durch die vormalige Vizerektorin für Forschung und Nachwuchsförderung, Susanne Weigelin-Schwiedrzik, gefördert. Der Dank für die Unterstützung bei der Deckung der Druckkosten geht an die Dekanin der Philologisch-Kulturwissenschaftlichen Fakultät, Melanie Malzahn, sowie an ihren Vorgänger Dekan Matthias Meyer, an den Dekan der Fakultät für Physik, Robin Golser, und an die Dekanin der Historisch-Kulturwissenschaftlichen Fakultät, Claudia Theune-Vogt.

Die Österreichische Zentralbibliothek für Physik hat das Manuskript der Antrittsvorlesung von Erwin Schrödinger aus dem Nachlass zur Verfügung gestellt, das Institut Wiener Kreis, insbesondere Friedrich Stadler, eine Kopie des

Typoskripts der *Vorrede zu Moritz Schlicks erster Vorlesung in Wien.* Beiden Institutionen sei hiermit für die Kooperation bei der Edition der Texte gedankt.

Herzlicher Dank gebührt Roman Kabelik, Hannah Körner, Stefan Scherhaufer und Christian Wimplinger für deren Unterstützung bei editorischen Tätigkeiten. Zudem sei den HistorikerInnen Mitchell Ash, Katharina Kniefacz, Sylvia Paletschek, Verena Pawlowsky, Herbert Posch und Thomas Winkelbauer für wichtige Hinweise und universitätsgeschichtlichen Rat gedankt sowie dem Leiter des Archivs der Universität Wien, Thomas Maisel, für stets freundliche Auskunft.

Alexander Conze (1831–1914)

Ueber die Bedeutung der classischen Archæologie (1869)

Ueber die Bedeutung der classischen Archæologie.
Eine Antrittsvorlesung
gehalten an der Universität zu Wien am 15. April 1869
von
Alexander Conze.

Ich habe Sie, meine Herren, zu einer Vorlesung eingeladen, mit welcher ich das Lehramt für classische Archæologie an dieser altehrwürdigen Universität antrete. Es musste mir die Gelegenheit wünschenswerth sein, Ihre Aufmerksamkeit durch eine Besprechung auf dieses wissenschaftliche Feld zu lenken, ganz ausdrücklich um Ihre Antheilnahme für dasselbe zu bitten; denn nur im Vereine mit Ihnen ist meine eigene Aufgabe zu lösen. Ich will über die Bedeutung der gesammten, von mir zu vertretenden Disciplin, über die Bedeutung der classischen Archæologie zu Ihnen sprechen; das soll dienen, damit wir uns gleich in den Hauptpuncten über das verständigen, was uns fortan zusammen beschäftigen soll, ich kann Ihnen meine Auffassung des ganzen Faches, wie ich denke, klar und einfach darlegen, Sie können sehen, welche Ziele ich Ihnen stecken möchte, wünschend, dass Sie denselben näher kommen mögen, als es mir selbst vielleicht vergönnt war und sein wird.

Eine solche Wahl des Themas, dass der Lehrer über das Ganze seines Faches sich ausspricht, ist bei Antrittsvorlesungen oft genug und gewiss immer passender Weise getroffen. Doch mir in meinem Fache schien es für heute ganz besonders geboten. Die classische Archæologie ist eine Disciplin, über deren Idee, deren Umfang und Bedeutung eine Erklärung am allermeisten noth thut. Schon der als solcher in der That ganz sinnlos gewordene Name trägt dazu bei, die ziemlich verbreitete Unklarheit über das Wesen der Sache zu erhalten. Sieht man dann auf die Praxis wenigstens gewisser Perioden, die, zwar jetzt vorüber und abgethan, doch in der allgemeinen Vorstellung noch nachwirken, so will es scheinen, als fehle es der classischen Archæologie, der Archæologie, wie man auch schlechthin sagt, an jedem klar begrenzten Gebiete, als fehle es der

Beschäftigung mit ihr an einem großen Zusammenhange und selbst an wissenschaftlicher Würdigkeit. Es sieht da oft genug aus, als gehöre in die Archæologie wie in eine Rumpelkammer alles, was andere verwandte Fächer nicht recht unterzubringen wüssten, als handle es sich beim Archæologen von einer Seite gesehen nur um eine besonders verkehrte und geschmacklose Behandlung der Kunst oder von der andern Seite her betrachtet um ein absonderlich willkürliches, einseitiges und oft genug stark dilettantisch gefärbtes philologisches Treiben. Fragt man endlich die Meister des Faches selbst, liest man manche der von ihnen aufgestellten Definitionen, so fehlt es auch da nicht an Abweichungen; manche von ihnen haben ein solches buntes Allerlei zugelassen, dass man nicht einsieht, weshalb das mit einem Gesammtnamen als ein Ganzes aufzutreten das Recht haben soll. Es sei ferne, das von *allen* Vertretern des Faches zu sagen. Die jetzt innerhalb des Ganzen der Fachwissenschaft Tonangebenden haben energisch genug gegen früheren Mißbrauch protestiert, haben Gesichtspuncte aufgestellt und in ihren Arbeiten durchgeführt, denen ich sogar das Wesentliche meiner Auffassung verdanke. Den Anfänger aber, der in der Literatur ohne Führer sich Rath erholt, beirren auch längst verurtheilte Richtungen noch. Vor Wiederholung auch schon gesagter Dinge darf ich deshalb hier meinen zukünftigen Zuhörern gegenüber nicht zurückschrecken.

Alle Wissenschaft, die ihr Verstehen an gegebenem Stoffe übt, zerfällt in zwei große Hälften. Der einen Hälfte ist die Natur, die Offenbarwerdung jenes großen Urgrundes aller Dinge, den wir ahnen, Object des Erkennens; mit den Manifestationen des menschlichen Geistes hat es die andere Hälfte zu thun, die Geschichte, oder um mich an Boeckh's Auffassung anzuschließen, die Philologie im weitesten Sinne. Alles was wir auf diesem auch wol sogenannten Gebiete der Geisteswissenschaften zu verstehen suchen, ging zunächst aus dem Menschen hervor, seine Thaten, seine Reden, die Schöpfungen seiner Hand, die in allen Diesem niedergelegten Gedanken. Im überwältigend großen Umfange auch dieses wissenschaftlichen Bereiches kann die Arbeit zunächst immer nur wieder an einzelnen Stellen ansetzen; die Forschung zerlegt sich das Ganze, und zwar in doppelter Weise, gleichsam nach Quer- und nach Längendurchschnitten. Nennen wir das Ganze mit Boeckh Philologie, so zerfällt sie nach Querdurchschnitten in eine deutsche Philologie u. s. w., in eine classische Philologie, welche letztere mit sich freilich auch erst nach und nach abklärendem Bewusstsein über ihre letzten Ziele die gesammten Geistesäußerungen der Völker des classischen Alterthums verstehen, um einen auf Fr. A. Wolffs großartiger Anschauung beruhenden Ausdruck mir anzueignen, den Organismus des classischen Alterthums zur Anschauung bringen will. Dieselben verschiedenen Weisen der Geistesäußerungen wiederholen sich nun aber, wenn auch mit ungleichem Gelingen, durch alle Zeiten hindurch bei allen Völkern, so, um zuerst nur die eine besonders wichtige zu nennen, die Sprache. Indem sich nun die Forschung nicht auf eine Zeit, auf ein Volk beschränkt, sondern sich einer solchen Aeußerungsweise des menschlichen Geistes zuwendet, die dann aber durch alle Zeiten und Völker, oder doch durch ganze Reihen derselben hindurch verfolgt, bilden sich die Theilungen nach dem Längendurchschnitte. Eine solche ist also die Sprachwissenschaft. Der Mensch ist nun aber nicht nur, was zur Sprache führt, ein »singendes Geschöpf«, wie W. v. Humboldt sagte, er ist auch nach anderem Spruche ein werkzeugmachendes Geschöpf, ein werkthätiges, in dessen Bau besonders die Hand sich auszeichnet; er schafft mit Hand und Werkzeug gedankenvoll in räumlichen Formen. So liegt neben dem großen Gebiete der Sprache ein anderes, das Gebiet der Kunst, um einen kurzen, zugleich im engeren und wieder im weitesten Sinne zu fassenden Ausdruck zu wählen. Neben der Sprachwissenschaft ersteht eine Kunstwissenschaft, auch also, um am Vergleiche festzuhalten, ein Längendurchschnitt durch das große philologische Gesammtgebiet. Diese Längen- und Querschnitte kreuzen sich und, um es jetzt kurz zu sagen, wo sich der Querdurchschnitt der classischen Philologie und der Längendurchschnitt der Kunstwissenschaft kreuzen, da und genau da liegt das Gebiet der classischen Archæologie. Wollte man den unbezeichnenden Ausdruck Archæologie über Bord werfen, so würde man an seine Stelle Wissenschaft der classischen Kunst setzen.

Halten wir diese Begriffsbestimmung an die Archæologie, wie sie in der Praxis und in den Definitionen ihrer Vertreter erscheint, so finden wir bei allerlei kleinen Abweichungen doch das immer wieder übereinstimmend, dass, wie auch wir es verlangen, die Kunst den Hauptgegenstand der wissenschaftlichen Beschäftigung bildet. Nur der Umkreis des Gebietes schwankt hin und wieder, er wird bald enger bald weiter gezogen und nicht immer ist er klar und sicher um dasselbe Centrum beschrieben; bei unregelmäßigen und verschwimmenden Umrissen sieht man oft gar nicht deutlich wo dieses Centrum liegt, wo der Keimpunkt, wo die Lebensquelle des Ganzen ist, so dass es dann an Einheit, Selbständigkeit und Lebensfähigkeit zu fehlen scheint. Mit dem Worte *Kunst* treffen wir aber dieses Centrum.

Noch einmal müssen wir hier aber über das Wort sprechen. Der Ausdruck Kunst ist einmal im engeren Sinne zu verstehen, nicht die in Geberden, Tönen, in der Sprache wirkende Kunst, nicht Orchestik, Musik, Poëtik können hier miteinbegriffen sein; das ist schon geläufiger im Sprachgebrauche. Aber nach dieser Ausscheidung muss das Wort dann wieder, und das bedarf mehr der Betonung, im weitesten Sinne gefasst werden: alle in räumliche Form hineingeschaffenen Menschengedanken, aus denen eine neue Welt um uns ersteht und deren kein Volk je ganz entbehrt, müssen als in unser Gebiet der Betrachtung gehörig angesehen werden. Nicht können wir von vorn herein æsthetisch vornehm nur hervorragendere Leistungen, nur die einer sogenannten schönen Kunst mit Ausschluss von Handwerksarbeit oder dergleichen der wissenschaftlichen

Betrachtung werth halten. Nicht nur der Tempel, sondern schon der einfach behauene Stein, der aufgeschüttete Grabhügel und der von Feldsteinen zusammengetragene Altar, auch jedes einfache Geräth, das nur eine erste Antwort auf die Nothfrage des dringendsten Bedürfnisses einfacher Menschheit ist, Alles gehört herein. Nicht Schönheit, aber doch Streben nach einer solchen, wenn auch in den verschiedensten Trübungen kann schon an den leicht übersehenen unbedeutendsten Stücken vorhanden sein und für die geschichtliche Betrachtung haben gerade diese ersten Regungen ihre besondere Wichtigkeit. Es ist leicht zu ersehen, dass auch die äußerste Roheit im Vergleiche zu weiterer Entwicklung lehrreich sein kann und wiederum, dass in Zeiten hoch gesteigerter Ausbildung sich die Vollendung bis in das Kleinste hinein, beim Bau bis in jede Fuge hinein fühlbar macht, so wie endlich, dass auch die allereinfachste Idee, wie die tektonische der Mauer, der mannigfachsten Behandlungsweise, die immer ihr Bezeichnendes hat, fähig ist. Es ist aber wichtig, um noch einmal auf das Ganze zu sehen, dass wir es bei den Abgrenzen eines solchen Gebietes der Kunst für unsere Erforschung nicht nur mit einer besonders eigenthümlichen äußeren Art des Gedankenausdrucks, nicht bloß mit einer eigenthümlichen Einkleidung sonst nicht von anderen unterschiedener Gedanken zu thun haben, sondern dass die in räumlichen Formen in Erscheinung tretenden Gedanken schon vom Grunde aus in ihrem Wesen und bis in ihre tiefste Wurzel in der sie schaffenden Seelenthätigkeit von den übrigen Menschengedanken verschieden sind, dass sie aus einem »anschauenden Denken« hervorgehen und dass das, was sie sind, in gar keiner anderen Weise heraustreten kann, als in räumlicher Form; dem Gedanken einer bacchischen Gruppe kommt ja, um ein passend gewähltes Beispiel hier zu wiederholen, der Dithyrambos in Poësie und Musik sehr nahe, kann ihn aber niemals ganz gleichwerthig ausdrücken; es bleibt immer etwas Incommensurables übrig. Damit hört also die Theilung für die wissenschaftliche Betrachtung auf eine nur vom Aeußerlichen ausgehende zu sein.

Für die in räumlicher Form gestalteten Menschengedanken, das Object also unserer Disciplin, haben manche Archæologen, besonders Gerhard liebte es, das Wort *Denkmäler* gebraucht; Archæologie wurde als Denkmälerkunde, sogar mit etwas ungeheuerlich klingendem Namen als monumentale Philologie bezeichnet – kürzlich ist in Nachahmung dessen auch eine monumentale Theologie erschienen. Hiebei muss das Wort Denkmäler auch erst wieder besonders definiert werden; denn sehr Vieles, was entschieden unter die Gegenstände archæologischer Erforschung gehört, zum Beispiel die tausende und aber tausende von Thongefäßen mit ihren lehrreichen Malereien, wird man sonst kaum Denkmäler nennen. Dann aber, und das ist wichtiger, hängt diese Namengebung mit einem sehr verbreiteten Irrthume in Bestimmung des archæologischen Gebietes zusammen. Zu den Denkmälern rechnet man in erster Linie mit Recht die Inschriften und, sagen nun eine ganze Reihe von Archæologen, die Inschrift gehört in den Kreis der Archæologie, sogar als eine Hauptabtheilung desselben gilt ihnen die Epigraphik. Das ist falsch, wie gerade bedeutende Epigraphiker, ich berufe mich nur auf Henzen, auch ihrerseits bestätigt haben. Allerdings praktisch macht es sich so, dass, wer als Archæolog arbeitet, vielfach mit Inschriften in Berührung kommt, die er auch gewiss nicht bei Seite liegen lassen soll; sie haben für ihn sogar oft auch eine ihn sehr nahe angehende Wichtigkeit. Ferner in archæologischen Zeitschriften pflegen Inschriften mitgetheilt zu werden, die archæologischen Sectionen der deutschen Philologenversammlungen pflegen Inschriften in den Kreis der zu behandelnden Gegenstände zu ziehen, unser großes Institut für archæologische Correspondenz in Rom widmet den Inschriften die eine Hälfte seiner Thätigkeit. Diese praktische Verbindung ist nothwendig, aber darauf lässt sich nicht der Begriff einer Wissenschaft bauen. Die Inschrift ihrem Inhalte nach, und der ist doch das Wesentliche, gehört offenbar nicht in die Archæologie, wie wir sie nur fassen können, gehört nicht in die Archæologie, wenn wir dieser überhaupt ein klar gesondertes Gebiet vindicieren wollen. Die Inschrift ist ein Literaturwerk; denn ob sie auf Stein oder Papyrus geschrieben ist, wird doch wol nicht die Scheide machen sollen. In einer Hinsicht, das ist aber eine bei der Inschrift leicht vergessene, es sei denn, dass man zum Zwecke der Zeitbestimmung von ihr Notiz nimmt, in einer Hinsicht gehört allerdings die Inschrift im strengsten Sinne in das Gebiet der Archæologie, nämlich so weit sie rein räumliches Zeichen ist, ganz abgesehen von der in sie auf so wunderbare Weise hineingelegten lautlichen und begrifflichen Bedeutung. Die Form der Buchstaben steht im handgreiflichen Zusammenhange mit der gesammten bauenden und bildenden Kunst und die Geschichte der Buchstabenformen im Zusammenhange mit der Geschichte der gesammten Kunst. Man kann in den bestgeformten attischen Inschriften das Formgefühl der perikleïschen Epoche wiederfinden, von romanischer, gothischer Schrift spricht jeder Architekt und Zeichner; der Gang der Schriftgestaltung vom Rohen zum Mühsam-genauen, dann einfach Deutlichen, Leichten, dann wieder einmal Prunkenden, endlich Nachlässigen und schließlich oft Verschrobenen, so im Alterthume wie im Mittelalter, geht dem Gange der gesammten Kunstentwickelung parallel. Die Uebertragung der Schrift von einem Volke zum andern ist ein sicheres Zeichen für Uebertragung auch der ganzen Kunst; ich erinnere an den wichtigen Fingerzeig, den uns die Einführung der phönizischen Schriftzeichen für die Einflüsse, denen die älteste griechische Kunst überhaupt unterlag, gibt, erinnere an die Ueberführung spätgriechischer Schrift nach Russland, an die Verbreitung der lateinischen Schrift unter Kelten, Germanen, Westslaven und an die damit zusammenhängende Ausbreitung ganzer Kunstweisen.

Während wir also die Epigraphik mit Ausnahme dieser ihrer einen Seite aus dem Gebiete der Archæologie verweisen, nicht freilich aus dem Arbeitskreise einzelner Archæologen, wie überhaupt dem Einzelnen mit solchen Distinctionen nichts vorzuschreiben ist, so können wir das *nicht* mit der *Numismatik*. Hier haben wir es in den Münzen mit kleinen Kunstwerken zu thun, kleinen tektonischen Formen, die Träger von Bild und Schrift werden; ihre Menge, die Möglichkeit sie örtlich und zeitlich zu bestimmen, machen schon die Beobachtung der Formenwandlungen an ihnen sehr fruchtbar. Aber freilich hat gerade die unendliche Menge und Mannigfaltigkeit dieser kleinen Werke, haben die sehr mannigfachen Beziehungen, die sich geschichtlich, mythologisch, metrologisch u. s. w. an sie knüpfen, es dahin gebracht, dass die wissenschaftliche Bearbeitung der Münzen die ganze Kraft vieler einzelner Forscher vollauf in Anspruch nimmt; wer wollte in Wien hier nicht Eckhels gedenken und dessen, was er auf diesem Felde zu thun fand und that. Es liegt hier also der umgekehrte Fall vor, wie bei der Epigraphik: während diese letztere vielfach faktisch in den Arbeitskreis der Archæologen gerückt ist, ohne zur Archæologie dem Begriffe nach zu gehören, so hat sich die Numismatik emancipiert, der Archæolog, der sein Fach ganz umfassen will, kann selten in alle kleinsten Fächer der Numismatik blicken, wir haben Numismatiker, die der übrigen Archæologie sehr fern stehen, während doch die Numismatik ganz streng in die Archæologie gehört.

Wenn man weiter ganz ausdrücklich die Mythologie als Theil der Archæologie hingestellt hat, so ist das mit nichts zu vertheidigen. Weil der Archæolog Mythologie wissen muss, weil der Mytholog viel aus den Kunstwerken lernt, darum gehört die ganze Erforschung der mythischen Vorstellungen, dieser Theil der Religionsgeschichte, nicht in die Archæologie, wie wir sie verstehen. Dieses ganz ungehörige Hereinziehen der Mythologie hat, was man von dem Hereinziehen der Epigraphik nicht sagen kann, für die Thätigkeit vieler Archæologen sich von sehr schlechtem Einflusse gezeigt. Statt sich einem Kunstwerke gegenüber an einem oft wirklich sehr einfach zu erreichenden Verstehen des Gedankens des Künstlers genügen zu lassen, hat man oft genug jedes einzelne Bildwerk als Quelle mythologischer Gelehrsamkeit geglaubt pressen zu müssen, und kam die nicht heraus, so kam sie bei der Gelegenheit hinein; »legt Ihrs nicht aus, so legt Ihrs unter« ist gerade nach dieser Richtung hin an den antiken Bildwerken zum Uebermaße geübt.

Wie weit die Topographie mit Recht unter den Unterabtheilungen der Archæologie erscheint, ist nach dem bisher Ausgeführten wol ohne Weiteres deutlich; alle Umgestaltung, die der Mensch mit der von ihm bewohnten Oertlichkeit vornimmt, muss als Kunst, wie wir das Wort bestimmten, gelten. Ganze Städte in ihrem Wachsthume und in ihren Umgestaltungen, damit in ihrer räumlichen Anordnung sind große Complexe, die in diesem Sinne der archæologischen Erforschung unterliegen. Form und Lage des Landes, Gestaltung und Natur des Bodens sind hier entscheidend mitwirkende Factoren; sie sind gleichsam das seine Vorschriften auch sonst in der Kunst in zwingendster Weise geltend machende Material des menschlichen Schaffens; die Gedanken aber, welche auf diesem Gebiete zum Ausdrucke kommen, gehören dem ganzen gesellschaftlichen und staatlichen Leben an. Daraus ergibt sich das Eigenthümliche der Aufgaben einer wissenschaftlichen Topographie.

Endlich möchte ich noch eines Sprachgebrauches Erwähnung thun, der leicht zu Irrungen über das Wesen der Archæologie führen kann; man setzt wol hin und wieder als gleichbedeutend mit ihr den Ausdruck: die *realen* Fächer der Philologie. Wie unzutreffend das ist, geht schon daraus hervor, dass gerade die freilich auch besonders schwierige, zuerst von Winckelmann mit durchgreifendem Erfolge angefasste, edelste und eigentliche Endaufgabe der Archæologie, die Darstellung der Geschichte der künstlerischen Stile, eine im eminentesten Sinn im Bereiche des Formalen liegende ist. Das ist die Blüte unserer Forschung; jener Ausdruck, der sie nicht mit in sich begreifen würde, kann schon deshalb nur ein übel gewählter sein. Gegen ihn finden sich leicht noch andere Einwürfe, die ich übergehen will.

So viel über einzelne Abweichungen bei Bestimmung des Begriffes und Umfanges unseres Gebietes. Ich komme darnach wieder auf meine Erklärung zurück, dass die Archæologie χατ' ἐξοχήυ, die classische Archæologie, die Archæologie der classischen Kunst, die Wissenschaft, einfacher gesagt, der classischen Kunst auf der Durchkreuzung der classischen Philologie und der allgemeinen Kunstwissenschaft liegend, der einen wie der anderen dieser beiden angehört. In dieser Beziehung nach zwei Seiten hin beruht eine besondere Eigenthümlichkeit des Faches, ja geradezu wegen dieses Doppelverhältnisses ganz vornehmlich hebt sich dasselbe jetzt mit einer schärferen Sonderung im wissenschaftlichen Organismus hervor. Denn das starke classisch-philologische Element in der Archæologie hindert sie in der allgemeinen Kunstwissenschaft aufzugehen, und wieder ihr kunstwissenschaftlicher Charakter nöthigt dem Philologen die Erklärung ab, dass das höchste Gelingen archæologischer Forschung an Bedingungen geknüpft sei, die er meistens nicht im Stande sei zu erfüllen. Eine gewisse künstlerische Neigung und Anlage und deren sorgfältige Pflege wird für dieses Gelingen von dem Einzelnen gefordert, ganz besondere Arbeiten nehmen die Zeit in Anspruch, der Studiengang führt bis zum Seciertisch und in den Actsaal der Künstlerakademien und endlich wird ein fortgesetztes Reiseleben immer mehr erforderlich; denn die Kunstwerke in ganz Europa und darüber hinaus verstreut verlangen durchaus möglichst viel Autopsie, die keine Beschreibungen, auch keine Abbildungen ersetzen; um solche Hilfsmittel zweiten Ranges überhaupt benützen zu können, will das Auge und das Urtheil sogar erst durch Anschauung und Uebung vor Originalen gebildet sein. Dazu wächst der Stoff der Archæologie mit jedem Tage und die Fachliteratur war von jeher eine besonders schwer zu überblickende, nicht zu vergessen, dass wiederum die anderen Fächer der classischen Philologie in einem Wachsthum sind, das auch auf der anderen Seite wiederum zur Beschränkung führt. So tritt trotz allen Widerstrebens eine Sonderung ein. Sie darf aber nie bis zur gänzlichen Loslösung führen, immer wird die Selbständigkeit der Archæologie nur eine bedingte sein; weder die Kunstwissenschaft, noch viel weniger aber die Philologie dürfen aufhören die Archæologie als ihren eingeordneten Theil zu betrachten.

Der Zusammenhang der Archæologie mit der allgemeinen Kunstwissenschaft ist erst mit der Ausbildung der letzteren in jüngster Zeit mehr hervorgetreten, aber es sind damit gleich zum höchsten Gewinne der Archæologie gleichsam schlummernde Kräfte geweckt, wie in ähnlicher Weise die Erforschung der griechischen und lateinischen Sprache durch die neu erstandene allgemeine Sprachwissenschaft gefördert ist und wie ebenfalls ähnlich in neuester Zeit in die Bearbeitung der alten Geschichte überhaupt von der Beachtung neuerer Geschichtsentwickelung frische Belebung eingedrungen ist. Erst durch das Bekanntwerden der Kunst der ältesten den Griechen benachbarten Culturvölker haben wir die Anfänge griechischer Kunst recht zu verstehen begonnen; die selbständige Weiterentwickelung der griechischen Kunst wird uns ungemein viel anschaulicher, wenn wir die vielfach analoge Entwickelung der modernen Kunst zum Vergleiche herbeiziehen und die Benützung solcher Hilfe ist doppelt geboten bei der ungemein schlechten und lückenhaften Ueberlieferung der antiken Kunst. Auch für die Auslegung der antiken Werke bewahrt eine möglichst innige Vertrautheit mit der Ausdrucksweise der Kunst, die zu allen Zeiten ihr sich gleich Bleibendes hat, vor einer Menge von Verkehrtheiten; die Anschauung der Meisterwerke der neueren Kunst bewahrt den Archæologen zugleich vor der unter Gelehrten nur zu verbreiteten Ueberschätzung eines jeden geringen Ueberrestes der Antike, welche nur von der Unfähigkeit, die wahre, unseren Augen zum großen Theile entzogene Größe der Leistungen des Alterthums entsprechend zu würdigen, zeugt. Für die archæologische Kritik wird ferner eine Vertrautheit mit der neueren Kunst geradezu unerlässlich, wenn es gilt die mannigfach verwickelten Fragen über Zeitbestimmung, über fälschende Nachahmung oder Alterierung eines antiken Werkes zu entscheiden. Andrerseits aber wird eine noch so feine allgemeine kunstwissenschaftliche Ausbildung, wird die gewiegteste Kennerschaft, die sofort einem Werke antiken oder modernen Ursprung, antike Bestandtheile und moderne Zuthaten, die auch ohne Weiteres den Werth einer Arbeit als Original oder Copie erkennt, ohne philologisches Rüstzeug nicht über einen gewissen Punkt im Verstehen des Einzelnen und Ganzen der Antike hinaus und lange nicht bis zum erreichbaren Ziele kommen.

Während von den beiden Herrinnen der Archæologie die allgemeine Kunstwissenschaft sich erst neuerlich hervorgethan hat, ist die classische Philologie die ältere und dieses alte Verhältnis soll auch in aller Strenge gewahrt bleiben. Ohne die beständige Lehre und Aufsicht dieser älteren Disciplin würde es schlecht um die Archæologie bestellt sein; praktisch wird den Archæologen das fast jeder Schritt lehren, wie wenig er dieser beständigen Stütze entrathen kann. Kennen wir doch, um gleich ein Deutlichstes vorauszunennen, eine Menge verlorener Kunstwerke nur noch aus alten Beschreibungen und Erwähnungen in der Literatur; sind uns doch werthwolle Fragmente schon von den Alten selbst geübter Beobachtung und Erforschung ihrer Kunst und Kunstgeschichte in der Literatur gerettet. Was würden unsere Versuche, die Geschichte der griechischen Kunst wieder aufzubauen, ohne sie sein? Und da tritt gleich sprachphilologisches Wissen, Benutzung zum mindesten des dort z. B. in der Gestaltung der Texte Gewonnenen als unmittelbar nothwendig hervor. Augenfällig ist ferner dasselbe bei den so wichtigen, den Kunstwerken beigegebenen Inschriften. Und wie zu jedem einzelnen Werke, wo sie sich findet, die Inschrift, so muss für den gesammten Vorrath antiker Kunstüberreste die alte Literatur und damit zugleich wieder die Bearbeitung dieser Literatur als Commentar benutzt werden. Nicht nur die ganze gegenständliche Auslegung der Bildwerke, das Erkennen eines dargestellten Mythus, der in einer Scene auftretend dargestellten Figuren ist abhängig von der schriftlichen Ueberlieferung der mythischen Stoffe, der historischen Thatsachen und der des Alltagslebens, nein, auch die Erfassung der rein stilistischen Seite der antiken Kunstwerke würde wie ohne ihre Lebensluft nur kümmerlich gedeihen, wenn nicht zugleich die Aeußerungen doch zuletzt desselben Geistes in Sprache, Literatur und in allem Anderen zur Vergleichung herbeigezogen würden. Zumal in der Sprache legt sich die Geistesart eines Volkes nach allen Seiten viel feiner verzweigt auseinander, wir lernen da Alles viel klarer und bestimmter, in weniger der Willkür des Deutenden ausgesetzter Weise. Wie mangelhaft die Ergebnisse eines Studiums der Kunstwerke ohne den Blick auf eine gleichzeitige Literatur bleiben, zeigt uns u. a. im warnenden Beispiele bei aller Vortrefflichkeit ihrer Forscher die etruskische Archæologie; allen den zahlreichen Darstellungen in Wandgemälden, auf Spiegeln und Aschenkisten wird man verhältnissmäßig wenig mit aller darum nicht zu unterlassenden Mühe abzwingen, so lange das Siegel etruskischer Sprache nicht völliger gelöst ist; selbst dann freilich gäbe die spärliche Zahl der Literaturüberreste nur schwache Hoffnungen auf Hilfe. So wird denn das sprachphilologische Studium der beständige Begleiter und schon der Vorläufer des speciel archæologischen sein müssen. Der Einzelne muss hier noch immer denselben Weg gehen, den mit innerer Nothwendigkeit die Wissenschaft im Ganzen gegangen ist. Lange erst hat man das classische Alterthum aus seinen Schriftdenkmälern erforscht, ehe man mit einigem Erfolge die Hand an die Erforschung der Kunst gelegt hat und sie anlegen konnte. Ehe das geschehen konnte, hat uns die Sprachphilologie erst Vieles fertig in die Hand geben müssen und sie bleibt noch immer für die jüngere Schwesterdisciplin die Lehrerin der Methode, der wissenschaftlichen Technik. Wenn es uns gelungen ist in den Hauptzügen an der Hand ganz schwacher Spuren die Parthenos des Phidias wieder aufzubauen, die bei der Kostbarkeit ihres Materials völlig von der Barbarei zu Grunde gerichtet ist, wenn jetzt eben kritisch zubereitet die Stücke uns geboten werden sollen, aus denen wir im Geiste nach Möglichkeit den ganzen bildergeschmückten Prachtbau des Parthenon Wiedererstehen lassen mögen, der zerrissen und beraubt da liegt, so ist erst durch die textkritischen Arbeiten der Sprachphilologie das Verfahren zu solchem Unternehmen ausgebildet und erprobt.

Bis so weit lag der Unmöglichkeit, die Archæologie je von dem Ganzen der classischen Philologie ganz abzulösen, eine Bedürftigkeit auf Seiten der Archæologie zu Grunde. Eine solche Bedürftigkeit ist andrerseits aber wiederum auch auf Seiten der anderen Disciplinen vorhanden und so wird die Verbindung von beiden Seiten untrennbar. Bei der höchsten Auffassung der classischen Philologie als Alterthumswissenschaft im ganzen Umfange können die Leistungen der Griechen auf dem Gebiete der Kunst um so weniger geringe Beachtung finden, je bedeutender der Platz war, den die Kunst im Leben und Weben der Griechen einnahm. Wie stark Anlage und Ausbildung gerade der Griechen nach dieser Seite hin war, tritt in den verschiedensten Anzeichen hervor: ist doch Platos Ideenlehre, seine Vorstellung von der Weltschöpfung durch und durch künstlerisch gefärbt. Aber auch die einzelnen anderen Disciplinen werden mehr oder weniger oft für ihre besonderen Arbeiten auf die Unterstützung durch die Archæologie angewiesen; einige, wie Mythologie, Lehre der Privat- und Sacralalterthümer, würden mit dem archæologischen Material einen ganz erheblichen Theil ihrer Quellen einbüßen; andere Untersuchungen, die am sprachlichen und literarischen Stoffe ausgeführt werden, finden an einzelnen Stellen eine große Erleichterung von Seite archæologischer Forschung. Namentlich wo Sprache und Literatur sich auf Dinge aus dem künstlerischen Gebiete im weitesten Sinne richten, ist solche Erleichterung augenfällig. Wer wollte sich von allen Erwähnungen antiker Tracht, von vielen Namen einzelner Stücke derselben eine deutliche Vorstellung machen können ohne solche Hilfe, wie würden wir uns manche Sitten und Gebräuche, wie würden wir uns beispielsweise den homerischen Wagenkampf vorstellen, oder im günstigsten Falle mit welcher Mühe wäre eine Vorstellung zu erkaufen gewesen, hätte man sein Auge den Kunstdarstellungen verschlossen. Ich kann hier nicht weiter ins Einzelne gehen. Im Ganzen ist es nur zu betonen, dass uns die Archæologie zur Anschauung noch über das Wissen, wie es die Sprache überliefert, der Dinge der alten Welt hinausführt. So mangelhaft ihr Anschauen bleibt ohne jenes Wissen, so gewiss hebt es uns, wenn es zu dem Wissen hinzutritt, auf eine höhere Stufe des Erkennens. Die alte Wahrheit, die Polybius vertritt, bleibt, dass Sehen über Lesen geht. Ein jetzt etwas altmodig gewordener Schriftsteller drückt sich in seiner Weise hierüber so aus: man sehe ja bei bewölktem Himmel auch Alles in einer Landschaft, aber wenn die Sonne hineinscheine, so sehe man deutlicher und mit mehr Vergnügen. Gerade für das Verständnis der Schriftwerke des Alterthums ersetzt uns aus den Werken der bildenden Kunst die Archæologie das, was jeder antike Leser zum Verständnisse mitbrachte, was der Schriftsteller als selbstverständlich voraussetzte, deshalb kaum ausdrücklich nennt, und was uns dagegen gerade besonders hindernd fehlt, die unmittelbare Anschauung, Erinnerung, Kenntnis des damals alltäglichen Lebens, der einem Jeden geläufigen Gegenstände und Umgebungen.

So weit gekommen werden wir nun unmittelbar darauf geführt es hervorzuheben, wie diese durch die Archæologie gebotene Erhebung des philologischen Wissens zur unmittelbaren Anschauung des Alterthums die Nutzbarmachung des Studiumgewinnes für die meisten Studierenden der Philologie außerordentlich fördert, die von der Universität zum Gymnasialunterrichte übergehen. Die Anwendbarkeit des Wissens ist ein schöner Lohn, dessen Segen in weite Kreise dringt; doch freilich ist es nicht an erster Stelle die Aussicht auf Nutzen, auf die der Jünger der Wissenschaft als auf das Maßgebendste bei seiner Arbeit von vorn herein den Blick richten soll. Im Erkennen selbst ist das höchste Glück dem Forscher beschieden, an dem Jeder nur ganz streng nach Verdienst seinen Antheil findet. Rechnen sie darauf, m. H., auch auf dem engeren Felde, auf das ich heute Ihre Aufmerksamkeit lenke, auf dem zu arbeiten ich Sie einlade, diesen höchsten Preis gewinnen zu können. Es soll schon bei den archæologischen Uebungen, welche ich regelmäßig in jedem Semester zu halten gedenke, meine Hauptabsicht sein, Sie wenngleich zunächst nur im Allerkleinsten die reine Freude des Selbstfindens der Wahrheit kosten zu lassen, während Sie zugleich in der Bescheidung des Nichtwissens und in der vorsichtigen Schätzung der verschiedenen Grade von Wahrscheinlichkeiten, auf die wir so oft angewiesen bleiben, zum Gefühle der Befriedigung am menschlicher Weise zur Zeit Erreichbaren zu gelangen sich gewöhnen. Daneben werden Sie sich aber allerdings gern versichert halten mögen, dass als ein πάρεργον Ihnen der Nutzen der Beschäftigung mit der Archæologie, wenn Sie später ein Lehramt antreten, nicht ausbleiben wird. Gewiss verkehrt hat man zwar im übelverstandenen Eifer letzthin geradezu die Aufnahme archæologischen Unterrichts auf den Schulen gefordert; daran ist nicht zu denken; aber der Lehrer, der auf der Universität, wo ihm die Gelegenheit geboten war, sein Wissen durch Schauen bereichert hat, wird bei einigem pædagogischen Tacte davon die beste Anwendung machen können. Schon beim Lesen des Homer mit den Schülern werden Sie darauf selbst kommen, Sitten und Trachten, vielerlei Einzelheiten dieser fern entlegenen Dichterwelt mit Hilfe alter Bildwerke der Jugend näher zu bringen; wie viel lässt sich überhaupt auf diesem Wege in kürzerer Zeit begreiflich machen! Ich denke Ihnen wiederum bei unseren Uebungen Gelegenheit zu geben, sich selbst ohne große Bemühung im Laufe einiger Semester einen Bilderapparat zu schaffen, den Sie später mit Nutzen hervorholen und verwenden werden.

Dann aber kann ich mir nicht versagen endlich auch noch daran zu denken, dass Sie von dieser Hauptstadt hinausgehen werden in alle Theile eines großen Reiches, welches mit den Wurzeln seiner ältesten Cultur in den Gründungen des vorchristlichen Alterthums haftet, größtentheils auf Römerboden erwachsen ist, der noch genug der Ueberreste jener Vorzeit birgt und bei jeder Gelegenheit dem Tage wiedergibt. Es ist eine Ehrensache der heutigen Bewohner eines solchen Landes, es ist ihre Pflicht gegen die Menschheit, die die Denkzeichen ihrer Geschichte nicht gedankenlos zernichtet wissen will, diese Ueberreste zu beachten, zu bewahren und mit Verständnis zu bewahren. Nur der rohesten Unwissenheit können wir es schmerzlich bewegt verzeihen, wenn wir den Kalkofen die Bild- und Schriftsteine von Delos und Samothrake verzehren sehen, wenn der sinnloseste Aberglauben Jahr aus Jahr ein im Orient und auch genugsam in den Gebieten, die wir geographisch zu Europa rechnen, die alten Steine zu Tausenden zertrümmert, bei denen der habgierige Sinn nur an verborgene Schätze zu denken weiß. Mit den Grenzen dieses Reiches sollte dem ein Ziel gesetzt sein und es wird gesetzt sein, wenn zunächst jeder Lehrer, der hinaus geht, gelernt hat, wie der menschliche Geist über Jahrtausende hin in Formen zu uns redet, wenn er gelernt hat, der stummen Sprache dieser untrüglichen Zeugen der Vergangenheit zu lauschen, wenn in jedem Philologen ein neuer Conservator der vaterländischen Alterthümer ersteht, der darum kein Alterthumskrämer zu werden braucht, sondern Augen und Sinn offen haben kann für seine dringenden Pflichten gegenüber dem Leben. Das wäre also auch Etwas vom Nutzen der Archæologie, und zwar gerade hier am Orte.

Zum Schlusse wollen wir aber noch einmal auf etwas Höheres hindeuten, darauf, dass in den Kunstschöpfungen des Alterthums einer der unsterblichen Factoren menschlicher Bildung gegeben ist, der noch weiter wirken wird, wenn unsere territorialen und confessionellen, selbst, die uns heute ganz erfüllen wollen, unsere nationalen Ideenkreise in ihrer gegenwärtigen Fassung nur noch einen historischen Werth haben. Humanität wird länger währen als alles das; humane Bildung aber wird immer wieder nach griechischer Kunst fragen und unsere deutsche Wissenschaft soll sich auch fernerhin das bescheidene Verdienst sichern, zum Wiedergewinnen und Bewahren des Verständnisses dieser kostbaren Verlassenschaft an ihrem Theile mitgearbeitet zu haben. Lassen Sie uns dazu an unserem Theile thun und nehmen Sie meine gebotene Hand der Führung in die Kenntnis der antiken Kunstwelt und was damit zusammenhängt, an.

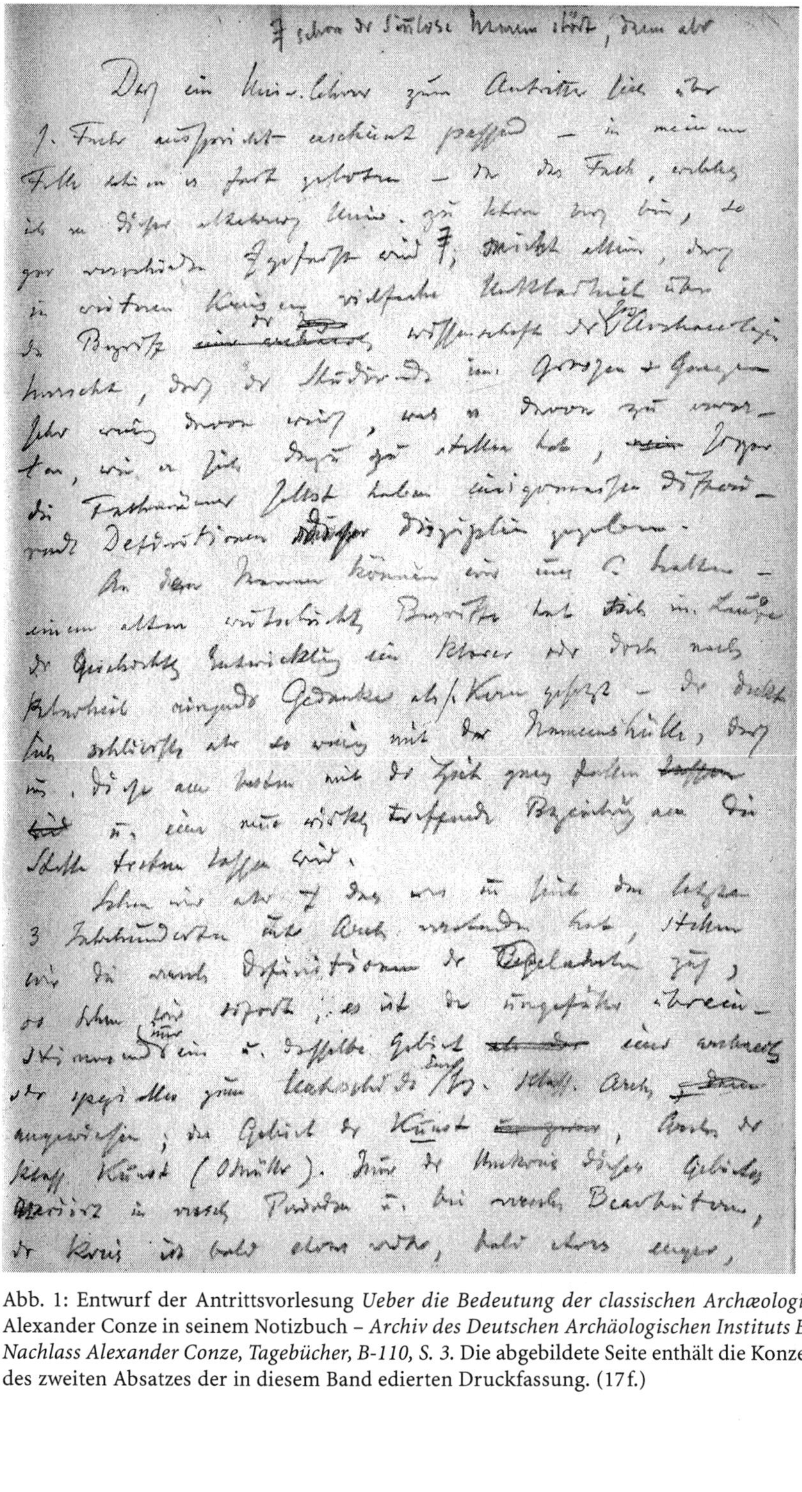

Abb. 1: Entwurf der Antrittsvorlesung *Ueber die Bedeutung der classischen Archæologie* von Alexander Conze in seinem Notizbuch – *Archiv des Deutschen Archäologischen Instituts Berlin, Nachlass Alexander Conze, Tagebücher, B-110, S. 3.* Die abgebildete Seite enthält die Konzeption des zweiten Absatzes der in diesem Band edierten Druckfassung. (17f.)

Kommentar von Karl Reinhard Krierer

Alexander Christian Leopold Conze[1] (geb. 10. Dezember 1831 in Hannover, gest. 19. Juli 1914 in Berlin) studierte in Göttingen Klassische Philologie und Klassische Archäologie. Sein wichtigster Lehrer war Friedrich Wieseler.[2] Mit seiner Dissertation *De Psyches imaginibus quibusdam* promovierte er 1855 bei Eduard Gerhard[3] in Berlin, wohin er 1853 gewechselt hatte. Um sich 1861 zu habilitieren, kehrte Conze wiederum nach Göttingen zu Wieseler zurück und wurde 1863 a. o. Professor der Klassischen Archäologie in Halle an der Saale. 1868 folgte er einem Ruf an die Universität Wien, um ab dem Sommersemester 1869 den ersten Lehrstuhl für das in Österreich neu eingerichtete Fach Klassische Archäologie zu bekleiden. Am 15. April 1869 hielt er seine programmatische Wiener Antrittsrede *Ueber die Bedeutung der classischen Archæologie.*[4]

Conze hatte bereits in jungen Jahren den Zugang zu höheren wissenschaftlichen Kreisen gesucht. So machte er 1855 die Bekanntschaft Theodor Mommsens[5] im Hause Friedrich Thierschs[6] in München. Schon als Student war er mit

1 Es liegt keine wissenschaftliche Biographie Alexander Conzes vor, wohl aber eine von ihm selbst geschriebene Familienbiographie sowie eine von seinem Sohn Friedrich. Alexander Conze: *Unsern Kindern gewidmet*, Berlin 1908; Friedrich Conze: *Die Familie Conze aus Elze. Meinen Kindern und Enkeln gewidmet*, Berlin 1941. Zu den biographischen Angaben vgl. auch Hubert Szemethy: »Conze, Alexander«, in: Peter Kuhlmann, Helmuth Schneider (Hg.): *Geschichte der Altertumswissenschaften. Biographisches Lexikon, Der Neue Pauly*, Suppl. 6, Stuttgart u. a. 2012, 246–248; Karl Reinhard Krierer, Ina Friedmann: »Alexander Conze in Wien (1869–1877)«, in: Gerald Grabherr, Barbara Kainrath (Hg.): *Akten des 15. Österreichischen Archäologentages in Innsbruck 27. Februar – 1. März 2014*, Innsbruck 2016 (= Ikarus 9), 141–152. – Für die Durchsicht des Manuskripts und Hinweise danke ich Hubert D. Szemethy.

2 Friedrich Wieseler (1811–1892), Klassischer Archäologe und Philologe, ab 1842 Professor an der Universität Göttingen; Albert Müller: »Wieseler, Friedrich«, in: *ADB* 42 (1897), 430–433; Klaus Fittschen: »Von Wieseler bis Thiersch«, in: Carl Joachim Classen (Hg.): *Die Klassische Altertumswissenschaft an der Georg-August-Universität Göttingen. Eine Ringvorlesung zu ihrer Geschichte*, Göttingen 1989, 78–97, hier 79–88.

3 Friedrich Wilhelm Eduard Gerhard (1795–1867), Klassischer Archäologe, Mitbegründer des Istituto di Corrispondenza Archeologica in Rom, in Berlin Museumsdirektor und Universitätsprofessor. Karl Ludwig Urlichs: »Gerhard, Eduard«, in: *ADB* 8 (1878), 760–766; Friedrich Matz: »Gerhard, Friedrich Wilhelm Eduard«, in: *NDB* 6 (1964), 276f.; Veit Stürmer, »Eduard Gerhard – Begründer der institutionellen Archäologie in Berlin«, in: Annette M. Baertschi – Colin G. King (Hg.): *Die modernen Väter der Antike. Die Entwicklung der Altertumswissenschaften an Akademie und Universität im Berlin des 19. Jahrhunderts*, Berlin 2009, 145–164; Detlef Rößler: »Gerhard, Eduard«, in: P. Kuhlmann, H. Schneider (Hg.): *Geschichte der Altertumswissenschaften, Der Neue Pauly*, 452–455.

4 Alexander Conze: *Ueber die Bedeutung der classischen Archæologie. Eine Antrittsvorlesung gehalten an der Universität zu Wien am 15. April 1869*, Wien 1869; der Text erschien auch in der *Zeitschrift für die österreichischen Gymnasien* 20 (1869), 335–347.

5 Theodor Mommsen (1817–1903), Historiker und einer der bedeutendsten Altertumswissenschaftler, als Wissenschaftsorganisator Begründer des Corpus Inscriptionum Latinarum (CIL), Nobelpreisträger für Literatur 1902; Stefan Rebenich: »Mommsen, Theodor«, in: P.

Größen wie August Boeckh[7] und Otto Jahn[8] bekannt. Mit Jahns Neffen, Adolf Michaelis,[9] war Conze 1859/60 der erste Reisestipendiat des Deutschen Archäologischen Instituts. Es zeichnete sich also schon früh Conzes Fähigkeit ab, sich gewandt in wissenschaftlichen Netzwerken zu bewegen, was für seine Karriere als hervorragender Wissenschaftsorganisator an den verschiedenen Stationen seiner Laufbahn unverzichtbar werden sollte. Auch die immense Korrespondenz Conzes zeigt dies; sie ist zugleich eine Quelle von größter Bedeutung für die Erforschung seiner wissenschaftlichen Biographie.

Zu dem Zeitpunkt als Conze seine Wiener Professur antrat, gab es an der Universität Wien für das Fach Klassische Archäologie keinen eigenen Raum, geschweige denn ein Institut oder eine Fachbibliothek, keine eigene archäologische Sammlung und auch keine sonstigen Lehrmittel. Seine Korrespondenz erledigte Conze von seiner Privatadresse aus.[10]

Zeitgleich mit der Übernahme des Lehrstuhls begründete Conze einen – hauptsächlich aus Fachliteratur und Anschauungsmaterialien wie Schautafeln, Gipsabgüssen und Modellen für den Unterricht bestehenden – ›archäologischen Lehrapparat‹, den er finanziert durch fixe jährliche sowie außerordentliche Dotationen des Ministeriums für Kultus und Unterricht kontinuierlich erweiterte. Neben der Institutionalisierung der Klassischen Archäologie in Österreich und neben seinen universitären Tätigkeiten ist Conzes Engagement für die römischen Fundstätten der Provinzen, für Ausgrabungen und für Corpus- und

Kuhlmann, H. Schneider (Hg.): *Geschichte der Altertumswissenschaften, Der Neue Pauly*, 836–842.

6 Friedrich Wilhelm Thiersch (1784–1860), Philologe und Bildungspolitiker, Präsident der Bayerischen Akademie der Wissenschaften; August Baumeister: »Thiersch, Friedrich Wilhelm«, in: *ADB* 38 (1894), 7–17; Hans-Martin Kirchner: *Friedrich Thiersch. Ein liberaler Kulturpolitiker und Philhellene in Bayern*, 2. erg. und um ein Kap. erw. Aufl., Mainz u. a. 2010.

7 August Boeckh (1785–1867), Philologe und Altertumsforscher, Initiator des *Corpus Inscriptionum Graecarum* (CIG); Karl Bernhard Stark: »Boeckh, August«, in: *ADB* 2 (1875), 770–783; Walther Vetter: »Boeckh, August«, in: NDB 2 (1955), 366f.; M. Hernes: »Boeckh, August«, in: P. Kuhlmann, H. Schneider (Hg.): *Geschichte der Altertumswissenschaften, Der Neue Pauly*, 119–122.

8 Otto Jahn (1813–1869), Altphilologe, Klassischer Archäologe und Musikwissenschaftler; Professuren in Leipzig und Bonn; Adolf Michaelis: »Jahn, Otto«, in: *ADB* 13 (1881), 668–686; Margarete Privat: »Jahn, Otto«, in: *NDB* 10 (1974), 304–306; Carl Werner Müller: »Jahn, Otto«, in: P. Kuhlmann, H. Schneider (Hg.): *Geschichte der Altertumswissenschaften, Der Neue Pauly*, 621–624. – Otto Jahn: »Über das Wesen und die wichtigsten Aufgaben der archäologischen Studien«, in: *Berichte über die Verhandlungen der Königlich-Sächsischen Gesellschaft der Wissenschaften zu Leipzig*, Jg. 2 (1848), 209–226.

9 Adolf Michaelis (1835–1910), Klassischer Archäologe. Wie Conze in Wien, war Michaelis an der Universität Straßburg erster Inhaber eines Lehrstuhls für Klassische Archäologie; Hubert Szemethy: »Michaelis, Adolf«, in: P. Kuhlmann, H. Schneider (Hg.): *Geschichte der Altertumswissenschaften, Der Neue Pauly*, 823f.

10 Die Familie Conze wohnte in einem Mehrfamilienhaus an der Adresse Sophiengasse 3 in Wien Wieden, die Mitte der 1870er Jahre zu Alleegasse 41 wurde, heute Argentinierstraße 41.

Publikationsprojekte von herausragender Bedeutung für die Entwicklung der Archäologie in Österreich, auch wenn Conze selbst kein Ausgräber im eigentlichen Sinn gewesen ist und auf dem Boden Österreichs resp. der k. k. Monarchie nie eine Grabung veranstaltete. Conzes wissenschaftliches Œuvre ist immens; allein aus den Jahren seiner Wiener Zeit von 1869 bis 1877 zählt man rund 60 Titel, Veröffentlichungen in Tageszeitungen nicht mitgerechnet.

Zur Schaffung des genannten universitären archäologischen Lehrapparates gehörten von Conze zusammengestellte sogenannte Vorlegeblätter für Vorlesungen und Übungen, die den Studenten als Anschauungsmaterial dienten. Die in großformatigen Mappen herausgegebenen Schautafeln wurden auch von anderen, hauptsächlich deutschen Universitätsinstituten angekauft. Einen weiteren bedeutenden Schritt setzte Conze mit der Gründung einer archäologischen Abguss-Sammlung. Diese war in ihren Anfängen mit dem Bestand der Akademie der bildenden Künste – damals im St. Annahof in der Wiener Innenstadt gelegen – aufgestellt.[11] Von Conzes außeruniversitären Projekten sind für Wien besonders das *Corpus der attischen Grabreliefs* und die Ausgrabungen auf der Insel Samothrake zu nennen. Ersteres war ein umfassendes Sammel- und Publikationsvorhaben Conzes, wofür er die Kaiserliche Akademie der Wissenschaften in Wien als Geldgeber gewinnen konnte. Das Werk umfasste schließlich vier Bände mit insgesamt 2158 Tafeln, die allerdings erst ab 1893, lange nach Conzes Weggang von Wien, erschienen sind.[12] Die Insel Samothrake wiederum hatte Conze bereits 1858 besucht und eine daraus resultierende Monographie[13] war Teil seines Göttinger Habilitationsverfahrens im Jahr 1861. Während seiner Professur in Wien führte er 1873 und 1875 Ausgrabungen auf Samothrake durch, die von ihm und seinen Mitarbeitern vorbildlich publiziert wurden.[14] Schließlich

11 Die Archäologische Sammlung der Universität Wien besteht bis heute und erfüllt nach wie vor eine wichtige Aufgabe in der archäologischen Fachausbildung. Zu dieser Sammlung zuletzt: Johannes Bauer: »Il Museo dei Gessi dell'Università di Vienna al tempo di Alexander Conze e Otto Benndorf«, in: Maria Grazia Picozzi (Hg.): *Ripensare Emanuel Löwy. Professore di archeologia e storia dell'arte nella R. Università e Direttore del Museo di Gessi*, Rom 2013, 111–124; Hubert Szemethy: »Die ›Archäologische Sammlung‹ der Universität Wien – Rückblick und Ausblick«, in: Florian M. Müller (Hg.): *Archäologische Universitätsmuseen und -sammlungen im Spannungsfeld von Forschung, Lehre und Öffentlichkeit*, Wien, Berlin 2013, 501–517; Marion Meyer: »Die Archäologische Sammlung des Instituts für Klassische Archäologie der Universität Wien – Aufgaben, Probleme, Perspektiven«, in: Florian M. Müller (Hg.): *Archäologische Universitätsmuseen und -sammlungen im Spannungsfeld von Forschung, Lehre und Öffentlichkeit*, Wien, Berlin 2013, 519–527.

12 Alexander Conze (Hg.): *Die attischen Grabreliefs*, hg. im Auftrage der Akademie der Wissenschaften zu Wien, 4 Textbände und 6 Tafelbände, Berlin 1893–1922.

13 Alexander Conze: *Reise auf den Inseln des thrakischen Meeres*, Hannover 1860.

14 Alexander Conze, Alois Hauser, George Niemann: *Archæologische Untersuchungen auf Samothrake. Ausgeführt im Auftrage des k. k. Ministeriums für Kultus und Unterricht, mit Unterstützung Seiner Majestät*, Wien 1875; Alexander Conze, Alois Hauser, Otto Benndorf:

muss die für die österreichischen Fundorte bedeutsame Publikation *Römische Bildwerke einheimischen Fundorts in Österreich* genannt werden, die in den Denkschriften der Kaiserlichen Akademie der Wissenschaften in Wien in drei Teilen 1872, 1875 und 1877 erschienen ist.

Von allergrößter Bedeutung für die Entwicklung des Faches Klassische Archäologie in Österreich sind zwei Errungenschaften, die in erster Linie auf Alexander Conze zurückgehen: zunächst die gemeinsam mit Otto Hirschfeld[15] betriebene Gründung eines Institutes an der Universität, die am 1. Oktober 1876 unter der Bezeichnung *Archæologisch-epigraphisches Seminar* erfolgte. Dieses Seminar befand sich bis 1884, dem Jahr der Übersiedlung in das neue Universitätsgebäude am Ring, in den Räumen der alten Universität in der Wiener Innenstadt. Die zweite Errungenschaft ist die eigene Institutszeitschrift, die *Archæologisch-epigraphischen Mittheilungen aus Oesterreich*, die Conze gemeinsam mit Otto Hirschfeld 1877 ins Leben rief und die über zwanzig Jahre Bestand hatte.[16] Conze selbst war ab dem Wintersemester 1877 in Berlin als Direktor der Berliner Skulpturensammlung an den königlichen Museen tätig und avancierte 1887 zum Generalsekretar des Deutschen Archäologischen Instituts.

Die Antrittsvorlesung *Ueber die Bedeutung der classischen Archæologie*

Alexander Conze verfolgte mit seiner Antrittsrede, die er in einem Notizbuch handschriftlich konzipierte[17] und die er am 15. April 1869 an der Universität Wien hielt, das Ziel, sowohl Umfang als auch Bedeutung der gesamten von ihm zu vertretenden Disziplin zu erläutern. Es scheine, so Conze, »als fehle es der classischen Archæologie, der Archæologie, wie man auch schlechthin sagt, an jedem klar begrenzten Gebiete, als fehle es der Beschäftigung mit ihr an einem großen Zusammenhange und selbst an wissenschaftlicher Würdigkeit.« (17f.) Man erkennt, dass es Conze um Grundsätzliches ging und nicht um Einzelheiten, wie und womit er seinen Lehrstuhl genau auszufüllen gedachte. Es galt, das noch

Neue Archaeologische Untersuchungen auf Samothrake. Ausgeführt im Auftrage des k. k. Ministeriums für Kultus und Unterricht mit Unterstützung seiner Majestät, Wien 1880.

15 Otto Hirschfeld (1843–1922), Althistoriker und Epigraphiker; nach einer seit 1872 bekleideten Professur für Altertumskunde in Prag 1876 Professur für Alte Geschichte, Altertumskunde und Epigraphik in Wien, 1885 Nachfolger Theodor Mommsens auf dessen Berliner Lehrstuhl; [Art.]: »Hirschfeld, Otto«, in: *ÖBL* 2 (1959), 332f.

16 Karl Reinhard Krierer: »Die ›Archæologisch-Epigraphischen Mittheilungen aus Oesterreich‹ (1877–1897)«, in: Christine Ottner u.a. (Hg.): *Wissenschaftliche Forschung in Österreich 1800–1900. Spezialisierung, Organisation, Praxis*, Göttingen 2015, 239–258.

17 Archiv des Deutschen Archäologischen Instituts Berlin, Nachlass Alexander Conze, Tagebücher, B-110. Vgl. Abb. 1 (29).

junge Fach der Archäologie, das zwischen Kunst und Philologie angesiedelt war, klar zu definieren.

Erkenntnistheoretisch stand für Conze der Welt der Natur »die Philologie im weitesten Sinne« (18) gegenüber, worunter er die Geisteswissenschaften verstand, die sich allem vom Menschen Geschaffenen und dem damit in Zusammenhang Stehenden widme. Innerhalb der Philologie seien die einzelnen Bereiche nach »Quer- und Längendurchschnitten« (18) zu gliedern und zu thematisieren. An Querdurchschnitten seien zum Beispiel die Klassische und die Deutsche Philologie interessiert; die »Theilung[...] nach dem Längendurchschnitte« (19), die Untersuchungen »durch alle Zeiten und Völker« betreffe, verfolge wiederum die Sprachwissenschaft. Mit dieser Systematik schaffte Conze die Voraussetzung für seine Definition und Verortung der Klassischen Archäologie.

Bevor Conze jedoch seine programmatische Definition des Faches erklärte, stellte er der Sprachwissenschaft die wissenschaftliche Erschließung von Kunst zur Seite, also von allem von menschlicher Hand Geschaffenen. »Neben der Sprachwissenschaft ersteht eine Kunstwissenschaft«, wodurch sich Längen- und Querdurchschnitte begegnen, und, so Conze weiter: »[W]o sich der Querdurchschnitt der classischen Philologie und der Längendurchschnitt der Kunstwissenschaft kreuzen, da und genau da liegt das Gebiet der classischen Archæologie«. (19) Conze präferierte die Bezeichnung »Wissenschaft der classischen Kunst« gegenüber dem Begriff ›Klassische Archäologie‹, da die Kunst für ihn den »Hauptgegenstand der wissenschaftlichen Beschäftigung« (19) bilde und somit im Zentrum des Faches der Klassischen Archäologie liege: »[A]lle in räumliche Form hineingeschaffenen Menschengedanken, aus denen eine neue Welt um uns ersteht und deren kein Volk je ganz entbehrt, müssen als in unser Gebiet der Betrachtung gehörig angesehen werden.« (19) Mit diesem Postulat wird Conzes allumfassender Anspruch an den Forschungsraum der Archäologie deutlich.

Conze ging aber noch viel weiter, indem er forderte, dass eben nicht nur die »schöne Kunst« betrachtet und erforscht werden solle, sondern auch die einfachsten Dinge der menschlichen Produktion, an denen bereits weitere Stufen der Entwicklung sich ankündigen können: »Alles gehört herein.« (20) Damit war Alexander Conze schon sehr nahe an dem heute gültigen umfassenden Wirkungsbereich der Archäologie, der weit über das hinausgeht, was man gemeinhin als klassisch verstanden hat und versteht. Bereits bei Conze sollten die aus einem »anschauenden Denken« hervorgehenden Dinge des menschlichen Schaffensprozesses, die »in räumlichen Formen in Erscheinung tretenden Gedanken« (20), Gegenstände der Untersuchungen sein. Indes verlor Conze, nun mehr Archäologe als Philologe, nie den Zusammenhang von künstlerischem Schaffen und philologischen Grundlagen aus den Augen, etwa wenn er eine bacchische Gruppe in ihrem Naheverhältnis zum Dithyrambos in Poesie und Musik benennt. Den Begriff »Denkmäler« für »die in räumlicher Form gestalteten Menschengedanken«, die das Objekt der Archäologie seien, relativierte Conze und er vermied auch die Bezeichnungen »monumentale Philologie« oder »die *realen* Fächer der Philologie« für die Bestimmung der Archäologie. (20, 23) Darüber hinaus trat Conze für eine Trennung der Archäologie von der Epigraphik ein, auch wenn Inschriften als »Literaturwerke«, »so weit sie rein räumliches Zeichen« (21) sind, durchaus zur Archäologie gehören, auch weil die Form der Buchstaben »im handgreiflichen Zusammenhange mit der gesammten bauenden und bildenden Kunst« (21) stehe. Wir dürfen in diesem Zusammenhang nicht vergessen, dass die Archäologen jener Zeit meist aus der Philologie kamen und die meisten auch Epigraphik betrieben.

Dennoch lag Conze daran, in seinem Vortrag die altertumskundlichen Disziplinen klar zu trennen. So sprach er nach der Epigraphik auch die Numismatik an. Deren Gegenstände gehören wegen ihrer Funktion als Bildträger in den Zuständigkeitsbereich der Archäologie, auch wenn sich die Numismatik als eigenes Fach emanzipiert habe. Die Mythologie wiederum betrachtete Conze als einen völlig selbständigen Zweig der Religionsgeschichte, der keinesfalls zur Archäologie gehöre. Den Fach- und Sachbereich der Topographie wiederum sah Conze für die Archäologie als notwendig und zugehörig an, weil die von Menschen vorgenommene räumliche Umgestaltung – etwa in Bezug auf ganze Städte betrachtet – der archäologischen Forschung unterliege. Mit diesem Gedanken stand bereits Conze auf jenem Boden, auf dem die heutige Forschung zur antiken Urbanistik steht. Und wenn wir gleichsam zwischen den Zeilen lesen, annoncierte Conze damals schon den Aspekt einer soziologisch motivierten Archäologie, wenn er sagt: »[D]ie Gedanken aber, welche auf diesem Gebiete zum Ausdrucke kommen, gehören dem ganzen gesellschaftlichen und staatlichen Leben an«. (22f.) Schließlich betonte Conze erneut den Charakter seines Faches als »Wissenschaft der classischen Kunst« (19) »auf der Durchkreuzung der classischen Philologie und der allgemeinen Kunstwissenschaft liegend«; (23) und er mahnte verschiedene Voraussetzungen für das Studium ein, so zum Beispiel »ein fortgesetztes Reiseleben« als für die notwendige Autopsie der Kunstwerke unverzichtbar und selbstverständlich »das sprachphilologische Studium«. (25)

Die Selbständigkeit der Archäologie sei in ihrer starken Kohärenz mit der Kunstwissenschaft und der Philologie, »den beiden Herrinnen der Archæologie« (24), eine somit nur bedingte, und »weder die Kunstwissenschaft, noch viel weniger aber die Philologie dürfen aufhören die Archæologie als ihren eingeordneten Theil zu betrachten« (24), wobei Conze den Vorrang der Klassischen Philologie in ihrer mannigfachen Relevanz für die Erklärung antiker Bildwerke hervorhob. Sie bleibe »immer für die jüngere Schwesterdisciplin [die Archäologie] die Lehrerin der Methode, der wissenschaftlichen Technik« (25). Zumindest hier hat sich die Situation inzwischen insofern geändert, als in der archäologischen Ausbildung die philologische Komponente längst nicht mehr jene Rolle spielt wie zu Conzes Zeit; gleich geblieben ist indes die Rolle der Archäologie bei der Veranschaulichung von Quellenmaterial etwa der Mythologie oder der Privat- und Sakralaltertümer. Dieser Nutzen komme laut Conze schließlich auch jenen zugute, die nach dem Studium als Lehrer an die Gymnasien gingen, um zu unterrichten, und die somit ihr Wissen und den an der Universität im archäologischen Studium erworbenen »Bilderapparat« (27) dort anwenden konnten. Damit sprach Conze eine bedeutende Zielgruppe seiner Hörerschaft an: die angehenden Gymnasiallehrer für Griechisch und Latein.

Schließlich appellierte Conze an die Verantwortung derjenigen seiner Hörer, die nach dem Studium aus der Hauptstadt Wien »in alle Theile eines großen Reiches, welches mit den Wurzeln seiner ältesten Cultur in den Gründungen des vorchristlichen Alterthums haftet« (28), weggehen würden, sich ihrer Verantwortung für die antiken Denkmäler bewusst zu sein. Conze schloss mit dem Hinweis auf die Bedeutung der Bildung für die Humanität und auf den Stellenwert, den die griechische Kunst dabei habe. Die deutsche Wissenschaft habe ihren Anteil an der Erforschung und für das Verständnis derselben und Conze ermunterte seine Hörer, die von ihm »gebotene Hand der Führung in die Kenntnis der antiken Kunstwelt und was damit zusammenhängt« (28) anzunehmen.

Im Gegensatz zu ihrer späteren Bedeutung für die Archäologie erregte Conzes Antrittsrede zeitgenössisch wenig Aufmerksamkeit. Eine wohlwollende, zugleich in einigen Punkten kritische Analyse von Conzes Rede hat der Philologe und Epigraphiker Emil Hübner in der *Archäologischen Zeitung* veröffentlicht.[18] In einem Brief an seinen Kollegen und Freund Adolf Michaelis schrieb Conze einen Tag nach der Antrittsvorlesung am 17. April 1869: »Ich bin nun hier installirt; ehegestern habe ich eine Antrittsvorlesung, die Du gedruckt bekommen wirst, gehalten vor Studenten und einigen Kollegen.«[19] Wir können davon ausgehen, dass die Antrittsrede Conzes in den Medien kein Echo fand,[20] ja wahrscheinlich selbst in der Universität das Interesse daran nicht überwältigend war, wenn wir Conzes zurückhaltende Worte an Michaelis so interpretieren wollen. Die Bedeutung dieser programmatischen Grundsatzrede Alexander Conzes für das von ihm vertretene Fach der Klassischen Archäologie bleibt davon freilich unberührt.

18 Emil Hübner: »Über die Bedeutung der Classischen Archäologie. Eine Antrittsvorlesung, gehalten an der Universität zu Wien am 15. April 1869 von Alexander Conze. Wien 1869, 18 S. 8« [Rez.], in: *Archäologische Zeitung* (1869), 92f.

19 Archiv des Deutschen Archäologischen Instituts Berlin, Nachlass Adolf Michaelis, Kasten 1, Conze 1855 bis 1877.

20 Die Recherche in den infrage kommenden Zeitungen jener Tage brachte keine Fundstelle.

Moriz Thausing (1838–1884)

Die Stellung der Kunstgeschichte als Wissenschaft (1873)

Die Stellung der Kunstgeschichte als Wissenschaft.
Aus einer Antrittsvorlesung an der Wiener Universität im October 1873.

Die Anerkennung der neueren Kunstgeschichte als wissenschaftliche Disciplin, ihre Berechtigung, neben den anderen historischen Fächern Platz zu nehmen, ist noch jungen Datums und die Meinungen über ihre Bedeutung sind noch sehr getheilt. Es bestehen in dieser Hinsicht zum Theile gar wunderliche Vorstellungen, auch in Kreisen, denen man einen gewählteren Standpunkt in dieser Frage wohl zumuthen könnte. Es dürfte daher zunächst nicht unzweckmässig erscheinen, über Umfang, Methode und Probleme der kunstgeschichtlichen Forschung einige Rechenschaft zu geben. Und zwar gelangen wir meines Erachtens zu diesem Ziele am besten auf einem indirecten Wege, indem wir nämlich die Grenzen in's Auge fassen, welche die Kunstgeschichte von den verwandten Wissenschaften, als da sind die classische Archäologie, die Aesthetik und die Weltgeschichte, scheiden oder sie mit denselben verbinden; und endlich jene wichtige Grenzscheide, welche die Kunstgeschichte von der praktischen Kunstübung trennt, und welche nichts Anderes ist, als eine Strecke jener tiefen Kluft, die allerwärts zwischen Theorie und Praxis verläuft.

In innigster Verwandschaft steht die neuere Kunstgeschichte zunächst mit der classischen Archäologie; sie ist sozusagen nur deren jüngere Schwester, dem Gegenstande nach die Fortsetzung derselben. Mit ihr hat sie die zwiefache Natur der Quellen, die Art der Methode, die letzten Zielpunkte gemein. Durch die nahe Verwandtschaft des Stoffes, durch das Uebergreifen der Formen – insbesondere der architektonischen – aus dem einen Zeitraume in den anderen sind beide Disciplinen sehr aufeinander hingewiesen; ja sie bilden eigentlich blos verschiedene Abschnitte einer und derselben Wissenschaft und werden blos darum auseinandergehalten, weil der Einzelne schwerlich den Anforderungen beider Gebiete ganz zu entsprechen vermag. Denn neben jenen gemeinsamen, mehr innerlichen Eigenschaften stehen ebenso viele äusserliche Verschiedenheiten. Das Quellengebiet der Archäologie ist ein ganz anderes; bei der gemessenen oder doch messbaren Zahl seiner Denkmäler ist auch die Anwendung der Methode eine andere, ungleich intensivere; sie kann es auch sein, denn sie hat an der classischen Philologie eine solide Stütze. Dabei kommt das tiefe Interesse an ihrem Gegenstande der classischen Archäologie sehr zu statten, denn der deutsche Geist ist seit lange gewöhnt, die Wurzeln seiner Kraft im classischen Alterthum zu suchen. So hat denn die Archäologie viel früher, als die neuere Kunstgeschichte ihre Begründung und Bearbeitung gefunden; sie erhielt auch demgemäss etwa um zwei Generationen früher Sitz und Stimme in der *Universitas litterarum.*

Wie nun die Germanistik und romanische Philologie der classischen nachstreben, wie die neuere Geschichte der des Alterthums, so sucht auch die neuere Kunstgeschichte sich der Archäologie als ebenbürtige Schwester an die Seite zu stellen. Allerdings hat sie dazu erst ihren Anlauf genommen; die erste Generation ihrer Lehrer steht noch rüstig da; ja einer ihrer ersten Begründer, Altvater Schnaase, ist erst im Jahre 1875 vor der Zeit gestorben. Für diesen kurzen Zeitraum und die ungleich weniger günstigen Bedingungen ihrer Existenz hat die junge Wissenschaft genug geleistet, und eine spätere Zeit, die mit mehr Gerechtigkeit auf ihre Anfänge zurückblicken kann, wird dies gewiss anerkennen. Dabei erscheint das Gebiet ihrer Forschung weit ausgedehnt, ja vorläufig fast grenzenlos, der Denkmälervorrath ist überwältigend, der Quellenkunde ist durch die neuere Geschichte und Litteraturgeschichte lange nicht in dem Masse vorgearbeitet, wie durch die Philologie für das Alterthum. Dieser Zustand verlangt eine umsichtige Bearbeitung, eine extensive Anwendung der Methode, wenn die Einheit des Faches nicht durch Einseitigkeit gefährdet werden soll. Dabei ist das allgemeinere Interesse am Gegenstande der neueren Kunstforschung oft mehr hinderlich als förderlich, es hängt mit noch praktischen Fragen, mit der Parteien Hass und Gunst zusammen.

Zuweilen haben sich allerdings auch die ausserwissenschaftlichen Zwecke, die praktischen Nebenrücksichten einzelnen Zweigen der Kunstwissenschaft nützlich erwiesen, z. B. der mittelalterlichen, insbesondere der kirchlichen Archäologie, die so als eine Art romantischer Gegensatz zur classischen Kunstwissenschaft hingestellt wurde. Es gab eine Zeit, in der man es in einer gewissen Unklarheit liess, ob man sich für den Heiligen selbst oder blos für ein Bild begeistere, ob man den Reliquienschrein der Reliquie oder des Schreines halber hochhalte. Die mittelalterliche Archäologie ward dadurch stofflich sicher gefördert, nicht aber in ihrer formalen Ausbildung zu einer wissenschaftlichen Disciplin.

Auf anderen Gebieten, insbesondere für die spätere Zeit von der Renaissance an, ist eine vorzugsweise ästhetische Behandlung der Kunstgeschichte bräuchlich geworden. Man gefällt sich da in einer fortwährenden direkten Anknüpfung an ganz allgemeine, mehr oder minder ungeklärte Begriffe, an einen beiläufigen

Schönheitskanon, den man, ob eingestanden oder unbewusst, zumeist von der Antike, zuweilen auch von Raphael entlehnt hat. Diese noch immer gar sehr verbreitete Richtung der Kunstschriftstellerei vergleicht sich etwa den verflossenen Phasen der Naturphilosophie auf dem rechtshistorischen und naturwissenschaftlichen Gebiete. Gepflegt wird dieselbe meist durch Künstler oder künstlerisch angelegte Naturen, welche auf einem ähnlichen Wege wie jene, zu einem mehr subjectiven Verständnisse von Kunstformen und Denkmalen gelangt sind. Auf Grund vorgefasster Geschmacksregeln prüfen sie die Kunstwerke nur, um ihnen den entsprechenden Grad ihres persönlichen Wohlgefallens oder Missfallens in möglichst gewählten Worten an den Hals zu schreiben. Zu der Einsicht, dass solche Geschmacksurtheile stets nur relativen Werth haben und sich im Wechsel der Zeiten und Verhältnisse fortwährend und sehr wesentlich ändern, zu dieser Einsicht sind die meisten unserer Kunstschriftsteller entweder nicht durchgedrungen oder sie machen keinen Gebrauch davon.

Wir gelangen hier zu einer anderen Grenze der Kunstgeschichte, zu jener nämlich, wo sich dieselbe mit der Aesthetik berührt und von derselben scheidet. Sehr mit Unrecht wirft man diese beiden Wissenschaften zusammen, denn dieselben sind in Methode und Problem von einander völlig verschieden. Mit der Aesthetik als philosophischer Disciplin hat die Kunstgeschichte nichts gemein, oder doch nicht mehr, als etwa die politische Geschichte mit der Moralphilosophie, die Physiologie mit der Psychologie, die Naturkunde mit der Metaphysik, d. h. sie liefert der Aesthetik wohl einen Theil ihres Stoffes zur weiteren philosophischen Verarbeitung, ob aber diese davon Gebrauch macht oder nicht, das tangirt die kunstgeschichtliche Forschung keineswegs. Die Kunstgeschichte ist jedenfalls nicht berechtigt, auch ihrerseits in das philosophische Gebiet hinüber oder hinauf zu greifen und ästhetische Formeln oder Ausdrücke irgend eines Systemes zu ihren Zwecken und in ihrer Darstellung zu verwerthen. Sie hat nichts zu thun mit Deduction, mit Speculation überhaupt; was sie zu Tage fördern will, sind nicht ästhetische Urtheile, sondern historische Thatsachen, welche dann etwa einer inductiven Forschung als Materiale dienen können. So wenig also wie die politische Geschichte den Zweck hat, moralische Urtheile zu fällen, so wenig ist der Massstab der Kunstgeschichte ein ästhetischer; derselbe ist überhaupt kein absoluter, sondern blos ein relativer, je nach der auf- oder absteigenden Richtung, welcher die Kunstentfaltung einer Epoche folgt. Die Frage z. B., ob ein Gemälde schön sei, ist in der Kunstgeschichte eigentlich gar nicht gerechtfertigt; und eine Frage wie: ob z. B. Raphael oder Michelangelo, Rembrandt oder Rubens das Vollkommenere geleistet haben, ist eine kunsthistorische Absurdität. Ich kann mir die beste Kunstgeschichte denken, in der das Wort »schön« gar nicht vorkommt. Das kunsthistorische Urtheil gründet sich blos auf die durch Forschung und Augenschein festzustellenden Bedingungen, unter denen ein Kunstwerk entstanden ist. Die Frage, in welchem Verhältnisse das Können eines Künstlers zu seinem Wollen, in welchem Verhältnisse beide zu dem von ihm gehandhabten materiellen Stoffe stehen, beantwortet uns allein ein Vergleich mit seinen Zeitgenossen, seinen Vorläufern und Nachfolgern, nicht aber die Anlegung irgend eines allgemeinen, ästhetischen Massstabes.

Die ästhetisirende Behandlung der kaum erst so erfolgreich begründeten Kunstgeschichte ist für die Fortentwicklung, wie für den guten Ruf derselben von grossem Nachtheile gewesen. Denn einmal musste die schnell fertige, so viele Mittelglieder überspringende Beurtheilung und Classification vom Fluche der Unfruchtbarkeit begleitet sein; andererseits war dies summarische Verfahren nicht geeignet, bei ernsthaften Denkern hohe Begriffe von der Methode- und Disciplinfähigkeit des Faches zu erwecken. Es förderte vielmehr die Verbreitung jener Anschauung, nach welcher Kunstgeschichte doch nur eine Art geistiges Lotterbett sei – eine Art Naschwaare, welche die Gefahr geistiger Indigestionen mit sich führt – nicht aber eine gesunde geistige Kost, ein Feld schwerer und lohnender Arbeit, gleich allen anderen wissenschaftlichen Gebieten. Und so kam es denn, dass die Kunstgeschichte mit der Aesthetik mehr als nöthig in Zusammenhang gebracht wurde, und dass es uns somit viel mehr noth thut, hier die trennenden Grenzen, die unterscheidenden Merkmale zu betonen, als die Verwandtschaft mit diesem Fache.

Anders steht es um das Verhältniss unserer Wissenschaft zu einem dritten Gegenstande des Universitätsstudiums; ein Verhältniss, auf welches ich den grössten Werth legen muss, nämlich das zur Weltgeschichte des Mittelalters und der neueren Zeit. Bei diesem Verhältniss gilt es, auf die verbindenden Momente mehr Gewicht zu legen als auf die unterscheidenden. Steht die Kunstgeschichte zur Archäologie in dem Verhältnisse einer Fortsetzung, zur Aesthetik in dem einer Vorläuferin oder Vorarbeiterin, so verhält sie sich zur Geschichte, wie eine fortwährende Begleiterin, eine nothwendige Ergänzung, ein unentbehrlicher Theil. Ich fasse da allerdings Geschichte nicht in dem auf Staaten-, Regenten- und Kriegsgeschichte eingeschränkten Sinne, wie er lange Zeit hindurch der allein giltige war und heute noch vielfach vorherrschend ist; sondern in jenem allgemeineren Verstande, der auf das gesammte geistige Leben, auf alle Formen der Gesittung, auf Staat, Religion, Litteratur und Kunst hinzielt. Sie wird auf diesem Wege zur Volksgeschichte, zur Culturgeschichte im guten Sinne, d.h. in jenem Sinne, den Böckh auch in seinen allgemeinen Begriff der Philologie gelegt hat. Wenn diese Philologie die Sprachenkunde, die Litteraturkenntniss, die Archäologie und Geschichte, Antiquitäten und Rechtsalterthümer in sich begreifen soll, was wäre sie dann Anderes, als die Wissenschaft vom geistigen Menschen, als das, was wir Culturgeschichte nennen könnten, wenn dieser Name nicht durch Missbrauch abgenützt wäre? Verschiedene Worte für das gleiche Ziel! Denn trotz aller Widersprüche der historischen Politiker, wird wohl auch die Geschichte immer mehr die Richtung auf eine allseitige Erforschung und

Durcharbeitung der überlieferten Culturdenkmäler nehmen – zumal in einer Zeit, deren grösste Staatsmänner auch von ihrem Standpunkte gegen die Trennung der Begriffe Regierung und Volk protestieren und zu dem letzteren auch die Regierenden gezählt wissen wollen. So wird denn andererseits auch die politische Geschichte das Völkerleben immer mehr in ihren Bereich ziehen müssen, d.h. vor Allem die innere Entwicklung jener Nationen, welche sich um die moderne Cultur vornehmlich verdient gemacht haben. Nach diesem letzteren Gesichtspunkte hat ja die Geschichte ohnedies stets die Grenzen des ihr Erforschungswürdigen abgesteckt. Dies vorausgesetzt, bildet die Kunstgeschichte, insbesondere die des Mittelalters, genau so einen Zweig der neueren Geschichtswissenschaft, wie die Archäologie einen Zweig der sich thatsächlich zur Alterthumswissenschaft erweiternden Philologie – und zwar einen sehr wichtigen und wesentlichen Zweig, sobald es sich einmal um eine richtige Erkenntniss der jeweiligen Culturzustände eines Volkes handelt.

Die besondere Eigenthümlichkeit der Kunstgeschichte, wie andererseits auch die eigenthümliche Schwierigkeit ihrer Behandlung, liegt in der zwiefachen ganz verschiedenen Art der Quellen, aus denen sie ihre Ergebnisse zieht. Einmal sind es schriftliche Nachrichten, als Inschriften, Urkunden, Briefe, Schriftsteller; Zeugnisse also, welche ganz den gewöhnlichen Regeln historischer Kritik unterstehen und derselben auch im gleichen Masse bedürfen, wie die Quellen der allgemeinen und politischen Staatengeschichte. Gegenüber diesen litterarischen Zeugnissen oder Documenten aber steht die andere Gruppe unserer Erkenntnissquelle, die Monumente, die Denkmäler und Kunstwerke, welche zugleich den Hauptgegenstand unserer Forschung bilden. Unbestritten gelten dieselben als das kostbarste Vermächtniss, welches die Vergangenheit uns überliefert hat. Wie die Documente in Worten, so sprechen die Monumente in sichtbaren Formen zu uns, und diese Sprache richtig lesen und verstehen zu lernen, ist die Aufgabe der Kunstgeschichte. Indem sie uns deutliche Bilder vergangener Culturperioden vor's Auge führt, ist sie bereits ein mächtiges Hilfsmittel zu richtiger Erkenntniss und Würdigung derselben. Unsere meisten Vorstellungen und Begriffe sind nun einmal an Eindrücke des Gesichtssinnes geknüpft; sie werden daher von dieser Seite am meisten einer Berichtigung zugänglich – ja auch bedürftig sein. Unsere Kunstdenkmäler geben uns aber nicht blos Abbildungen aus der Vergangenheit, eine Illustration der Urkunden, ein Correctiv für unsere rastlose Einbildungskraft, sie geben uns zugleich auch eine untrügliche Kunde von der Art, wie ein vergangenes Zeitalter dachte und fühlte, von der ganzen geistigen Potenz, über welche dasselbe verfügte. Auch aus diesem Gesichtspunkte, und vornehmlich aus diesem, ist die Kunstgeschichte eine Hilfswissenschaft der allgemeinen Geschichte, und zwar eine unentbehrliche. Mit Recht erklärt es der grösste lebende Philologe und Historiker des Alterthums, Theodor Mommsen, für absurd, die Geschichte eines Volkes zu schreiben, dessen Sprache man nicht verstehe. Nun, die Kunst eines Volkes ist auch eine Sprache; ihre Denkmäler sind wie ragende Meilenzeiger, die den forschenden Blick weit zurückgeleiten den Weg, auf welchem eine Nation durch Jahrhunderte, Jahrtausende von ihrem Genius geführt worden ist. Ja sie geleiten uns hinauf in Zeiten, in denen die schriftlichen Quellen noch nicht fliessen und die man daher – ich glaube mit Unrecht – prähistorische nennt. Und die Sprache dieser ungeschriebenen Zeugnisse ist ideeller, ist unbefangener, freier von blos subjectiven Eindrücken und äusseren Zufälligkeiten, als jene andere in Wort und Schrift. Sie mag schwerer verständlich sein, sie kann aber nicht missverstanden werden. Ist man ihrer einmal mächtig geworden, dann kann sie vor Allem uns Historiker vor dem sonst ja zuweilen berechtigten Vorwurfe schützen, den der Dichter in die Worte kleidete:

> »Was Ihr den Geist der Zeiten heisst,
> Das ist im Grund der Herren eigner Geist,
> In dem die Zeiten sich bespiegeln.«

Ist es nun schon eine Wissenschaft, die Sprache der litterarischen Urkunden, der Documente zu verstehen, dieselben auf ihre Echtheit und Bedeutung zu prüfen, um wie viel mehr wird es einer Wissenschaft bedürfen, in die Unterscheidung und in das Verständniss der Monumente oder Kunstdenkmäler einzudringen. Der Weg dahin wird nothwendig ein langwieriger und beschwerlicher sein, und man sollte darum an die Fortschritte auf demselben keine zu hohen Anforderungen stellen. Nicht als ob unser Fach eine ganz besondere und ungewöhnliche Begabung voraussetzte, wie etwa die Kunstproduction selbst. Die Kunstgeschichte verlangt, meiner Ueberzeugung nach, von ihrem Jünger sicherlich nur jenen Grad allgemeiner Bildung und Sinnesfrische, wie sie auch sonst zur erfolgreichen Cultivirung jedes exacten Wissensgebietes unentbehrlich ist. Und am wenigsten schöpft unsere Wissenschaft ihre Urtheile nach einer sonst nicht gebräuchlichen oder gar geheimen Methode. Die Hindernisse ihres Fortschrittes sind vielmehr ganz äusserlicher Natur; sie liegen zumeist in der nahezu an Unmöglichkeit grenzenden Schwierigkeit, sich die nöthige Uebersicht über den Denkmälervorrath zu verschaffen und die Einzelheiten daraus im Gedächtnisse festzuhalten. Auf der genauen Anschauung der Denkmäler beruht aber vor Allem unser Studium. Um zu dieser Kenntniss zu gelangen, bedarf es jedoch keiner besonderen Eingebung oder Divination. Vielmehr ist es nur ein Weg genauer Prüfung und fortwährender Vergleichung, ähnlich demjenigen, den die realsten unserer Wissenschaften, die Naturwissenschaften einzuschlagen pflegen. Gegen diese befinden wir uns nur darum in so grossem Nachtheile, weil die Kunstgegenstände nicht so leicht erreichbar sind wie Naturobjecte und weil es für uns absolut kein Experiment, und am wenigsten ein *corpus vile* gibt.

Selbstredend gilt Alles, was wir von der zwiefachen Art unserer Erkenntnissquellen sagen, zugleich auch von der Archäologie. Die letztere hat allmählich den gesammten Vorrath der vorhandenen antiken Kunstdenkmäler in den Bereich ihrer Forschung gezogen, und es fällt Niemandem ein, ihre Competenz in diesen Dingen auch nur in Zweifel zu ziehen. Anders steht die Sache bei der neueren Kunstgeschichte. Diese vermag nicht leicht die ungeheuere Masse des sich ihr darbietenden Stoffes zu erschöpfen; sie arbeitet noch mühsam an der Abgrenzung ihres Gebietes, sie ringt erst um die allgemeinere Anerkennung, ja sie kämpft noch für ihr Recht an jener grossen Grenzscheide, die sonst zu Gunsten aller anderen Wissenschaften bereits anerkannt wird, an der Grenze, welche die Theorie und Praxis von einander scheidet. Wer würde nicht lächeln bei dem Gedanken, dass man einem Bildhauer, als solchem, ein Urtheil über die Herkunft oder Originalität einer antiken Sculptur zumuthen oder denselben mit der Aufsicht oder Anordnung einer Sammlung von Sculpturen oder auch nur Gypsabgüssen betrauen wollte? Oder aber, wenn man einen Stempelschneider zum Director einer Münzensammlung machte? Dagegen findet man es an manchen Orten ganz natürlich, dass Maler an der Spitze der Bildergallerien stehen, und aus dem Munde so vieler Gebildeten hört man immer wieder den grossen, schon von Rumohr abgethanen Irrthum, als ob nur der Maler als solcher ein Gemälde zu beurtheilen wüsste.[1] Die Unklarheit über diese Grenzscheide gereicht unserer Wissenschaft zu grossem Nachtheile, nicht blos in der Meinung der Menge, sondern auch in unserer eigenen Thätigkeit. Sie täuscht uns über unsere Rechte sowohl, wie über unsere Pflichten; sie drängt uns von dem gründlichen Studium der Denkmäler ab und lässt Manchen von uns sich in blos litterarischen Combinationen genügen.

Wenn dem wirklich so wäre, dass nur der Kupferstecher über einen alten Stich, nur der Maler über ein altes Gemälde, nur der Elfenbeinschneider über ein Diptychon, nur der Töpfer über eine antike Vase zu hören wäre, dann allerdings, dann gäbe es gar keine Kunstwissenschaft, keine Kunstgeschichte. Dass diese Annahme aber ganz falsch und unberechtigt ist, muss immer wieder, zumal dort und dann gesagt werden, wo und wenn es gilt, neue Kräfte für unser Fach zu gewinnen. Wie könnte man es denn als Lehrer verantworten, Jemanden zur Nachfolge auf ein so unvollkommenes Wissensgebiet aufzumuntern, das sich

1 C. F. von Rumohr, Italienische Forschungen 1831, III, 148 bis 154 mit dem Schlusse: »Wer denn hat Recht zu entscheiden, wo es das Allgemeine, das rein Menschliche gilt? Nicht der Zunftgenosse als solcher, wie hoch, wie niedrig er im Handwerke stehen möge, sondern der unbefangenste, reinste, besonnenste Mensch, möge er Künstler, möge er dem äusseren Berufe nach sein, was er ist. Den ganzen Werth, die belebende Kraft eines solchen Beifalls, können freilich nur solche Künstler ermessen, denen jemals die Freude zu Theil geworden, durch deutliche Vergegenwertigung würdiger Aufgaben unbefangen empfängliche Personen zu erfreuen und hinzureissen. Doch lehrt die Geschichte, dass eine verbreitete populäre Empfänglichkeit dieser Art auch für die Kunst die erste Bedingung einer gedeihlichen Entwicklung, hingegen: eine Kunst blos zur Befriedigung der Künstler, ein unerhörtes Unding ist.«

nicht einmal – wie man uns weiss machen möchte – von praktischen Uebungen unabhängig machen kann, auf ein Wissensgebiet, dessen letzte und beste Wahrheiten uns ein dem Auge undurchdringlicher Schleier bedecken soll, den zu lüften nur die Hand des Praktikers das Recht hätte? Beruhigen wir uns indessen, so arg ist es um die Kunstgeschichte nicht bestellt und allmählich wird auch alle Welt zu der Einsicht gelangen, dass wohl immer die Hand dem Auge, niemals aber das Auge der Hand nachgegangen ist. Ueber ein altes Gemälde sich bei einem modernen Maler belehren zu wollen, ist nicht minder thöricht, als wenn wir uns über eine alte Urkunde von einem Diplomaten wollten Unterricht ertheilen lassen. Hier wie dort fallen Gegenwart und Vergangenheit völlig auseinander und die Erkenntniss der letzteren bleibt ausschliesslich Sache der Wissenschaft.

Aber mehr noch als das! Praxis und Theorie sind nicht blos auseinander zu halten, sie bilden auch einen sehr entschiedenen Gegensatz zu einander, entsprechend den beiden ganz verschiedenen Wegen, auf welchen der Mensch zum Verständnisse eines Dinges gelangt. Der eine Weg ist der der Nachahmung mittelst einer Summe erlernter Fähigkeiten, der andere ist der der Forschung durch blosse Beobachtung, Prüfung und Vergleichung. Nun ist es wohl unvermeidlich, dass beide Thätigkeiten sich auch hie und da kreuzen, theils sich hemmend, theils auch sich unterstützend; die Ziele ihres Strebens sind aber so verschiedener Natur, dass an eine Uebereinstimmung der Resultate nirgends gedacht werden kann.

Der Künstler bildet sein Auge sozusagen mittelst seiner Hand. Er tastet die Formen ab, indem er sie nachbildet, und erst mittelbar mit Hilfe dieser Art von Tastsinn sieht und beurtheilt er Kunstwerke. Was er durch langjährige Uebung kennen lernt, ist nicht die Kunst überhaupt, sondern seine Kunst, eine ihm ganz eigenthümliche Formenanschauung, die ihn für alle anderen Anschauungen blind oder doch sehr einseitig macht. Schon beim Nachbar ist er nicht mehr zu Hause, um so viel weniger in einer längst entrückten Zeit, aus welcher alle Traditionen, auch die technischen, vollständig abgebrochen sind. Ich spreche hier natürlich nur vom tüchtigen Künstler, der diesem Namen Ehre macht. Von einem solchen denkenden, seiner Ziele bewussten Künstler können wir über sein eigenes Schaffen und sein technisches Verfahren etwas lernen, was dann auch einer allgemeineren, wenn auch veränderten theoretischen Anwendung fähig sein mag. Solch' ein Künstler hat aber auch in der Regel Besseres zu thun, als um den Preis der Kennerschaft zu buhlen und sich um Genossen oder Vorfahren in seiner Kunstübung sonderlich zu kümmern. Jene mittelmässigen Talente jedoch, welche dies häufiger thun, haben es oft gar nicht bis zu einer eigenen Formenanschauung gebracht; sie entbehren somit auch jener subjectiv gefärbten Brille, durch welche sonst Künstler, wenn auch nicht zu richtigen, so doch zu geistreichen oder originellen Kunsturtheilen gelangen; von ihnen können wir gar nichts lernen.

Von den ausübenden Künstlern als solchen sind selbstverständlich jene Männer zu unterscheiden, die es zwar ursprünglich mit der Kunstübung versucht haben, bald aber davon abgekommen sind, um sich fortan blos theoretischen Kunststudien hinzugeben. Dabei werden ihnen ihre praktischen Vorübungen sicher zu statten kommen, keineswegs aber sind dieselben unumgänglich nothwendig. Um ein Werk bildender Kunst geniessen und verstehen zu lernen, bedarf es ja nicht, wie bei einem musikalischen Tonstücke, einer wiederholten Reproduction. Das Bildwerk ist ein- für allemal fertig und verlangt zu seiner Würdigung nichts als aufmerksame Betrachtung. Es ist eine ganz banausische Ansicht, als ob man, um zu einem Urtheil über sichtbare Kunstwerke zu gelangen, es auch mit deren Herstellung versucht haben müsste. Diese sich so gedankenlos fortpflanzende Behauptung enthält ebensowohl eine ungerechte Zumuthung für die producirende Kunstwelt, wie eine Kränkung des allgemeinen Rechtes auf wissenschaftliche Forschung. Indem wir Kunsthistoriker dieses Recht ausdrücklich für uns in Anspruch nehmen, gibt es für uns keine andere Art der Erkenntniss, als die auf dem Wege der Theorie. Unsere Aufgabe ist es, nur unser Auge zu bilden, ohne Rücksicht auf eine besondere Schulung der Hand. Wir wollen eben blos sehen lernen.

Dies ist allerdings nicht so leicht, als es den Anschein hat. Der Naturmensch, das Kind empfängt sehr unvollkommene Eindrücke von dem Geschauten. Nicht sowohl die Hand, als das Auge des Menschen ist ursprünglich ungeschickt und Jahrtausende hat es gebraucht, um sich auf dem langsamen praktischen Wege, auf dem Wege der Kunst zu seiner heutigen Empfänglichkeit heranzubilden. Den alten Japanern, Indern oder Iren, welche die menschliche Gestalt ungenügend bildeten und bewegten, fehlte es keineswegs am Geschick der Hand, denn zahllose Beispiele der feinsten wie der schwersten Arbeit beweisen das Gegentheil. Es fehlte ihnen nur an den Erfahrungen des Auges, welche erst spätere Zeiten nach und nach gemacht haben. Das Menschengeschlecht hat eben erst allmählich sehen gelernt, ganz so wie es allmählich feiner hören und deutlicher sprechen lernen musste. Und zwar hat es auf jedem der beiden grossen, uns zunächst angehenden Culturgänge, auf dem des Alterthums und dem der neueren Zeit, fast wieder von vorne damit anfangen oder doch neue Anläufe dazu nehmen müssen. Ein für uns besonders lehrreiches Beispiel liefert die Entwicklung des Farbensinnes. Wie lange dauerte es, ehe der Mensch nur die Farben des Regenbogens sehen, respective von einander unterscheiden lernte! Weder die Rigveda, noch der Zendavesta, noch die Bibel kennen z. B. die blaue Farbe. Blau fällt dort überall noch mit dem Begriff von Schwarz zusammen, und das Gleiche gilt angeblich von dem Worte *kyaneos* bei Homer, obwohl unser Cyan daher stammt, hat doch das ganze Alterthum kein Wort für das reine Blau besessen, da ja auch *cæruleus* sich nicht dafür festhalten lässt. Nicht viel besser steht es um die Bezeichnung der grünen Farbe, welche die ältesten Sanskrit- und

Zendurkunden gleichfalls nicht kennen und die im griechischen *chlōros* vom Gelb *ōchros* kaum zu trennen ist. Da es nun doch an Veranlassungen, Himmel und Meer blau, Bäume und Fluren grün zu nennen, nicht fehlen konnte, so haben wir es hier offenbar mit einer theilweisen Farbenblindheit zu thun, die nur aus dem Mangel genügender Unterscheidung hervorgehen konnte; gerade so wie die Beschränkung der Ursprachen auf die drei Vocale a, i, u im Gegensatze zu einer so reichen Ausbildung des Vocalismus in einer Sprache wie das heutige Englisch nur aus der mangelhaften Ausbildung des Gehöres zu erklären ist[2].

Diese langsame Entwicklung des Farbensinnes findet ihre Analogie auch in der späten Entdeckung der Harmoniegesetze auf dem musikalischen Gebiete. Und darum konnte die Malerei sowohl, als die Musik erst in der neueren Zeit zu ihrer Blüthe gelangen. Beide sind ganz specifisch moderne Künste. Welch' lange Kraftproben von Gesicht und Gehör mussten vorangehen, bevor ein Gemälde von Rembrandt, eine Symphonie von Beethoven entstehen und genossen werden konnten! Die Alten konnten von solchen Höhepunkten beider Kunstentwicklungen platterdings gar keine Ahnung haben; so wie hinwiederum wir ihren bescheidenen Anfängen in diesen Richtungen heute verständnisslos gegenüberstehen. Und darin liegt wohl sicher auch der Grund dafür, dass wir uns vom Standpunkte unserer ausgebildeten und geläuterten Farbenempfindung mit der schlichten Polychromie der Alten niemals werden befreunden können.

So vollzog sich denn in einer Jahrtausende alten Entwicklung die Vervollkommnung des menschlichen Gesichtssinnes. Es geschah im Dienste der Kunst und zu ihren Zwecken, ob dieselbe auch zuweilen in Stillstand und Niedergang begriffen war. Es geschah zu Zeiten, da es keine Kunstgeschichte gab, und die Kunst wird auch weiterhin nach unerforschten ewigen Gesetzen auf- und niedergehen; unbeirrt durch unsere wissenschaftlichen Bestrebungen. Wir Kunsthistoriker sind auch weit entfernt, uns irgend eine Einflussnahme auf die Kunstübung anzumassen. Nachdem aber einmal das Bedürfniss nach der Erforschung unserer Kunstvergangenheit unabweisbar geworden ist, gönne man uns auch die freie Bewegung auf dem uns anheimfallenden historischen Felde. Wir wollen dies Feld ausreuten, ebnen und bebauen auch den Künstlern zu Liebe, die sich ja so gerne darin ergehen. Ihnen wäre es denn doch ein unentdecktes Land geblieben, hätte sich die Theorie seiner nicht bemächtigt. Ein Jahrhundert lang

2 L. Geiger, Zur Entwicklungsgeschichte der Menschheit, Stuttgart 1840 [recte 1871], S. 45ff. – Dazu stimmt, dass Aristoteles den Regenbogen dreifarbig nennt, nämlich roth, gelb, grün (wie auch die Edda denselben als eine dreifarbige Brücke erklärt), während Xenophanes 200 Jahre früher in der Iris blos eine purpurne, röthliche und gelbliche Wolke sieht. Demokrit und die Pythagoräer nahmen vier Grundfarben an: schwarz, weiss, roth und gelb, eine Anschauung, welche lange Geltung behielt, und Nachrichten bei Cicero, Plinius und Quinctilian wollen uns verbürgen, dass die griechischen Maler noch bis auf die Zeit des Alexander nur eben jene vier Farben angewendet haben.

zogen ja die Künstler nach Italien, vorbei an der Antike und dem Cinquecento, um unbelehrt und unbekehrt wiederzukommen, bis ihnen Winckelmann das Alterthum entdeckte, Rumohr die Renaissance wiederfand.

An das Auge des Kunsthistorikers werden eben ganz andere, viel allgemeinere und umfassendere Anforderungen gestellt, als an das des Künstlers. Unser Sehen muss schon darum ein ganz anderes sein, weil es ausschliesslich die Erkenntniss des Gegenstandes zum Zwecke hat, ohne jede Beengung durch vorgefasste Formenanschauungen und ohne alle auf Nachbildung und praktische Ausführung gerichtete Nebenabsichten. Um zu einem Ziele zu gelangen, muss man doch mindestens entschieden darauflosgehen. So nebenbei wird man es doch nicht zu erreichen vermeinen, auch wenn es minder hoch gesteckt wäre.

Dass aber seine Erreichung auf unserem rein theoretischen Wege möglich ist, dafür liefert uns unsere Wissenschaft bereits Beweise genug. Und bis zu welchem hohen Grade der Sicherheit sich unter günstigen Umständen der Kennerblick ausbilden kann, dafür haben wir in einzelnen bevorzugten Naturen erhebende Beispiele vor uns.

Lassen wir uns daher durch die krausen Ausdrücke und Anrufungen, mit denen Kunstwerke regalirt zu werden pflegen, nicht verblüffen. In gewissem Sinne muss allerdings das Individuum den Entwicklungsgang der ganzen Race wiederholen, und in diesem Sinne muss auch unser Auge, der gesammten Kunstentfaltung der Vergangenheit folgend, sein Sehvermögen zu möglichster Feinheit ausbilden. Wir stehen da vor einer grossen Aufgabe, nicht aber vor einer Unmöglichkeit. Es gibt keine Seele, keinen Geist, keine Empfindung – und wie die Worte alle heissen – in einem Kunstwerke, die nicht durch sichtbare, ganz concrete Formen in dasselbe hineingetragen wären und die darum nicht auch auf demselben klaren und deutlichen Wege aus demselben herauszusehen, herauszulesen wären. Nur muss freilich diese Formensprache der Kunst, gleich allen Sprachen, erst mühsam erlernt werden. Nach Massgabe der Begabung und der Gelegenheit zur Uebung wird es vielleicht nicht Jedermann zur rechten Meisterschaft darin bringen. Wenn es uns aber gelingt, und in dem Grade, in welchem es uns gelingt, hört auch die Handschrift jedes echten Künstlers auf, uns ein Räthsel zu sein. Wir mögen dann getrost vor sein Werk hintreten, eingedenk der schönen Worte, welche uns ein mir so hochwerther Freund und Kunstkenner wie Iwan Lermoliew zuruft: »Ein Kunstwerk wird Dir stets eine richtige Antwort geben, wenn Du es zu befragen verstehst. Bleibt es Dir die Antwort schuldig, so ist es nur ein Zeichen, dass entweder Deine Frage unverständig war, oder dass das Werk überhaupt keine Sprache spricht,« d.h. dass es kein wahres Kunstwerk ist.

Kommentar von Georg Vasold

»Herr Professor Dr. Thausing hält seine Antrittsvorlesung ›Ueber die Grenzen und Ziele der neueren Kunstgeschichte‹ Samstag den 18., Nachmittags um 4 Uhr, im Hörsaale Nr. 11 der Universität.«[1] Mit dieser Ankündigung, die sich am 17. Oktober 1873 wortgleich in mehreren Wiener Tageszeitungen findet, wurde auf einen Vortrag aufmerksam gemacht, der im Rückblick nichts weniger als einen Meilenstein in der deutschsprachigen Kunstwissenschaft markiert. Ob das Auditorium – wohl überwiegend Studierende, da der Festvortrag im Rahmen einer von Thausing im Wintersemester angebotenen Vorlesung über die Kunst Albrecht Dürers stattfand – die zukunftsweisende Bedeutung des Gesagten schon erkannt hat, lässt sich nicht eruieren. Der Vortrag und etwaige Reaktionen darauf fanden in der Tagespresse ebenso wenig Niederschlag wie in den kunsthistorischen Fachzeitschriften. Dass sein Inhalt überhaupt überliefert wurde, ist Thausing selbst zu verdanken, der die Antrittsvorlesung, zumindest in Ausschnitten und versehen mit neuem Titel, nach langem Zögern 1883 doch noch publizierte – und zwar gleich zweimal, einmal als Artikel in der *Oesterreichischen Rundschau*[2] und kurz darauf erneut in den *Wiener Kunstbriefen*[3]. Bei dieser in Leipzig edierten Aufsatzsammlung handelt es sich um eine Zusammenstellung von Texten, die Thausing für die Feuilletons deutschsprachiger Zeitungen (überwiegend für die *Neue Freie Presse*) verfasst und in denen er – genau wie sein enger Freund Daniel Spitzer – sich eines oft sehr polemischen Tons bedient hatte. Seine Kollegen Joseph A. Crowe und Giovanni B. Cavalcaselle etwa verspottete er einmal als »siamesisches Zwillingspaar«,[4] Hans Makart beschrieb er als lüsternen »verirrten Maler«,[5] dessen nächtliches Treiben im pompösen Atelier in der Wiener Gußhausstraße den Kunsthistoriker »erröthen«[6] ließe, und die Wortmeldungen zeitgenössischer Maler und Architekten zur Kunstgeschichte bezeichnete er samt und sonders als verzichtbar, als »überflüssig«[7], als »Hocuspocus«[8].

Die Stellung der Kunstgeschichte als Wissenschaft[9] – so der für den Abdruck neu gewählte Titel der Antrittsrede – fiel im Ton zwar etwas moderater aus, die

1 *Fremden-Blatt* (17. Oktober 1873, Morgen-Blatt), 2; *Die Presse* (17. Oktober 1873, Local-Anzeiger), 8; *Deutsche Zeitung* (17. Oktober 1873, Morgenblatt), 4.

2 *Oesterreichische Rundschau. Monatsschrift für das gesammte geistige Leben der Gegenwart* 1 (1883), 444–451.

3 Moriz Thausing: *Wiener Kunstbriefe*, Leipzig 1884, 1–20.

4 Ebd., 310.

5 Ebd., 395.

6 Ebd., 369.

7 Ebd., 309.

8 Ebd., 29.

9 Ebd., 1.

darin gefällten Urteile waren aber nicht weniger streng. Thausing stellte unmissverständlich klar, dass die Kunstgeschichte, obwohl sie als akademisches Fach noch jung und ihr wissenschaftlicher Status umstritten war, als autonomer Zweig der *Universitas Litterarum* zu gelten habe. Zwar gebe es durchaus gewisse Überschneidungen namentlich mit der Archäologie und der Geschichtswissenschaft, deren Erkenntnisse für Kunsthistoriker wichtig seien. Von Fragen der Ästhetik indes habe sie sich prinzipiell fernzuhalten.

> Mit der Aesthetik als philosophischer Disciplin hat die Kunstgeschichte nichts gemein [...]. Sie hat nichts zu thun mit Deduction, mit Speculation überhaupt; was sie zu Tage fördern will, sind nicht ästhetische Urtheile, sondern historische Thatsachen, welche dann etwa einer inductiven Forschung als Materiale dienen können. (39)

Mit diesen Worten legte Thausing nicht nur den theoretischen Grundstein für das damals gerade im Entstehen begriffene Lehrgebäude der *Wiener Schule der Kunstgeschichte*, sondern er formulierte damit auch zentrale Leitlinien der modernen Kunstwissenschaft überhaupt. Wenn die Kunstgeschichte, so Thausing, als wissenschaftliche Disziplin Anerkennung finden wolle, wenn sie die von der »ästhetisirende[n] Behandlung« verursachten »geistige[n] Indigestionen« (40) wirklich beheben möchte, dann müsse von alten Gewohnheiten Abstand genommen werden. So gelte es, mit ästhetischen Urteilen und normativen Sichtweisen zu brechen. »Die Frage z. B., ob ein Gemälde schön sei, ist in der Kunstgeschichte eigentlich gar nicht gerechtfertigt; und eine Frage wie: ob z. B. Raphael oder Michelangelo, Rembrandt oder Rubens das Vollkommenere geleistet haben, ist eine kunsthistorische Absurdität.« (39) Doch allein mit dem Bekenntnis zur induktiven Forschung sowie der Bekämpfung vorgefasster Meinungen sei es nicht getan. Der seriöse Kunstwissenschaftler habe darüber hinaus auch die von Künstlern und Ästhetikern gebrauchten »ungeklärte[n] Begriffe« (38) und »krausen Ausdrücke« (47) zu verabschieden; er habe mit Fleiß und Ausdauer sein Auge zu schulen; er habe, ähnlich den Naturwissenschaftlern, einen »Weg genauer Prüfung und fortwährender Vergleichung« (42) einzuschlagen; und er habe sich nicht so sehr auf die ohnedies oft unzureichenden schriftlichen Quellen, sondern viel eher auf die Werke selbst zu stützen. »Auf der genauen Anschauung der Denkmäler beruht [...] vor Allem unser Studium.« (42)

Was an Thausings Rede besonders auffällt, ist die häufige Bezugnahme auf die Linguistik einerseits und auf Fragen der Wahrnehmung andererseits. Mehrmals betonte er, dass die bildende Kunst eine Sprache sei, die es zu erlernen gelte, und häufiger noch findet sich der Hinweis, dass die optische Wahrnehmung, insbesondere die Fähigkeit zur Unterscheidung von Farben, einem historischen Prozess unterliege und im Laufe der Menschheitsgeschichte erst langsam erworben werden musste. Damit sprach Thausing Themen an, die ab den 1860er

Jahren sehr kontrovers diskutiert wurden, wobei der maßgebliche Stichwortgeber in Wien der Physiologe Ernst Wilhelm Brücke war. Dieser wirkte nicht nur an der Universität, sondern war auch als Kurator am *Österreichischen Museum für Kunst und Industrie* tätig. Brückes Versuche, die Kunst überwiegend im Schatten der Naturwissenschaften zu erklären, fanden bei dem jungen Kunsthistoriker allerdings wenig Anklang und 1863 veröffentlichte er eine umfangreiche sprachwissenschaftliche Studie, in der er sich kritisch mit Brückes Theorien auseinandersetzte.[10] Insgesamt stellte Thausings Antrittsvorlesung jedenfalls den Versuch dar, die Anschlussfähigkeit der Kunstgeschichte an aktuelle Diskurse zu unterstreichen und gleichzeitig kunstwissenschaftliche Postulate zu formulieren, die nicht nur 1873 berechtigt waren, sondern in die Zukunft vorausgriffen und z. T. bis heute Gültigkeit haben.

Doch wer war dieser Moriz Thausing, auf dessen Bedeutung in jüngster Zeit zwar gelegentlich aufmerksam gemacht wurde,[11] über den man als Person aber immer noch so wenig weiß, dass sogar sein Vorname oft falsch geschrieben wird?

Geboren am 3. Juni 1838 auf Schloss Tschischkowitz (Čižkovice) im böhmischen Mittelgebirge, verbrachte er seine Jugend in Lobositz (Lovosice) und Brüx (Most) an der tschechisch-deutschen Grenze. Die Nähe zu Dresden, mit dessen Kunstsammlungen Thausing von Kindheit an vertraut war, blieb für seinen weiteren Lebensweg nicht ohne Bedeutung, da ihm dort, wie er schrieb, »der Blick für Kunst zuerst aufgegangen ist«.[12] Nach Studienaufenthalten in Prag und München, wo er u. a. bei Heinrich von Sybel hörte, übersiedelte Thausing 1858 nach Wien. Schon im Jahr darauf wurde er Mitglied des *Österreichischen Instituts für Geschichtsforschung*, eine der Pflanzstätten der *Wiener Schule der Kunstgeschichte*. Rudolf von Eitelberger, der erste Ordinarius für Kunstgeschichte an der Universität Wien, und Gustav Heider, eine in der österreichischen Kulturpolitik höchst einflussreiche Persönlichkeit, wurden bald auf Thausing aufmerksam. Über ihre Vermittlung erhielt er 1862 an der *Akademie der Bildenden Künste* in Wien eine Dozentur für *Cultur- und Weltgeschichte*, 1864 wechselte er an die

10 Moriz Thausing: *Das natürliche Lautsystem der menschlichen Sprache. Mit Bezug auf Brücke's Physiologie und Systematik der Sprachlaute*, Leipzig 1863; vgl. Georg Vasold: »Ernst Brücke und die Anfänge der Wiener Schule der Kunstgeschichte«, in: *Austriaca. Cahiers universitaires d'information sur l'Autriche* 72 (2011), 101–116, bes. 107–110.

11 Vgl. Edwin Lachnit: *Die Wiener Schule der Kunstgeschichte und die Kunst ihrer Zeit. Zum Verhältnis von Methode und Forschungsgegenstand am Beginn der Moderne*, Wien, Köln, Weimar 2005, bes. 26–36; Karl Johns: »Moriz Thausing and the road towards objectivity in the history of art«, in: *Journal of Art History* 1 (2009), verfügbar unter: https://arthistoriography.wordpress.com/number-1-december-2009/ (abgerufen am 24.09.2016); Matthew Rampley: *The Vienna School of Art History. Empire and the Politics of Scholarship, 1847–1918*, University Park Pennsylvania 2013, bes. 31–35; Diana Reynolds Cordileone: *Alois Riegl in Vienna. An Institutional Biography*, Farnham 2013, bes. 55–60.

12 M. Thausing: *Wiener Kunstbriefe*, 22.

Albertina, wo er erst als Bibliothekar, ab 1868 als *Inspector* und ab 1876 schließlich als Direktor wirkte. Der tägliche Umgang mit den Graphiken der Albertina veranlasste ihn, sich besonders eingehend mit der Kunst Albrecht Dürers zu beschäftigen. Dies erwies sich als wissenschaftlicher Glücksgriff. Seine 1872 publizierte Dürer-Monographie, die 1884 in zweiter, erweiterter Auflage erschien, blieb bis weit ins 20. Jahrhundert ein kunsthistorisches Standardwerk.[13] Sie zeichnet sich gemäß Thausings eigenen Forderungen durch ein hohes Maß an Wissenschaftlichkeit aus, d. h. durch kritisches Quellenstudium, durch die Verwendung von Fußnoten (was unter Kunsthistorikern damals eher selten der Fall war) und nicht zuletzt durch einen akademisch-nüchternen Tonfall, der sich wohltuend abhob von den heimattrunkenen Stimmen vieler deutscher Kunstschriftsteller, die im Zuge der Reichsgründung 1871 Dürer zum »Instrument chauvinistischer Stimmungsmache«[14] erhoben.

Die damit aufgeworfene Frage nach Thausings politischer Gesinnung ist nicht einfach zu beantworten. Fest steht immerhin, dass er Mitte der 1870er Jahre gemeinsam mit Theodor Meynert, Wenzel Lustkandl und Franz Brentano in den Ausschuss der *Wiener Akademischen Lesehalle* gewählt wurde, also in jenen liberalen, überkorporativen Verband, der für Übernationalität der Forschung stand und sich vehement, wenn auch letztlich erfolglos, gegen die prodeutsche Unterwanderung des Wiener Studentenwesens stemmte.[15] Dass Thausing jeder Form des Nationalismus kritisch gegenüberstand, wird auch durch seine Feuilletonbeiträge belegt, in denen er sich etwa über die Versuche, Dürer zum Ungarn zu erklären,[16] ebenso lustig machte wie über die Behauptung, der Kölner Dom habe einen spezifisch »deutschen Charakter«. »Weit entfernt! [Vielmehr] folgt er ganz dem Muster der französischen Gothik«.[17]

1872 erhielt Thausing das Angebot, an die Universität Straßburg zu wechseln, doch sein Mentor Rudolf von Eitelberger wusste dies zu verhindern. Er ließ seine guten Kontakte ins Ministerium spielen, rasch wurden die notwendigen Schritte gesetzt, und am 1. August 1873 meldete die *Wiener Zeitung:* »Se. k. und k. Apostolische Majestät haben mit Allerhöchster Entschließung vom 16. Mai d. J. den erzherzoglichen Bibliothekar und Galerieinspector Dr. Moriz Thausing zum außerordentlichen Professor der Kunstgeschichte an der Universität in Wien allergnädigst zu ernennen geruht. Stremayr m. p.«[18]

13 Moriz Thausing: *Dürer. Geschichte seines Lebens und seiner Kunst*, Leipzig 1884.

14 Anja Grebe: *Albrecht Dürer. Künstler, Werk und Zeit*, Darmstadt 2013, 179.

15 Alexander Graf: *»Los von Rom« und »heim ins Reich«. Das deutschnationale Akademikermilieu an den cisleithanischen Hochschulen der Habsburgermonarchie 1859–1914*, Münster 2015, 102f.

16 M. Thausing: *Wiener Kunstbriefe*, 97.

17 Ebd., 57.

18 *Wiener Zeitung* (01.08.1873), 1.

Thausing galt zu diesem Zeitpunkt bereits als international renommierter Forscher. 1871 war er Mitglied der Kommission im Dresdener Holbein-Streit gewesen, seine Dürer-Monographie wurde in mehrere Sprachen übersetzt, 1873 wirkte er maßgeblich an der Organisation und Durchführung des *Ersten internationalen kunstwissenschaftlichen Kongresses* mit und 1875 erhielt er das Angebot, als Direktor des *Kupferstichkabinetts* nach Berlin zu wechseln. Thausing aber blieb in Wien und 1879 wurde er ebendort zum Ordinarius ernannt, womit er am Höhepunkt seiner beruflichen Laufbahn angekommen war. Kurz darauf aber äußerten sich erste Anzeichen einer – wie Zeitzeugen übereinstimmend berichten – psychischen Erkrankung, mit der die zunehmende Schärfe seiner Artikel sowie seine gesteigerte Streitsucht erklärt wurden. Überall witterte er Gegner, selbst nahestehende Kollegen wurden Opfer seiner Anwürfe; in Wien legte er sich mit dem mächtigen Museums-Direktor Eduard von Engerth an und den Pariser Dürerforscher Charles Ephrussi bezichtigte er öffentlich des geistigen Diebstahls.[19] Im Herbst 1883 ging Thausing als interimistischer Leiter des neu gegründeten *Österreichischen Historischen Instituts* nach Rom, dort verschlechterte sich sein Gesundheitszustand aber derart, dass er in ein Sanatorium eingewiesen werden musste. Nun war die Stunde seiner Gegner gekommen. Insbesondere antisemitisch gestimmte klerikal-monarchistische Kreise bereiteten Thausings Rufmord vor, infolgedessen er noch posthum als »sehr jüdisch aussehender«,[20] arbeitsscheuer, trunksüchtiger Ehebrecher beschrieben wurde. Aus Rom zurückgekehrt zog sich Thausing im Frühsommer 1884 zur Genesung zu seinen Geschwistern nach Böhmen zurück. Ungefähr zur selben Zeit erfuhr er, dass man ihm die Leitung der Albertina entzogen hatte. Solcherart von seinem bevorzugten Tätigkeitsfeld abgeschnitten, verlor er jeden Lebensmut. Am 16. August 1884 berichtete die *Leitmeritzer Zeitung*, dass seine Leiche am 12. des Monats aus der Elbe gezogen worden war.[21]

19 M. Thausing: *Dürer*, XI.

20 *Das Vaterland. Zeitung für die österreichische Monarchie* (7.05.1886), 1.

21 *Leitmeritzer Zeitung* (16.08.1884), 871f.

Franz Brentano (1838–1917)

Ueber die Gründe der Entmuthigung auf philosophischem Gebiete (1874)

Ueber die Gründe der Entmuthigung auf philosophischem Gebiete
Ein Vortrag gehalten beim Antritte der philosophischen Professur an der k. k. Hochschule zu Wien am 22. April 1874

Euer Excellenz! Hohe Versammlung!
Vor wenigen Jahrzehnten würde ein Lehrer der Philosophie beim Eintritte in einen neuen Wirkungskreis sicher darin seine Aufgabe erblickt haben, ein Bild seines besonderen philosophischen Systems vor den Augen seiner Zuhörer zu entrollen.

Vor wenigen Jahren dagegen hätte er es wohl in dem gleichen Falle vor Allem für geboten erachtet, sich über die Methode seiner Forschung auszusprechen: darüber, ob er den menschlichen Geist für fähig halte, durch intuitiv schöpferische Conception und durch a priorische Construction ein Gebäude speculativen Wissens herzustellen, oder ob er, ähnlich dem Naturforscher, keinen anderen Weg zur Wahrheit kenne als den der Beobachtung und Erfahrung; ob er, von kühnem Fittig emporgetragen, das Ganze der Wahrheit mit einheitlichem Blicke zu überschauen hoffe, oder ob er sich damit begnüge, Satz um Satz, Wahrheit um Wahrheit im Einzelnen aufzuspüren und zu sichern.

Heute ist die Sachlage abermals verändert. Der Kampf von damals ist ausgestritten; die damals schwebende Frage ist entschieden. Kein Zweifel mehr besteht, dass es auch in philosophischen Dingen keine andere Lehrmeisterin geben kann als die Erfahrung, und dass es nicht darauf ankommt, mit *einem* genialen Wurfe das Ganze einer vollkommneren Weltanschauung vorzulegen, sondern dass der Philosoph wie jeder andere Forscher nur Schritt für Schritt erobernd auf seinem Gebiete vordringen kann.

Aber etwas Anderes erregt Bedenken. Es fragt sich, ob auch nur ein solches, bescheideneres Unternehmen gelingen werde, und ob überhaupt Wahrheit und Sicherheit in philosophischen Fragen erreichbar sei.

Es ist unleugbar, dass die Philosophie keines grossen Vertrauens sich erfreut. Sehr allgemein betrachtet man das von ihr erkorene Ziel, entweder als ein verschleiertes Bild durch dessen Hülle kein sterblicher Blick zu dringen vermag, oder als die Lösung eines Knäuels vielverschlungener Fäden die keine menschliche Hand zu entwirren im Stande ist. Die Philosophie, glauben die Meisten, sei darum nicht eigentlich den Wissenschaften beizuzählen. Sie ziehen vor, sie der Astrologie oder der Alchymie an die Seite zu stellen. Auch diese nannten sich einst Wissenschaften: jetzt aber gibt es keinen Verständigen, der nicht die ganze Sterndeuterei und die gesammte Goldmacherei mit ihrem Steine des Weisen für eitel Hirngespinnst erklären würde. Aehnlich jage denn auch die Philosophie nach Unmöglichem und nach eitlen Phantomen.

In den ersten Decennien unseres Jahrhunderts waren die Hörsäle der deutschen Philosophen überfüllt: in neuerer Zeit ist der Flut eine tiefe Ebbe gefolgt. Man hört darum oft, wie bejahrtere Männer die jüngere Generation anklagen, als ob ihr der Sinn für die höchsten Zweige des Wissens mangele.

Das wäre eine traurige, aber zugleich auch eine unbegreifliche Thatsache. Woher sollte es kommen, dass das neue Geschlecht in seiner Gesammtheit an geistigem Schwung und Adel so tief hinter dem früheren zurückstände?

In Wahrheit war nicht ein Mangel an Begabung, sondern eben jener Mangel an Vertrauen die Ursache, welche die Abnahme des philosophischen Studiums zur Folge hatte. Wäre die Hoffnung auf Erfolg zurückgekehrt, so würde sicher auch jetzt die schönste Palme der Forschung nicht vergeblich winken.

Desshalb glaube ich meine Wirksamkeit an der hiesigen Hochschule nicht besser einleiten zu können als durch eine Betrachtung der Gründe, welche das allgemeine Misstrauen veranlassten, und eine Prüfung ihrer Kraft und Berechtigung.

Führen wir uns zu diesem Zwecke die vornehmsten unter ihnen in raschem Ueberblicke vor.

Wo Wissen ist, da ist nothwendig Wahrheit; und wo Wahrheit ist, da ist Einigkeit: denn es gibt viele Irrthümer, aber nur *eine* Wahrheit.

Blicken wir nun auf die philosophische Welt um uns. Weit entfernt von Einheit und Uebereinstimmung der Lehre, finden wir sie vielmehr in eine grosse Menge von Schulen zerspalten und zertheilt, so dass hier beinahe das Sprichwort: »So viele Köpfe, so viele Sinne«, seine volle Bewährung findet.

Und diese Uneinigkeit beschränkt sich keineswegs auf eine Meinungsverschiedenheit in einzelnen, besonderen Fragen. Diese wird auf jedem Gebiete der Forschung bestehen. In der Philosophie betrifft der Streit selbst die ersten und grundlegenden Sätze; die ganzen Systeme stehen einander entgegen und bekämpfen sich mit äusserster Heftigkeit.

Gewiss wird Niemand sagen, dass dieser Anblick geeignet sei, unseren Glauben an den wissenschaftlichen Charakter der Philosophie zu stärken. Die Philosophie ist so alt als irgendein anderer Zweig der Forschung. *Thales*, dem man die Entdeckung einiger einfacher geometrischer Lehrsätze nachrühmt, wird von *Aristoteles* auch als Vater der Philosophie gepriesen. Wäre die Philosophie eine Wissenschaft, so sollte man meinen, es könne wenigstens heute nach mehr als 2000jährigen Forschungen ein solcher Mangel allgemein anerkannter Theoreme nicht mehr in ihr bestehen.

Ferner: Blicken wir aus der Gegenwart in die Vergangenheit zurück. Auch der geschichtliche Verlauf der Philosophie hat etwas, was wenig der Geschichte einer Wissenschaft entsprechen möchte. Die Geschichte jeder Wissenschaft, sollte man meinen, müsse in der Art sich weiter bilden, dass die im Anfang unvollständige Erkenntniss durch Hinzufügung neuentdeckter Wahrheiten sich mehr und mehr erweitere und so zur vollendeten Wissenschaft auswachse. Eine Wissenschaft setzt nicht in jedem Kopfe neu an. Es besteht eine Tradition, ein Erkenntnissschatz, der sich erhält, indem die spätere Zeit die Erbschaft der früheren antritt.

Anders jedoch zeigt sich die Geschichte der Philosophie. Was wäre, das hier feststände und den Wechsel der Zeiten überdauerte und von Philosophen auf Philosophen sich vererbte? Wiederholt finden wir, und gerade noch in der neuesten Zeit, einen gänzlichen Umschwung der Systeme; das folgende tritt zu dem vorausgehenden in den entschiedensten und bewusstesten Gegensatz. Auf einen breit angelegten Dogmatismus folgt ein Kriticismus, und auf ihn, dessen Zurückhaltung oft in's Skeptische geht, eine absolute Philosophie mit dem Anspruche überschwänglicher Erkenntniss. Wie könnte das eine Wissenschaft, also Wahrheit sein, was sozusagen alle Jahre gänzlich Gestalt und Farbe wechselt, so dass es nicht mehr zu erkennen ist?

Während meiner Studienjahre geschah es, dass ich einem der berühmtesten Historiker unserer Zeit begegnete, der sich auch mit der Geschichte der Philosophie eingehend beschäftigt hatte. Der Eindruck, den ihre Betrachtung in ihm zurückgelassen hatte, war nicht eben ein tröstlicher. Die Geschichte der Philosophie, sagte er, könne man am besten mit einem grossen Friedhofe vergleichen. Zahllose Monumente seien da zu sehen; das eine ansehnlicher und prächtiger, das andere niedriger und minder reich geschmückt; aber auf dem einen wie auf dem anderen lese man dasselbe traurige »Hic jacet«. Dass nach solchen Erfahrungen auch für die Zukunft keine Hoffnung bleibe, schien ihm wenigstens ausser Zweifel. Und so würde denn die Philosophie überhaupt mit Unrecht einen Platz in der Reihe der Wissenschaften beanspruchen.

Zu derselben Ansicht werden Andere auf anderem Wege geführt.

Fasst man die Natur der Probleme genauer in's Auge, mit welchen der Philosoph sich zu beschäftigen pflegt, so scheinen sie von ganz anderem Charakter als die der übrigen Wissenschaften. Die Philosophie scheint eine Weise der Erklärung und Ergründung anzustreben, die für den menschlichen Verstand völlig unmöglich ist.

Gewiss, wenn Jemand auf die Erfolge blickt, welche die Forschung auf dem

Gebiete der Naturwissenschaft erzielt hat, so wird er anerkennen, dass hier Leistungen vorliegen, welche eine frühere Zeit ebenfalls für unmöglich gehalten hätte. Das unsichtbar Kleine und das unsichtbar Ferne hat sie sich zugänglich gemacht und auf die Entwickelung längstvergangener Perioden Licht geworfen, wie sie andererseits künftige Ereignisse mit Sicherheit vorherbestimmt.

Nichtsdestoweniger ist die Weise der Erklärung, die der Naturforscher anstrebt, eine sehr bescheidene. Er geht niemals darauf aus, in das eigentliche Wesen der Dinge einzudringen. Er verlangt niemals, das innere Wie und Warum eines ursächlichen Zusammenhanges zu ergründen. Er beobachtet die Naturerscheinungen und ihre Aufeinanderfolge, sucht zwischen den verschiedenen Fällen Aehnlichkeiten auf und will auf diese Weise allgemeine und unveränderliche Beziehungen der Erscheinungen, d. i. Gesetze ihres Zusammenhanges ermitteln. Was er darunter versteht, wenn er von einer Erklärung von Thatsachen spricht, ist nichts Anderes, als die Unterordnung einzelner Phänomene unter gewisse allgemeine Thatsachen, deren Zahl er durch weitere und weitere Rückführung auf noch allgemeinere Gesetze fortwährend zu verringern strebt.

Niemals, auch da wo die Naturerklärung als eine im höchsten Maasse gelungene betrachtet wird, bietet sie mehr als dieses.

Der hervorragendste Fall unter allen ist wohl die Erklärung der Himmelserscheinungen durch das allgemeine Gesetz der Gravitation, das *Newton* entdeckte. Aber inwiefern sagen wir, dass der Lauf der Gestirne durch dieses Gesetz erklärt sei? – Es fasst die ganze unendliche Mannigfaltigkeit astronomischer Ereignisse in einer Einheit zusammen: nämlich in der Thatsache, dass die Körper einander anziehen im directen Verhältnisse ihrer Massen und im umgekehrten der Quadrate ihrer Entfernungen. Und diese Thatsache erscheint zugleich nur als Erweiterung einer solchen, mit der wir schon anderweitig vertraut sind; das Gesetz der allgemeinen Anziehung ist das erweiterte Gesetz der Schwere irdischer Körper. – Allein was ist die Anziehung und was ist die Schwere? Enthüllt uns die Erklärung *Newton's* das wirkende Princip und die innere Weise des Vorganges? – Keineswegs! Diese Untersuchung über Wie und Wodurch überlässt der Naturforscher der Speculation des Philosophen.

Wird nun dieser im Stande sein, die Frage zu beantworten? Wird er uns wirklich Aufschlüsse zu geben vermögen, welche den Zusammenhang der Erscheinungen in seiner Nothwendigkeit verstehen lassen? – So viel ist sicher: der gemeine Weg der Forschung, wie andere Wissenschaften ihn wandeln, führt nicht dahin. Sollten Beobachtung und Erfahrung zur Lösung der Frage uns den Schlüssel bieten, so müsste unsere Wahrnehmung in das wahre und innerste Wesen der Dinge eindringen und seinen Begriff uns erfassen lassen. Das ist aber nicht der Fall. Wir sehen verschiedene Erscheinungen regelmässig aufeinander folgen; wir schliessen aus der Regelmässigkeit auf die Nothwendigkeit des Zusammenhanges: aber was, den Erscheinungen zu Grunde liegend, diese Nothwendigkeit erzeugt, sehen wir nicht, noch erfassen wir es sonst mit einem unserer Sinne. Wenn der Philosoph nicht ein anderes Auge hat, für welches dieses Dunkel Licht ist, so wird daher all sein Streben fruchtlos sein.

Und nur das etwa mag geschehen, was der Dichter sagt, dass da, wo die Begriffe fehlen, ein Wort zur rechten Zeit sich einstellt.

Es scheint also, wie gesagt, unser philosophisches Streben ein völlig hoffnungsloses zu sein.

Zu den angegebenen Gründen, der Philosophie die Bedeutung einer Wissenschaft abzusprechen, kommt endlich als ein gewichtiges Argument ihre praktische Unfruchtbarkeit.

Jede Erkenntniss, wie auch immer aus blossem Wissensdrange entsprungen, erweist sich früher oder später auch im Leben nutzbar. Die Untersuchungen, die *Archimedes* und *Apollonius* über die Kegelschnitte anstellten, haben nach vielen Generationen zur Erneuerung der Astronomie geführt; und dies machte die Vervollkommnung der Schifffahrt möglich, so daß *Condorcet* mit Wahrheit sagen konnte: »Der Seemann, der durch die genaue Beobachtung der geographischen Länge vom Schiffbruche gerettet wird, verdankt sein Leben einer Theorie, welche 2000 Jahre früher von genialen Denkern aufgestellt wurde, die auf nichts Anderes als auf geometrische Betrachtungen bedacht waren.«

Alle Zweige der anerkannten allgemeinen theoretischen Wissenschaft, die Physik und unorganische Chemie ebenso, wie die organische Chemie und Physiologie, sind darum die Grundlage praktischer Bestrebungen geworden. Sie haben durch mannigfache Verbesserungen und Entdeckungen die Medicin und Agricultur und sozusagen das ganze Leben umgestaltet. Photographie wie Eisenbahn und Telegraph sind ihnen entsprungen.

Man kann daran zweifeln, ob, wie *Bacon* wollte, in der Erweiterung der Macht des Menschen das einzige oder auch nur das höchste Ziel wissenschaftlichen Strebens liege: dass aber das Wissen eine Macht sei, das steht unerschütterlich, nicht blos innerhalb des Kreises der Gelehrten, sondern für jeden Gebildeten fest.

Nur die Philosophie scheint sich nicht in ähnlicher Weise als eine Macht bewähren zu wollen.

Wohl haben manche philosophische Ideen am Ende des vorigen Jahrhunderts mächtig das französische Volk ergriffen und zu gewaltigen Katastrophen geführt. Aber, wie man auch über sie und ihre Folgen urtheilen mag, sicher wird kein Verständiger in ihnen eine ähnliche Bewährung der Philosophie erblicken, wie andere Wissenschaften sie in der Praxis gefunden haben. Was immer für Aenderungen eingetreten sind, die Erwartungen welche die begeisterte Bewegung der Massen hervorriefen sind nicht in Erfüllung gegangen. Das aber ist nicht wahrhaft eine Macht, was zwar grosse Wirkungen, aber nicht die gewollten Wirkungen hervorbringt. Von grossem Einflusse kann oft auch ein Irrthum sein, und es wird demnach hiedurch die philosophische Speculation in nichts als ein Wissen gekennzeichnet.

Also die Philosophie hat allein unter den abstracten Wissenschaften sich nicht durch praktische Früchte bewährt. Wäre dies der Fall, so wäre der allgemeine Zweifel an ihr ja auch nicht möglich. Aber er ist möglich, denn er ist wirklich. Und sein wirkliches Bestehen scheint somit selbst schon seine Berechtigung darzuthun.

Dies etwa sind die vorzüglichsten Ursachen, aus welchen das allgemeine Misstrauen gegen die Philosophie als Wissenschaft entspringt: Mangel allgemein angenommener Lehrsätze; gänzliche Umwälzungen, welche die Philosophie ein um das andere Mal erleidet; Unerreichbarkeit des angestrebten Zieles auf dem Wege der Erfahrung; und Unmöglichkeit praktischer Verwerthung. – Wer könnte leugnen, dass diese Thatsachen gewichtig und wohl geeignet sind, das Urtheil zu bestimmen?

Dennoch gelingt es uns vielleicht zu zeigen, dass die erbrachten Gründe nichts, oder dass sie wenigstens nicht so viel beweisen, als man daraus zu folgern geneigt ist.

Wenn wir die verschiedenen allgemeinen theoretischen Wissenschaften, die Mathematik, die Physik, die Chemie, die Physiologie, nebeneinander stellen: so finden wir, dass sie eine Reihe bilden, in welcher jedes frühere Glied abstracter als das nachfolgende ist. Der Gegenstand der später genannten Wissenschaft ist verwickelter, und zwar in der Art, dass die Phänomene, die Gegenstand der früher genannten sind, sich bei ihr durch neue Elemente und Bedingungen compliciren. Hieraus folgt, dass jede später genannte Wissenschaft von der früher genannten abhängig ist, während das Gegentheil nicht oder doch nur in einem ungleich geringeren Maasse der Fall ist. Und eben desshalb wird die später genannte in ihrer Entwickelung langsamer sein, und wenn man den jeweiligen Grad ihrer Vollkommenheit mit demjenigen vergleicht, welchen eine früher genannte zu derselben Zeit erreicht hat, so wird sie um ein Bedeutendes zurückgeblieben erscheinen.

Dies lehrt die Geschichte der Wissenschaften auf das Deutlichste. Mathematische Entdeckungen hatten schon die Griechen in reicher Fülle aufzuweisen. In der Physik begründete zwar *Archimedes* den einfachsten Theil, die statische Mechanik; aber alle weiteren nennenswerthen Erfolge blieben der Zeit *Galilei's* und den darauf folgenden Jahrhunderten aufbewahrt. Die eigentlich wissenschaftliche Chemie wiederum ist um Vieles jünger als die Physik; *Lavoisier*, der bekanntlich als ein Opfer der französischen Revolution gefallen ist, wird gemeiniglich als ihr Gründer betrachtet. Und die festere Gestaltung einer wissenschaftlichen Physiologie gehört erst unserem Jahrhundert an. Auch steht sie unverkennbar in ihrer Entwickelung heute noch weit hinter der Chemie, so wie diese hinter der Physik zurück. Und die Physik kann sich ebenso mit den mathematischen Wissenschaften nicht entfernt an Vollkommenheit vergleichen.

Es ist nun klar, dass, wenn es Phänomene gibt, die sich ähnlich zu den physiologischen, wie diese zu den chemischen und die chemischen zu den physischen verhalten: die Wissenschaft, welche sich mit ihnen beschäftigt, in einer noch unreiferen Phase der Entwickelung sich finden muss. Und solche Phänomene sind die psychischen Zustände. Sie begegnen uns nur in Verbindung mit Organismen und in Abhängigkeit von gewissen physiologischen Processen. Somit ist es offenbar, dass die Psychologie heutzutage, wo sogar die Physiologie noch relativ geringe Fortschritte gemacht hat, nicht über die ersten Anfänge ihrer Entwickelung hinausgeschritten sein kann, und dass in einer früheren Zeit, abgesehen von gewissen glücklichen Anticipationen, von einer eigentlich wissenschaftlichen Psychologie gar nicht geredet werden konnte.

Mit der Psychologie steht aber die Gesellschaftswissenschaft, sowie auch alle übrigen Zweige der Philosophie in Zusammenhang. Werden sie ja nur darum zu einer Gruppe zusammengefasst, weil ihre Forschungen untereinander durch die engsten Beziehungen verknüpft sind.

Wir sehen also wohl, dass die Philosophie, auch dann wenn es ihr an der Fähigkeit zu wahrer wissenschaftlicher Entfaltung nicht fehlen sollte, heutzutage unmöglich einen hohen Grad von Entwickelung erreicht haben kann; dass man also aus ihrem gegenwärtigen, zurückgebliebenen Zustande keineswegs den Schluss ziehen darf, dass ein wissenschaftlicher Fortschritt in ihr überhaupt unmöglich sei, und somit ihre Forschungen nicht wahrhaft den Namen wissenschaftlicher Bestrebungen verdienen.

Wenn nun aber der unvollkommene Zustand, in welchem die Philosophie sich findet, zu einem solchen Schlusse nicht berechtigt, so dürften auch alle die Gründe, welche, wie wir sagten, das Misstrauen und die tiefe Entmuthigung für philosophische Forschungen erzeugten, nichts gegen den wissenschaftlichen Charakter der philosophischen Aufgaben beweisen, da sie sich leicht als Folgen dieser Thatsache begreifen lassen.

Man sagt: Jede allgemeine Wissenschaft trägt Früchte für das Leben. Die Philosophie aber thut es nicht. Also ist sie keine Wissenschaft. – Allerdings trägt jede Wissenschaft praktische Früchte; aber erst dann, wenn sie den Zustand einer gewissen Reife erreicht hat. Die grossen praktischen Leistungen der Physik gehören mit geringen Ausnahmen der modernen Zeit, die der Chemie dem gegenwärtigen Jahrhundert an; die Physiologie aber beginnt sozusagen erst in unseren Tagen die Heilkunst neu zu gebären. Die praktischen Früchte, welche die Philosophie, nach meiner Ueberzeugung, mit aller Sicherheit zu bringen berufen ist, kann also offenbar der heutige Tag nicht brechen.

Man sagt weiter, die Weise der Erklärung und Ergründung, nach welcher der Philosoph verlange, sei von ganz anderer Art als die, welche der Naturforscher anstrebe. Der Philosoph wolle in das innere Was und Wie der Dinge eindringen, zu welchem Beobachtung und Erfahrung einen Zugang nicht besitzen. – Wir antworten: Auch dies ist nur Folge des zurückgebliebenen Zustandes der Philosophie. Es ist ein Zeichen davon, dass sie über die Grenzen möglicher Erkenntnis und über die richtige Weise, in welcher sie ihre Fragen zu stellen hat, sich vielfach noch nicht klar geworden ist. Auch auf anderen Gebieten des Wissens war einst Aehnliches der Fall. Nicht immer setzte sich der Naturforscher die bescheidene Aufgabe, die einzelnen Vorgänge in der Körperwelt als Fälle allgemeinerer Thatsachen zu begreifen. Im Gegentheile ging er vor Zeiten selbst darauf aus, die innersten Kräfte der Natur als das was sie sind und in der Weise wie sie wirken zu verstehen. Erst sehr spät und allmählig ist er dazu gelangt, sich von solchen Versuchen zurückzuziehen und sie dem Philosophen zu überweisen. Mehr und mehr gesellte sich dann zu diesem Verzicht ein mitleidiges oder auch wohl ein spöttisches Lächeln. Der Naturforscher war sich darüber klar geworden, dass die Grenzen, die er in dieser Weise seiner Forschung steckte, zugleich diejenigen seien, welche die Natur selbst hier dem Streben der Wissenschaft gesetzt habe. Nur der zurückgebliebene Zustand der Philosophie hat es aber verschuldet, dass die Philosophen sich nun wirklich häufig dieser Fragen bemächtigten. Sie hätten sonst nicht blos dieses Danaergeschenk zurückgewiesen, sondern auch auf ihrem eigenen Gebiete in analoger Weise die Forschungen nach dem inneren Wesen der Vorgänge als etwas Unmögliches aufgegeben. Sie hätten, wie der Naturforscher für die physischen, für die psychischen Phänomene aus der Beobachtung einzelner Thatsachen allgemeine Gesetze festzustellen gesucht und dann, durch die Verknüpfung der einzelnen Erscheinungen mit diesen allgemeinen Gesetzen, gewisse Vorgänge zu erklären und andere vorauszubestimmen gestrebt. Und ebenso wären sie auf dem Gebiete der Metaphysik darauf ausgegangen, allgemeinere, für das Gebiet der physischen wie psychischen Phänomene und so für das Ganze des Universums gleichmässig geltende Wahrheiten aufzufinden. Auch sie hätten an der relativen Erkenntniss es sich genügen lassen, und nicht mehr durch den Anspruch auf absolute Erkenntniss in das Gebiet des völlig Unbegreiflichen sich verstiegen. An grossen und reichen Aufgaben würde es der Philosophie nach einer solchen Klärung und Reinigung ihres Strebens sicher ebensowenig als der Naturwissenschaft gefehlt haben.

Wir haben als Grund des Misstrauens gegen die Philosophie auch angeführt, dass sie nicht in derselben Weise wie andere Zweige der Forschung eine stetige wissenschaftliche Tradition aufweise; dass noch die allerneueste Zeit gänzliche Umwandlungen gesehen habe, indem das folgende System in schroffem Gegensatze gegen das vorangegangene sich erhob.

Auch dies erklärt sich unschwer aus der langsameren Entwickelung, welche der Philosophie im Vergleiche mit anderen Wissenschaften zukommen musste.

Einmal gewinnt jede wissenschaftliche Forschung erst in ihrem weiteren Verlaufe einen gewissen festeren Bestand. Erst wenn sie zum breiten Strome geworden ist, besitzt sie ein unwandelbares Bett; vorher geschieht es wohl, dass sie wie der Giessbach im Gebirge im neuen Frühjahre eine neue Bahn sich wühlt. Die verschiedensten Hypothesen tauchen auf und verschwinden, indem die eine so unhaltbar wie die andere sich zeigt.

Andererseits ist jede Wissenschaft in unreiferen Phasen am meisten der Gefahr ausgesetzt, auch das bereits Gewonnene wieder zu verlieren. Sie gleicht dem zarten Organismus des Kindes, welcher leichter als der zu voller Kraft erwachsene einer Störung und Krankheit erliegt. So zeigt denn in der That die philosophische Forschung nicht blos eine geringere Entwickelung als andere Wissenszweige, sondern auch einen öfteren und tieferen Verfall.

Vielleicht ist auch die jüngstvergangene Zeit eine solche Epoche des Verfalles gewesen, in der alle Begriffe trüb ineinander schwammen, und von sachentsprechender Methode nicht eine Spur mehr zu finden war. Der rasche Auf- und Niedergang entgegengesetzter Systeme wird in diesem Falle uns nicht mehr befremden können.

Die Gegenwart ist aber dann wohl eine Zeit des Ueberganges von jener entarteten Weise des Philosophirens, zu einer naturgemässeren Forschung. In einem solchen Augenblicke werden die philosophischen Ansichten natürlich am meisten auseinandergehen. Die Einen stehen noch ganz unter dem Einflusse der letzten Systeme; Andere suchen in früheren Zeiten Anknüpfungspunkte; wieder Andere beginnen völlig neu, indem sie sich von vorgeschritteneren Wissenschaften Winke für die Methode entnehmen; und die Allermeisten stellen in verschiedenen Verhältnissen Mischungen von alten und neuen Elementen dar. So erklärt sich denn vollkommen auch jener chaotische Widerstreit der philosophischen Ansichten in unserer Zeit, der vielleicht mehr als alles Andere das Ansehen der Philosophie in den weitesten Kreisen zu untergraben dient, und den wir darum vor allen anderen als Grund des herrschenden Misstrauens hervorhoben.

Wir haben nun in rückläufiger Ordnung die früher erwähnten Einwände, einen um den anderen, in ihrer Tragweite geprüft; und wir haben gefunden, dass keiner etwas Weiteres erschliessen lässt, als dass die Philosophie noch nicht in so vollkommener Weise wie andere allgemeine Disciplinen als Wissenschaft gegründet ist. Wir sehen also hieraus, in welchem Sinne etwa das Misstrauen gegen die Philosophie berechtigt ist und in welchem nicht.

Es ist *berechtigt*, insofern der Philosoph heutzutage nicht blos in geringerem Umfange, sondern gewöhnlich auch mit geringerer Sicherheit und Schärfe die ihm zufallenden Fragen beantworten kann als ein anderer Forscher die Fragen seines Gebietes.

Es ist aber *nicht berechtigt*, wenn es so weit führt zu glauben, dass die Philosophie nur nach Phantomen jage; dass sie Ziele verfolge, zu denen kein Weg und kein Steg führe, und die für alle Ewigkeit unerreichbar und unnahbar seien. Wie sie auch immer manchmal ihre Grenzen verkannt haben mag: es bleibt ihr ein Kreis von Fragen, auf deren Beantwortung nicht verzichtet werden muss und, im Interesse der Menschheit, nicht verzichtet werden kann. Sie hat darum ohne Zweifel eine Stelle unter den Wissenschaften auszufüllen, und eine Zukunft bleibt ihr gesichert. Jene Entmuthigung also, die in unseren Tagen nur allzuweit um sich gegriffen hat, erweist sich als eine völlig unbegründete.

Ja wir dürfen mehr sagen als dies. – Wenn irgendeine Zeit Ursache hatte, auf glücklichen Erfolg der philosophischen Forschungen zu hoffen, so gilt dies von der unserigen. Gerade der Blick auf die Naturwissenschaften, deren schönere und fruchtbarere Entfaltung beim ersten Ansehen den Philosophen verzagen lassen möchte, dient hiefür zum Beweise. Die Wissenschaften sind wie Pflanzen, von denen, ihrer Art und Natur nach, die eine früher als die andere grünen und blühen muss. So lange die Naturwissenschaft und jede ihrer Unterarten nicht reiche Knospen getrieben hatte, war für die Philosophie die Zeit des Frühlings noch nicht gekommen. Nun aber, da selbst die Physiologie kräftiger zu sprossen beginnt, fehlt es nicht mehr an den Zeichen, welche auch für die Philosophie die Zeit des Erwachens zu fruchtbringendem Leben ankündigen. Die Vorbedingungen sind gegeben; die Methode ist vorbereitet; die Forschung ist vorgeübt.

So scheint denn, wenn nicht Alles trügt, das Verzagen in unserer Zeit nicht unähnlich dem der Gefährten des Columbus zu sein, die gerade dann die Hände hoffnungslos sinken lassen wollten, als das ersehnte Land im Begriffe war, vor ihnen aus dem Meere emporzusteigen.

Und noch etwas Anderes zeigt sich, wesshalb gerade in unseren Tagen am wenigsten der Muth erschlaffen darf. Es ist das wachsende Bedürfnis nach Philosophie.

Mag auch die Philosophie mehr von den Naturwissenschaften abhängen als umgekehrt, so ist doch hier wie überall, wo sich Wissenschaften berühren, zugleich die entgegengesetzte Beziehung nicht ausgeschlossen. Psychologisches und Physiologisches stehen in Wechselwirkung; und so hört man sehr häufig gerade die eifrigsten Vorkämpfer des Fortschrittes in der Physiologie, wie z. B. *Helmholtz* in seiner physiologischen Optik, über den zurückgebliebenen Zustand der Psychologie Klage führen, der sie in der Lösung der wichtigsten Probleme aufhalte. Und auch auf die Probleme der Metaphysik, wie auf die Frage über das allgemeine Causalgesetz und seinen etwaigen a priorischen Charakter, sieht man die Naturforscher eingehen, und andere ihrer Untersuchungen, wie z. B. die über das Gesetz der Wechselwirkung der Naturkräfte, führen sie bis hart an die Schwelle der höchsten metaphysischen Fragen.

Mit dem wissenschaftlichen Bedürfnisse verbindet sich zugleich das praktische. Die socialen Fragen treten in unserer Zeit mehr als in jeder früheren in den

Vordergrund. Das Bedürfnis nach einer befriedigenderen Lösung erweist sich dringender als irgendeine Verbesserung der Gesundheitspflege, der Landwirtschaft oder des Verkehrswesens. Aber offenbar gehören die socialen Erscheinungen zu den psychischen Erscheinungen, und kein anderes Wissen kann hier als ordnende Macht zu Hülfe gerufen werden als die Kenntnis der psychischen Gesetze, also das philosophische Wissen. Auch dieser Umstand hat in unseren Tagen schon mehr als einen hochdenkenden Mann, dem das Wohl der Menschheit am Herzen lag, dazu bestimmt, sich ernst und sorgfältig mit psychologischen Untersuchungen zu beschäftigen.

Darum hoffe ich auch mit Zuversicht, dass die Ebbe im philosophischen Studium, die bei der deutschen Jugend eintrat, wie sie bereits heute nicht mehr den äussersten Stand ihrer Tiefe zeigt, bald wieder in einer neuen Flut aufgehoben erscheine. Und die deutschen Jünglinge Oesterreichs, begünstigt von einer Regierung, deren Weisheit den Werth der Wissenschaft erkennt und nach jeder Seite und mit allen Mitteln sie zu fördern sucht, werden in diesem edlen Streben hinter ihren Brüdern in anderen Gauen gewiss nicht zurückbleiben wollen.

Kommentar von Hans-Joachim Dahms

Franz von Brentano entstammt einer alten italienisch-deutschen Adelsfamilie, die in der Lombardei schon im 13. Jahrhundert urkundlich erwähnt wurde.[1] Einige Zweige dieser Familie ließen sich im Laufe des 17. Jahrhunderts am Handelsplatz Frankfurt am Main nieder. Die deutschen romantischen Schriftsteller Clemens von Brentano und Bettina von Arnim (geb. Brentano) gehörten zur Generation seiner Eltern. Sein jüngerer Bruder Lujo Brentano ist als Ökonom und Vorkämpfer der sozialen Frage bekannt geworden. Franz Brentano wurde am 16. Januar 1838 in Boppard am Rhein in eine streng katholische, aber auch neuen Entwicklungen durchaus aufgeschlossene Familie hineingeboren. Beeinflusst von dem Berliner Philosophen Friedrich Adolf Trendelenburg befasste sich Brentano während seines Studiums in München, Würzburg, Berlin und Münster vor allem mit Aristoteles. Seine Dissertation ist eine Interpretation

1 Auch in der Gegenwart gab es bekannte Angehörige der Familie wie den deutschen christdemokratischen Außenminister Heinrich von Brentano (1955–1961) oder die Berliner Philosophin Margherita von Brentano. Siehe zu diesen und den folgenden Angaben den Wikipedia-Eintrag »Brentano«: https://de.wikipedia.org/wiki/Brentano (abgerufen am 21.11. 2016). Eine wissenschaftlichen Ansprüchen genügende Biographie Franz Brentanos existiert bisher nicht. Sie wird gegenwärtig von Denis Fisette (Montreal) und Guillaume Frechette (Salzburg) erarbeitet.

eines zentralen Stücks der Aristotelischen *Metaphysik*[2], seine Habilitation in Würzburg ist der Psychologie (*De anima*) des Aristoteles gewidmet.[3]

Nach seiner Promotion ließ sich Brentano, der auch katholische Theologie studiert hatte, als Priester weihen und trat in einen Dominikanerorden ein. Die Auseinandersetzung mit dem Katholizismus sollte von da an seinen Lebensweg bestimmen. Mit dem Ersten Vatikanischen Konzil stattete die katholische Kirche im Juli 1870 den Papst mit dem Unfehlbarkeitsdogma aus, wogegen deutsche und österreichische Kardinäle und Bischöfe im Vorfeld Front gemacht und sogar ein Gutachten in Auftrag gegeben hatten. Der Autor des Gutachtens, das die historischen Irrtümer der Päpste auflistete und die Inopportunität der Verkündigung einer Unfehlbarkeit betonte, war Franz von Brentano. Als dann die mitteleuropäischen Kleriker der Mehrheit der südeuropäischen und lateinamerikanischen unterlagen, beugte sich Brentano nicht, sondern verließ den Orden und legte sein Lehramt in Würzburg nieder. Angesichts dieser Vorgeschichte ist es erklärungsbedürftig, wie Brentano auf einen Lehrstuhl im katholischen Österreich gelangen konnte.

Die Philosophie in Wien war erst seit den Hochschulreformen nach 1848 ein eigenständiges universitäres Fach geworden.[4] Inhaltlich war ihr Profil durch den aus Göttingen importierten Herbartianismus geprägt. Darin vertrat er eine stark auf die Pädagogik und eine dazu passende Psychologie zugeschnittene Lehre. Außerdem galt der Herbartianismus – besonders angesichts der Ergebenheitsadresse ihres Begründers an den hannoverschen König nach der Entlassung der *Göttinger Sieben*, die gegen die Kassierung einer neuen Verfassung protestiert hatten – als eine obrigkeitsfromme Doktrin, anders als der aufklärerische Kantianismus.[5] Beide damaligen Wiener Lehrstuhlinhaber, Robert Zimmermann und Franz Karl Lott, waren Herbartianer. Als Lott 1872 emeritiert wurde, stand die Frage einer eventuellen Neuausrichtung der Wiener Philosophie auf der Tagesordnung. Nachdem die Fakultät mehrere erfolglose Bemühungen unternommen hatte, namhafte deutsche Professoren nach Wien zu berufen, ergriff der liberale Kultusminister Karl von Stremayr,

2 Franz Brentano: *Von der mannigfachen Bedeutung des Seins nach Aristoteles*, Freiburg i. B. 1862.

3 Franz Brentano: *Die Psychologie des Aristoteles, insbesondere seine Lehre vom nous poietikos*, Mainz 1867, Nachdruck Darmstadt 1967.

4 Siehe hierzu und zum Folgenden neuerdings Hans-Joachim Dahms, Friedrich Stadler: »Die Philosophie an der Universität Wien von 1848 bis zur Gegenwart«, in: Katharina Kniefacz, Elisabeth Nemeth, Herbert Posch, Friedrich Stadler (Hg.): *Universität – Forschung – Lehre. Themen und Perspektiven im langen 20. Jahrhundert*, Göttingen 2015(= 650 Jahre Universität Wien – Aufbruch ins neue Jahrhundert 1), 77–131, besonders 80–88.

5 Siehe zur Konkurrenz von Herbartianismus und Kantianismus im 19. Jahrhundert: Klaus Christian Köhnke: *Entstehung und Aufstieg des Neukantianismus. Die deutsche Universitätsphilosophie zwischen Idealismus und Positivismus*, Frankfurt/Main 1986, 109–121.

der als Reaktion auf das Unfehlbarkeitsdogma das Konkordat mit dem Heiligen Stuhl gekündigt hatte, die Initiative: Er berief – auf Vorschlag des Göttinger Philosophen Hermann Lotze, den er für den »ersten Vertreter der Philosophie an den deutschen Universitäten«[6] hielt – kurzerhand Brentano nach Wien. Das Schreiben, in dem Stremayr diese Entscheidung dem Kaiser mitteilte, ist ein wahres Meisterstück der Diplomatie, das den familiären und akademischen Hintergrund des Kandidaten in den höchsten Tönen lobt.

Brentanos Antrittsrede

Die hier abgedruckte Antrittsrede Brentanos besteht aus zwei Teilen: einer Diagnose des niederschmetternden Zustands der Philosophie und einem Reformvorschlag. Brentanos Diagnose beginnt mit einem Vergleich des Ansehens der Philosophie zu Beginn des 19. Jahrhunderts mit ihrem Prestige in der Gegenwart: »In den ersten Decennien unseres Jahrhunderts waren die Hörsäle der deutschen Philosophen überfüllt: in neuerer Zeit ist der Flut eine tiefe Ebbe gefolgt.« (54) Die Gründe für diesen Absturz seien vor allem zwei: einerseits das Chaos der einander widersprechenden Systeme der Philosophie und ihrer sich bekämpfenden Schulen, wie sie vor allem im deutschen Idealismus geblüht hätten, und ihr mangelnder praktischer Nutzen andererseits. Brentano fasst die Lage beim Übergang zur kritischen Musterung dieser Ursachen und dem Vorschlag einer Therapie so zusammen:

> Dies etwa sind die vorzüglichsten Ursachen, aus welchen das allgemeine Misstrauen gegen die Philosophie als Wissenschaft entspringt: Mangel allgemein angenommener Lehrsätze; gänzliche Umwälzungen, welche die Philosophie ein um das andere Mal erleidet; Unerreichbarkeit des angestrebten Zieles auf dem Wege der Erfahrung; und Unmöglichkeit praktischer Verwerthung. (58)

Zur Überwindung dieses Zustands schlägt Brentano vor, man müsse die auf individuellen Einfällen basierende Systemphilosophie gänzlich verlassen und sich methodisch an den kollektiv betriebenen und durch gegenseitige Kritik fortentwickelnden und aufeinander aufbauenden Naturwissenschaften orientieren. Diese Empfehlung hatte er schon in seiner vierten Habilitationsthese ausgesprochen: »Die wahre Methode der Philosophie ist keine andere als die der

6 Dies Schreiben ist in der Brentano betreffenden Akte ÖStA AVA, Unterrichts-Ministerium, Universität Wien Professoren BI-BR (Bibl-Brunswick), Ktn. 664, Sign. 4 enthalten. Es wird in Hans-Joachim Dahms, Friedrich Stadler: »Die Philosophie an der Universität Wien«, 84f. auszugsweise zitiert und kommentiert.

Naturwissenschaften«.[7] Was den mangelnden praktischen Nutzen der Philosophie betrifft, nimmt seine Argumentation zunächst einen Umweg über die Wissenschaftsgeschichte. Demzufolge haben sich die Naturwissenschaften schon seit Jahrtausenden oder wenigstens seit Jahrhunderten auseinander entwickelt, die Philosophie dagegen befinde sich erst in einem relativ neuen Stadium. So seien Mathematik und die statische Mechanik als Teil der Physik schon im klassischen Griechenland entwickelt worden, alle anderen Teile der Physik und die Chemie hätten sich dann erst in der Neuzeit angeschlossen. Die Philosophie dagegen sei gezwungen gewesen, erst die Entwicklung der Physiologie abzuwarten, um den wichtigsten Zweig der Philosophie, die Psychologie, wissenschaftlich zu untermauern. Dies Unternehmen müsse nun tatkräftig in die Wege geleitet werden. Danach könne man der wissenschaftlichen Begründung der Soziologie nähertreten. Und wenn das geschehen sei, habe man auch mit praktischen Früchten dieser wissenschaftlichen Arbeit zu rechnen. Insbesondere die Lösung der sozialen Fragen könne von der Philosophie vielfache Förderung erwarten. Deshalb sei kein Anlass zur Resignation gegeben, vielmehr habe die Philosophie ihre große Zeit noch vor sich, vorausgesetzt, dass die »deutschen Jünglinge Oesterreichs [...] hinter ihren Brüdern in anderen Gauen [...] nicht zurückbleiben [...].« (63)

Besonders der letzte Teil, der den Entwicklungsstand der Philosophie und ihren zukünftigen praktischen Nutzen betrifft, gibt Anlass zu kritischen Nachfragen und Bemerkungen. Zunächst überrascht, dass die Philosophie eine derart neue Wissenschaft sein soll: Wie Brentano selbst bemerkt, gibt es sie seit etwa 2500 Jahren, wenn man (mit Aristoteles) ihren Beginn bei Thales ansetzt, wie Brentano es tut (54f.). Selbst wenn man zugesteht, dass sie in der Antike noch viele naturphilosophische Spekulationen enthielt, wird man doch einräumen müssen, dass einige ihrer Teildisziplinen wie etwa Metaphysik und Logik schon seit Aristoteles mit wissenschaftlichem Anspruch aufgetreten sind, was dem Aristoteles-Forscher Brentano bestens bekannt war. Warum er den Erkenntnisfortschritt der Menschheit anders darstellt, nämlich als Fortgang von der Mathematik über die Physik, die Chemie bis hin zur Physiologie, lässt sich nur vermuten: Wir haben hier jene (leicht abgeänderte) Pyramide der Wissenschaften vor uns, wie sie der positivistische Philosoph Auguste Comte 50 Jahre zuvor vorgeführt hatte.[8] Trotz einiger Abweichungen im Detail[9] legt die Be-

7 Franz Brentano: »Die 25 Habilitationsthesen (1866)«, in: ders.: *Über die Zukunft der Philosophie*, hg. v. Oskar Kraus, Leipzig 1929, 133–143, hier 137.

8 Eine übersichtliche Fassung von Comtes System findet sich schon im ersten Entwurf, vgl. Auguste Comte: *Entwurf der wissenschaftlichen Arbeiten welche für eine Reorganisation der Gesellschaft erforderlich sind*, Leipzig 1914 (auf Französisch schon 1822). Diese Pyramide enthält außer den Formalwissenschaften der Logik und Mathematik die Anorganische Physik

schreibung der Struktur dieser Pyramide die Annahme nahe, dass sich Brentano in diesem Zeitraum von Comte hat beeinflussen lassen. Auch die letzten Stufen dieser Pyramide, nämlich die Psychologie und besonders die Soziologie, entstammen dieser Gedankenwelt. Es kann gut sein, dass Brentano sich bei der Hereinnahme der sozialen Fragen zusätzlich vom Wirken seines Bruders Lujo Brentano, des Münchener Ökonomen und Vorkämpfers eben jener sozialen Fragen, der auch kurze Zeit an der Universität Wien lehrte, hat beeinflussen lassen. Aber man kann natürlich die Philosophie nicht auf die Psychologie reduzieren. Wenn man die spätere Entwicklung der Psychologie (und auch der Soziologie) verfolgt, fällt auf, dass sich Brentano gerade von jenen Teilbereichen der Philosophie für den praktischen Nutzen dieser Disziplin am meisten erhoffte, die sich seit Ende des 19. Jahrhunderts (Psychologie) bzw. seit Beginn des 20. Jahrhunderts (Soziologie) inhaltlich und auch organisatorisch immer weiter von der Philosophie entfernten und schließlich als eigenständige Fächer etablierten.

Die öffentliche Rezeption der Antrittsrede

Was die Aufnahme der Antrittsrede betrifft, sind wir vor allem auf Zeitungsberichte angewiesen. Aus ihnen geht hervor, in welchem Ambiente die Ansprache stattfand, wie Brentano eingeführt wurde, wer im Auditorium saß und ob sie auf eine positive, neutrale oder negative Reaktion stieß. Der Bericht in der *Neuen Freien Presse* schildert diese Umstände gleichzeitig am ausführlichsten und positivsten. Demnach war der Hörsaal »von der akademischen Jugend zahlreich besucht, auch viele Professoren und Docenten waren erschienen.« Der Andrang aus dem Professorenkollegium war sogar so zahlreich, dass die drei Bänke, die wie üblich für sie bereit standen, nicht ausreichten und sämtliche erreichbaren Sessel aus anderen Fakultäten herangeschafft werden mussten. Einen besonderen Akzent erhielt die Veranstaltung dadurch, dass auch der Minister für Kultus und Unterrichtsangelegenheiten Karl von Stremayr es sich nicht nehmen ließ, persönlich der Zeremonie beizuwohnen und zuzuhören, wie sich »sein« Kandidat präsentierte. Nachdem Dekan Eduard Sueß und Brentanos zukünftiger philosophischer Kollege Robert Zimmermann den Hauptredner eingeführt und vorgestellt hatten, betrat er die Lehrkanzel und begann seine Antrittsrede. Nach einem ausführlichen Referat des Vortrags schließt der Bericht

(Astronomie, Geowissenschaften und Chemie), die Organische Physik (Biologie) und schließlich die Soziale Physik (Soziologie).

9 Erstaunlicherweise erwähnt Brentano – anders als Comte – nicht die Biologie als Stufe der Wissenschaftspyramide, womöglich, um einer Stellungnahme zu den zeitgenössischen Lehren Charles Darwins aus dem Wege zu gehen.

mit Bemerkungen über die Reaktion des Publikums auf den Vortrag: »Andauernder Beifall des Auditoriums belohnte diesen hochinteressanten, an geistvollen Apercüs überreichen Vortrag, der sich überdies durch außerordentliche Klarheit und Übersichtlichkeit auszeichnete«.[10] Hier ist also deutliche Sympathie mit dem Neuankömmling herauszulesen, die sich übrigens noch Jahre später bewährte, als Brentano seine »letzten Wünsche an Österreich« ebenfalls in der *Neuen Freien Presse* veröffentlichen konnte.[11] Die Tageszeitung *Die Presse* hatte sich auf einen neutralen, dabei aber klaren und übersichtlichen Bericht über die Antrittsvorlesung beschränkt.[12]

So war es dem kurzlebigen, durch Abspaltung aus dem Fremdenblatt hervorgegangenen *Neuen Fremden-Blatt* vorbehalten, sich deutlich kritischer mit Brentanos Antrittsrede zu befassen. Der Verfasser des Artikels schildert darin zunächst die von Brentano genannten Gründe für den Abstieg der Philosophie, nämlich ihre »praktische Unfruchtbarkeit« und die »Spaltungen der philosophischen Schulen«. Darauf folgt jedoch die Kritik, dass der Vortrag »wenig neue Gesichtspunkte« aufzuweisen habe und »keine große Tiefe des Denkens« zu erkennen sei: »[D]as Thema haben wir in den philosophischen Hörsälen schon oft in beredterer und überzeugenderer Weise behandeln hören.« Immerhin sei der Vortrag »schön gesprochen« gewesen, »klar und durchsichtig«. Er schließt mit dem – eher dem Vortrag eines Musikstückes angemessenen – Rat, »daß für die Zukunft eine Erhöhung des Tones empfohlen werden muß«.[13]

Während Brentanos Amtszeit erlebte die Philosophie in Wien einen ersten großen Aufschwung. Das lag einerseits an Brentanos umfangreicher Forschungstätigkeit. Er konzentrierte sich zunächst auf die empirische Psychologie mit experimenteller und neu-aristotelischer Ausrichtung, ehe er dann später auch fast alle anderen Gebiete der Philosophie behandelte. Am bekanntesten ist seine bis heute diskutierte Lehre von der *Intentionalität* (also die Bezogenheit auf ein reales oder gedankliches Objekt), mit der Brentano ein Kriterium für psychische – im Unterschied zu physischen – Erscheinungen festhalten wollte.[14] Auch als akademischer Lehrer reüssierte Brentano in Wien. Seinen außerordentlichen Erfolg verdeutlicht der Umstand, dass im Laufe der Zeit viele Lehrstühle in der österreichischen Monarchie (Alexius Meinong in Graz, Oskar Kraus

10 Dieses wie die obigen Zitate aus Anonym: »Professor Brentano's Antrittvorlesung«, in: *Neue Freie Presse* (23.04.1874), 5.

11 Franz Brentano: »Meine letzten Wünsche für Österreich«, in: *Neue Freie Presse* (2./5./8. Dezember 1894).

12 Anonym: »Professor Brentano's Antrittsvorlesung«, in: *Die Presse* (23.04.1874), 8.

13 Alle Zitate: Anonym: »Tagesneuigkeiten«, in: *Neues Fremden-Blatt* (24.04.1874), 2f.

14 Franz Brentano: *Psychologie vom empirischen Standpunkt*, Leipzig 1874; siehe für den neuesten Diskussionsstand in dieser Sache Wilhelm Baumgartner: *Brentano's Concept of Intentionality: new Assessments*, Dettelbach 2015.

in Prag, Kazimirz Adjukiewicz in Warschau) und außerhalb (Edmund Husserl in Göttingen und in Freiburg) mit seinen Schülern besetzt wurden. Selbst der tschechoslowakische Präsident Tomas Masaryk war Schüler Brentanos. In Wien gründeten Brentanos Hörer die »Philosophische Gesellschaft«, die einen wichtigen Einfluss auf das Wiener Universitäts- und Kulturleben ausübte.[15]

All dies gelang Brentano trotz ungewöhnlich ungünstiger Umstände: Er wurde 1880 wegen seiner Heirat mit Ida Lieben, einer jüdischen Bankierstochter, in den Privatdozentenstatus zurückversetzt. Deshalb konnte er in der Folgezeit in der Fakultät nur mit erheblichen Einschränkungen tätig werden. Als Brentano 1895 aus der Wiener Universität ausschied, beklagte er in seinen *Letzten Wünschen für Österreich* die von katholischen Kreisen inszenierte Kampagne gegen seine Person und auch die nicht realisierte Einrichtung eines psychologischen Instituts. Brentano übersiedelte 1895 von Wien nach Florenz und floh 1915, nach Ausbruch des Ersten Weltkriegs, nach Zürich, wo er am 17. März 1917 starb.

15 Denis Fisette: »L'histoire de la philosophie autrichienne et ses institutions: Remarques sur la Société philosophique de l'Université de Vienne (1888–1938)«, in: *Philosophiques* 38 (2011), 71–101.

Erich Schmidt (1853–1913)

Wege und Ziele der deutschen Litteraturgeschichte (1880)

Wege und Ziele der deutschen Litteraturgeschichte.
Eine Antrittsvorlesung.

I.

Hier zu Wien hat im Jahr 1808 Wilhelm Schlegel »vor einem glänzenden Kreise von beinahe dreihundert Zuhörern und Zuhörerinnen« seine berühmten Vorlesungen »Über dramatische Kunst und Litteratur« gehalten, deren Buchausgabe er dann mit Schmeicheleien für Kaiser Franz und die Wiener eröffnete, und hier in Wien hat vier Jahre später sein Bruder Friedrich unter regem Zudrang der Gebildeten über »Geschichte der alten und neuen Litteratur« gesprochen, um 1815 den Druck seinem mächtigen Gönner, dem Fürsten Metternich, zuzueignen. Jener sauber ausmalend, die einzelne Erscheinung freilich nicht ohne Liebe und Hass fixirend, im Tone fließender Causerie, die sich dem Schlusse zu unter dem Eindruck der schweren Zeit zu einem patriotischen Mahnruf und einer pathetischen Verherrlichung deutscher Größe steigert; dieser nie am Einzelnen haftend, als der weit ausblickende philosophische Betrachter beflügelten Schrittes Völker und Zeiten durcheilend und seine mitunter etwas nebelhafte Darstellung reactionär beendend.

So bedeutend stehen die Cyklen der romantischen Wanderprediger in der Entwicklung der deutschen Litteraturgeschichte da, daß sich demjenigen, welcher diese Disciplin an der Wiener Hochschule vertreten soll und der seine Vorträge mit einem raschen Überblick über die Ausbildung und die Ziele des Faches einleiten will, ganz von selbst eine solche locale Anknüpfung bietet. Sind doch Kunst- und Litteraturgeschichte eben in der Luft der Romantik zu reicher Entfaltung gediehen.

Abgesehen von einzelnen Ansätzen, zu denen wir auch jene feine Charakteristik in der litterarischen Stelle des »Tristan«, die Notizen der Limburger Chronik über Volkslieder, Nachrufe und Namenverzeichnisse im Minne- und Meistersang rechnen dürfen, hat das Mittelalter der deutschen Litteraturgeschichte nicht vorgearbeitet. Was 1462 Püterich von Reicherzhausen, dem Kreise der büchersammelnden Erzherzogin Mechthild zugehörig, im »Ehrenbrief« verzeichnet, kann allenfalls als Vorläufer späterer bibliographischer Bestrebungen gelten. Auch das sechzehnte Jahrhundert bietet nur wenig, was, über gelegentliche Streifzüge oder ein eiliges Botanisiren am Rain der Litteraturgeschichte hinausgehend, dieser alsbald merklich zu Gute gekommen wäre. Daß Bücherdruck, daß Humanismus und Reformation, die unendlich gesteigerte Fähigkeit Individualitäten festzuhalten, der Aufschwung biographischer Schriftstellerei, daß die ganze neue protestantische Bildung, welche, das *servum arbitrium* behauptend, den Wege des Einzelnen als einen gebundenen auffaßt, sich bei uns erst in später Stunde nach dieser Richtung machtvoll erwiesen, wird nur denjenigen befremden, der nicht von der Wahrheit des Goetheschen Spruches durchdrungen ist: »Über Geschichte kann niemand urtheilen, als wer an sich selbst Geschichte erlebt hat. So geht es ganzen Nationen. Die Deutschen können erst über Litteratur urtheilen, seitdem sie selbst eine Litteratur haben.« Also im sechzehnten und siebzehnten Jahrhundert nicht; im achtzehnten große Regungen seit der Mitte, die eigentliche Ausbildung seit Herder, Goethe und der romantischen Schule. Darum gewinnt uns England, das seine Elisabethinische Periode hat, einen so weiten Vorsprung ab, daß Baco schon 1605 in »*De dignitate et augmentis scientiarum*« die Aufgaben einer historischen Erforschung der Ursachen, Wirkungen, Entwicklung in der Litteratur bündig formulirte, indessen die Deutschen einer ideenarmen, planlos sammelnden Polyhistorie oblagen. Von Konrad Celtis, dem fahrenden Begründer der *Societas Danubiana*, bis Meibom, Vogler, Petrus Lambeccius, der in Wien an der kaiserlichen Bibliothek nicht mehr die Muße fand dem *Prodromus historiae literariae* die *Historia literaria* selbst folgen zu lassen, wird statt der Litteraturgeschichte nur ihrer Magd gehuldigt: der kahlen Bibliographie, dem Geripp ohne Fleisch und Blut.

Eines aber verdient Hervorhebung. Während der napoleonischen Fremdherrschaft und der folgenden Freiheitskriege waren die Nibelungen Trost und Stärkung. Eine solche, wiewohl von Unverstand und Pedanterie beirrte und auf geschlossenere Kreise beschränkte, Rolle haben die poetischen Denkmäler der Vorzeit schon einmal gespielt: in der Alamodezeit und den dreißig Kriegsjahren. In den gelehrten Vereinigungen von damals, der Tannengesellschaft, vor allem der »fruchtbringenden«, sitzen die Vorfahren zwar nicht der Grimm, wohl aber des ehrlichen Zeune. Man studirt Altdeutsch. Ausgaben, Wörterbücher, Grammatiken erscheinen. Dilettanten citiren das Heldenbuch und Goldafts *Scriptores paraenetici*. Hoffmann von Hoffmannswaldau giebt in einer Vorrede die wohlüberlegte Summe dessen, was ein Gebildeter damals von mittelhochdeutscher Dichtung wissen konnte. Daneben, auch von Seiten braver Gelehrter, Zeugnisse crasser Unwissenheit und Entstellung.

Opitz edirt das Anno-Lied mit rühmlichem Fleiß und blickt gleich im Aristarchus auf Walther von der Vogelweide zurück. Er, der griechische und lateinische Tragödien, ein italienisches Libretto, französische und holländische Gedichte verdeutscht hat, leitet uns zu einem zweiten wichtigen Moment: dem fremdländischen Import. Zahllos sind die Übersetzungen, mag auch die innerliche Aneignung fehlen. Aber doch wächst litterarhistorische Kenntnis und Kritik, wenn ein Dietrich von dem Werder Gehalt und Form italienischer Epik studirt, oder, um eine andere Seite wiederum nur durch Nennung eines Namens zu streifen, wenn später Wernicke, mitten in der argen Stilverwirrung, als Canitzianer und Schüler Boileau's den Lohensteinismus befehdend litterarische Richtungen Deutschlands als Auswuchs und Caricatur fremder bloßstellt.

Und drittens: der Renaissancedichter Opitz ist zugleich der Verfasser des kleinen, aber mächtigen Buches von der deutschen Poeterei. Der Antike, leider nur mittelbar an der Hand Vidas und Scaligers, entlehnt man die Normen der Poetik. Einschlägige Collegia erscheinen im Lehrplan einiger Universitäten. Früh werden den Poetiken – wer schenkt uns endlich eine Geschichte[1] derselben? – historische Übersichten über die Entwicklung einzelner Dichtgattungen einverleibt. Nicht erst in Gottscheds »Critischer Dichtkunst«. Erdmann Neumeister hielt 1695 im *Specimen dissertationis historico-criticae de poetis germanicis hujus saeculi praecipuis* eine lehrreiche Musterung. Morhof hat nicht nur 1680 den weithin maßgebenden »*Polyhistor literarius*« veröffentlicht, sondern 1682 im »Unterricht von der deutschen Sprache und Poesey« ein Zwitterding von Poetik und Litteraturgeschichte zu Tage gefördert. Er war durchaus nicht ohne Urtheil, das manche von den vielen folgenden Chronisten durchaus vermissen lassen, ohne zum Entgelt für ihre Geist- und Geschmacklosigkeit wenigstens die rührende vaterländische Gesinnung einzusetzen, welche Professor Reimann 1721 in seinem sechsbändigen »Versuch einer Einleitung in die *historiam literariam*« ausspricht: »Ich bin vom Geblüte ein Teutscher. Ich lebe und lehre unter denen Teutschen. Ich habe auch in meinem Herzen die gewisse Überzeugung, daß die *Historia literaria* derer Teutschen denen Teutschen am meisten zu wissen nöthig sey.« Aber der gute Mann holte mit einer *Historia literaria antediluviana* doch gar zu weit aus!

Während sich der landschaftliche Stolz eine *Cimbria literata* und dergleichen schafft und der landschaftliche Neid die litterarischen Ansprüche etwa Schlesiens eifrig ablehnt, feuert ausländische Geringschätzung, besonders die freche Frage: ob in Deutschland ein *esprit créateur* möglich sei, die witzigen Köpfe zu reger Thätigkeit an. Man will zeigen was man leisten kann, und verzeichnen was man geleistet hat. Leipzig, der Hauptsitz des Buchhandels, der Bellettristik, des durch Thomasius und Mencke popularisirten Journalismus, der das ganze Interesse für schöne Litteratur immer weiter ausbreitete, ist der Mittelpunkt,

1 K. Borinski hat jetzt einen tüchtigen Anfang gemacht: »Die Poetik der Renaissance.«

Gottsched der Führer. Er, den die Litteraturgeschichte trotz seiner Bornirtheit respectvoll zu nennen hat, geht als vielbelesener Gelehrter nicht im eifersüchtigen Bemühen um die Tageslitteratur auf. Mit Ehren kann sich die erste Zeitschrift für deutsche Philologie, seine »Beiträge zur kritischen Historie der deutschen Sprache, Poesie und Beredsamkeit«, z. B. die Forschungen über Rebhun und Fischart, sehen lassen; dankbar schlagen wir noch heute den »Nöthigen Vorrath zur Geschichte der deutschen dramatischen Dichtkunst« auf und setzen seine Ausgabe des »Reinke de Vos« über Bodmers unmethodische Editionen mittelhochdeutscher Dichtwerke, so wichtig dieselben auch für die Ausbreitung der Studien geworden sind.

Bodmer reimt 1734 eine dürftige Skizze der deutschen Litteraturgeschichte, seinen »Charcter der deutschen Geschichte«. In Siebenmeilenstiefeln schreitet er aus dem Nebel der Druiden, den Klopstocks verschrobener Patriotismus nachmals in bardischen Glanz verwandeln wollte, in die mönchische Nacht, dann in die hellere Stauferzeit; er weiß nur ein paar ältere Namen zu nennen und versucht erst von Vater Opitz an verweilender, doch unbeholfen Schule zu gruppiren. Die ersten unverächtlichen Ausgaben neuerer Dichter, Opitz' und Wernickes, werden von den Schweizern besorgt; Ramlers durch Lessings Beigaben ausgezeichneter Logau folgt. Wieder schärft der Parteihader das litterarische Urtheil. Pyra excellirt vor anderen. Dubos nachgehend, gelangt Breitinger in derselben Zeit, wo Baumgarten die Aesthetica tauft, zu einer freieren Auffassung der Poesie – einer Auffassung, welche einzelne große Gesichtspunkte Herders ahnen läßt, während Ausläufer der Schweizer, wie Sulzer, keine erheblichen Fortschritt verrathen.

Zunächst Leipziger Anregungen fortspinnend, allgemach zu Bayle's kritischer Polyhistorie aufsteigend und bei Voltaire hospitirend, tritt Lessing groß und immer größer auf den Plan. Seine ersten Zeitschriften rennen im jugendlichen Übereifer nach dem Ziel einer vergleichenden Theatergeschichte. Er studirt philologisch, lexikologisch die Urkunden der Vorzeit, leider mehr untergeordnete, beschämt Bodmer durch glänzende Entdeckungen, bekundet eine echt philologische Sorgfalt auch für das Kleinste, lehrt die Varianten neuester Dichter, Klopstocks Entwicklung auf Grund verschiedener Redactionen des »Messias« beobachten, rettet volksmäßiges Erbgut, bring scharfblickend den Faust oder Weises Masaniello in Zusammenhang mit dem englischen Theater und ruft mitten in der Maienblüte des Cliquenthums als Meisterjournalist, furchtlos, doch gefürchtet, eine unerbittliche Tageskritik ins Leben. Schmiegsame Reproduction ist ihm fremd, und Gerstenbergs schleswigsche Litteraturbriefe meinten gegen den Berliner Würgengel, welcher der Heiligkeit der neu gefundenen Gattungsgrenzen ganze Hekatomben opferte, das Recht der dichterischen Individualität vertheidigen zu müssen; aber gebrach ihm auch das Organ manche Gebiete und Erscheinungen zu fassen, war sein Verhältnis zur Antike, sein Urtheil über die französische Tragödie nicht immer streng historisch – er hat eine inductive Aesthetik aufgebaut, die Deutschen an die blutsverwandten Engländer verwiesen, den Begriff der Nationallitteratur (das Wort ist nach Prutz von Wachler) festgestellt und durch seinen Laokoon, sowie in der Hamburgischen Dramaturgie durch die Befreiung der aristotelischen Lehre von langer Verfälschung eine hohe Aufgabe des achtzehnten Jahrhunderts lösen helfen: Eindringen in die Antike. Poesie und Poetik wandeln bei uns Hand in Hand.

Neben dem Kritiker Lessing steht Winckelmann, der schönheitstrunkene Seher, der für Goethe so wichtig ist wie für Carstens, der die Litteraturgeschichte so befruchtet hat wie die Geschichte der bildenden Kunst. Durch das Schlagwort des Stils nämlich, das im Gewirr der Einzelheiten Zusammenhang, Schule, Entwicklung zeigt, und auf Grund der Andeutungen alter, neuer und neuester Schriftsteller durch die Ableitung der hellenischen Kunst aus den gesammten klimatischen, staatlichen und privaten Verhältnissen. Es war ein großer Gedanke, als der junge Friedrich Schlegel in Dresden, vor denselben Bildwerken, welche Winckelmann nach Italien gewiesen hatten, ein Winckelmann für die griechische Weisheit und Poesie zu werden beschloß, und er hätte es vermocht. Der Gedanke ist herderisch.

Philosophisch-historische Durchdringung der Poesie beginnt, als Herder, zum Theil orphische Sprüche Hamanns über Naturpoesie auslegend, nicht ohne Auflehnung gegen das exclusive griechische Schönheitsideal Wickelmanns, die Entwicklung der Lyrik skizzirt, am Homer, den Lessing zu sehr als bewußt schaffenden Künstler nahm, das Wesen des Volksepos erklärt und weiter, sei es durch Wallfahrten ins Morgenland, sei es durch beutereiche Streifzüge bis Grönland und Peru, Volkspoesie überhaupt erkennen lehrt, zugleich eine bis dahin ungeahnte Kunst des Übersetzens als aneignender Nachdichter und damit den universellen Vermittlerberuf der deutschen Litteratur bewährt, überall Gedanken in den Geist des Urhebers zurückdenkt, älteren Deutschen eine rasche Fackelbeleuchtung zuwendet und in großen Zügen Entwicklungsgeschichte der Nationen, der Menschheit entwirft.

Goethes Universalismus keimt in der Epoche, da er, neue Bahnen suchend, dem Pfadfinder Herder begegnet. Er ist voll historischen Sinnes, darum höchst unbefangen. In demselben Büchelchen, wo Möser die Zeit des Faustrechts verherrlicht und Herder den Ossian, die Lieder alter Völker und Shakespeare einläutet, preist er die verkannte Gothik, sieht das sechzehnte Jahrhundert, wie Albrecht Dürer und Hans Sachs es gesehen, faustisch und schwankweis, versteht Nibelungen und Wunderhorn, Kalidasa, Calderon und Byron, zeigt in den Noten zum Divan eine musterhafte litterarhistorische Methode und steckt im Winckelmann der Biographie weitere, höhere Ziele. Er weiß: »In dem Erfolg der Litteraturen wird das früher Wirksame verdunkelt, und das daraus entsprungene Gewirkte nimmt überhand, weßwegen man wohl thut von Zeit zu Zeit wieder zurückzublicken.« Ihm ist die Litteratur ein lebendiger Organismus, dessen Keimen, Wachsen und Verkümmern, Gedeihen und Kranken er studirt. Niemand wird von ihm isolirt genommen, sondern auf die Wechselwirkungen der Individualitäten und des Zeitgeistes kommt es an, »denn der Schriftsteller so wenig wie der handelnde Mensch bildet die Umstände, unter denen er geboren wird und unter denen er wirkt. Jeder, auch das größte Genie, leidet von seinem Jahrhundert in einigen Stücken, wie er von anderen Vortheil zieht«. So nennt Goethe sich selbst einmal eine »Überlieferung«, fragt launig: »Was ist denn an dem ganzen Wicht Original zu nennen?« und bezeichnet die Gestirne, welche an seinem Geburtstage bestimmend leuchteten. Wir haben von Goethe die litterarische Constellation beachten gelernt, unter der ein Schriftsteller ins Leben tritt. Goethe giebt neben Aufsätzen, wie den »Epochen deutscher Litteratur«, »Wirkungen in Deutschland«, »Epochen forcirter Talente« überschriebenen, in »Dichtung und Wahrheit« im Zusammenhang mit seiner Entwicklungsgeschichte, dieser klaren Construction des Genies, eine Litteraturgeschichte des achtzehnten Jahrhunderts und predigt am Abend seines Lebens den Nationen eine große Weltlitteratur.

Die deutsche Litteraturgeschichte feiert ihn als einen Begründer, wie sie Schillers Abhandlungen, vor allem der über naive und sentimentalische Dichtung, für aesthetische Fundamentalsätze tief verpflichtet ist und W. v. Humboldt noch unerschöpfte Anregungen dankt.

Von Lessing, Winckelmann, Herder, Schiller und von Goethes Poesie, namentlich dem großen Bildungsroman Wilhelm Meister, gehen die Romantiker aus. Die Bewegungen der siebziger Jahre setzen sich fort. Nicht zu übersehen ist nebenbei auch der Umstand, daß beide Schlegel und Tieck in Göttingen studirt haben, wo die Historie blühte, Heyne Alterthumswissenschaft lehrte, das Studium der neueren Sprachen erleichtert war und verhältnismäßig früh Litteratur- und Kunstgeschichte docirt wurden. In der journalistischen Kritik reizte Lessings Rücksichtslosigkeit zur Nachahmung. Man spielte mit dem Feind, ehe man ihn würgte. Wilhelm Schlegel, der unerrreichte poetische Dolmetsch, der die Kunst des Übersetzens praktisch und theoretisch verstanden hat wie keiner, wußte seine behende Auffassung fremder Art auch durch mimische Satire zu erweisen; am köstlichsten im »Wettgesang dreier Poeten«: Voß, Schmidt, Matthisson. Aber schwerer fällt ins Gewicht: Wilhelm ist der philologisch geschulte Kritiker der »Grammatischen Gespräche« Klopstocks oder des Vossischen Homer; beiden Vorgängern zugleich in der Verskunst überlegen, ja, was Metrik und Sprache anlangt, ein Richter, gegen welchen der einst so große Ramler schlechthin lächerlich absticht. Schlegel will nicht den Corrector machen. Der Mann, der seines Nächsten Poesie nicht ansehen konnte ohne ihrer zu begehren in seinem Herzen, versteht nicht nur alles nach Eigenthümlichkeit poetisch zu übertragen, sondern auch in so fern einzutauchen in die Art eines anderen, sei er ein Alter oder ein Moderner, Landsmann oder Ausländer, daß er als Meister des litterarhistorischen Portraits von wenigen erreicht worden ist. Er hat die Deutschen in die Welt Dantes eingeführt. Er hat Shakespeare eingedeutscht. Er ist in einem classischen Essay Bürger gerecht geworden. Ihm dankt die deutsche Litteraturgechichte das Gebot einer künstlerischen Reproduction, welche nicht bloß loben oder tadeln, sondern begreifen, erklären, das Kunstwerk oder die Persönlichkeit zerlegen, aber auch aus den einzelnen Elementen vor unseren Augen erstehen lassen will.

Den durch die Romantik geweckten Studien wirbt Wilhelm Schlegel von 1801 bis 1804 in Berlin durch elegante Vorlesungen, in welche uns Haym[2] den Einblick eröffnet hat, Anhänger und Jünger; danach in Wien. In Dresden liest Adam Müller, später Friedrich Schlegel. Wilhelm pflügt nicht selten mit fremdem Kalb, ist blind gegen das Aufklärungszeitalter, zu freundlich gegen das Mittelalter oder den neuen Götzen Calderon, absurd verneinend gegen Molière, überlessingisch gegen die Tragödie des *siècle de Louis XIV*, voreingenommen z. B. gegen den Dichter Lessing und gegen Schiller – was die Wiener Vorträge einigermaßen sühnen – kurz, es gebricht an unverantwortlichen Einseitigkeiten so wenig wie an Lücken der Kenntnis, die nur theilweise ihm zur Last fallen; dafür – abgesehen von dem Glanz einzelner Partien, wie über das griechische Drama, die »deutsche Ilias«, Shakespeare – welche lichtvolle Darstellung, welche vergleichende Methode, in der ersten Wiener Vorlesung welche gesunde Auffassung echter Kritik! Die Litteraturgeschichte siedelte aus einer engen Behausung in einen Palast über, der viele Wohnungen mit freundnachbarlichem Verkehr enthielt. Die Jahre der Fichteschen Wissenschaftslehre duldeten keine Isolirung. Kleinkram wird verschmäht, das Bedeutsame ausgelesen. Wenige Namen und Titel begegnen, wie die Kriegsgeschichte nicht alle Kämpfer nennt, sondern nur Feldherren und Helden, die Thäter der Großthaten. Wilhem Schlegel, der als erster eine systematische philosophische Geschichte aller Künste in Angriff genommen, zieht das gesammte Culturleben in Betracht. Behutsamer und planer, dafür bei weitem nicht so genial wie Friedrich.

Friedrich, der ideenreiche Anreger, hat immer gesät, aber selten das Reifen der Frucht abgewartet, und auf seiner excentrischen Lebensbahn das Programm seiner Jugend nur fragmentarisch gelöst, wie denn alles bei diesem vom Capital zehrenden Verschwender Fragment blieb. Seine ersten hellenistischen Arbeiten sind von allgemeinster Bedeutung: diese enthusiastische Charakteristik eines Volksgenius und, was dann unseren Blick für die litterarische Rolle der deutschen Landschaften schärfte, diese eindringliche Betrachtung der griechischen

2 Seither hat J. Minor diese »Vorlesungen über schöne Litteratur und Kunst« vortrefflich in drei Bänden herausgegeben, Heilbronn 1884 (Seufferts »Deutsche Litteraturdenkmale des 18. und 19. Jahrhunderts« Bd. 17ff.)

Stämme, ihrer besonderen Begabung und der entsprechenden Kunstleistungen. Der Unterschied von Antik und Modern wurde weiter verfolgt; im »Athenäum« eine ziemlich verworrene, aber an genialen Einfällen reiche romantische Aesthetik aufgetischt. Auch die schlimmsten Debauchen Friedrichs entbehren eines ernsten Hintergrundes nicht. Der Bewunderer der griechischen Hetären und Vater der »Lucinde« hat in den Jahrzehnten, wo man nach freieren Normen der Geselligkeit rang, das theologisch-moralisirende Philisterthum des achtzehnten Jahrhunderts auch aus der litterarischen Kritik vollends verjagen helfen, der Vertreter der göttlichen Frechheit die Selbstherrlichkeit des freischaffenden Genius, für die man seit Lessings ruhiger Erklärung lärmend focht, befestigt und in seinem Lessing-Aufsatz, den so herrliche Formeln wie die von der »productiven Kritik« zieren, Schriftsteller und Mensch als eines gefaßt, Lessingen im Lessing suchend. Sagt er hier der Berliner Sippe, den Nicolaiten, wie dies auch Wilhelm, Schelling und Fichte thut: ihr habt nichts gemein mit ihm, so hat doch eben Friedrich Schlegel in die Litteraturgeschichte den Begriff der litterarischen Generation mit gemeinsamen Voraussetzungen, Bestrebungen und Zielen, einem gemeinsamen Lebensideal eingeführt. Eine schöne Förderung für die Auffassung der Einzelerscheinung als Glied der Kette; erhellend für das Verhältnis älterer und jüngerer Männer nach Vererbung und Wandlung. Es ist Diltheys Verdienst, neuerdings mit Nachdruck diese Anschauung vertreten zu haben.

In der Detaildarstellung hastiger als Wilhelm, dessen Art er sich einmal, in dem Aufsatz über Boccaccio, mit Glück aneignet, einseitiger und gewaltthätiger als dieser, hat er in den Wiener Vorlesungn in großen Zügen eine allgemeine, historisch-philosphische Litteraturgeschichte geliefert. Es geht etwas durch einander bei ihm, und zu vieles wird berücksichtigt; nicht Einzelheiten, im Gegentheil: wir möchten mehr davon, wünschen ausgemaltere Bilder; aber im Streben Geschichte des geistigen Lebens zu bieten, läßt er die Poesie zu kurz kommen. Der Anreger der vergleichenden Sprachwissenschaft dringt in die Räthsel der Urpoesie ein und ahnt chorische Hymnenpoesie. Er verfolgt die Zersetzung des Römerthums, die Einflüsse des Orients, des Christenthums, die Bedeutung der Kreuzzüge für die Dichtung des Abendlandes. Große Gesichtspunkte, die energische Gruppirung, das Festhalten der herrschenden Mächte, ein Hintergrund mit unendlicher Perspective machen sein Werk zu einem bahnbrechenden.

Wie Tieck, außer dilettantischen Experimenten an Minnesang und Epik des deutschen Mittelalters, Dramen des sechzehnte und siebzehnten Jahrhunderts erneute und rühmlich die Geschichte des englischen Einflusses auf Ayrer und seine Nachfolger bearbeitete, schaute die junge Romantik von der Heidelberger Schlossruine aus in die deutsche Vorzeit helläugig, fröhlich, begeistert zurück, ließ den Knaben mit dem Wunderhorn ausreiten, deutsche Volksbücher aus der

Rumpelkammer ans Licht treten, Kinder- und Hausmärchen als traute Gesellen in die deutschen Stuben wandern, lustige und ernste alte Geschichten zum Trost der Einsamkeit ein neues Leben in einem sorglich gepflegten Wintergarten beginnen, den nur der steife Philister Brentanoschen Angedenkens mied.

Das Volksmäßige ist Schlagwort und Prüfstein. Arnim ruft: »Wir suchen alle etwas Höheres, das golden Vlies, das allen gehört; was den Reichthum unseres ganzen Volkes, was seine eigene poetische Kunst gebildet, das Gewebe langer Zeit und mächtiger Kräfte, den Glauben und das Wissen des Volkes, was sie begleitet in Luft und Tod, Lieder, Sagen, Kunden, Sprüche, Geschichten, Prophezeiungen und Melodien: wir wollen allen alles wiedergeben, was im vieljährigen Fortrollen seine Demantfestigkeit bewährt, nicht abgestumpft, nur farbespielend geglättet alle Fugen und Ausschnitte hat zu dem allgemeinen Denkmal des größten neueren Volkes, der Deutschen; das Grabmal der Vorzeit, das frohe Mahl der Gegenwart, der Zukunft ein Merkmal in der Rennbahn des Lebens«.

Nicht zufällig schlagen die Boisserées in Heidelberg mit der Gemäldesammlung ihren Sitz auf. Am Neckar und am Rhein wird altdeutsche Kunst aus dem Schutt gezogen. Die deutsche Geschichtsforschung – ich erinnere an Böhmer – erhält von hier aus den Ansporn zum emsigen Sammeln, Meusebach den Spüreifer die Drucke des sechzehnten und siebzehnten Jahrhunderts zu erjagen. Von hier aus wird Ludwig Uhland zum Dichten und Forschen begeistert. Von der Heidelberger Romantik gehen die Brüder Grimm aus. Das Mittelalter, bisher blind gescholten und blind bewundert, findet nun ein unbefangenes Verständnis, und durch die wissenschaftliche Behandlung des Altdeutschen wird allmählich für eine methodische deutsch-philologische Ergründung der neueren Sprach- und Litteraturepochen der Boden bereitet.

Und wie hätte der Litteraturgeschichte nicht der Aufschwung der gesammten philosophischen und historischen Disciplinen zu Gute kommen sollen, der den Schluß des vorigen und die ersten Decennien unseres Jahrhunderts auszeichnet? Der kritische Geist, der für Denkmäler aller Art die Echtheitsfrage aufwarf, an der neutestamentlichen Überlieferung rüttelte, die Einheit der Ilias auflöste, bald auch nicht bloß mit leichter Vermuthung à la Schlegel und Tieck die Nibelungen in Lieder zerlegte, der die Fabeln der römischen Königsgeschichte abthat, der von durchlöcherten Brunnen zu reinen Quellen zurückdrang, Texte säuberte und herstellte, Metrik und Sprache bis ins Kleinste und Feinste erörterte, der erweiterte Begriff der Alterthumskunde, die culturhistorische Forschung, das vergleichende Verfahren – all das und mehr ist uns zu Gute gekommen. Ebenso die allzu stricte Verfolgung der Causalität, welche die Hegelsche Schule, indem sie jede Erscheinung als nothwendig so und nicht anders nahm, nicht gefunden, aber energisch auch in der Litteraturgeschichte bethätigt hat.

Der Namen bedarf es nicht, wie ich es mir auch versage, im einzelnen Wachler, Bouterwek und den faden Horn oder die so dankenswerthen bibliographischen

Arbeiten Kochs und Jördens' u. s. w. zu würdigen. Ich schließe vielmehr diesen Theil der Betrachtung mit dem Hinweis auf die erste und bedeutendste Geschichte der deutschen Dichtung, die von Gervinus; nicht um ihm vorzurücken, daß er manches zu grämlich anschaute und im Ziehen von Parallelen, deren ihm vortreffliche gelungen sind, das Maß überschritt. Wir verkennen die Mängel nicht. Er legte oft eine unbiegsame Elle an. Trotz Wilhelm Schlegel und der neuen formalen Philologie achtete Gervinus wenig auf die Form. Trotz Friedrich Schlegel glaubte er ausschließlich Geschichte der deutschen Dichtung schreiben zu können. Aber gedrungen darstellend, schrieb er sie mit historischem Tiefblick. Der Einzelne steht unter dem Bann der herrschenden Ideen; Vergangenheit und Gegenwart rüsten ihn aus, damit er dann nach seinen Gaben seinerseits Mit- und Nachlebenden den Weg weise. Nachdem Goethe in »Dichtung und Wahrheit« die fridericianische Litteraturepoche geschildert, faßt Gervinus scharf die Bedeutung der staatlichen Verhältnisse für die Dichtung ins Auge, wobei auch an Schlossers »Geschichte des achtzehnten Jahrhunderts« erinnert werden mag.

Duplex est doctoris academici negotium, docendi audientes alterum, alterum exercendi eos. Ich lege Ihnen ein wissenschaftliches Glaubensbekenntnis ab, bevor wir in Colleg und Seminar eintreten.

Litteraturgeschichte soll ein Stück Entwicklungsgeschichte des geistigen Lebens eines Volkes mit vergleichenden Ausblicken auf die anderen Nationallitteraturen sein. Sie erkennt das Sein aus dem Werden und untersucht wie die neuere Naturwissenschaft Vererbung und Anpassung und wieder Vererbung und so fort in fester Kette. Sie wird die verschiedenen Ausgangspunkte zu vereinigen und ihre Aufgaben umfassend zu lösen trachten. Die Bibliographie überreicht ihr einen Canevas zum Ausfüllen. Aber als statistische Wissenschaft giebt sie auch eine Übersicht der Production und Consumtion, des Imports und Exports, der Bearbeitungen, der beliebten Stoffe, der Aufführungen, der örtlichen und zeitlichen Vertheilung, der Auflagen und Nachdrucke, der Neudrucke und Sammlungen. Einer verständigen Bibliographie wird der Meßkalender des sechzehnten, das Subscribentenverzeichnis des achtzehnten Jahrhunderts, das Absatzregister der *Tauchnitz edition* eine Quelle der Erkenntnis. Sie läßt uns überschauen, was in einzelnen Gattungen geleistet worden ist und welche blühten. Wir betrachten die Reihenfolge der Gattungen, die wir in große und kleine scheiden, und fragen ob ein Dichter ein Feld oder mehrere bebaute – ich erinnere allgemein an den Unterschied zwischen den Griechen und den experimentirenden Römern – und welche mit Glück; warum mit Erfolg oder Miserfolg? Die Technik der Gattung wird untersucht; Vermischung der poetischen Techniken und der Einfluß anderer Kunstgattungen nicht übersehen, wobei feinere Probleme zu lösen sind, als der Wagnersche Kunstmischmasch sie bietet.

Wir blicken, dankbar für Kobersteins Anleitung, auf die Theorie und das wechselnde Verhältnis von Theorie und Praxis.

Wir erörtern die Form, Blüte, Verfall, Reformbestrebungen. Roheit und Künstelei gelten uns als Zeichen der Krankheit, die Congruenz von Form und Inhalt als Zeichen der Gesundheit. Herrscht Einheit oder Vielheit? Was sind die Lieblingsmaße? Die Geschichte des Einflusses der romantischen Metrik, der antiken Verskunst, oder orientalischer Gebilde muß geschrieben werden. Wird für diese oder jene Gattung gebundene oder ungebundene Rede bevorzugt, wie man im achtzehnten Jahrhundert über die Komödie in Versen stritt? Wie gelangte allmählich das deutsche Drama zum Blankvers? Welcher Art ist das Verhältnis von Poesie und Prosa? Wie steht es um den Reim, den beispielsweise die Gottschedianer vertheidigten und die Klopstockianer verpönten? Wie bei jedem Einzelnen um die Reinheit des Reims und um prosodische Sorgfalt? Wir verlangen eine Geschichte der Dichtersprache, des Stils, nicht nur allgemeiner für große Gruppen und im Vergleich mit der jeweiligen Richtung anderer Künste, sondern auch für jeden Dichter speciell. Historisch-kritische Ausgaben, wie Goethe eine für den »unermüdet zum Besseren arbeitenden« Wieland gewünscht hat, müssen uns zu Hilfe kommen. Wortschatz (dabei Erneuerung, Neuschöpfung, Entlehnung, Provencialismen u. s. w.), Syntax, rhetorische Figuren werden behandelt; Überfluß, weise Oekonomie, Armuth gebucht. Läßt der Dichter fremde Sprachen auf sich wirken, welche kennt er, und hat er gar in fremdem Idiom geschrieben? Man denke an die Neulateiner und die Überlegenheit des Latein zur Zeit Huttens, an Weckherlins Anglicismen, Logaus oder Klopstocks Latinismen, die Gallicismen anderer, an Friedrichs des Großen französische Poesie. Auch der Einfluß früherer Perioden der deutschen Sprache will studirt sein, und gerade die Gegenwart fordert wieder mit nachgelalltem Altdeutsch dazu auf. Wie steht der junge Goethe zum sechzehnten Jahrhundert, wie Achim von Armin? was schöpft der Göttinger Hain, was Uhland aus Minnesang und Volkslied, was die Schule Scheffels? was scheidet Gustav Freytag von Felix Dahn? wie hat Richard Wagner seinen Sprachsud gebraut? Treibt der Dichter Dialektpoesie, gestattet er seiner Mundart stärkere oder schwächere Rechte über die Schriftsprache, ist er als Dolmetsch thätig? Wer Goethes Voltaireübertragungen oder Schillers Phaedra studirt, dringt tief in ihren und in den französischen Stil ein. Er habe den Voltaire in Musik gesetzt wie Mozart den Schikaneder, sagt Caroline geistreich von Goethe.

Wie steht man zum Ausland? Der Begriff der Nationallitteratur duldet gleichwohl keinen engherzigen Schutzzoll; im geistigen Leben sind wir freihändlerisch. Aber ist Selbständigkeit oder Unselbständigkeit, größere Receptivität oder Productivität, wahre oder falsche Aneignung sichtbar, und wie hat die deutsche Litteratur sich allmählich zu universalistischer Antheilnahme emporgearbeitet? Voran steht uns das Verhältnis zur Antike, die durch so verschiedene

Brillen angeschaut worden ist. Es giebt auch in den Litteraturen ein Prestige und mannigfachen Machtwechsel; es giebt Großmächte, solche die es einmal gewesen sind, solche die es einmal werden können.

Die deutsche Litteraturgeschichte will ferner, so gut wie die Kunstgeschichte, so gut wie die Forschung der F. Schlegel und Otfried Müller, die Rolle der Landschaften im Verlaufe der Entwicklung würdigen. Temperament und Lebensverhältnisse, die Mischung mit anderem Blut sind für jeden Stamm zu erwägen, die geographische Lage zu bedenken. Das Binnenland weist anders geartete Kunstproducte auf als die Nähe des Meeres erzeugt. Anders blüht in der Tiefebene, anders im Gebirge die Naturempfindung. Und specieller: was ist das Fränkische in Goethe, das Sächsische in Gellert, das Schwäbische in Schiller, das Mecklenburgische in Voß oder Reuter, das Ditmarsche in Hebbel, das Märkische in Kleist, das Österreichische in Grillparzer, das Schweizerische in Gotthelf oder Keller? Aber auch: was ist das Italienische in Brentano, das Französische in Chamisso? Wie zeigen sich im Osten slavische, im Westen romanische Einschläge in dem deutschen Gewebe? Auch innerhalb des großen Nationalverbandes gehen Verschiebungen der litterarischen Machtverhältnisse vor sich. Lange steht Österreich voran, im fünfzehnten und sechzehnten Jahrhundert Alemannien, im siebzehnten Schlesien, im achtzehnten läuft das steigende Preußen Friedrichs dem sinkenden Sachsen Brühls den Rang ab, im neunzehnten rühren sich die Schwaben. Einzelne Städte beanspruchen besondere Aufmerksamkeit. Der Franzose kann sich fast auf sein Bildungscentrum Paris beschränken; der Deutsche blickt auf Leipzig, Hamburg, Halle, Breslau, Königsberg, Weimar-Jena, Berlin, München, Wien, Zürich, Stuttgart u. s. w. und auf die Schriftstellercolonien im Ausland. Nicht bloß für eigentliche Hofdichtung, die heute nicht mehr möglich ist, sind die Höfe bedeutsam.

Die Wirkung kann, was auch von den früheren und den folgenden Fragen gilt, recht verschieden sein. Stammt der Dichter aus einer Republik oder Monarchie? Stand seine Wiege in einem Dorf, in einer Landstadt, Großstadt, Residenz? Ist es ein historisch ausgezeichneter Ort mit bestimmten geistigen Traditionen? Blieb der Dichter stets im Lande seiner Geburt, oder ging er mitunter auf Reisen, oder suchte er sich gar eine neue Heimat? Wir betreten, vielleicht durch Autobiographien und Bildungsromane unterstützt, sein Vaterhaus, um in der Sphäre der Familie nach Vererbung zu forschen und Charakter, Bildung, Stand, Vermögenslage der Vorfahren zu prüfen; denn verschieden ist Ausgang und Fortgang für den Sohn des Gelehrten und des Ungelehrten, des Bauern, des Bürgers und des Adeligen, des Begüterten und des Unbemittelten. Welchen Beruf erkor er sich, oder war ihm – nicht immer zum Segen – vergönnt nur Dichter zu sein? Alle Nebenumstände und Folgen der Lebensstellung berühren seine Poesie. Die Rolle der Stände und Berufe muß umfassend behandelt werden, wie das für Klerus und

Adel des Mittelalters bereits geschehen ist. So schafft das sechzehnte Jahrhundert in den protestantischen Predigern rege Schriftsteller und Vererber der Bildung.

Wir fragen jeden, wie er es mit der Religion hält und welcher Art der religiöse Geist des Elternhauses war. Ist er Katholik, Protestant, Jude, und von welcher Schattirung; Christ, Unchrist, Widerchrist; Pietist, Orthodoxer, Rationalist? Oder Convertit, und warum? Ist es eine Zeit der Toleranz oder der Unduldsamkeit, des Glaubens oder der Skepsis, der Stagnation oder der Neubelebung auf religiösem Gebiete? Für unsere Jahrhunderte wird das jüdische Element, seine Salons und seine Frauen, seine Journalisten und seine Dichter, seine Heine und seine Auerbach, wird sein Fluch und sein Segen ein starkes, unbefangenes Augenmerk erheischen.

Die politischen Zustände sind gleich den religiösen zu mustern. Krieg oder Friede, Erhebung oder Druck, Misstimmung oder ruhige Zufriedenheit, Indifferentismus oder Parteinahme?

Um den Bildungsgang des Einen zu verfolgen, muß man die Erziehung, den Zustand in der *universitas literarum* und das etwaige Übergewicht einzelner Wissenschaften, die Tendenzen der Forschung, die Lebensanschauung, die Geselligkeit nach Sittenstrenge oder Frivolität, Freiheit oder Convention skizziren. Was ist, mit einem Worte, der Geist der Generation, und wie sind die Generationen in einander geschoben, denn Generationen[3] so wenig als Perioden der Litteratur oder Epochen im Dasein des Individuums lösen einander wie Schildwachen auf die Minute ab. Unter die große Rubrik »Bildung der Zeit« fällt auch die Frage nach dem Publicum des Schriftstellers. Für welche Genießende und mit welcher Wechselwirkung schreibt er, aristokratisch exclusiv oder demokratisch für jedermann aus dem Volke, emporziehend oder herabsteigend, angefeuert oder angefeindet? Die Werthschätzung des Dichters an sich ist zu verschiedenen Zeiten verschieden. So wenig die Popularität allein ein Gradmesser der Bedeutung sein kann, sammeln wir doch eifrig Stimmen der Zeitgenossen. Die Isolirtheit oder Zugehörigkeit zu einer Faction, sei sie von älterem Bestand oder neu gebildet, ist uns wichtig.

Wir erforschen die Stellung der Frauen, die man in Blüteepochen als Führerinnen ehrt und wohl zugleich als Mitdichtende begrüßen kann, ohne daß Frauendichtung an sich ein Zeichen frauenhafter Dichtung wäre (Frau Ava, Roswitha, die Hoyers, die Gottschedin); die man in Zeiten des Niedergangs ignorirt. Neuestens sind von Scherer geradezu »männische« und »frauenhafte« Perioden unterschieden worden, was gar nicht so verblüffend zu wirken brauchte. Hat doch Wilhelm von Humboldt schon 1795 in den Horen »Ueber den Geschlechtsunterschied und dessen Einfluß auf die organische Natur«, »Über

3 Ich verweise jetzt auf die höchst anregende Betrachtung von Ottokar Lorenz, »Die Geschichtswissenschaft in Hauptrichtungen und Aufgaben« 1886.

männliche und weibliche Form« gehandelt und Schiller (an Körner 2, 132) es eine schöne und große Idee genannt, den Begriff des Geschlechts und der Zeugung selbst durch das menschliche Gemüth und die geistigen Zeugungen durchzuführen. Hat doch F. Schlegel in seinem Aufsatz »Über die Diotima« dem Verständnis frauenhafter Zeiten den Weg gewiesen. Sehen wir uns doch überall angeregt, männliche und weibliche, zeugende und empfangende Genies und auch männliche und weibliche Kunstgattungen und Kunstbegabungen zu unterscheiden. Kann doch niemand das Frauenhafte der perikleischen Zeit, der römischen Elegik, der Mystik, des Pietismus, der Goetheschen Epoche, der Romantik verkennen. Sollte nun nicht wenigstens versucht werden dürfen, den wahrgenommenen Turnus aus dem Geschlechtsunterschied und einer Art Machtablösung in der Menschheit zu erklären?

Das einzelne Werk hat seine Vor- und Nachgeschichte. Wir sehen es werden und wirken. Man braucht nur die Goethelitteratur zu überfliegen, um sich zu überzeugen, wie ungemeine Fortschritte die Erforschung der poetischen Motive in den letzten zehn Jahren gemacht hat, wenn auch einzelne gelegentlich Kunstwerke wie Cadaver secirt, Dichter wie Schuldenmacher mishandelt und ihre »philologisch-historische Methode« zum Mantel ihrer Schwung- und Gedankenlosigkeit gemacht haben. Wir bewundern Wilhelm Schlegels Scheidekunst, trommeln aber keinen *concursus creditorum* Wielands zusammen, denn wir meinen mit Heine, daß es in der Kunst kein sechstes Gebot giebt. Wir fassen Entlehnung, Reminiscenz u. dgl. mit Scherer, der für Quellenkunde der Motive so viel gethan hat, in einem sehr weiten Sinn, denn »die Production der Phantasie ist im wesentlichen eine Reproduction. Aber alle ähnlichen Vorstellungen finden sich zusammen in der Seele des Menschen, sie verketten sich unter einander, sie verstärken sich gegenseitig. Wenn ein Dichter eine Begebenheit darstellt, so wirken alle Begebenheiten ähnlicher Art, die er jemals erlebt, von denen er jemals gelesen.« Wie die Kunstgeschichte etwa den Gottvatertypus oder die Abendmahlsdarstellung im Laufe der Entwicklung verfolgt, so verfolgen wir z. B. den Typus des Heldenvaters oder die Gruppe: ein Mann zwischen zwei Frauen. Wir scheiden die Motive in erlebte und erlernte, und untersuchen Vereinigung und Wandel, Verstärkung und Abschwächung, Fülle und Armuth, realistische und idealisirende Wiedergabe des Beobachteten, Wahrheit und Unwahrheit, Drang der Gelegenheit und Observanz. Wir müssen ganzen Perioden immer mehr die Auskunft abringen, was an Affecten, Charakteren, Facten u. s. w. der Beobachtung bereits zugänglich war. Aber das liegt noch sehr im Argen.

Die Geschichte des Dichtwerkes schließt mit der Darstellung seines Nachlebens. Auch die Verbreitung ist hier zu überlegen, und ob ein Drama aufgeführt, ein Lied gesungen wurde und wird, ob Bearbeitungen ernster Art oder Travestien das Original betroffen haben. Die Überlieferung wird geprüft nach ihrer Art (mündliche, schriftliche, gedruckte) und ihrer Zuverlässigkeit. Reinheit des

Textes ist das vornehmste Gebot. Seitdem Lachmann für Lessing, der zugleich in Danzel einen wissenschaftlichen Darsteller fand, vorangegangen ist, hat sich auf diesem Gebiet eine erfreuliche Rührigkeit entfaltet, wenn auch noch nicht alle zu fester Methode gelangt sind, den meisten für die Besorgung von dichterischen Nachlässen und Briefschätzen die Principien fehlen und oft eine arge Überschätzung der gethanen Arbeit hervorspring. Aber wir haben Textkritik üben und aus den Varianten immer mit der Frage nach den Gründen der Veränderung die innere und äußere Wandlung erfassen gelernt; wir unterscheiden Echtes von Unechtem, eigene Umarbeitung und fremde Correctur, und die Elemente in einem von Mehreren geleisteten Werk, wir weisen namenloses Gut seinem Urheber zu. Wie die Philosophen sich jetzt übereifrig eine Kantphilologie schaffen, so besitzen wir eine Goethephilologie, welche die Götze, Werther und Iphigenien historisch-kritisch studirt und die Schichten innerhalb des allmählich entstanden Faust gleich den Bauperioden eines Münsters erkennt. Wie der Kunstforscher von den Handzeichnungen ausgeht, so durchspüren wir Lessings und Schillers dramatische Entwürfe.

Ich habe Sie da in einen Wald von Fragezeichen geführt. Je näher die Litteraturgeschichte der Beantwortung aller dieser Fragen rückt, je fester sie sich auf die Geschichte, die classische und die deutsche Philologie stützt, je vorsichtiger gegen eitles Aesthetisiren sie regen Verkehr mit der Aesthetik pflegt und eine inductive Poetik verfolgt, um so gewisser wird sie der Gefahr der Phrase sowohl als der Trockenheit nie erliegen. Wer Groß und Klein unterscheiden kann, wird bei aller Andacht für das Einzelne kein jämmerlicher Mikrolog werden. Der »Lessingspecialist« und der »Goetheforscher« soll bedenken, was Ste-Beuve (*Causeries* 4, 80) den *Montaignologues* zuruft und was der große Essayist selbst schon vor dreihundert Jahren gesagt hat (3, 13, éd. Lemerre 4, 213): *Il y a plus affaire à interpreter les interpretations, qu' à interpreter les choses: et plus de liures sur les liures, que sur autre subiect. Nous ne faisons que nous entregloser. Tout fourmille de commentaires d'autheurs, il en est grand cherté. Le principal et plus fameux sçauoir de nos siecles, est-ce pas sçauoir entendre les sçauants?*

Kunstgeschichte und Litteraturgeschichte haben naturgemäß mehr als andere Disciplinen die Möglichkeit und die Pflicht sich einer anständigen Popularität zu befleißigen, aber eben darum sind sie auf der Hut gegen schlechte Gesellschaft. Der Mitarbeit ernster Dilettanten und einer tüchtigen Tageskritik froh, werden wir uns die Pseudolitteraten energisch vom Leibe halten. Wir werden nicht nach der Ziffer 1832 einen dicken Strich machen, sondern auch neueren und neuesten Schriftstellern lauschen. Analogien der Vergangenheit können unser Urtheil über zeitgenössische Erscheinungen festigen und an der Gegenwart gemachte Beobachtungen uns Aufschluß über Vergangenes spenden. So leite uns denn fort und fort die Losung Wilhelm Schlegels: »Die Kunstkritik muß sich, um ihrem großen Zweck Genüge zu leisten, mit der Geschichte und, sofern sie sich auf Poesie und Litteratur bezieht, auch mit der Philologie verbünden.«

Kommentar von Elisabeth Grabenweger

Erich Schmidt war in Hinblick auf seine rasante akademische Karriere der mit Abstand erfolgreichste Universitätsgermanist seiner Generation. Nach dem Studium der Klassischen und Deutschen Philologie in Graz, Jena und Straßburg promovierte Schmidt 1874 bei Wilhelm Scherer in Straßburg, habilitierte sich bereits ein Jahr später, mit 22 Jahren, bei Matthias Lexer in Würzburg und erhielt 1877, mit 24 Jahren, sein erstes Extraordinariat ebenfalls in Straßburg.[1] 1880, mit 27 Jahren, folgte der Ruf an die Universität Wien, 1885 wurde Schmidt zum Direktor des neu eröffneten Goethe-Archivs in Weimar ernannt und 1887, mit 34 Jahren, wurde er der Nachfolger seines Lehrers Wilhelm Scherer auf dem renommiertesten germanistischen Lehrstuhl im Deutschen Kaiserreich an der Friedrich-Wilhelms-Universität in Berlin, den er bis zu seinem Tod 1913 innehatte. Außerdem war Schmidt – neben zahlreichen weiteren Mitgliedschaften und Ämtern – ordentliches Mitglied der Königlich Preußischen Akademie der Wissenschaften, Vorsitzender der Goethe-Gesellschaft in Weimar und 1909/10 – auf dem Höhepunkt seiner Laufbahn – im Jahr der Säkularfeier der Universität Berlin deren Jubiläumsrektor.[2]

Mit der Berufung an die Universität Wien 1880 erlangte Schmidt seine erste bedeutende akademische Position und trotzdem war diese von Anfang an nur

---

1 Schmidts Dissertation trägt den Titel *Reinmar von Hagenau und Heinrich von Rugge. Eine literaturhistorische Untersuchung* (Druck: Straßburg 1874), seine Habilitation *Heinrich Leopold Wagner, Goethes Jugendgenosse. Nebst neuen Briefen und Gedichten von Wagner und Lenz* (Druck: Jena 1875).

2 Zu Schmidt gibt es bemerkenswert wenig Literatur. Zwar wurden Einzelaspekte seiner wissenschaftlichen Tätigkeit erforscht und Kurzporträts verfasst, eine umfassende fachhistorische Studie steht aber noch aus. Zu Schmidt vgl. u. a. Karl Otto Conrady: »Germanistik in Wilhelminischer Zeit. Bemerkungen zu Erich Schmidt (1853–1913)«, in: Hans-Peter Bayerdörfer, Karl Otto Conrady, Helmut Schanze (Hg.): *Literatur und Theater im Wilhelminischen Zeitalter*, Tübingen 1978, 370–398; Wolfgang Höppner: »Erich Schmidt (1853–1913)«, in: Christoph König, Hans-Harald Müller, Werner Röcke (Hg.): *Wissenschaftsgeschichte der Germanistik in Porträts*, Berlin, New York 2000, 107–114; Werner Michler: »Lessings ›Evangelium der Toleranz‹. Zu Judentum und Antisemitismus bei Wilhelm Scherer und Erich Schmidt«, in: Anne Betten, Konstanze Fliedl (Hg.): *Judentum und Antisemitismus. Studien zur Literatur und Germanistik in Österreich*, Berlin 2003, 151–166; Carlos Spoerhase: »›Der höhere Panegyrikus‹. Erich Schmidts (1853–1913) epideiktische Germanistik (1909/10)«, in: *Zeitschrift für Germanistik* 20 (2010), 156–168; Volker Ufertinger: »Der Germanist Erich Schmidt – Philologie und Repräsentation im Kaiserreich«, in: Gesine Bey (Hg.): *Berliner Universität und deutsche Literaturgeschichte. Studien im Dreiländereck von Wissenschaft, Literatur und Publizistik*, Frankfurt/Main u. a. 1998, 39–52.

eine karrierestrategische Etappe auf dem Weg zu einem größeren Ziel. Schmidts Lehrer und Mentor Wilhelm Scherer, einer der einflussreichsten Germanisten des 19. Jahrhunderts und ein exzellenter Wissenschaftsorganisator, offenbarte dies bereits kurz nach dessen Berufung: »*Sie können von Wien leichter nach Berlin kommen, als von Straßburg*«.[3] Erich Schmidt blieb nur fünf Jahre in Wien, hinterließ dort aber sowohl an der Universität als auch in den literarischen und künstlerischen Salons großen Eindruck.[4] Er selbst bezeichnete sein gesellschaftliches Leben in der Großstadt als »Wiener Lustigkeit«.[5] Wissenschaftlich blieb Schmidts Wiener Zeit vor allem aufgrund seiner regen Rezensionstätigkeit, seiner erfolgreichen akademischen Lehre, seiner großen Lessingmonographie, deren erster Band 1884 erschien, und nicht zuletzt wegen seiner Antrittsvorlesung *Wege und Ziele der deutschen Litteraturgeschichte* im Gedächtnis.

In der Germanistikgeschichtsschreibung gilt Schmidts Antrittsrede, die er am 25. Oktober 1880 um 14 Uhr im Hörsaal 16 der alten Wiener Universität hielt,[6] zu Recht als erstes umfassendes wissenschaftliches Programm des noch jungen Faches (Neuere) deutsche Literaturgeschichte.[7] In der Einleitung seiner Rede würdigt Schmidt nicht, wie es dem Usus von Antrittsvorlesungen entsprechen würde,[8] die wissenschaftlichen Leistungen Karl Tomascheks, seines Vorgängers am Lehrstuhl für Neuere deutsche Literaturgeschichte, sondern stellt die Verbindung zur Tradition seines Faches über August Wilhelm und Friedrich

3 Wilhelm Scherer, Erich Schmidt: *Briefwechsel*, hg.v. Werner Richter u. Eberhard Lämmert, Berlin 1963, 141 (Brief vom 30.05.1880 [Hervorhebung im Original]).

4 Der Privatdozent Jakob Minor schrieb bereits am 22.11.1880, nur eineinhalb Monate nach Schmidts Amtsantritt in Wien, an August Sauer: »E Schmidt macht ungeheures Aufsehen, steht alle 2 Tage etwas von ihm in der Zeitung; was habe ich für Mühe neben ihm mich zu halten!«. Und am 16.12.1880 heißt es: »E. Schmidt sehe ich fast gar nicht; spielt eine große Rolle in der hiesigen Gelehrtenwelt«. Sigfrid Faerber: *Ich bin ein Chinese. Der Wiener Literarhistoriker Jakob Minor und seine Briefe an August Sauer*, Frankfurt/Main u.a. 2004, 378f. – Aufgrund seiner intensiven und professionell absolvierten gesellschaftlichen Unternehmungen gilt Schmidt als prominenter Vertreter eines neuen Gelehrtentypus, der nicht mehr das (philologische) Ethos der Strenge, der Bescheidenheit und des Zurücktretens der Persönlichkeit hinter Gegenstand und Anspruch der Wissenschaft verkörperte, sondern öffentlichkeitswirksam zu agieren verstand und gesellschaftlich gewandt die höfischen Umgangsformen des Großbürgertums und des Adels praktizierte. Vgl. Rainer Kolk: *Berlin oder Leipzig? Eine Studie zur sozialen Organisation der Germanistik im »Nibelungenstreit«*, Tübingen 1990, 81–86. – Zu Schmidts Rolle als ›Repräsentationsgermanist‹ während der Berliner Jahre vgl. außerdem C. Spoerhase: »›Der höhere Panegyrikus‹«; V. Uftertinger: »Der Germanist Erich Schmidt«.

5 Theodor Storm, Erich Schmidt: *Briefwechsel. Kritische Ausgabe. Bd. 2: 1880–1888*, hg.v. Karl Ernst Laage, Berlin 1976, 41 (Brief vom 22.05.1881).

6 Anonym: »Von der Universität«, in: *Die Presse* (26.10.1880), 3.

7 Vgl. u.a. W. Höppner: »Erich Schmidt«, 110; Rainer Rosenberg: *Zehn Kapitel zur Geschichte der Germanistik. Literaturgeschichtsschreibung*, Berlin 1981, 120–123.

8 Auf diesen Usus geht Ludwig Boltzmann in seinen beiden Wiener Antrittsvorlesungen ein. Vgl. 141–152.

Schlegel her, die zu Beginn des 19. Jahrhunderts in Wien Vorlesungen zur deutschen Literaturgeschichte hielten. (71) Daran anschließend skizziert Schmidt die deutsche Literaturgeschichtsschreibung vom Mittelalter über Martin Opitz, Johann Christoph Gottsched, Johann Wolfgang Goethe und Georg Gottfried Gervinus bis hin zur Gegenwart. Besonderes Augenmerk widmet er dabei den Romantikern sowie den wissenschaftlichen Arbeiten Jakob und Wilhelm Grimms, um – in der Mitte und damit auf dem Höhepunkt der Rede – bei sich selbst und seinem eigenen »wissenschaftliche[n] Glaubensbekenntnis« (80) anzukommen.

In diesem zweiten Teil der Antrittsvorlesung, der zuweilen in der Subjektform des *pluralis auctoris* verfasst ist, präsentiert Schmidt eine dichte und auf Vollständigkeit ausgerichtete Aufzählung und Systematisierung möglicher Fragen, Untersuchungsgegenstände und Aufgaben der deutschen Literaturgeschichte. Dazu zählt er die gewissenhafte Erarbeitung einer Bibliographie als Grundlage jeder Forschung, die Geschichte der Gattungen, der Form, der Motive und Stoffe ebenso wie Stil- und Wortschatzuntersuchungen. Besondere Bedeutung haben Textkritik und Edition, allen voran die historisch-kritische Ausgabe der Werke Goethes, denn, so Schmidt in betont philologischem Selbstverständnis: »Reinheit des Textes ist das vornehmste Gebot.« (84f.) Um »eitle[m] Aesthetisiren« und »der Gefahr der Phrase« (85) zu entkommen, bestimmt Schmidt die Literaturgeschichte als »statistische Wissenschaft« (80), die mit Bezug auf die vermeintlich exakten Naturwissenschaften und in Anlehnung an die etablierten Disziplinen der Klassischen und Deutschen Philologie sowie der Geschichtswissenschaft der historisch-genetischen Methode und einer induktiven Poetik zu folgen habe. Darüber hinaus hebt er hervor, dass die Literaturgeschichtsschreibung »nicht nach der Ziffer 1832« (85) Halt machen werde, sondern auch die Literatur nach Goethes Tod bis in die Gegenwart zu ihrem Gegenstand zu zählen habe, was zeitgenössisch keine Selbstverständlichkeit darstellte.[9] Den Dichter und dessen Biographie, die zu schreiben Schmidt als eine der wesentlichen Aufgaben des modernen Literaturhistorikers bestimmt,[10] qualifiziert er

9 Schmidt selbst befolgte Zeit seines Lebens diesen Grundsatz. Allein während seiner Wiener Zeit publizierte er u.a. über die Gegenwartsautoren Ludwig Anzengruber, Helene Böhlau, Marie von Ebner-Eschenbach, Karl Emil Franzos, Paul Heyse, Arthur Schnitzler und Theodor Storm. »Bibliographie der Schriften von Erich Schmidt«, in: W. Scherer, E. Schmidt: *Briefwechsel*, 325–362. – Zum zeitgenössischen Status von Gegenwartsliteratur s. Hans-Harald Müller: »Philologie und Gegenwartsliteratur«, in: *IASL* 40 (2015), 1–9; Jan Behrs: *Der Dichter und sein Denker. Wechselwirkungen zwischen Literatur und Literaturwissenschaft in Realismus und Expressionismus*, Stuttgart 2013 (= Beiträge zur Geschichte der Germanistik 4).

10 Zur kritischen und differenzierten Konzeption der Biographik in der Universitätsgermanistik vgl. Tom Kindt, Hans-Harald Müller: »Was war eigentlich der *Biographismus* – und

als durchweg empirisch fassbare Untersuchungsgegenstände, die von den zu erforschenden Faktoren der »Vererbung«, des »Milieu[s]«, der »politischen Zustände«, der »Bildung«, des »Charakter[s]« (82f.) sowie der »Production und [der] Consumtion« (80) der literarischen Texte determiniert sind. Das Konzept des *Ererbten, Erlebten und Erlernten*, das bei Wilhelm Scherer auf weiträumige und Synthesen ermöglichende Gesamtdarstellungen abzielte,[11] präzisiert Schmidt zu einem umfangreichen, aus nebeneinanderstehenden, empirisch fassbaren Faktoren zusammengesetzten Programm der Entstehung, (formalen und inhaltlichen) Gestaltung, Verbreitung und Wirkung von Literatur.[12]

Schmidts Antrittsvorlesung führte zu einem kurzen, aber auch öffentlich wahrgenommenen Geplänkel zwischen Scherer und seinem Schüler. So veröffentlichte Scherer am 19. November 1880 in der *Neuen Freien Presse* unter dem Titel *Die Brüder Grimm und die Romantik* einen Artikel, in dem zwar mit keinem Wort Erich Schmidt oder dessen Antrittsvorlesung direkt erwähnt wird, der aber, wie Schmidt Scherer mitteilt, »hier allgemein als eine Ablehnung meiner Rede aufgefaßt« wird.[13] Tatsächlich eröffnet Scherer sein Feuilleton mit der – Schmidts Antrittsvorlesung kritisierenden – Feststellung, dass »man jetzt die lange respectirten Grenzpfähle bei Goethe's Tod kühnlich umreißen« und »vom Katheder der neueren deutschen Literaturgeschichte zu Wien und anderwärts« nun auch die Literatur der Gegenwart lehren möchte, dass »[a]ber von historischer Erkenntniß – dies sollten wir nicht vergessen – [...] unsere Behandlung der neuesten Literatur stets weit entfernt« bleiben werde. Auch in einem zweiten Punkt widerspricht Scherer seinem ehemaligen Studenten: So hält er die Bedeutung von August Wilhelm und Friedrich Schlegel für die deutsche Literaturgeschichtsschreibung, auf die sich Schmidt in seiner Rede berief, nicht nur für

was ist aus ihm geworden? Eine Untersuchung«, in: Heinrich Detering (Hg.): *Autorschaft. Positionen und Revisionen*, Stuttgart, Weimar 2002, 355–375.

11 Zu Scherer vgl. Wolfgang Höppner: *Das ›Ererbte, Erlebte und Erlernte‹ im Werk Wilhelm Scherers. Ein Beitrag zur Geschichte der Germanistik*, Köln, Weimar, Wien 1993; Hans-Harald Müller: »Wilhelm Scherer (1841–1886)«, in: C. König u. a. (Hg.): *Wissenschaftsgeschichte der Germanistik*, 80–94.

12 Die in der Antrittsvorlesung ausgeführte »analytische Methode« der Literaturgeschichtsschreibung und das »Schema« seiner wissenschaftlichen Herangehensweise skizzierte Schmidt bereits Anfang 1878, also fast drei Jahre vor der Antrittsvorlesung, in einem Brief an Theodor Storm: »1) Entstehung a) innere[:] Erlebtes b) äußere[:] Erlerntes 2) Inhalt[:] Motive Behandlung etc. etc. 3) Form[:] Stil, Metrik, Text, verschiedene Fassungen etc. etc. 4) Wirkung a) auf die Genießenden b) auf die Producierenden«. Theodor Storm, Erich Schmidt: *Briefwechsel. Kritische Ausgabe. Bd. 1: 1877–1880*, hg. v. Karl Ernst Laage. Berlin 1972, 75f. (Brief vom 01./02.01.1878).

13 Wilhelm Scherer: »Die Brüder Grimm und die Romantik. Aus Anlaß des Briefwechsels zwischen Jakob und Wilhelm Grimm«, in: *Neue Freie Presse* (19.11.1880, Morgenblatt), 1–3; W. Scherer, E. Schmidt: *Briefwechsel*, 159 (Brief von E. Schmidt an W. Scherer vom 28.11.1880).

»überschätzt«, er spricht ihnen auch jegliches »poetische[...] Talent« ab und meint, dass die »unparteiische Literaturgeschichte« – vor allem im Vergleich mit Jacob und Wilhelm Grimm – »die Verdienste der Brüder Schlegel auf ein recht bescheidenes Maß reduciren [wird] müssen«.[14] Vor der Veröffentlichung von Scherers Feuilleton hatte Schmidt befürchtet, dass Scherer das »Historisch-Philologische« zu »stark« betont worden wäre,[15] tatsächlich handelte es sich aber um eine Auseinandersetzung über die Bedeutung der Romantiker für die Entwicklung des Faches, die nach zwei Erklärungsbriefen Scheres Anfang Dezember wieder beigelegt war.[16]

Der Vergleich zwischen Scherer und Schmidt fiel zeitgenössisch – im Unterschied zur späteren Fachgeschichtsschreibung, die Schmidt vor allem als Schüler des ›großen‹ Gelehrten Wilhelm Scherer sah – durchaus zugunsten Schmidts aus. So prognostizierte Jakob Minor bereits im Januar 1881, nur drei Monate nach Schmidts Wiener Amtsantritt, dass dieser »[v]on der Scherer'schen Schule, wo er doch mit anderen zusammen als Schüler steht, [...] sich immer mehr los machen und sich als selbständige Macht entwickeln« werde. Und nur fünf Wochen später heißt es:

> Schmidts Wissen ist colossal, seine Begabung einzig, leider daß er sich mit Künstelei und Manirirtheit verdirbt. Sein Vortrag ist entschieden schöner, akademischer als der Scherers. Immer gleichmäßig, ohne Ermüdung, sicher im Ausdruck bis zur Unfehlbarkeit, schlagfertig und treffend. Er ist viel mehr Charakter als Scherer, politisch wie Scherer, aber viel nobler politisch. Er kann scharf und moquant sein, ist es sogar oft, spöttelt gern. [...] Er wird Scherer sehr überflügeln.[17]

Mit Wilhelm Scherer – und dem Großteil der zeitgenössischen Germanisten – übereinstimmend, aber im Unterschied zu seinem Wiener Kollegen Richard Heinzel, der die Ältere Abteilung der Germanistik vertrat,[18] richtete Schmidt sein Fach ›nationalpädagogisch‹ aus. Gleich zu Beginn des zweiten Teils der Antrittsvorlesung heißt es: »Litteraturgeschichte soll ein Stück Entwicklungsgeschichte des geistigen Lebens eines Volkes mit vergleichenden Ausblicken auf die anderen Nationallitteraturen sein.« (80) In Österreich-Ungarn stand die Uni-

14 W. Scherer: »Die Brüder Grimm und die Romantik«, 1.

15 W. Scherer, E. Schmidt: *Briefwechsel*, 157 (Brief von E. Schmidt an W. Scherer vom 18.11. 1880).

16 Ebd., 158–160.

17 S. Faerber: *Ich bin ein Chinese*, 382f. (Briefe von Jakob Minor an August Sauer vom 22.01. 1881 u. vom 26.02.1881).

18 Heinzel, der »Enthusiast[...] der Nüchternheit«, »protestierte je und je dagegen, daß man den Beruf des Germanisten mit germanischem Nationalgefühl in Beziehung setze; er wollte nicht ›die Wissenschaft zum Patriotismus mißbrauchen‹«. – Josef Körner: »Deutsche Philologie«, in: Johann Willibald Nagl, Jakob Zeidler, Eduard Castle (Hg.): *Deutsch-Österreichische Literaturgeschichte. Bd. 3/1: Geschichte der deutschen Literatur in Österreich-Ungarn im Zeitalter Franz Josefs I. 1848–1890*, Wien [1935], 48–89, 72.

versitätsgermanistik von Anfang an in engem Zusammenhang mit den nationalpolitischen Auseinandersetzungen der Habsburgermonarchie. Obwohl die Deutsche Philologie nach der Universitätsreform 1848/49 – zumindest teilweise – eine integrative Funktion im Vielvölkerstaat einnehmen sollte, wurde sie von wichtigen Vertretern des Faches – unter ihnen für die österreichische Germanistik prominent Wilhelm Scherer und August Sauer – zunehmend als eine Wissenschaft des *Deutschtums* propagiert.[19] Erich Schmidt war aber nicht nur an der Literatur »*eines* Volkes« (80, Hervorh., E. G.) interessiert, vielmehr definierte er in eben diesem Zitat die deutsche Literaturgeschichte gleichzeitig auch als eine vergleichende Wissenschaft, die sich der Erforschung literarischer Austauschbeziehungen zu widmen habe. Aufgrund der Mehrsprachigkeit innerhalb der österreich-ungarischen Monarchie war diese Konzeption ebenso naheliegend wie konfliktbehaftet. Sie traf ins Zentrum kultur- und universitätspolitischer Auseinandersetzungen, die vor allem in nicht-deutschsprachigen Gebieten geführt wurden und deren nationalistische, nicht auf Ausgleich abzielende Ausprägungen 1882 – zwei Jahre nach Schmidts Antrittsvorlesung – zur Teilung der Prager Universität in eine tschechische und eine deutsche Universität führten.[20]

Schmidt präsentierte in seiner Antrittsvorlesung eine lange Liste mit Forschungsdesideraten, die es innerhalb des Faches Deutsche Literaturgeschichte abzuarbeiten galt.[21] Dass er seine Zuhörerinnen und Zuhörer, wie er betonte, in einen »Wald von Fragezeichen« (85) führte, gab ihm die Möglichkeit, sich selbst als verständigen intellektuellen Anführer zu präsentieren. Die Gefolgschaft, die

---

19 Zur Feindifferenzierung dieser Ausrichtung und den Unterschieden zwischen Scherer und Schmidt vgl. Werner Michler: »An den Siegeswagen gefesselt. Wissenschaft und Nation bei Wilhelm Scherer«, in: Klaus Amann, Karl Wagner (Hg.): *Literatur und Nation. Die Gründung des Deutschen Reiches 1871 in der deutschsprachigen Literatur*, Wien, Köln, Weimar 1996, 233–266; W. Michler: »Lessings ›Evangelium der Toleranz‹«. – Besonders die deutsche Reichsgründung 1871, die nicht nur deutsche, sondern auch österreichische Germanisten in ihren Bann zog, führte zu einem Aufschwung der deutschnationalen Konzeption des Faches. Zu diesem Problemkomplex im Vielvölkerstaat Österreich-Ungarn vgl. außerdem Werner Michler, Wendelin Schmidt-Dengler: »Germanistik in Österreich. Neuere deutsche und österreichische Literatur«, in: Karl Acham (Hg.): *Geschichte der österreichischen Humanwissenschaften. Bd. 5: Sprache, Literatur, Kunst*, Wien 2003, 193–228, bes. 193–199.

20 Vgl. ebd., 199 u. Steffen Höhne: »August Sauer – ein Intellektueller in Prag im Spannungsfeld von Kultur- und Wissenschaftspolitik«, in: ders. (Hg.): *August Sauer (1855–1926)*, Köln, Weimar, Wien 2011, 9–38.

21 Desideratenlisten für das Fach Neuere deutsche Literaturgeschichte findet man bis Anfang des 20. Jahrhunderts häufig. Schmidt selbst formulierte 1891 außerdem einen Aufgabenkatalog für die Faust-Philologie und August Sauer publizierte noch 1917 einen eigenen Forschungsaufriss für eine österreichische Literaturgeschichte. Erich Schmidt: »Aufgaben und Wege der Faust-Philologie«, in: *Verhandlungen der 41. Versammlung deutscher Philologen und Schulmänner zu München vom 20. bis 23. Mai 1891*, Leipzig 1892, 11–22; August Sauer: »Die besonderen Aufgaben der Literaturgeschichtsforschung in Österreich«, in: *Österreich. Zeitschrift für Geschichte* 1 (1917), 63–68.

dafür nötig war, stellte sich in Wien von Anfang an ein. Bereits die Antrittsvorlesung selbst war überaus gut besucht; im Publikum saßen »ein paar hundert Leute[...]«,[22] darunter Kollegen und Studenten aller Fakultäten, aber auch Vertreter der Politik wie Benno von David, Sektionschef für das Hochschulwesen im Ministerium für Kultus und Unterricht.[23] Laut Zeitungsberichten erntete Schmidt für seine Antrittsvorlesung »stürmischen Beifall«[24] und auch der Wiener Germanist Alexander von Weilen, der die Antrittsvorlesung als junger Student besucht hatte, erinnerte sich in seinem Nachruf voller Bewunderung an den neuen Professor:

> Unvergeßlich die Stunde, wo er im Oktober 1880 in den großen, vollgedrängten finsteren Hörsaal der alten Wiener Universität zum ersten Male mit weit ausgreifenden raschen Schritten auf den Katheder eilte, mit festem Griffe die Lehne des zurückgeschobenen Stuhls faßte und, gelegentlich in das erst im Verlauf der ersten Sätze der Brusttasche entnommene Manuskript blickend, zu sprechen begann, nicht ohne kleine Stockungen, die Arbeit des Entstehens und Formens der Gedanken spiegelte sich in leichten Zuckungen der fein gezeichneten Schläfen ab, die Hände schufen mit, indem sie gelegentlich einen Ausdruck ballten oder eine wichtige Wendung durch markante Schläge förmlich in das Pult hineintrieben. Verstanden haben wir grünen Jungen ihn wohl nicht immer – aber vom ersten Blick ab haben wir ihn geliebt, wir waren in ihn verliebt mit der ganzen Hingabe unserer Empfindung [...].[25]

Dass sich Schmidt unter den Wiener Studenten überaus großer Popularität und Verehrung erfreute, wird häufig erwähnt. Neben vielen anderen haben auch sein Nachfolger Jakob Minor sowie der Wiener und später Dresdner Germanist Oskar Walzel in Erinnerung an ihre Wiener (Studien-)Zeit beeindruckt darauf hingewiesen.[26]

---

22 W. Scherer, E. Schmidt: *Briefwechsel*, 154 (Brief von Schmidt an Scherer vom 26.10.1880). – Auch Alexander von Weilen schreibt in seinem Nachruf, dass der Hörsaal »vollgedrängt[...]« war. Alexander von Weilen: »Erich Schmidt«, in: *Biographisches Jahrbuch und deutscher Nekrolog* 18 (1913), 154–177, 157. – Vgl. außerdem Anonym: »Von der Universität«, 3 (»Der Saal 16, in dem er vortrug, war schon vor 2 Uhr überfüllt.«); Anonym: »Begriff der Literatur-Geschichte«, in: *Neue Freie Presse* (29.10.1880, Abendblatt), 4 (»Der große Hörsaal war von Studenten aller Facultäten überfüllt [...].«).

23 W. Scherer, E. Schmidt: *Briefwechsel*, 154 (Brief von Schmidt an Scherer vom 26.10.1880). David war ein ehemaliger Schulkollege von Wilhelm Scherer und dessen Kontakt im Ministerium, der auch Erich Schmidt bei seinen Berufungsverhandlungen zur Seite stand. Vgl. ebd., 110 u. 146–147 (Brief von Scherer an Schmidt vom 25.09.1879 u. Brief von Schmidt an Scherer vom 16.08.1880).

24 Anonym: »Begriff der Literatur-Geschichte«, 4; Anonym: »Von der Universität«, 3.

25 A. Weilen: »Erich Schmidt« [Nekrolog], 157.

26 Jakob Minor: »Erich Schmidt«, in: *Das literarische Echo* 13 (1910/11), 39–46; Oskar Walzel: »Erich Schmidt« [Nekrolog], in: *Zeitschrift für den deutschen Unterricht* 27 (1913), 385–397. – Vor allem Schmidts gutes Aussehen wurde von Zeitgenossen häufig als wesentlicher Aspekt seiner großen Wirkung auf Studenten und Kollegen hervorgehoben. Vgl. u. a. Alexander von Weilen, der schwärmerisch betonte: »Die Natur hat ihm das Geschenk voller, männlicher

Publiziert wurde die Antrittsvorlesung in Auszügen bereits drei Tage nach dem Vortrag, am 29. Oktober 1880, in der *Neuen Freien Presse* im Rahmen einer ausführlichen Besprechung, in der auch der »reiche[...] Vortrag[...]«, der »echt wissenschaftlich klare[...] Ton« und »die künstlerische Rundung [der] Darstellung« gelobt werden.[27] Eine »sehr comprimiert[e]«[28] Version erschien außerdem am 30. Oktober 1880 in der *Augsburger Allgemeinen Zeitung*; der vollständige Erstdruck erfolgte schließlich 1886 im ersten Band von Erich Schmidts Aufsatzsammlung *Charakteristiken.*[29] Auch in die zweite Auflage der *Charakteristiken* von 1902 nahm Schmidt die Antrittsvorlesung auf, fügte ihr aber eine relativierende bzw. korrigierende Ergänzung bei. Darin betont er, dass in der Antrittsrede »Veraltetes und mir selbst Fremdgewordenes« zu finden sei, und dass er »jetzt mindestens den milieu-Fragen Taines, Scherers u. A. gegenüber die Kraft der ›Persönlichkeit‹ stärker betonen« würde.[30] 1880 hatte Schmidt noch ganz selbstverständlich deterministische und kausale Erklärungsmuster präsentiert: »Sie [die Literaturgeschichte] erkennt das Sein aus dem Werden und untersucht wie die neuere Naturwissenschaft Vererbung und Anpassung und wieder Vererbung und so fort in fester Kette.« (80) Anfang des 20. Jahrhunderts erarbeitete Schmidt eine Alternative zur bzw. Weiterentwicklung der empirisch-philologischen, vermeintlich naturwissenschaftlichen biographischen Herangehensweise, die er als »Lehre vom neuschöpferischen Genie«[31] bezeichnete und mit der er versuchte, wie Wolfgang Höppner zu Recht hervorhebt, seinem Fach »neue Perspektiven vor dem Horizont des sich abzeichnenden Paradigmen-

---

Schönheit mitgegeben«, aber auch Oskar Walzel, der noch zu Schmidts Lebzeiten dessen »dämonische Attrativa« hervorhob, und Jakob Minor, den – ebenfalls zu Lebzeiten Schmidts – dessen »äußere Erscheinung [...] mit ihren lebhaften und feurigen braunen Augen und der schön geschwungenen Nase [...] an Goethe erinnert[e]«. Selbst zwei Jahrzehnte nach Schmidts Tod wurde er von Josef Körner – in einer fachhistorischen Abhandlung – voller Überschwang skizziert: »Ein Liebling der Götter und Menschen, ausgezeichnet durch Geist, Jugend und Schönheit, gewann er zu Wien im Flug alle Herzen.« – A. Weilen: »Erich Schmidt« [Nekrolog], 157; Oskar Walzel: »Erich Schmidt: Lessing, 3. Aufl.« [Rez.], in: *Deutsche Literaturzeitung* 31 (1910), 2657–2666, 2659; J. Minor: »Erich Schmidt«, 43; J. Körner: »Deutsche Philologie«, 79.

27 Anonym: »Begriff der Literatur-Geschichte«, 4.

28 W. Scherer, E. Schmidt: *Briefwechsel*, 155 (Brief von Schmidt an Scherer vom 30.10.80).

29 Erich Schmidt: »Wege und Ziele der deutschen Litteraturgeschichte. Eine Antrittsvorlesung«, in: ders.: *Charakteristiken*, Berlin 1886, 480–498. – Zur zeitgenössischen Bedeutung der *Charakteristik* als literaturgeschichtliche Gattung, ihren ästhetischen und epistemologischen Anforderungen innerhalb der Universitätswissenschaft vgl. T. Kindt, H.-H. Müller: »Was war eigentlich der *Biographismus*«, 358–364.

30 Erich Schmidt: *Charakteristiken*, 1. Reihe, 2. Aufl., Berlin 1902, 455.

31 Erich Schmidt: *Die litterarische Persönlichkeit. Rede zum Antritt des Rektorats der Königlichen Friedrich-Wilhelms-Universität in Berlin, gehalten in der Aula am 15. Oktober 1909*, Berlin 1909, 22.

wechsels unter der Ägide der Geistesgeschichte«[32] aufzuzeigen. Wie Schmidt sich diese neue Perspektive vorstellte, präsentierte er der Fachwelt fast genau 29 Jahre nach seiner Wiener Antrittsvorlesung ebenfalls in einer Universitätsrede, nämlich in der Rede *Die litterarische Persönlichkeit*, die er zum Antritt des Rektorats der Universität Berlin am 15. Oktober 1909 hielt.[33]

Schmidts Wiener Antrittsvorlesung von 1880 war innerhalb der universitären Wissenschaft vor allem deshalb von Bedeutung, weil sie die Wissenschaftsfähigkeit des noch jungen Fachs der Deutschen Literaturgeschichte zu verteidigen und es von der populären, aber ›dilettantischen‹ (d.h. zeitgenössisch: außeruniversitären) Literaturgeschichtsschreibung abzugrenzen hatte.[34] In diesem Zusammenhang ist auch Schmidts Betonung der Literaturgeschichte als empirisch-statistische und philologische Wissenschaft zu sehen, die dazu diente, spekulative, philosophische und tageskritische Ansätze der Betrachtung von Literatur als nicht-wissenschaftlich zu disqualifizieren.[35] Einher ging diese Wissenschaftsauffassung mit der Verwendung einer durchweg nüchternen, ›kunstlosen‹ Sprache, die nicht allein Schmidts Antrittsvorlesung kennzeichnet, sondern während der Etablierungsphase des Faches häufig zu finden und bereits zeitgenössisch auch Kritik ausgesetzt war. So würdigt Jakob Minor 1887 in seiner Rezension von Schmidts *Charakteristiken* zwar die »methodologischen

32 W. Höppner: »Erich Schmidt«, 114.

33 E. Schmidt: »Die litterarische Persönlichkeit«.

34 Zur Entwicklung der Neueren deutschen Literaturgeschichte als Universitätswissenschaft im 19. Jahrhundert in Österreich vgl. Herbert H. Egglmaier: »Entwicklungslinien der neueren deutschen Literaturwissenschaft in Österreich in der zweiten Hälfte des 19. Jahrhunderts und zu Beginn des 20. Jahrhunderts«, in: Jürgen Fohrmann, Wilhelm Voßkamp (Hg.): *Wissenschaftsgeschichte der Germanistik im 19. Jahrhundert*, Stuttgart u.a. 1994, 204–235; Elisabeth Grabenweger: *Germanistik in Wien. Das Seminar für Deutsche Philologie und seine Privatdozentinnen 1897–1933*, Berlin, Boston 2016, 7–39; W. Michler, W. Schmidt-Dengler: »Germanistik in Österreich«, 193–209.

35 Der Verweis auf Schmidts Antrittsvorlesung diente zeitgenössisch auch dazu, innerfachliche Positionierungskämpfe auszutragen. So antwortet der Innsbrucker Germanist Josef Wackernell 1884 in einer Polemik im *Anzeiger für deutsches Alterthum* auf die Kritik Konrad Burdachs, der ihn als ›anbeter des materials‹ bezeichnet hatte, mit dem Gegenargument, dass dieser sich »kaum alle jene fragen klar gemacht [habe], welche Erich Schmidt (Entwicklung und ziel der der deutsche litteraturgeschichte) von dem biographen beantwortet wissen will«. Josef Wackernell: »Paul Kalkoff, Wolfger von Passau« [Rez.], in: *Anzeiger für deutsches Alterthum* 10 (1884), 381–385, 383; vgl. dazu auch Konrad Burdach, Erich Schmidt: *Briefwechsel 1884–1912*, hg. v. Agnes Ziegengeist, Stuttgart, Leipzig 1998, 22f. (Brief von Burdach an Schmidt vom 18.01.1885 und dessen Antwort vom 01.02.1885). – Zu diesem Themenkomplex vgl. Hans-Harald Müller, Mirko Nottscheid: »Die Institutionalisierung der Neueren deutschen Literaturgeschichte in ihrer philologischen Konzeption«, in: dies. (Hg.): *Disziplinentwicklung als »community of practice«. Der Briefwechsel Wilhelm Scherers mit August Sauer, Bernhard Seuffert und Richard Maria Werner aus den Jahren 1876 bis 1886*, Stuttgart 2016, 39–47.

Winke[...]« in der »gehaltreichen Antrittsvorlesung«, meint aber auch, dass Schmidt diese für die Publikation

> in den Stil von ›Lessing II‹ hätte umschreiben müssen, um sie ganz zur verdienten Geltung zu bringen; denn nirgends hat er durch das Princip der Häufung sachlich und formell so viel gesündigt als in diesem zwanzig Seiten langen Vortrage, in welchem der Nebensatz ganz fehlt und Alles gleich bedeutend und gleich wichtig neben einander steht.[36]

Der zeitgenössisch unsichere akademische Status der Neueren Literaturgeschichte hatte sich in Wien auch in den 1878 einsetzenden Kommissionsverhandlungen gezeigt, die 1880 schließlich zur Berufung Erich Schmidts führten.[37] Der erste Vertreter der Neueren Abteilung an der Wiener Germanistik war Schmidts Vorgänger Karl Tomaschek, der sich bereits 1855 als erster Fachvertreter nicht, wie bis dahin Usus, für (Ältere) Deutsche Sprache und Literatur, sondern explizit für *Deutsche neuere literatur auß aesthetischen gesichtspuncten* habilitiert hatte. Als in Wien 1868 neben der Lehrkanzel für die Ältere Abteilung, die zu diesem Zeitpunkt Wilhelm Scherer innehatte, eine zweite Lehrkanzel errichtet wurde, wurde auf diese der Neugermanist Tomaschek berufen. Damit vollzog sich die bis heute praktizierte Fächertrennung in eine Ältere und Neuere Abteilung an der der Wiener Germanistik als erstem Institut überhaupt. Doch obwohl die Neugermanistik bereits kurz nach ihrer institutionellen Verankerung für die stark zunehmende Attraktivität des Faches bei Studierenden verantwortlich war, diskutierte man nach dem Tod Tomascheks erneut, ob die Professur mit einem Alt- oder Neugermanisten zu besetzen war. Trotz vehementen Einsatzes des Altgermanisten und Scherer-Nachfolgers Richard Heinzel für die Vertretung der Neueren deutschen Literaturgeschichte wurde die Entscheidung für den Neugermanisten Schmidt nicht in der Berufungskommission der Universität, die sich mit knapper Mehrheit für den Altgermanisten Anton Schönbach aussprach, sondern erst im Ministerium gefällt, das angesichts der Erfordernisse des österreichischen Schulwesens die Lehre in Neuerer deutscher Literaturgeschichte zu fördern beabsichtigte. Nach seiner Berufung 1880 setzte sich Schmidt, den der Wiener Privatdozent Jakob Minor als »unermüdlichen, fleißigen« Kollegen wahrnahm,[38] sogleich für die Gründung eines Seminars für Neuere deutsche Literatur ein, die bereits ein Jahr später, 1881, auch realisiert wurde.[39] Damit war Erich Schmidt derjenige Professor an der Wiener Germa-

36 Jakob Minor: »Erich Schmidt, Charakteristiken« [Rez.], in: *Deutsche Litteraturzeitung* 8 (1887), 1808f., 1809.

37 Zum Folgenden, dem Ablauf der Berufungsverhandlungen und den Diskussionen über das Neuere Fach, vgl. E. Grabenweger: *Germanistik in Wien*, 7–39.

38 S. Faerber: *Ich bin ein Chinese*, 382f. (Brief von Jakob Minor an August Sauer vom 26.02. 1881).

39 »Erlass des Ministeriums für Cultus und Unterricht vom 29. November 1880 betreffend die

nistik, der dafür sorgte, dass sich die Neuere deutsche Literaturgeschichte endgültig institutionell etablierte. Nach seinem Weggang 1885 war man sich in den darauffolgenden Verhandlungen um seine Nachfolge bereits ohne jegliche Diskussion und in nur einer einzigen Sitzung einig, mit Jakob Minor erneut einen ausgewiesenen Vertreter des Neuen Faches zu berufen.[40]

Errichtung eines Seminars für deutsche Philologie« [inkl. Statut des Seminars], in: *Sammlung der für die österreichischen Universitäten giltigen Gesetze und Verordnungen*, Bd. 2, Wien 1885, 988f.

40 Zu den Details vgl. E. Grabenweger: *Germanistik in Wien*, 13–15.

Ernst Mach (1838–1916)

Über den Einfluß zufälliger Umstände auf die Entwickelung von Erfindungen und Entdeckungen (1895)

Ernst Mach
Über den Einfluß zufälliger Umstände auf die Entwickelung von Erfindungen und Entdeckungen.[1]

Den naiven hoffnungsfrohen Anfängen des Denkens jugendlicher Völker und Menschen ist es eigentümlich, daß beim ersten Schein des Gelingens alle Probleme für lösbar und an der Wurzel faßbar gehalten werden. So glaubt der Weise von Milet, indem er die Pflanze dem Feuchten entkeimen sieht, die ganze Natur verstanden zu haben; so meint auch der Denker von Samos, weil bestimmte Zahlen den Längen harmonischer Saiten entsprechen, mit den Zahlen das Wesen der Welt erschöpfen zu können. Philosophie und Wissenschaft sind in dieser Zeit nur *Eins*. Reichere Erfahrung deckt aber bald die Irrtümer auf, erzeugt die Kritik, und führt zur Teilung, Verzweigung der Wissenschaft.

Da nun aber gleichwohl eine allgemeine Umschau in der Welt dem Menschen Bedürfnis bleibt, so trennt sich, demselben zu entsprechen, die Philosophie von der Spezialforschung. Noch öfter finden wir zwar beide in einer gewaltigen Persönlichkeit wie *Descartes* oder *Leibniz* vereinigt. Weiter und weiter gehen aber deren Wege im allgemeinen auseinander. Und kann sich zeitweilig die Philosophie soweit der Spezialforschung entfremden, daß sie meint, aus bloßen Kinderstubenerfahrungen die Welt aufbauen zu dürfen, so hält dagegen der Spezialforscher den Knoten des Welträtsels für lösbar von der einzigen Schlinge aus, vor der er steht, und die er in riesiger perspektivischer Vergrößerung vor sich sieht. Er hält jede weitere Umschau für unmöglich oder gar für überflüssig, nicht eingedenk des *Voltaire*schen Wortes, das hier mehr als irgendwo zu trifft: »Le superflu – chose très nécessaire«.

Wahr ist ja, daß wegen Unzulänglichkeit der Bausteine die Geschichte der Philosophie größtenteils eine Geschichte des Irrtums darstellt, und darstellen

1 Rede, gehalten bei Übernahme der Professur für Philosophie (Geschichte und Theorie der induktiven Wissenschaft) an der Universität Wien am 21. Oktober 1895.

muß. Nicht undankbar aber sollen wir vergessen, daß die Keime der Gedanken, welche die Spezialforschung heute noch durchleuchten, wie die Lehre vom Irrationalen, die Erhaltungsideen, die Entwickelungslehre, die Idee der spezifischen Energieen u.a. sich in weit entlegene Zeiten auf philosophische Quellen zurückverfolgen lassen. Es ist auch gar nicht gleichgiltig, ob ein Mensch den Versuch der Orientierung in der Welt mit *Erkenntnis* der Unzulänglichkeit der Mittel aufgeschoben, aufgegeben, oder ob er denselben gar *nie* unternommen hat. Diese Unterlassung rächt sich ja dadurch, daß der Spezialist auf seinem engeren Gebiet in dieselben Fehler wieder verfällt, welche die Philosophie längst als solche erkannt hat. So finden wir wirklich in der Physik und Physiologie namentlich der ersten Hälfte unseres Jahrhunderts Gedankengebilde, welche an naiver Ungeniertheit jenen der Jonischen Schule, oder den Platonischen Ideen, oder dem berüchtigten ontologischen Beweis u.a. auf ein Haar gleichen.

Dies Verhältnis scheint sich nun allmählich doch ändern zu wollen. Hat sich die heutige Philosophie bescheidenere erreichbare Ziele gesetzt, steht sie der Spezialforschung nicht mehr abhold gegenüber, nimmt sie sogar eifrig an derselben Teil, so sind anderseits die Spezialwissenschaften, Mathematik und Physik nicht minder als die historischen, die Sprachwissenschaften sehr philosophisch geworden. Der vorgefundene Stoff wird nicht mehr kritiklos hingenommen; man sieht sich nach den Nachbargebieten um, aus welchen derselbe herrührt. Die einzelnen Spezialgebiete streben nach gegenseitigem Anschluß. So bricht sich allmählich auch unter den Philosophen die Überzeugung Bahn, daß alle Philosophie nur in einer gegenseitigen kritischen Ergänzung, Durchdringung und Vereinigung der Spezialwissenschaften zu einem einheitlichen Ganzen bestehen kann. Wie das Blut, den Leib zu nähren, sich in zahllose Kapillaren teilt, um dann aber doch wieder im Herzen sich zu sammeln, so wird auch in der Wissenschaft der Zukunft alles Wissen in einen *einheitlichen* Strom mehr und mehr zusammenfließen.

Diese der heutigen Generation nicht mehr fremde Auffassung denke ich zu vertreten. Hoffen Sie also nicht, oder fürchten Sie nicht, daß ich Systeme vor Ihnen bauen werde. Ich bleibe Naturforscher. Erwarten Sie aber auch nicht, daß ich auch nur alle Gebiete der Naturforschung durchstreife. Nur auf dem mir *vertrauten* Gebiet kann ich ja versuchen Führer zu sein, und nur da kann ich einen kleinen Teil der bezeichneten Arbeit fördern helfen. Wenn es mir gelingt, Ihnen die Beziehungen der Physik, Psychologie und Erkenntniskritik so nahe zu legen, daß Sie aus jedem dieser Gebiete für jedes Nutzen und Zuwachs an Klarheit gewinnen, werde ich meine Arbeit für keine vergebliche halten. Um aber an einem Beispiel zu zeigen, wie ich mir solche Untersuchungen meinen Vorstellungen und Kräften gemäß geführt denke, bespreche ich heute, natürlich nur in Form einer Skizze, einen besonderen begrenzten Stoff: *Den Einfluß zufälliger Umstände auf die Entwickelung von Erfindungen und Entdeckungen.*

Wenn man von einem Menschen sagt, er habe das Pulver nicht erfunden, meint man damit seine Fähigkeiten in eine recht ungünstige Beleuchtung zu stellen. Der Ausdruck ist kaum glücklich gewählt, da wohl an keiner Erfindung das vorsorgliche Denken einen geringeren und der glückliche Zufall einen größeren Anteil gehabt haben mag, als gerade an dieser. Dürfen wir aber die Leistung eines Erfinders überhaupt unterschätzen, weil ihm der Zufall behilflich war? *Huygens*, der so viel entdeckt und erfunden hat, daß wir ihm wohl ein Urteil in diesen Dingen zutrauen können, weist dem Zufall eine gewichtige Rolle zu, indem er sagt, daß er *den* für einen übermenschlichen Genius halten müßte, welcher das Fernrohr *ohne* Begünstigung durch den Zufall erfunden hätte.[2]

Der mitten in die Kultur gestellte Mensch findet sich von einer Menge der wunderbarsten Erfindungen umgeben, wenn er nur die Mittel der Befriedigung der alltäglichen Bedürfnisse beachtet. Versetzt er sich in die Zeit *vor* Erfindung dieser Mittel, und versucht er deren Entstehung ernstlich zu begreifen, so müssen ihm die Geisteskräfte der Vorfahren, welche *solches* geschaffen haben, zunächst aber unglaublich große, der antiken Sage gemäß als fast *göttliche* erscheinen. Sein Erstaunen wird aber beträchtlich gedämpft durch die ernüchternden, aufklärenden und die Vorzeit doch so poetisch durchleuchtenden Enthüllungen der Kulturforschung, welche vielfach nachzuweisen vermag, wie langsam, in wie unscheinbaren kleinen Schritten, jene Erfindungen entstanden sind.

Eine kleine Vertiefung im Boden, in welcher Feuer angemacht wird, ist der ursprüngliche Ofen. Das Fleisch des erlegten Tieres, mit Wasser in dessen Haut gethan, wird durch eingelegte erhitzte Steine gekocht. Auch in Holzgefäßen wird dieses Steinkochen geübt. Ausgehöhlte Kürbisse werden durch Thonüberzug vor dem Verbrennen geschützt. So entsteht *zufällig* aus gebranntem Thon der umschließende Topf, welcher den Kürbis selbst überflüssig macht, der aber noch lange über den Kürbis, oder in ein Korbgeflecht hinein geformt wird, bevor die Töpferkunst endlich selbständig auftritt. Auch dann behält sie noch, gewissermaßen als Ursprungszeugnis, das geflechtähnliche Ornament bei. So lernt also der Mensch durch zufällige, d. h. außer seiner Absicht, Voraussicht und Macht liegende Umstände, allmählich vorteilhaftere Wege zur Befriedigung seiner Bedürfnisse kennen. Wie hätte auch ein Mensch ohne Hilfe des Zufalls voraussehen sollen, daß Thon in der üblichen Weise behandelt ein brauchbares Kochgefäß liefern würde?

Die meisten der in die Kulturanfänge fallenden Erfindungen – Sprache,

---

2 »Quod si quis tanta industria exstitisset, ut ex naturae principiis et geometria hanc rem eruere potuisset, eum ego supra mortalium sortem ingenio valuisse dicendum crederem. Sed hoc tantum abest, ut fortuito reperti artificii rationem non adhuc satis explicari potuerint viri doctissimi.« Hugenii Dioptrica (de telescopiis).

Schrift, Geld u. a. eingeschlossen – konnten schon deshalb nicht Ergebnis absichtlichen planmäßigen Nachdenkens sein, weil man von deren Wert und Bedeutung eben erst durch den *Gebrauch* eine Vorstellung gewinnen konnte. Die Erfindung der Brücke mag durch einen quer über den Gießbach gestürzten Baumstamm, jene des Werkzeugs durch einen beim Aufschlagen von Früchten zufällig in die Hand geratenen Stein eingeleitet worden sein. Auch der Gebrauch des Feuers wird wohl dort begonnen und von dort aus sich verbreitet haben, wo Vulkanausbrüche, heiße Quellen, brennende Gasausströmungen Gelegenheit boten, dessen Eigenschaften in ruhiger Beobachtung kennen und benützen zu lernen. Nun erst konnte der etwa beim Durchbohren eines Holzstückes gefundene Feuerbohrer in seiner Bedeutung als Zündvorrichtung gewürdigt werden. Phantastisch und unglaublich klingt ja die von einem großen Forscher geäußerte Ansicht, welche die Erfindung des Feuerbohrers durch eine religiöse Ceremonie entstehen läßt. Und so wenig werden wir von der Erfindung des Feuerbohrers erst den *Gebrauch* des Feuers ableiten wollen, wie etwa von der Erfindung der Zündhölzchen. Denn sicherlich entspricht nur der umgekehrte Weg der Wahrheit.[3]

Ähnliche zum Teil noch in tiefes Dunkel gehüllte Vorgänge begründen den Übergang der Völker vom Jäger- zum Nomadenleben und zum Ackerbau.[4] Wir wollen die Beispiele nicht häufen und nur noch bemerken, daß dieselben Erscheinungen in der historischen Zeit, in der Zeit der großen technischen Erfindungen wiederkehren, und daß auch über diese teilweise recht abenteuerliche Vorstellungen verbreitet sind, welche dem Zufall einen ungebührlich übertriebenen, psychologisch unmöglichen Einfluß einräumen. Die Beobachtung des aus dem Theekessel entweichenden, mit dem Deckel klappernden Dampfes soll zur Erfindung der Dampfmaschine geführt haben. Man denke sich den Abstand zwischen diesem Schauspiel und der Vorstellung einer großen Kraftleistung des Dampfes für einen Menschen, der die Dampfmaschine eben noch nicht kennt! Wenn aber ein Ingenieur, der schon Pumpen gebaut hat, eine zum Trocknen erhitzte noch mit Dampf erfüllte Flasche zufällig mit der Mündung ins Wasser taucht, und nun dieses heftig in die Flasche hineinstürzend sich erhebt, dann liegt wohl der Gedanke recht nahe, auf diesen Vorgang eine bequeme vorteilhafte Dampfsaugpumpe zu gründen, welche sich in psychologisch möglichen, ja naheliegenden unscheinbaren kleinen Schritten allmählich in die *Watt*sche Dampfmaschine umwandelt.

Wenn nun auch dem Menschen die wichtigsten Erfindungen in von ihm

3 Dies schließt nicht aus, daß der Feuerbohrer nachher bei der Verehrung des Feuers oder der Sonne eine Rolle gespielt hat.

4 Vgl. hierüber die höchst interessante Mitteilung von *Carus*, The philosophy of the tool. Chicago 1893.

unbeabsichtigter Weise durch den Zufall recht nahe gelegt werden, so kann doch der Zufall *allein* keine Erfindung zu stande bringen. Der Mensch verhält sich hierbei keineswegs untäthig. Auch der erste Töpfer im Urwald muß etwas von einem Genius in sich fühlen. Er muß die neue Thatsache *beachten*, die für ihn vorteilhafte Seite derselben *erschauen* und *erkennen*, und verstehen, dieselbe als Mittel zu seinem Zweck zu *verwenden*. Er muß das Neue *unterscheiden*, seinem Gedächtnis *einfügen*, mit seinem übrigen Denken *verbinden* und *verweben*. Kurz er muß die Fähigkeit haben, *Erfahrungen zu machen*.

Man könnte die Fähigkeit, Erfahrungen zu machen, geradezu als das Maaß *der Intelligenz* ansehn. Dieselbe ist beträchtlich verschieden bei Menschen desselben Stammes und wächst gewaltig, wenn wir bei den niederen Tieren beginnend dem Menschen uns nähern. Erstere sind fast ganz auf ihre mit der Organisation ererbten Reflexthätigkeiten angewiesen, individueller Erfahrungen fast ganz unfähig, und bei ihren einfachen Lebensbedingungen auch kaum bedürftig. Die Reusenschnecke nähert sich immer wieder der Fleisch fressenden Aktinie, so oft sie auch mit Nesselfäden beworfen zusammenzuckt, als ob sie *kein* Gedächtnis für den Schmerz hätte.[5] *Dieselbe* Spinne läßt sich wiederholt durch Berührung des Netzes mit der Stimmgabel hervorlocken; die Motte fliegt wieder der Flamme zu, an welcher sie sich schon verbrannt hat; der Taubenschwanz stößt unzähligemal gegen die gemalten Rosen der Tapetenwand[6], ähnlich dem bedauerlichen verzweifelten Denker, der dasselbe unlösbare *Schein*problem immer wieder in derselben Weise angreift. Fast so planlos wie *Maxwell*sche Gasmoleküle und fast ebenso unvernünftig kommen die Fliegen angeflogen, und bleiben dem Lichten und Freien zustrebend an der Glastafel des halb geöffneten Fensters gefangen, indem sie den Weg um den schmalen Rahmen herum nicht zu finden vermögen. Der Hecht aber, der im Aquarium von Ellritzen durch eine Glastafel getrennt ist, merkt doch schon nach einigen Monaten, nachdem er sich halb zu Tode gestoßen, daß er diese Fische nicht ungestraft angreifen darf. Er läßt sie nunmehr auch nach Entfernung der Scheidewand in Ruhe, verschlingt aber sofort jeden fremden neu eingebrachten Fisch. Schon den Zugvögeln müssen wir ein bedeutendes Gedächtnis zuschreiben, welches wahrscheinlich wegen Wegfalls störender Gedanken so präcis wirkt wie jenes mancher Cretins. Allgemein bekannt ist aber die Abrichtungsfähigkeit der höheren Wirbeltiere, in welcher sich deren Fähigkeit, Erfahrungen zu machen, deutlich ausspricht.

Ein stark entwickeltes *mechanisches* Gedächtnis, welches dagewesene Situationen lebhaft und treu wiederholend ins Bewußtsein zurückruft, wird genügen, eine *bestimmte besondere* Gefahr zu vermeiden, eine *bestimmte besondere günstige* Gelegenheit zu benützen. Zur Entwickelung einer *Erfindung* wird

5 *Möbius*, Naturwiss. Verein f. Schleswig-Holstein. Kiel. 1873 S. 113ff.
6 Die Beobachtung über den Taubenschwanz verdanke ich Herrn Prof. *Hatschek*.

dasselbe nicht ausreichen. Hierzu gehören längere Vorstellungsreihen, die Erregung verschiedener Vorstellungsreihen durcheinander, ein stärkerer, vielfacher, mannigfaltiger Zusammenhang des gesamten Gedächtnisinhaltes, ein durch den Gebrauch gesteigertes mächtigeres und empfindlicheres psychisches Leben. Der Mensch kommt an einen unüberschreitbaren Gießbach, der ihm ein schweres Hemmnis ist. Er erinnert sich, daß er einen solchen auf einem umgestürzten Baum schon überschritten hat. In der Nähe sind Bäume. Umgestürzte Bäume hat er schon bewegt. Er hat auch Bäume schon gefällt, und sie waren dann beweglich. Zur Fällung hat er scharfe Steine benutzt. Er sucht einen solchen Stein, und indem er die in Erinnerung gekommenen Situationen, welche sämtlich durch das *eine starke Interesse* der Überschreitung des Gießbaches lebendig gehalten werden, in *umgekehrter Ordnung herbeiführt*, erfindet er die Brücke.

Daß die höheren Wirbeltiere in bescheidenem Maße ihr Verhalten den Umständen anpassen, ist nicht zweifelhaft. Wenn sie keinen merklichen Fortschritt durch Aufsammlung von Erfindungen zeigen, so erklärt sich dies hinreichend durch einen *Grad*- oder Intensitätsunterschied ihrer Intellegenz dem Menschen gegenüber; die Annahme eines *Art*unterschiedes ist *Newtons* Forschungsprinzip gemäß unnötig. Wer nur einen minimalen Betrag täglich erspart, hat demjenigen gegenüber einen unabsehbaren Vorteil, der denselben Betrag täglich verliert, oder auch den gewonnenen nur nicht dauernd zu erhalten vermag. Ein kleiner quantitativer Unterschied erklärt hier einen gewaltigen Unterschied des Aufschwungs.

Dasselbe, was für die vorhistorische Zeit gilt, gilt auch für die historische, und was von der *Erfindung* gesagt wurde, läßt sich fast wörtlich in Bezug auf die *Entdeckung* wiederholen; denn beide unterscheiden sich nur durch den *Gebrauch* der von einer neuen Erkenntnis gemacht wird. Immer handelt es sich um den *neu erschauten* Zusammenhang neuer oder schon bekannter sinnlicher oder begrifflicher Eigenschaften. Es findet sich z. B. daß ein Stoff, der eine chemische Reaktion *A* gibt, auch eine Reaktion *B* auslöst; dient dieser Fund lediglich zur Förderung der Einsicht, zur Erlösung von einer *intellektuellen* Unbehaglichkeit, so liegt eine *Entdeckung* vor, eine *Erfindung* hingegen, wenn wir den Stoff von der Reaktion *A benützen*, um die gewünschte Reaktion *B* zu *praktischen* Zwecken herbeizuführen, zur Befreiung von einer *materiellen* Unbehaglichkeit. Der Ausdruck »*Neuauffindung des Zusammenhanges von Reaktionen*« ist umfassend genug, um Entdeckungen und Erfindungen auf allen Gebieten zu charakterisieren. Derselbe umfaßt den *Pythagoreischen* Satz, welcher die Verbindung einer geometrischen mit einer arithmetischen Reaktion enthält, die *Newton*sche Entdeckung des Zusammenhanges der *Kepler*schen Bewegung mit dem verkehrt quadratischen Gesetz *ebenso gut*, wie das Auffinden einer kleinen Konstruktionsänderung an einem Werkzeug oder einer zweckdienlichen Manipulationsänderung in der Färberei.

Die Erschließung neuer bislang unbekannter Thatsachengebiete kann nur durch *zufällige* Umstände herbeigeführt werden, unter welchen eben die gewöhnlich unbemerkten Thatsachen *merklich* werden. Die Leistung des Entdeckers liegt hier in der *scharfen Aufmerksamkeit*, welche das Ungewöhnliche des Vorkommnisses und der bedingenden Umstände schon in den *Spuren* wahrnimmt[7], und die Wege erkennt, auf welchen man zur vollen Beobachtung gelangt.

Hierher gehören die ersten Wahrnehmungen über die elektrischen und magnetischen Erscheinungen, die Interferenzbeobachtung *Grimaldis*, *Aragos* Bemerkung der stärkern Dämpfung der in einer Kupferhülse schwingenden Magnetnadel gegenüber jener in einer Pappschachtel, *Foucaults* Beobachtung der stabilen Schwingungsebene eines auf der Drehbank rotierenden zufällig angestoßenen Stabes, *Mayers* Beachtung der Röte des venösen Blutes in den Tropen, *Kirchhoffs* Beobachtung der Verstärkung der D-Linie des Sonnenspektrums durch eine vorgesetzte Kochsalzlampe, *Schönbeins* Entdeckung des Ozons durch den Phosphorgeruch beim Durchschlagen von elektrischen Funken durch die Luft u. a. m. Alle diese Thatsachen, von welchen viele gewiß oft *gesehen* wurden, bevor man sie *beachtete*, sind Beispiele der Einleitung folgenschwerer Entdeckungen durch zufällige Umstände, und setzen zugleich die Bedeutung der *gespannten* Aufmerksamkeit in ein helles Licht.

Aber nicht nur bei Einleitung, sondern auch bei Fortführung einer Untersuchung können ohne die Absicht des Forschers mitwirkende Umstände sehr einflußreich werden. *Dufay* erkennt so die Existenz *zweier* elektrischer Zustände, während er das Verhalten des *einen* von ihm vorausgesetzten verfolgt. *Fresnel* findet durch Zufall, daß die auf einem matten Glas abgefaßten Interferenzstreifen weit besser in der freien Luft zu sehen sind. Die Beugungserscheinung zweier Spalten fällt beträchtlich *anders* aus als Fraunhofer erwartet, und er wird in Verfolgung dieses Umstandes zur Entdeckung der wichtigen Gitterspektren geführt. Die *Faraday*sche Induktionserscheinung weicht wesentlich ab von der Ausgangsvorstellung, die seine Versuche veranlaßt hat, und gerade diese Abweichung stellt die eigentliche Entdeckung vor.

Jeder hat schon über irgendetwas nachgedacht. Jeder kann diese großen Beispiele durch kleinere selbsterlebte vermehren. Ich will statt vieler nur eines anführen. Zufällig einmal beim Durchfahren einer Eisenbahnkurve bemerkte ich die bedeutende scheinbare Schiefstellung der Häuser und Bäume. Dies belehrte mich, daß die Richtung der totalen *physikalischen* Massenbeschleunigung *physiologisch* als Vertikale reagiert. Indem ich zunächst nur *dies* in einem großen Rotationsapparat genauer erproben wollte, führten mich die Nebenerscheinungen auf die Empfindung der Winkelbeschleunigung, den Drehschwindel, die *Flourens*schen Versuche der Durchschneidung der Bogengänge u. a., woraus sich

7 Vgl. *Hoppe*, Entdecken und Finden. 1870.

allmählich die alsbald auch von *Breuer* und *Brown* vertretenen Vorstellungen über Orientierungsempfindungen ergaben, die erst so vielfach bestritten, jetzt so vielfach als richtig anerkannt werden, und welche noch in letzter Zeit durch *Breuers* Untersuchungen über die »macula acustica« und *Kreidls* Versuche mit magnetisch orientierbaren Krebsen in so interessanter Weise bereichert worden sind. Nicht *Mißachtung* des Zufalls sondern *zweckmäßige* und *zielbewußte* Benützung desselben wird der Forschung förderlich sein.

Je stärker der *psychische Zusammenhang* der gesamten Erinnerungsbilder je nach Individuum und Stimmung, desto fruchtbringender kann dieselbe zufällige Beobachtung werden. *Galilei* kennt das Gewicht der Luft, er kennt auch die »Resistenz des Vacuums« sowohl in Gewicht als auch in der Höhe einer Wassersäule ausgedrückt. Allein diese Gedanken bleiben in seinem Kopfe *nebeneinander.* Erst *Torricelli* variiert das spezifische Gewicht der druckmessenden Flüssigkeit, und dadurch erst tritt die Luft *selbst* in die Reihe der drückenden Flüssigkeiten ein. Die Umkehrung der Spektrallinien ist vor *Kirchhoff* wiederholt gesehen und auch mechanisch erklärt worden. Die Spur des Zusammenhanges mit Wärmefragen hat aber nur *sein* feiner Geist bemerkt, und ihm allein enthüllt sich in ausdauernder Arbeit die weit reichende Bedeutung der Thatsache für das bewegliche Gleichgewicht der Wärme. Nächst dem *schon vorhandenen* vielfachen organischen Zusammenhang des gesamten Gedächtnisinhaltes, welcher den Forscher kennzeichnet, wird es vor allem das *starke Interesse* für ein bestimmtes Ziel, für eine Idee sein, welche die *noch nicht* geknüpften günstigen Gedankenverbindungen schlägt, indem jene Idee bei allem sich hervordrängt, was tagsüber gesehen und gedacht wird, zu allem in Beziehung tritt. So findet *Bradley* lebhaft mit der Aberration beschäftigt, deren Erklärung durch ein ganz unscheinbares Erlebnis beim Übersetzen der Themse. Wir dürfen also wohl fragen, ob der Zufall dem Forscher, oder der Forscher dem Zufall zu Erfolg verhilft?

Niemand denke daran, ein größeres Problem zu lösen, von dem er nicht so ganz erfüllt ist, daß alles andere für ihn Nebensache wird. Bei einer flüchtigen Begegnung *Mayers* mit *Jolly* zu Heidelberg äußert letzterer zweifelnd, daß ja das Wasser durch Schütteln sich erwärmen müßte, wenn *Mayers* Ansicht richtig wäre. *Mayer* entfernt sich ohne ein Wort zu sagen. Nach mehreren Wochen tritt er, von *Jolly* nicht mehr erkannt, bei diesem ein mit den Worten: »Esischt aso!« Erst durch einige Wechselreden erfährt *Jolly*, was *Mayer* sagen will. Der Vorfall bedarf keiner weiteren Erläuterung.[8]

Auch wer von sinnlichen Eindrücken abgeschlossen nur seinen *Gedanken* nachhängt, kann einer Vorstellung begegnen, welche sein ganzes Denken in neue Bahnen leitet. Ein *psychischer* Zufall war es dann, ein *Gedanken*erlebnis im

8 Nach einer mündlichen, brieflich wiederholten Mitteilung *Jollys*.

Gegensatz zum *physischen*, dem er diese sozusagen am Nachbild der Welt auf *deduktivem* Wege gemachte Entdeckung, anstatt eines *experimentellen*, verdankt. Eine *rein* experimentelle Forschung gibt es übrigens nicht, denn wir experimentieren, wie *Gauß* sagt, eigentlich immer mit unsern Gedanken. Und gerade der stetige berichtigende Wechsel, die innige Berührung von Experiment und Deduktion, wie sie *Galilei* in den Dialogen, *Newton* in der Optik pflegt und übt, begründet die glückliche Fruchtbarkeit der modernen Naturforschung gegenüber der antiken, in welcher feine Beobachtung und starkes Denken zuweilen fast wie zwei Fremde nebeneinander herschreiten.

Den Eintritt eines günstigen physischen Zufalls müssen wir abwarten. Der Verlauf unserer Gedanken unterliegt dem Associationsgesetz. Bei sehr armer Erfahrung würde dieses nur eine einfache Reproduktion bestimmter sinnlicher Erlebnisse zur Folge haben. Ist aber durch reiche Erfahrung das psychische Leben stark und vielseitig in Anspruch genommen worden, so ist jedes Vorstellungselement mit so *vielen anderen* so verknüpft, daß der *wirkliche* Verlauf der Gedanken durch ganz geringe zufällig ausschlaggebende, oft kaum bemerkte Nebenumstände beeinflußt und bestimmt wird. Nun kann der Prozeß, den wir als *Phantasie* bezeichnen, seine vielgestaltigen Gebilde von endloser Mannigfaltigkeit zu Tage fördern. Was können *wir* aber thun, um diesen Prozeß zu leiten, da wir doch das Verknüpfungsgesetz der Vorstellungen nicht in der Hand haben? Fragen wir lieber: Welchen Einfluß kann *eine starke* immer wiederkehrende Vorstellung auf den Verlauf der übrigen nehmen? Die Antwort liegt nach dem Vorigen schon in der Frage. Die *Idee* beherrscht eben das Denken des Forschers, nicht umgekehrt.

Versuchen wir nun, in den Vorgang der Entdeckung noch etwas nähern Einblick zu gewinnen. Der Zustand des Entdeckers ist, wie *W. James* treffend bemerkt, nicht unähnlich der Situation desjenigen, der sich auf etwas Vergessenes zu besinnen sucht. Beide fühlen eine Lücke, kennen aber nur ungefähr die Natur des Vermißten. Treffe ich z.B. in Gesellschaft einen wohlbekannten freundlichen Mann, dessen Namen mir entfallen, der aber die schreckliche Forderung ausspricht, ihn irgendwo vorzustellen, so suche ich nach *Lichtenbergs* Anweisung im Alphabet zuerst den Anfangsbuchstaben des Namens. Eine eigentümliche Sympathie hält mich beim *G* fest. Probeweise füge ich den nächsten Buchstaben hinzu, und bleibe beim *e*. Bevor ich den dritten Buchstaben *r* noch wirklich versucht habe, tönt schon der Name »Gerson« voll in mein Ohr, und ich bin von meiner Pein befreit. – Bei einem Ausgang hatte ich eine Begegnung und erhielt eine Mitteilung. Zu Hause angelangt hatte ich über Wichtigerem alles vergessen. Mißmutig und vergebens sinne ich hin und her. Endlich merke ich, daß ich in Gedanken meinen Weg nochmals gehe. An der betreffenden Straßenecke steht der Mann wieder vor mir, und wiederholt seine Mitteilung. Hier treten also nach und nach alle Vorstellungen ins Bewußtsein, welche mit der vermißten verbunden sein können, und ziehen schließlich diese selbst ans Licht. Besonders in dem ersten Fall ist – wenn die Erfahrung einmal gemacht ist, und als bleibender Gewinn dem Denken sich eingeprägt hat – ein *systematisches* Verfahren leicht ausführbar, da man schon weiß, daß ein Name aus einer gegebenen begrenzten Zahl von Lauten bestehen muß. Zugleich sieht man aber, daß doch die Kombinationsarbeit ins Ungeheure wachsen würde, wenn der Name etwas länger, und die *Stimmung* für denselben nur mehr schwach wäre.

Nicht ohne Grund pflegt man zu sagen, der Forscher habe ein *Rätsel* gelöst. Jede geometrische Konstruktionsaufgabe läßt sich in die Rätselform kleiden: »Was ist das für ein Ding *M*, welches die Eigenschaften *A*, *B*, *C* hat?« »Was ist das für ein Kreis, der die Geraden *A*, *B* und letztere in einem Punkt *C* berührt?« Die beiden ersten Bedingungen führen unserer Phantasie die Schar der Kreise vor, deren Mittelpunkte in den Symmetralen von *A*, *B* liegen. Die dritte Bedingung erinnert uns an die Kreise mit den Mittelpunkten in der durch *C* auf *B* errichteten Senkrechten. Das *gemeinsame* Glied oder die gemeinsamen Glieder dieser Vorstellungsreihen lösen das *Rätsel*, erfüllen die Aufgabe. Ein beliebiges Sach- oder Worträtsel leitet einen ähnlichen Prozeß ein, nur wird die Erinnerung in vielen Richtungen in Anspruch genommen, und reichere weniger klar geordnete Gebiete von Vorstellungen sind zu überschauen. Der Unterschied zwischen der Situation des *konstruirenden* Geometers und jener des Technikers oder Naturforschers, welcher vor einem Problem steht, ist nur der, daß ersterer sich auf einem vollkommen bekannten Gebiet bewegt, während letztere sich mit diesem weit über das gewöhnliche Maaß hinaus erst näher vertraut machen müssen. Der Techniker verfolgt hierbei mit gegebenen Mitteln wenigstens noch ein bestimmtes Ziel, während selbst letzteres dem Naturforscher zuweilen nur in allgemeinen Umrissen vorschweben kann. Oft hat er sogar das Rätsel erst zu formulieren. Oft ergibt sich erst mit der Erreichung des Ziels die vollständigere Übersicht, welche ein systematisches Vorgehen ermöglicht *hätte*. Hier bleibt also dem Glück und Instinkt viel mehr überlassen.

Unwesentlich ist es für den bezeichneten Prozeß, ob derselbe in einem Kopfe rasch abläuft, oder im Laufe der Jahrhunderte durch eine lange Reihe von Denkerleben sich fortspinnt. Wie das ein Rätsel lösende Wort zu diesem verhält sich die heutige Vorstellung vom Licht zu den von *Grimaldi*, *Römer*, *Huygens*, *Newton*, *Young*, *Malus* und *Fresnel* gefundenen Thatsachen, und erst mit Hilfe dieser allmählich entwickelten Vorstellung vermögen wir große Gebiete besser zu durch blicken.

Zu den Aufklärungen, welche Kulturforschung und vergleichende Psychologie uns liefern, bilden die Mitteilungen großer Forscher und Künstler eine willkommene Ergänzung. Forscher *und* Künstler dürfen wir sagen, denn *Johannes Müller* und *Liebig* haben es mutig ausgesprochen, daß ein tiefgehender Unterschied zwischen dem Wirken beider nicht besteht. Sollen wir *Leonardo da*

Vinci für einen Forscher oder für einen Künstler halten? Baut der Künstler aus wenigen Motiven sein Werk auf, so hat der Forscher die Motive zu erschauen, welche die Wirklichkeit durchdringen. Ist ein Forscher wie *Lagrange* oder *Fourier* gewissermaßen Künstler in der Darstellung seiner Ergebnisse, so ist ein Künstler wie *Shakespeare* oder *Ruysdael* Forscher in dem Schauen, welches seinem Schaffen vorhergehen muß.

Newton, über seine Arbeitsmethode befragt, wußte nichts zu sagen, als daß er oft und oft über dieselbe Sache nachgedacht habe; ähnlich äußern sich *D'Alembert*, *Helmholtz* u. A. – Forscher und Künstler empfehlen die ausdauernde Arbeit. Wenn nun bei diesem wiederholten Überschauen eines Gebietes, welches dem günstigen Zufall Gelegenheit schafft, alles zur Stimmung oder herrschenden Idee Passende lebhafter geworden, alles Unpassende allmählich so in den Schatten gedrängt worden ist, daß es sich nicht mehr hervorwagt, dann kann unter den Gebilden, welche die frei sich selbst überlassene hallucinatorische Phantasie in reichem Strome hervorzaubert, plötzlich einmal dasjenige hell aufleuchten, welches der herrschenden Idee, Stimmung oder Absicht vollkommen entspricht. Es gewinnt dann den Anschein, als ob *das* Ergebnis eines Schöpfungsaktes wäre, was sich in Wirklichkeit langsam durch eine allmähliche Auslese ergeben hat. So ist es wohl zu verstehen, wenn *Newton*, *Mozart*, *R. Wagner* sagen, Gedanken, Melodieen, Harmonieen seien ihnen zugeströmt, und sie hätten einfach das Richtige behalten. Auch das Genie geht gewiß, bewußt oder instinktiv, überall systematisch vor, wo dies ausführbar ist; aber dasselbe wird in feinem Vorgefühl manche Arbeit gar nicht beginnen, oder nach flüchtigem Versuch aufgeben, mit welcher der Unbegabte fruchtlos sich abmüht. So bringt dasselbe in mäßiger Zeit zustande, wofür das Leben des gewöhnlichen Menschen weitaus nicht reichen würde.[9]

Wir werden kaum fehl gehen, wenn wir in dem Genie eine vielleicht nur geringe Abweichung von der mittleren menschlichen Begabung sehen – eine etwas größere Reaktionsempfindlichkeit und Reaktionsgeschwindigkeit des Hirns. Mögen dann derartige Menschen, welche ihren Trieben folgend einer Idee so große Opfer bringen, statt ihren materiellen Vorteil zu suchen, dem Voll-

9 Ich weiß nicht, ob *Swifts* Akademie der Projektenmacher in Lagado, in welcher durch eine Art Würfelspiel mit Worten große Entdeckungen und Erfindungen gemacht werden, eine Satire sein soll auf *Francis Bacons* Methode mit Hilfe von (durch Schreiber angelegten) Übersichtstabellen Entdeckungen zu machen. Übel angebracht wäre dieselbe nicht. – *E. Capitaines* Schrift »Das Wesen des Erfindens«, welche im Text nicht mehr berücksichtigt werden konnte, sei hier erwähnt. Die Schrift zeugt von einem aufrichtigen Streben nach Aufklärung und enthält *viel Gutes*. Allerdings hätte sich der Verfasser durch weitere Umschau überzeugen können, daß es um die Einsicht in den Vorgang des Erfindens und um die Schärfe der wissenschaftlichen Begriffe nicht so schlimm steht, als er annimmt. Die Leistungsfähigkeit systematischer und mechanischer Proceduren als Hilfsmittel der Erfindung dürfte der Verfasser *sehr* überschätzen.

blutphilister immerhin als rechte Narren erscheinen, schwerlich werden wir mit *Lombroso* das Genie geradezu als eine Krankheit ansehen dürfen, wenn leider auch wahr bleiben wird, daß ein empfindlicheres Hirn, ein gebrechlicheres Gebilde, auch leichter einer Krankheit verfällt.

Was *C. G. J. Jacobi* von der mathematischen Wissenschaft sagt, daß dieselbe langsam wächst, und nur spät auf vielen Irrwegen zur Wahrheit gelangt, daß alles wohl vorbereitet sein muß, damit endlich zur bestimmten Zeit die neue Wahrheit wie durch eine göttliche Notwendigkeit getrieben hervortritt[10] – alles das gilt von *jeder* Wissenschaft. Wir staunen oft, wie zuweilen durch ein Jahrhundert die bedeutendsten Denker zusammenwirken müssen, um eine Einsicht zu gewinnen, die wir in wenigen Stunden uns aneignen können, und die einmal bekannt unter glücklichen Umständen sehr leicht *zu gewinnen* scheint. Gedemütigt *lernen* wir daraus, wie selbst der *bedeutende* Mensch mehr für das tägliche Leben als für die Forschung geschaffen ist. Wie viel auch *er* dem Zufall dankt, d.h. gerade jenem eigentümlichen Zusammentreffen des physischen und psychischen Lebens, in welchem eben die stets fortschreitende, unvollkommene, unvollendbare Anpassung des letztern an ersteres deutlich zum Ausdruck kommt, das haben wir heute betrachtet. *Jacobis* poetischer Gedanke von einer in der Wissenschaft wirkenden göttlichen Notwendigkeit wird für uns nichts an Erhabenheit verlieren, wenn wir in dieser Notwendigkeit *dieselbe* erkennen, die alles Unhaltbare zerstört und alles Lebensfähige fördert. Denn größer, erhabener und auch poetischer als alle Dichtung ist die Wirklichkeit und die Wahrheit.

Kommentar von Bastian Stoppelkamp

Im Mai 1895 wurde der Physiker, Physiologe und Psychologe Ernst Mach von Prag auf einen philosophischen Lehrstuhl an die Universität Wien berufen.[1] Mit einer eigens für ihn maßgeschneiderten Professur für »Philosophie, insbesondere der Geschichte und Theorie der induktiven Wissenschaften« ausgestattet, hielt er drei Monate später, am 21. Oktober 1895 seine offizielle Antrittsvorlesung *Über den Einfluß zufälliger Umstände auf die Entwickelung von Erfindungen und Entdeckungen.*[2] Dieser Titel war in mehrfacher Hinsicht Programm:

10 »Crescunt disciplinae lente tardeque; per varios errores sero pervenitur ad veritatem. Omnia praeparata esse debent diuturno et assiduo labore ad introitum veritatis novae. Jam illa certo temporis momento divina quadam necessitate coacta emerget.« Citiert bei *Simony*, In ein ringförmiges Band einen Knoten zu machen. Wien 1881. S. 41.

1 Vgl. Josef Mayerhöfer: »Ernst Machs Berufung an die Wiener Universität 1895«, in: *Symposium aus Anlass des 50. Todestages von Ernst Mach*, veranstaltet am 11./12. März 1966 vom Ernst-Mach-Institut Freiburg, Freiburg i. Br. 1966, 12–25.

2 In der Studienausgabe: Ernst Mach: »Über den Einfluss zufälliger Umstände auf die Ent-

Erstens spielte der Zufall bei der Berufung Machs selbst eine erhebliche Rolle: Verschiedene kontingente Faktoren hatten dem nicht nur für Wiener Verhältnisse ungewöhnlichen Wechsel eines Naturwissenschaftlers an einen philosophischen Lehrstuhl den Weg geebnet. Zweitens adressierte Mach in seiner Rede ein Thema, das die damaligen akademischen und bildungsbürgerlichen Kreise in Atem hielt: Wie Deborah Coen vorgeführt hat, war das Wien um 1900 vom Phänomen des Zufalls geradewegs besessen: Zu einer Zeit, in der Staat, Gesellschaft und Wissenschaft zunehmend auseinanderdrifteten, entstand eine neue Sensibilität für die Unbestimmtheit natürlicher und kultureller Prozesse, für die Fehlbarkeit und Wandelbarkeit überlieferter Wissensansprüche.[3] Ernst (Waldfried Josef Wenzel) Mach wurde am 18.2.1838 in dem mährischen Dorf Chirlitz geboren.[4] Vor dem Hintergrund der reaktionären Metternich-Ära wuchs er in liberalen Verhältnissen auf. Die Mutter, Josephine Lanhaus, stammte aus einer Beamtenfamilie. Der Vater, Johann Mach, betätigte sich als philanthropischer Projektemacher. Im Alter von zwei Jahren zog Mach mit der Familie ins niederösterreichische Untersiebenbrunn. Da er mit dem Unterrichtsdirigismus der Zeit nicht zurechtkam, wurde er über Jahre von seinem Vater unterrichtet. Nebenher absolvierte er eine Tischlerausbildung. Erst im Alter von 15 Jahren kehrte Mach in das nunmehr durch die Thun'sche Bildungspolitik reformierte Unterrichtssystem zurück und maturierte 1855 am Piaristengymnasium in Kroměříž.[5]

Im Anschluss begann Mach ein Studium der Mathematik und Physik an der Universität Wien, wo er 1860 promoviert wurde. Zu seinen Lehrern zählten neben dem Mathematiker Josef Petzval der Physiologe Ernst von Brücke und der Physiker Andreas von Ettingshausen, die beide bleibenden Eindruck hinterließen: Ettingshausen motivierte Mach zu seiner ersten wissenschaftlichen Arbeit, einem experimentellen Nachweis des Doppler-Effekts.[6] Durch Ernst von Brücke kam er in Kontakt mit der Sinnesphysiologie, die Machs spätere Forschungen

wicklung von Erfindungen und Entdeckungen«, in: ders.: *Populär-Wissenschaftliche Vorlesungen*, Ernst-Mach-Studienausgabe Band 4, hg. v. Elisabeth Nemeth u. Friedrich Stadler, Berlin 2014, 237–254.

3 Deborah R. Coen: *Vienna in the Age of Uncertainty: Science, Liberalism and Private Life*, Chicago 2007.

4 Vgl. zu Leben und Werk von Ernst Mach: Karl Heller: *Ernst Mach: Wegbereiter der modernen Physik*, Wien 1964; John Blackmore: *Ernst Mach: His Work, Life, and Influence*, Berkeley 1972; Rudolf Haller und Friedrich Stadler (Hg.): *Ernst Mach – Werk und Wirkung*, Wien 1988.

5 Vgl. Machs autobiographische Angaben: John Blackmore: »Three autobiographical Manuscripts by Ernst Mach«, in: *Annals of Science* 35/4 (1978), 401–418.

6 Vgl. Wolfgang Reiter: »Institution und Forschung: Physik im Wandel 1850–1900 – eine kaleidoskopische Annäherung«, in: Katharina Kniefacz u a. (Hg.): *Universität – Forschung – Lehre: Themen und Perspektiven im langen 20. Jahrhundert*, Göttingen 2015, 149–167, 155.

stark beeinflusste.[7] 1861 habilitierte er sich in Physik. Um sich finanziell über Wasser zu halten, gab er mathematische Einführungskurse für Mediziner.

Als Folge dieses Nebenerwerbs wurde Mach 1864 zum Professor für Mathematik an die Universität Graz berufen,[8] wo er die Vollwaise Louise Marussig heiratete. Aus der Ehe entstanden fünf Kinder. 1867 erhielt er eine Professur für Experimentelle Physik an der Karl-Ferdinands-Universität Prag, wo er in den folgenden 28 Jahren lehrte und sein internationales Renommee begründete. Mit Laboratorium und Mitarbeiterstab ausgestattet, arbeitete er parallel an psychologischen, physiologischen und physikalischen Problemen. Zu seinen bedeutendsten Leistungen zählen Untersuchungen zur Bewegungsempfindung sowie zur Fortpflanzungsgeschwindigkeit von Schallwellen, deren physikalische Maßeinheit bis heute seinen Namen trägt.[9] Die experimentellen Forschungen führten mit der Zeit zu wissenschaftsphilosophischen Fragestellungen. 1872 veröffentlichte er seinen ersten theoretisch-historischen Aufsatz über *Die Geschichte und die Wurzel des Satzes von der Erhaltung der Arbeit.*[10] Im Laufe der 1880er Jahren erschienen die bahnbrechenden Monographien *Die Mechanik in ihrer Entwicklung: historisch-kritisch dargestellt* (1882) sowie die *Beiträge zur Analyse der Empfindungen* (1886).[11] Darin entwickelte Mach eine spezifische erkenntnistheoretische Programmatik, die mit der Zeit international und fächerübergreifend breit rezipiert wurde. Im Zentrum steht zum einen die Idee der Einheit der Wissenschaft, welche Mach methodologisch und phänomenalistisch begründete: Dabei betrachtete er die theoretischen Begriffe der Physik und der Psychologie als ökonomische Gliederungen von Sinnesempfindungen, die als empirisch unmittelbar gegebene Basis die Gegenstände der Welt und des Bewusstseins konstituieren und vermitteln.[12] Zum anderen propagierte Mach eine Einheit des Wissens, eine Kontinuität zwischen alltäglicher und wissenschaftlicher Erkenntnis.[13] Für Mach war alles Wissen ein Produkt evolutionär-historischer Dynamik, ein ständiger »Anpassungsprozeß der Gedanken an die Tatsachen«.[14]

7 Vgl. Eric C. Banks: *Ernst Mach's World Elements: A Study in Natural Philosophy*, Dordrecht 2003, 17–26.

8 Vgl. John Blackmore u. a. (Hg.): *Ernst Mach's Graz (1864–1867)*, Bethesda 2010.

9 Vgl. J. Blackmore: *Ernst Mach*, 38–46.

10 Ernst Mach: *Die Geschichte und die Wurzel des Satzes von der Erhaltung der Arbeit*, Wien 1872.

11 Ernst Mach: *Die Mechanik in ihrer Entwicklung: historisch-kritisch dargestellt*, Ernst Mach Studienausgabe Band 3, hg. v. Gereon Wolters und Giora Horn, Berlin 2012; ders.: *Die Analyse der Empfindungen: und das Verhältnis des Physischen zum Psychischen*, Ernst Mach Studienausgabe Band 1, hg. v. Gereon Wolters und Friedrich Stadler, Berlin 2008.

12 Vgl. E.C. Banks: *Ernst Mach's World Elements.*

13 Vgl. Paul Pojman: »The Influence of Biology and Psychology upon Physics: Ernst Mach Revisited«, in: *Perspectives on Science* 19/2 (2011), 121–135.

14 E. Mach: *Die Mechanik in ihrer Entwicklung*, 6.

Machs einheitsstiftende Überlegungen sind auch auf politische Erfahrungen zurückzuführen: Seine Prager Jahre standen im Zeichen des Nationalitätenkonflikts zwischen Deutschen und Tschechen, der 1882 zur Aufspaltung der dortigen Universität führte. In dieser Zeit wurde Mach zweimal zum Rektor gewählt (1879, 1883), wobei er die Trennung in eine deutsche und eine tschechische Hochschule vergeblich zu verhindern suchte.[15] Zu den politischen kamen mit Beginn der 1890er Jahre noch private Probleme: 1894 nahm sich sein ältester Sohn das Leben. Zugleich überwarf er sich mit seinen Mitarbeitern. In dieser Phase arbeitete Mach akribisch daran, Prag zu verlassen und nach Wien zurückzukehren. Nach einem gescheiterten Versuch, die Nachfolge des Physikers Josef Stefan anzutreten, erhielt er im Frühjahr 1895 überraschend den Ruf auf einen philosophischen Lehrstuhl an der Universität Wien, den er nach kurzem Zögern annahm.[16]

Machs Zeit in Wien war durch starke gesundheitliche und berufliche Widernisse geprägt:[17] Nur drei Jahre nach seiner Berufung erlitt er einen schweren Schlaganfall, sodass er 1901 seine Professur niederlegen musste. Durch seine wachsende Popularität wurde er in fachliche Debatten verwickelt, die durch ihre Polemik weitere Wunden hinterließen. Die Psychologen Carl Stumpf und Oswald Külpe ritten heftige Attacken gegen Machs positivistische Auffassung von Erkenntnis.[18] Ludwig Boltzmann und Max Planck kritisierten seine skeptische Haltung zur Atomtheorie.[19] Nachdem die Mach'sche Erkenntnistheorie auch im revolutionären Russland Anhänger fand, verfasste Lenin persönlich eine Streitschrift, in der er den ›falschen‹ »empiriokritizistischen« Materialismus Machs von einem ›wahren‹ marxistischen Materialismus abgrenzte.[20]

Bei allen Härten kann Machs Wirken in Wien kaum überschätzt werden: In seiner kurzen Zeit als akademischer Lehrer entfaltete er ungeheure Sogwirkung auf die damaligen philosophischen, wissenschaftlichen und literarischen Kreise. Physiker wie Anton Lampa oder Friedrich Adler wurden dabei ebenso von der ›Mach-Welle‹ erfasst wie die Schriftsteller-Intellektuellen Robert Musil und Friedrich Mauthner. Zu den glühenden Anhängern Machs zählten auch die

---

15 Vgl. J. Blackmore: *Ernst Mach*, 73–83.

16 Ebd., 145–149.

17 Vgl. John Blackmore u. a. (Hg.): *Ernst Mach's Vienna (1895–1930)*, Dordrecht 2001.

18 Vgl. etwa: Carl Stumpf: »Leib und Seele«, in: ders.: *Philosophische Reden und Vorträge*, Leipzig 1910, 65–93; Oswald Külpe: *Die Philosophie der Gegenwart in Deutschland*, Leipzig 1914, 21–33.

19 Während Boltzmann bei aller Kritik zeitlebens mit Mach einen respektvollen Umgang pflegte, entwickelte sich zwischen Mach und Planck ein äußerst gespanntes Verhältnis. Vgl. Max Planck: »Die Einheit des physikalischen Weltbildes«, in: *Physikalische Zeitschrift* 10 (1909), 62–75.

20 Vladimir Lenin: *Materialismus und Empiriokritizismus: kritische Bemerkungen über eine reaktionäre Philosophie*, Berlin 1988.

späteren Wiener Kreis-Mitglieder Otto Neurath und Philipp Frank, die sich in ihren ersten philosophischen Gehversuchen von dessen anti-metaphysischer Agenda leiten ließen und ihrem *spiritus rector* 1928 mit der Gründung des »Verein Ernst Mach« ein Denkmal setzten.[21] Zudem erlebte Mach in Wien auch seinen internationalen Durchbruch: Seine *Populär-Wissenschaftlichen Vorlesungen* wurden 1895 zunächst auf Englisch publiziert.[22] Zehn Jahre später erschien die Monographie *Erkenntnis und Irrtum*, mit der Mach noch einmal seine psychologischen-evolutionären Auffassungen wissenschaftlicher Erkenntnisgewinnung zusammentrug.[23] In den 1910er Jahren verschlechterte sich Machs Gesundheit zusehends. 1913 zog er ins Bayerische Vaterstetten zu seinem Sohn, wo er am 19. Februar 1916 verstarb.[24] In internationalen und österreichischen Zeitungen erschienen zahlreiche Nachrufe von prominenten Weggefährten; darunter auch Albert Einstein, der Mach als einen Vordenker der gerade veröffentlichten Allgemeinen Relativitätstheorie adelte.[25]

Machs Berufung nach Wien

Die Berufung Machs nach Wien im Frühjahr 1895 war das Ergebnis verschiedener Faktoren: 1893 war innerhalb der österreichischen Reichshälfte das katholisch-konservative Regime Taaffe gestürzt und durch eine Koalition der *Vereinigten Linken* ersetzt worden. Die neue liberale Regierung kam dem bekennenden Freigeist Mach zweifelsohne zugute und wurde nur einen Monat nach seiner Berufung wieder abgelöst.[26] Ein ähnliches Zeitfenster ergab sich in akademischer Hinsicht. Im Vorfeld der Berufung Machs war die Philosophie an der Universität Wien durch drei ordentliche Lehrkanzeln vertreten. Auf dem ersten Lehrstuhl saß seit Jahrzehnten der Herbartianer Robert Zimmermann, der damals längst das Pensionsalter überschritten hatte. Die zwei anderen Lehrkanzeln waren beide seit langer Zeit vakant. Der 1874 auf den zweiten Lehrstuhl nach Wien berufene Franz Brentano hatte sechs Jahre später seine Professur niederlegen müssen, da er sich gegen geltendes österreichisches Recht

21 Vgl. Friedrich Stadler: *Vom Positivismus zur »Wissenschaftlichen Weltauffassung«: am Beispiel der Wirkungsgeschichte von Ernst Mach in Österreich von 1895 bis 1934*, Wien 1982.

22 Ernst Mach: *Popular Scientific Lectures*, Chicago 1895. Die deutsche Ausgabe erschien im Jahr darauf.

23 Ernst Mach: *Erkenntnis und Irrtum*, Ernst Mach Studienausgabe Band 2, hg. v. Elisabeth Nemeth u. Friedrich Stadler, Berlin 2011.

24 Vgl. K. Heller: *Ernst Mach*, 137–143.

25 Albert Einstein: »Ernst Mach«, in: *Physikalische Zeitschrift* 17/7 (1916), 101–104.

26 Vgl. Hans-Joachim Dahms, Friedrich Stadler: »Die Philosophie an der Universität Wien von 1848 bis zur Gegenwart«, in: Katharina Kniefacz u a. (Hg.): *Universität – Forschung – Lehre: Themen und Perspektiven im langen 20. Jahrhundert*, Göttingen 2015, 77–132, 89.

als ehemaliger Priester verheiratet hatte. Obwohl die Fakultät in den folgenden Jahrzehnten die Professur für den zum Privatdozenten degradierten Brentano freihielt, scheiterten alle Versuche einer Wiedereinsetzung an der Blockade von Ministerium und Kaiser. Verbittert kehrte Brentano Österreich den Rücken und übersiedelte 1895 nach Italien.[27]

Da die zweite Professur für Philosophie durch die Personalquerelen um Brentano blockiert war, startete man in den 1890er Jahren Versuche, stattdessen die dritte und bis auf ein kurzes Intermezzo dauerhaft vakant gebliebene Lehrkanzel zu reaktivieren.[28] Ein erster Besetzungsvorschlag mit Carl Stumpf zerschlug sich ebenso wie eine später aufgestellte Dreierliste mit Anton Marty, Friedrich Jodl und Wilhelm Windelband.[29] Als das Professoren-Kollegium der Philosophischen Fakultät 1894 zum dritten Mal aufgefordert wurde, einen Vorschlag zu machen, befand man sich bereits in der Defensive.

Die entscheidende Initiative zur Berufung Machs ging von dem Altphilologen Theodor Gomperz aus, der – auf Anregung seines Sohnes Heinrich – den Namen des damals noch in Prag lehrenden Universalgelehrten ins Spiel gebracht hatte.[30] In den Kommissionssitzungen vom 30. November und 10. Dezember 1894 erhielt Gomperz namhafte Unterstützung von dem späteren Unterrichtsminister Wilhelm von Hartel, dem Zoologen Karl Claus sowie dem Mathematiker Gustav von Escherich.[31] Gegen Mach bekannte sich ausschließlich Robert Zimmermann, der als einziger Philosoph in der Kommission entschieden gegen dessen Berufung plädierte. Mach, so Zimmermann, sei zwar ein »philosophischer Physiker im besten Grade« für die Besetzung einer Fachprofessur für Philosophie jedoch ungeeignet, da er weder Prüfungen abhalten noch Dissertationen betreuen könne: »Wir bedürfen eines 2. Ordinarius, der alle Agenden der philosophischen Lehrkanzel auf sich nehmen kann«.[32] Um Zimmermanns Bedenken auszuräumen, einigte man sich auf einen Kompromiss: Der dritte Lehrstuhl für Philosophie sollte auf eine »naturwissenschaftliche Richtung« festgeschrieben werden, wobei Mach als einziger Kandidat dem Ministerium vorgeschlagen wurde. Zugleich versuchte man, den zweiten Lehrstuhl für Philosophie zu reaktivieren und mit einer bewusst geisteswissenschaftlichen Fokussierung auszustatten. Als Kandidaten einigte man sich auf Benno Erdmann und Rudolf

27 Ebd., 83–88. Vgl. zu Brentano auch den Beitrag von Hans-Joachims Dahms im vorliegenden Band, 63–69.

28 Vgl. J. Mayerhöfer: »Ernst Machs Berufung an die Wiener Universität 1895«; sowie die entsprechenden Berufungsunterlagen aus dem Universitätsarchiv Wien: AUW Ph. S. 34.19.

29 AUW Ph. S. 34.19, Z. 249–1894/95.

30 Vgl. den Nachruf auf Mach von: Heinrich Gomperz: »Ernst Mach«, in: *Archiv für Philosophie*, 22/4 (1916), 321–328, hier 325.

31 AUW Ph. S. 34.19, Z. 249–1894/95.

32 Ebd.

Eucken.[33] Obwohl der zweite Teil dieses Vorschlags nie realisiert wurde, war damit für Mach der Weg geebnet.

Die Berufung des Naturwissenschaftlers Mach auf einen philosophischen Lehrstuhl für »Theorie und Geschichte der induktiven Wissenschaften« wird bis heute als Novität charakterisiert. Diese Einschätzung ist allerdings nicht ganz richtig: Bereits 1870 war an der Universität Zürich eine Professur für »induktive Philosophie« eingeführt worden.[34] Zu den Lehrstuhlinhabern gehörte Wilhelm Wundt, der seine akademische Karriere als Physiologe begonnen hatte und über die Zwischenstation Zürich zur Philosophie hinübergewechselt war. Hinter der Professur in Zürich stand die Idee, die Philosophie stärker an die Einzelwissenschaften heranzuführen, um der wachsenden Spezialisierung und Fragmentierung akademischer Bildung entgegenzuwirken. Betrachtet man die Akten der Mach-Berufung, hatte man in Wien ein ganz ähnliches Modell im Sinn: Neben anderen philosophierenden »Naturforschern« wie Fechner oder Helmholtz berief man sich hier ausdrücklich auf Wundt, der aus »seinem ursprünglichen Lehrberuf zu dem der Philosophie übergegangen« sei.[35] Zudem beklagte man auch in Wien ein Auseinanderdriften der Disziplinen. Dies galt gerade für die Philosophische Fakultät, die damals noch alle geisteswissenschaftlichen und naturwissenschaftlichen Fächer umfasste.[36] Um den Zusammenhalt zu fördern, sollte die Philosophie als ein Scharnier fungieren und in Natur- wie Geisteswissenschaften ausstrahlen. Mach, der auf physikalischem wie psychologischem und historischem Gebiet geforscht und sich die Einheit der Wissenschaften zum Lebensthema gewählt hatte, war dabei ein zentraler Baustein.

Machs Wiener Antrittsvorlesung

Mit seiner Antrittsrede vom 21. Oktober 1895 versuchte Mach, seine Berufung inhaltlich zu legitimieren und etwaige falsche Erwartungen zu zerstreuen: Trotz seiner erkenntnistheoretischen Arbeiten hatte er stets den »Namen eines Philosophen« für sich selbst abgelehnt.[37] Den gleichen Gedanken artikulierte Mach in seinem Antrittsvortrag: »Hoffen Sie also nicht, oder fürchten Sie nicht, daß ich Systeme vor Ihnen bauen werde. Ich bleibe Naturforscher« (98).

33 Vgl. hierzu den Kommissionsbericht an das Professoren-Kollegium der Philosophischen Fakultät: ÖStA Lehrkanzeln: Philosophie Z 10764/1895.

34 Vgl. Paul Ziche: *Wissenschaftslandschaften um 1900*, Zürich 2008, 62–73.

35 J. Mayerhöfer: »Ernst Machs Berufung an die Wiener Universität 1895«, 18.

36 Vgl. Kurt Mühlberger: »Das ›Antlitz‹ der Wiener Philosophischen Fakultät in der zweiten Hälfte des 19. Jahrhunderts«, in: Johannes Seidl (Hg.): *Eduard Suess und die Entwicklung der Erdwissenschaften zwischen Biedermeier und Sezession*, Göttingen 2009, 67–102.

37 Vgl. das Vorwort zur ersten Auflage der *Analyse der Empfindungen*.

Machs Abgrenzung gegenüber der Fachphilosophie war programmatischer Natur: Seit der Antike hatte sich die Philosophie als Wissenspraxis begriffen, die vor oder unabhängig von Erfahrung einen eigenen Erkenntnishorizont propagierte. Das Resultat war nach Ansicht von Mach eine wachsende Entfremdung gegenüber den Einzelwissenschaften, die über die Jahrhunderte die Geschichte der Philosophie in eine »Geschichte des Irrtums« (97) verwandelte. Gegen dieses traditionelle Selbstverständnis stand seit der Mitte des 19. Jahrhunderts eine neue, modernistische Auffassung, die vor allem von Einzelwissenschaftlern wie Herrmann von Helmholtz oder Wilhelm Wundt angestoßen wurde. Anstelle der alten spekulativen Systembauten versuchte man, die Philosophie auf »bescheidenere erreichbare Ziele« (98) zu verpflichten und wieder in engeren Kontakt mit den induktiven Wissenschaften zu bringen. In seiner Rede bekannte sich Mach ausdrücklich zu dieser neuen Bewegung, wobei er die Idee der Einheit der Wissenschaften ins Zentrum stellte: »So bricht sich allmählich auch unter den Philosophen die Überzeugung Bahn, daß alle Philosophie nur in einer gegenseitigen kritischen Ergänzung, Durchdringung und Vereinigung der Spezialwissenschaften zu einem einheitlichen Ganzen bestehen kann«. (98) Damit beleuchtete er zugleich die zukünftige Ausgestaltung seiner Professur: Anhand konkreter Forschungsfragen sollten die Gegenstände der Physik, Psychologie und Erkenntniskritik aufeinander bezogen werden, um »aus jedem dieser Gebiete für jedes Nutzen und Zuwachs an Klarheit« (98) zu gewinnen. Wie sich Mach eine derartige Forschungssynthese vorstellte, versuchte er exemplarisch darzulegen. Das Thema *Über den Einfluss zufälliger Umstände auf die Entwickelung von Erfindungen und Entdeckungen* war bewusst gewählt: Als Physiker und Physiologe hatte er selbst eine Vielzahl von experimentellen Verfahren und Apparaturen erfunden und war darüber zu theoretischen Fragen vorgestoßen.[38]

Im Sinne des klassischen Empirismus gründet alles Wissen über die Welt in der Erfahrung. Da die Welt dem Menschen nicht *a priori* zugänglich ist, benötigt er seine Sinnesorgane, um sich die Eigenschaften und Relationen der Dinge zu erschließen. Dieser empiristische Erfahrungsbegriff wird von Mach evolutionär-psychologistisch interpretiert:[39] Mensch und Umwelt stehen in einem fortwährenden Reiz-Reaktions-Verhältnis, wobei sich der Verstand zur Erkenntnisbildung so gut wie möglich an die gegebenen Tatsachen anzupassen sucht. In diesem Modell erfüllt der Zufall eine entscheidende Funktion, und zwar als Indikator einer noch nicht vollends geglückten Anpassungsleistung. Überall

38 Vgl. Heinz Jankowsky: *Österreichs große Erfinder*, Wien 2000, 110–116.

39 Vgl. P. Pojman: »The Influence of Biology and Psychology upon Physics«; sowie: Milic Capek: »Ernst Mach's Biological Theory of Knowledge«, in: *Synthese* 18 (1968), 171–191; Kurt Bayertz: »Wissenschaftsentwicklung als Evolution? Evolutionäre Konzeptionen wissenschaftlichen Wandels bei Ernst Mach, Karl Popper und Stephen Toulmin«, in: *Zeitschrift für allgemeine Wissenschaftstheorie* 18 (1987), 61–91.

dort, wo bestehende Erkenntnisse durch neue Erfahrungen erweitert oder konterkariert werden, hat der Zufall seine Hände im Spiel. Er erscheint als Anomalie, als Überhang des offenen Prozesses der Erfahrung gegenüber dem jeweils gegebenen Wissensstand. Diese Rolle hat Mach an anderer Stelle mit Blick auf die wissenschaftliche Begriffsbildung wie folgt zusammengefasst:

> Historische Studien lehren in überzeugender Weise, dass das Fortschreiten der naturwissenschaftlichen Erkenntnis in der allmählichen Anpassung der Gedanken an die Tatsachen besteht, und dass diese Anpassung herbeigeführt wird durch glückliche Umstände, die uns zusehends allgemeinere Übereinstimmung und feinere Unterschiede der Tatsachen enthüllen.[40]

Vor diesem Hintergrund expliziert Mach sein Verständnis von Erfindung und Entdeckung. Unter ›Erfindung‹ versteht er die lebenspraktische Anwendung von neuen Erfahrungen »zur Befreiung von einer *materiellen* Unbehaglichkeit« (102). Als Beispiele verweist er auf kulturhistorische Phänomene wie Sprache oder Brückenbau. Den Begriff ›Entdeckung‹ definiert er als theoretische Einordnung einer neuen Erfahrung »zur Erlösung von einer *intellektuellen* Unbehaglichkeit« (102). Dabei bezieht er sich vor allem auf mathematische oder physikalische Gesetze wie die verschiedenen Lichttheorien oder die »ersten Wahrnehmungen über die elektrischen und magnetischen Erscheinungen« (103).

Eine derartige Definition beider Begrifflichkeiten ist in mehrfacher Hinsicht ungewöhnlich: Zum einen unterstellen wir üblicherweise eine dualistische Ontologie, indem wir Entdeckungen auf außerpsychische Tatsachen, Erfindungen dagegen auf psychische Einfälle zurückführen. Zum anderen betrachten wir beide Phänomene als genau lokalisierbar: keine Erfindung ohne Erfinder und ein historisches Erfindungsdatum. Von Mach werden diese Vorurteile radikal aufgebrochen: Sowohl Erfindungen als auch Entdeckungen sind Ausdruck eines biologischen Zusammenhangs von Geist und Welt, der sich nur in Hinblick auf die jeweilige funktionale Verknüpfung unterscheidet: Bei Erfindungen *nutzen* wir den Zufall, um unser Handeln, bei Entdeckungen, um unser Denken zu erleichtern; »beide unterscheiden sich nur durch den *Gebrauch* der von einer neuen Erkenntnis gemacht wird« (102). Was dabei im Rückblick zu bestimmten Ereignissen verdichtet wird, ist in Wirklichkeit das Resultat langwieriger Prozesse, bei denen Zufall und Gebrauch fortwährend interagieren und damit sukzessive die Potentiale einer neuen Erkenntnis freilegen. In diesem Sinne entsteht etwa aus der Beobachtung und dem Gebrauch eines zufälligen über einen »Gießbach gestürzten« (100) Baumstammes allmählich das Konzept der Brücke, welches über die Zeit immer weiter verfeinert wird.

---

40 Ernst Mach: »Über das psychologische und logische Moment im naturwissenschaftlichen Unterricht«, in: *Zeitschrift für den physikalischen und chemischen Unterricht* 4 (1890/91), 1–5, hier 1.

Anhand dieser kurzen Überlegungen ergeben sich weitreichende Folgerungen für Machs Programmatik der Einheit der Wissenschaften: Wie die Beispiele von Erfindung und Entdeckung zeigen, besteht eine kognitive Kontinuität zwischen Vormoderne und Moderne, zwischen alltäglicher und wissenschaftlicher Kultur: Auch der moderne Wissenschaftler bleibt auf den Zufall und dessen Gebrauch angewiesen: »Nicht *Mißachtung* des Zufalls sondern *zweckmäßige* und *zielbewußte* Benützung desselben wird der Forschung förderlich sein«. (104) Die Planmäßigkeit und Kreativität von Wissenschaft tritt dabei hinter die Sensibilität für die versteckten Potentiale von Erfahrungen: »Die *Idee* beherrscht eben das Denken des Forschers, nicht umgekehrt«. (105) Zugleich erteilt Mach hiermit jeglichem wissenschaftlichen Geniekult eine Absage. Die Entwicklung der Wissenschaft ist keine Geschichte der großen Männer, sondern ein kultureller Selektionsprozess, an dem verschiedene Generationen beteiligt sind: »Es gewinnt dann den Anschein, als ob *das* Ergebnis eines Schöpfungsaktes wäre, was sich in Wirklichkeit langsam durch eine allmähliche Auslese ergeben hat«. (107) Die Besonderheit bei Mach besteht darin, dass er diesem »Anschein« eine rationale Bedeutung zuweist: Die Wissenschaft ist darauf angewiesen, die Genese ihrer Theorien von ihren Endresultaten her zu verdichten, um die Tatsachen ökonomisch beschreiben und damit tradieren zu können. Dies führt allerdings zu Problemen, und zwar immer dann, wenn der empirische Gehalt von Konzepten fraglich wird. An diesen Stellen zeigt sich die Wichtigkeit geisteswissenschaftlicher Fächer wie Psychologie, Geschichte oder Soziologie, welche den Entstehungszusammenhang von Forschungsprozessen offenlegen, und die entsprechenden Konzepte wieder transparent und latent machen. Die Einheit der Wissenschaft ist somit für Mach reflexiver Natur, was nicht zuletzt durch die Zufälligkeit und Vorläufigkeit menschlicher Erkenntnis verbürgt wird.

Die öffentliche und historische Rezeption der Antrittsrede

Machs Antrittsrede fand im Rahmen einer Feierlichkeit im größten Hörsaal der Wiener Universität statt.[41] In den nur wenigen und knapp gehaltenen Besprechungen der Feier ist von einem »vollbesetzten« Auditorium die Rede, »in welchem sich nebst den Studenten beinahe alle Professoren der philosophischen Facultät versammelt hatten«.[42] Interessanterweise wird Mach in sämtlichen Berichten als direkter Nachfolger Brentanos beschrieben, was nicht nur sachlich falsch, sondern auch mit persönlichen Komplikationen verbunden war: Im

41 Vgl. *Prager Tagblatt* (23.10.1895), 8; *Neue Freie Presse* (22.10.1895), 5; *Wiener Zeitung* (22.10.1895), 4.

42 Vgl. *Neue Freien Presse* (22.10.1895), 5.

Gegensatz zu dem in der Öffentlichkeit äußerst populären Brentano war Mach in dieser Zeit nur einem Fachpublikum bekannt. Dazu kam Brentanos Rückzug aus Wien, der in den Medien vielfach als bewusste Vertreibung behandelt wurde.[43] Wie die *Neue Freie Presse* in ihrem Bericht über die Antrittsrede andeutet, versuchte Mach dieser Hypothek offensiv entgegenzuwirken. So begann er seine Ansprache mit einer ausdrücklichen Würdigung Brentanos, wobei er die »intricaten Umstände« von »dessen Scheiden als einen großen Verlust für die Wissenschaft sowol wie für die Wiener philosophische Schule« bezeichnete.[44] Bereits einige Monate zuvor hatte er sich in einem Brief direkt an Brentano gewandt, um hierbei der öffentlichen Meinung entgegenzuwirken: »[A]ls sei ich gegen sie ausgespielt worden«.[45] Mach wollte offensichtlich nicht als ein Nestbeschmutzer wahrgenommen werden.

Die inhaltliche Karriere der Rede begann erst später: 1896 erschien sie in englischer Übersetzung in der amerikanischen Philosophiezeitschrift *The Monist*.[46] Im gleichen Jahre wurde sie in die Aufsatzsammlung der *Populärwissenschaftlichen Vorlesungen* übernommen und damit einem breiteren Lesepublikum zugänglich. Im Rückblick markiert die Rede einen werkgeschichtlichen Übergang von einer eher phänomenalistischen zu einer biologisch-pragmatischen Erkenntnistheorie, wie sie Mach in *Erkenntnis und Irrtum* weiter ausgearbeitet hat. Durch seine psychologischen und kulturhistorischen Interpretationen von wissenschaftlichen Erfindungen und Entdeckungen gilt Mach heute sowohl als Anstoßgeber einer naturalistischen Wissenschaftstheorie wie auch als Urheber der modernen evolutionären Erkenntnistheorie.[47] Beide Forschungsrichtungen begründen sich aus einer Idee, die Mach pointiert ans Ende seiner Antrittsrede gestellt hat:

> Wir staunen oft, wie zuweilen durch ein Jahrhundert die bedeutendsten Denker zusammenwirken müssen, um eine Einsicht zu gewinnen, die wir in wenigen Stunden uns aneignen können [...]. Gedemütigt *lernen* wir daraus, wie selbst der *bedeutende* Mensch mehr für das tägliche Leben als für die Forschung geschaffen ist. (108)

43 Vgl. *Prager Tagblatt* (30.11.1894), 9; *Pester Lloyd* (10.12.1894), 4.

44 *Neue Freie Presse* vom 22.10.1895.

45 Vgl. den Brief von Mach an Brentano vom 14. Mai 1895, in: Franz Brentano: *Über Ernst Machs »Erkenntnis und Irrtum«*, Amsterdam 1988, 203–205.

46 Ernst Mach: »On the Part played by Accident in Invention and Discovery«, in: *The Monist*, 6/2 (1896), 161–175.

47 Vgl. K. Bayertz: »Wissenschaftsentwicklung als Evolution?«, 63, der Mach als »Vorläufer jener biologistischen Deutung des menschlichen Erkennens, die gegenwärtig als evolutionäre Erkenntnistheorie kursiert«, bezeichnet.

Guido Adler (1855–1941)

Musik und Musikwissenschaft (1898)

Musik und Musikwissenschaft
Von
Guido Adler.
Akademische Antrittsrede, gehalten am 26. Oktober 1898
an der Universität Wien.

Die Hauptaufgabe der Musikwissenschaft ist die Erforschung des Werdeganges und die Erkenntnis der Wesensbeschaffenheit der Kunst, speziell der Kunst der Töne. Diese Arbeit kann auf mehrfache Weise, in mannigfach abweichender Art verrichtet werden. Mit den Generationen wechseln die Methoden der Arbeit. Auf den verschiedenen Stufen, die zum Tempel der Erkenntnis führen, bieten sich dem Forscher abwechselnde Aussichten. Je höher man steigt, desto freier wird der Blick und desto grösser das Verlangen, noch weiter schauen zu können. So ist es wie in jeder Wissenschaft, auch in der Musikwissenschaft. Mein Fach hat des weiteren die Eigentümlichkeit (wohl in Analogie mit der Kunstwissenschaft im allgemeinen), dass es Hand in Hand mit der lebenden Kunst nach neuen Mitteln sucht, mit denen diese bereichert und fortgeführt werden kann. Um mich des obigen Gleichnisses noch einmal zu bedienen: die Stufen, die zum Hause der Kunst führen, werden gemeinsam von Künstler und Forscher ausgemeisselt, die Bausteine zum Kunstbau gemeinschaftlich herbeigeschafft. Wie beide im letzten Grunde das Gleiche anstreben, so ist auch der Zeitpunkt ihrer Entstehung ein gleicher. So lange der Naturgesang frei aus der Kehle dringt, so lange die primitiven Werkzeuge zur Hervorbringung von Klang und Geräusch nicht gemessen werden, kann ebensowenig wie von einer eigentlichen Tonkunst, so auch nicht von einer – wie man früher sagte – Tonwissenschaft die Rede sein. Erst wenn der Schaffende in bewusster Reflexion sein Werk ausarbeitet, erst wenn die dem Naturmaterial entnommenen Klänge und Töne relativ und absolut gemessen werden, qualitativ und temporär, der Höhe und der Zeit nach, erst dann entsteht mit der Kunst der Töne die Wissenschaft der Musik. Es gesellen sich bald andere Aufgaben hinzu. Der Kanonik bei den Griechen, d. i. der Messung der

Töne am Kanon, am einsaitigen Messinstrumente, mit all den Rationen der Längenverhältnisse und in weiterer Folge auch der Schwingungszahlen, dieser Kanonik parallel gingen bei den Griechen die Untersuchungen über Rhythmik und über den ästhetischen Charakter der Tonleitern und Kompositionen. Da bei den Griechen das Ethos mit der Aisthesis verquickt wurde, so identifizierten sich die Untersuchungen über den ästhetischen Charakter der einzelnen Tonleitern mit den ethischen über die Verwendbarkeit der Skalen und Melodieen bei den verschiedenen Gattungen der Musik, bei der Erziehung der Jugend, der Zulässigkeit und Eignung zur Bildung des Volkes. So entwickelte sich allmählich ein System der Musik, wie es nach antiker Auffassung am vollständigsten von Aristides Quintilianus (im 1. bis 2. Jahrh. n.Chr.) mit all den verschiedenen Zweigen der griechischen Musik seit ihrem Erstehen, während der Blütezeit und bis zu ihrem Verfalle schematisch zusammengestellt wurde.

Während bei den Griechen die Musik nur als ein Teil der musischen Künste angesehen wurde, als eine Unterabteilung der in Dicht-, Ton- und Tanzkunst vereinten Gesamtkunst, gewann sie in der Folge immer mehr selbständige Bedeutung. Die *musices scientia* wurde im Mittelalter unter die sieben *artes liberales* eingereiht, speziell in das Quadrivium (das Vierfach), welches neben Musik noch Arithmetik, Geometrie und Astronomie umfasste – also das eigentlich mathematische Gebiet – in Gegenüberstellung zu dem Trivium (Dreifach), in welchem Grammatik, Rhetorik und Dialektik vereinigt waren. Aber die Musik wurde immer selbständiger und umfassender. Der Antrieb ward gegeben durch die Naturanlage der Völker, die in den Vordergrund der Weltgeschichte traten: die nordischen Völker Europa's hatten eine besondere Eignung und ein besonderes Verlangen nach mehrstimmiger Musik. Die Ausführungsarten dieser primitiven oder primären Mehrstimmigkeit wurden von den spekulativen, theoretischen Köpfen geregelt, in neue Bahnen gebracht, unter das Joch schwerer Arbeit gesteckt. Da sehen wir den merkwürdigen Prozess, wie eines der grossartigsten Produkte menschlichen Geistes, unsere Polyphonie, in gemeinsamen Mühen und Studien von Künstlern und reinen Verstandesarbeitern, eigentlichen Wissenschaftern, nach Jahrhunderte langem Ringen erworben und ausgebildet wird. In den ersten Zeiten, aus denen uns Beispiele mehrstimmiger Musik erhalten sind, macht es den Eindruck, als ob der Verstand einzig die Geburtsstätte der Mehrstimmigkeit gewesen sei. Indessen ist dies nur Schein. Die Triebkräfte kamen von den originären Ergüssen freier Phantasie und die Theorie war bemüht, Regeln aufzustellen, die in stetem Austausch waren mit der sich vervollkommnenden Kunst.

Nicht nur diese Arbeit wurde von Künstlern und Wissenschaftern gemeinsam verrichtet, sondern das ganze Tonmaterial wurde gemeinschaftlich gesichtet und nach den wechselnden Anforderungen untersucht und festgestellt. Ein Beispiel diene für viele: eine Reihe von Instrumental-Komponisten im 17. Jahrhundert (auch schon im ausgehenden 16. Jahrhundert) war bemüht, irgend eine Ausgleichung in der sogenannten Temperatur der Töne, besonders auf Tasteninstrumenten zu erreichen, d.h. eine Ausgleichung zwischen den Quint- und Terztönen herbeizuführen, wie sie in dunkler Ahnung schon einigen Musikern der vorangegangenen Jahrhunderte vorgeschwebt hatte. Theoretisch erkannten und bestimmten Werckmeister und Neidhardt am Ende des 17. Jahrhunderts die gleichschwebende Temperatur, in der alle 12 Töne der Oktave gleich weit von einander abgestimmt sind, also eine gleichmässige Vermittlung zwischen Quint- und Terztönen erzielt wird. Aber erst J. S. Bach hat 1722 durch sein »Woltemperirtes Clavier« die endgiltige Entscheidung gebracht. Dieses Werk, welches von Robert Schumann das tägliche Brot der Pianisten genannt wird, das, ich möchte sagen, das tägliche Brot jedes Musikers sein sollte, hat für absehbare Zeiten das von den Theoretikern in Gemeinschaft mit den Künstlern Vorbereitete zum Abschluss gebracht. So sehen wir das Wechselverhältnis zwischen Künstlern und Gelehrten in stetigem Austausch und Verkehr. Bei einzelnen Männern findet sich künstlerische und wissenschaftliche Thätigkeit gepaart. Im Mittelalter sind solche Fälle besonders häufig. Aus der späteren Zeit sei ein Name herausgegriffen: J. P. Rameau, der ausgezeichnete Komponist und Begründer unseres Harmoniesystemes.

Ich möchte nun die Frage aufwerfen: wie soll sich die moderne Wissenschaft zur modernen Kunst verhalten? Das höchste Ziel, das ich in der Kunstwissenschaft verfolge, ist: durch die Erkenntnis der Kunst für die Kunst zu wirken. Dass Künstler und Gelehrte nur ein und denselben Weihedienst haben, dass der Künstler im Schaffen des Schönen und der Kunstgelehrte durch die Erkenntnis des Wahren nur Einem Herrn dienen, dürfte nach dem Gesagten keinem Zweifel unterliegen, wenigstens nicht im Reich der Töne. Zur Beantwortung der aufgestellten Frage dürften wir am leichtesten kommen, wenn wir zweierlei ins Auge fassen: erstens, wie lernen wir Kunstwerke verstehen, wie kommen wir nebst dem Kunstgenusse zum Kunstverständnis, nebst dem Kunstschauen (in unserem Falle besser gesagt: Kunsthören) zum Erfassen des Kunstwerkes? Zweitens, welche Mittel bietet unsere Wissenschaft, um das Gefühlsverständnis zu läutern und zu stärken, zu wirklichem Kunsturteil zu gelangen?

Es ist zweierlei, ein Kunstwerk geniessen und ein Kunstwerk verstehen. Der ein Kunstwerk Geniessende kann sich damit begnügen, den sinnlichen Eindruck auf sich wirken zu lassen. Es ist wohl nicht übertrieben, wenn ich behaupte, dass der grössere Teil der Hörer und leider auch der Spieler und Sänger sich damit begnügt, die Tonfolgen und Harmonien stückweise aufzunehmen, ohne das Gesamtwerk nach dessen Geist zu erfassen. Unser musikalischer Unterricht beschränkt sich zumeist nur darauf, in das Materielle der Tonkunst einzuführen, bleibt also gerade dort stehen, wo die Muse zu walten anfängt. Dieser Mangel vermag nur gehoben zu werden entweder durch hohe geniale Beanlagung, aber auch durch diese zumeist nur teilweise, nur in beschränktem Umfang, oder durch eine umfassende akademische Bildung. An den Hochschulen kann man durch den Einblick in den historischen Werdeprozess der Tonkunst einerseits, durch kritische Übungen andererseits die Musik besser und tiefer verstehen lernen. Hier, wo man frei ist von jeder Rücksicht auf manuelle Fertigkeit, kann das Augenmerk einzig und allein und in erhöhtem Masse mit Benutzung aller Hilfsmittel moderner Bildung darauf gerichtet werden, das Kunstwissen zu erwerben. Denn wie es kein Kunstschaffen giebt ohne Kunstwissen, so ist auch nicht ein Kunstverstehen möglich ohne Kunstwissen. Wie jeder Künstler nur auf Grund der Erfahrungen, die er durch Schulung und eigene Beobachtung erworben hat, seiner Phantasie die neuen Gebilde abringt, denen sein Geist das Leben einhaucht, so kann der Appercipierende, der Geniessende nur durch Schulung und Übung in der Beobachtung das Kunstwerk in richtiger Weise erfassen, erschauen, erleben. So wie der aktive Künstler durch Vergleiche lernt, so auch der passive Hörer. Nur ist die Aneignung bei dem Ersteren eine unverhältnismässig raschere, wenn anders er wirklich begabt ist, eine geradezu phänomenal rasche. Davon kenne ich einige erstaunliche Beispiele aus meiner Erfahrung. Aber auch dem ernsten Künstler und besonders dem Kunstjünger wird eine Schulung und Bildung, wie wir sie auf der Universität zu geben beabsichtigen, nicht unwillkommen sein, da sie eine wohlthuende Ergänzung und Bereicherung seiner Studien bilden dürfte. Zum Beleg zwei Fälle:

In einer Metropole der Musik studierten an der hohen Schule der Tonkunst zwei sehr begabte junge Leute, die später zu Rang und Ansehen gelangten. Der eine dirigierte mit Erfolg die »Eroica«. Nach der Aufführung besprach der illustre Maestro di Capella im Kreise kunstsinniger Männer die Eigenart dieses Werkes. Über das Finale mit seinen Variationen sagte er manch schönes Wort. Als er aufmerksam gemacht wurde, dass das erste Thema zugleich den Bass bilde für das zweite, das Gesangsthema, schaute der gewandte Kapellmeister erstaunt drein und wusste nichts von der gleichen Einführung des Bassthemas mit und ohne Oberstimme in den Klaviervariationen opus 35 von Beethoven. Der zweite noch berühmtere Kapellmeister und zugleich ein tüchtiger Komponist sprach über den Schlusssatz der »Neunten« und über die gänzlich freie Form desselben – er hatte nur übersehen, dass der letzte Satz der Neunten aus Variationen höherer Ordnung besteht.

Nun könnte vielleicht der Einwand erhoben werden, wozu man dies zu wissen brauche, man könne auch ohne diese Kenntnis ein gewandter Komponist der Moderne, geschweige ein sehr geschickter Kapellmeister sein. Das Wissen dieser zwei Daten allein wird die Eignung der betreffenden Musiker allerdings nicht erhöhen; allein diese Unkenntnis ist ein Anzeichen für eine Reihe von Lücken im Wissen und Erkennen, ein Mangel in der Beobachtung von Kunstwerken – Lücken, deren Ausfüllung die Berufstüchtigkeit der Beiden unbedingt steigern, die Kraft ihrer Arbeit stählen würde. Nun kommt aber eine ganze, unübersehbare Menge von Beobachtungen und Erfahrungen historischer und systematischer Art, von denen wenigstens je ein Bruchteil dem einen oder anderen taugen würde. Ich habe mich vielleicht schon zu viel darauf eingelassen, die praktische Seite der Studien in meinem Fache hervorzuheben. Nichtsdestoweniger bin ich mir voll bewusst, dass es Pflicht und Aufgabe jeder Wissenschaft ist, nach Wahrheit, richtiger Erkenntnis und Feststellung der Thatsachen und Vervollkommnung zu ringen auch ohne jede Nebenabsicht, da jede Wissenschaft für sich Selbstzweck ist.

Je genauer wir das Gebiet der Musikwissenschaft untersuchen, die von ihr herangezogenen Hilfsmittel betrachten, desto mehr überzeugen wir uns von dem Konnex mit der lebendig fortschreitenden Kunst. Wir werden gewahr, wie in den verschiedenen Stadien der Kunstwissenschaft gerade die von ihr zeitweilig mit erhöhtem Eifer bearbeiteten Gebiete fruchtbringend sind auch für den Fortschritt der Kunst. Ich muss es mir versagen, das ganze System der Musikwissenschaft auseinanderzusetzen und zu begründen, und kann es um so leichter ausser acht lassen, da ich diejenigen, die sich damit beschäftigen wollen, auf die Einleitung zur »Vierteljahrsschrift für Musikwissenschaft«, deren erster Jahrgang 1885 erschienen ist, verweisen kann. Nur das eine muss im Fortgang dieser Auseinandersetzungen hervorgehoben werden: sowohl in ihrem historischen, wie in ihrem systematischen Teile, sowohl nach ihrer philosophischen, als ihrer philologischen und der physikalisch-mathematischen Seite ist die Musikwissenschaft nicht nur abhängig von den Bedingungen ihres eigenen genetischen Ganges, sondern richtet sich, einer inneren Notwendigkeit freiwillig folgend, nach den Anforderungen der jeweiligen Kunst ihrer Zeit. Die Geschichte der Musikwissenschaft zeigt uns, dass Jahrhunderte lang die mathematisch-physikalische Arbeit im Vordergrund stand. Dieser gesellten sich die theoretischen Untersuchungen über Harmonik, Rhythmik und Melik, die bis in die neuere Zeit stets mit Rücksicht auf die praktische Verwertung in pädagogisch-didaktischer Beziehung gepflegt werden. Ich kann nicht umhin, dabei des wenig erfreulichen Umstandes Erwähnung zu thun, dass die Theoretiker das von den letzten grossen Romantikern erworbene Kunstmaterial bisher in keiner der drei bezeichneten Richtungen methodisch vollständig verarbeitet haben. In der strengen Lehre der Schule weiss man heute noch nichts von Richard Wagner. Desto unwiderstehlicher ist die Anziehung und desto gefährlicher die Vehemenz, mit der sich die aus der klassischen Zucht entlassenen Kunstjünger den Hypermodernen in die Arme werfen.

Heute werden die historischen und philosophischen Untersuchungen mit besonderem Eifer betrieben. Und dies wohl wieder aus inneren und äusseren Gründen. Unsere ganze musikalische Entwicklung verlangt nach einer Rückschau. Während noch vor sechzig Jahren auf den Werken eines J. S. Bach der

Schleier der Vergessenheit lag, setzen wir heute von jedem gebildeten Musiker die Kenntnis wenigstens der Hauptwerke dieses Künstlers voraus. Der mit der Geschichte näher Vertraute weiss sehr gut, dass z. B. das Studium der Werke der A-Kapellisten des 16. Jahrhunderts eine erwünschte Läuterung und Bereicherung der Kenntnisse moderner Komponisten bilden könnte und dass so mancher schon daraus Vorteile gezogen hat. Nun müsste das Bild der ganzen Musikgeschichte aufgerollt werden, um überall, auf jedem Blatte der Geschichte die Stelle zu bezeichnen, welche in dieser Weise bildend und fördernd sein könnte.

Eine der wichtigsten Aufgaben der modernen Musikwissenschaft besteht darin, die Denkmäler der vergangenen Zeiten allgemein zugänglich zu machen. Diese kunsthistorische Arbeit vereinigt sich mit der philologischen. Der Forscher geht dann Hand in Hand mit dem Künstler, dem die Aufgabe zufällt, dem vorerst zur Befriedigung antiquarischen Interesses veröffentlichten Werke Leben einzuhauchen durch die Aufführung, die zugleich stil- und wirkungsvoll sein soll. Erst durch die Gegenüberstellung der Kunstwerke, durch die in ihrer zeitlichen Folge übersehbare und in ihrem organischen Entwicklungsgange erfassbare Reihe der Denkmäler erschliesst sich uns die Logik der Thatsachen. Wir lernen die Bedingungen des Fortschrittes in der Kunst kennen, die Ursachen ihres zeitlichen oder zeitweisen Verfalles, die Möglichkeiten ihrer Erhebung zu neuem Gedeihen, die Stilgesetze der verschiedenen Epochen, die Arten ihrer Kunstausübung. Mit Staunen und Bewunderung sehen wir die vielen kleineren Arbeiter im Reiche der Kunst, welche Versuche aller Art anstellen, Versuche, die nicht die Eignung besitzen zu dauernder Vitalität, oder wieder andere Versuche, die fast schon das Richtige erreichen, die sogar als Resultierende vieler vorangegangener Schöpfungen angesehen werden könnten, jedoch in der Folge von dem kommenden grossen Manne in anderer Weise erfasst, zu höherem Gelingen oder gar zu endlicher Vollendung gebracht werden. In der Beurteilung und Wertschätzung solcher Männer der Kleinarbeit, der Vorbereitung und Überleitung unterscheiden sich zumeist die Künstler von den Gelehrten. Den Künstlern taugt nur das Vollendetste je einer Stilperiode, je einer Kunstepoche der Vergangenheit; der Wissenschafter darf nicht ermüden bei der Erforschung all der vorbereitenden und verbindenden Glieder der Kunstentwicklung. Der denkende Künstler könnte aus der genauen Beobachtung dieser Umbildungen viel für seine Arbeit lernen. So verschieden die Bedingungen der einzelnen Kunstrichtungen sein mögen, so bieten sie doch in ihrem Werdegange viele Analogieen. Und so sehr jeder Künstler, jeder wahre, echte Künstler aus dem Vollen schaffen muss, um etwas Ganzes zu bieten, so tragen doch die Erfahrungen und Beobachtungen, die auf dem bezeichneten Wege gesammelt werden, zu der Ermöglichung der Erfüllung der Mission eines Künstlers bei. Gerade das 19. Jahrhundert bietet uns eine Reihe interessanter Beispiele, wie einzelne Komponisten – allerdings als glänzende Ausnahmen in der grossen Menge der schaffenden Künstler – Vorteile aller Art aus dieser historischen Erkenntnis gewonnen haben.

Was hier von dem Künstler gesagt wurde, das kann ohne weiteres auch auf den Kunstgeniessenden übertragen werden. Ein Kunstwerk wird um so leichter appercipiert, in seiner Eigentümlichkeit erfasst, je geübter die Beobachtung, je geschärfter der Weitblick ist. Dies gilt nicht nur in formaler Beziehung, sondern auch bezüglich des Ausdruckes, der im Kunstwerke liegt. Natürlich nicht in der Weise, dass man durch derartige Vorbildung desto weicher gestimmt wird, dass die Thränen leichter, rascher fliessen – nein, sondern im Sinne, wie Beethoven die Wirkung eines Kunstwerkes verlangte, wie es Feuer aus dem Geiste schlagen soll. Der grössere Teil der modernen Hörer bleibt in seinen Gesinnungen und Anforderungen bei der Kunst seiner Zeit, geht mit ihr. Die Gefahr ist nicht gross, dass der Einzelne, der historisch geschult ist, in irgend einer Epoche der Vergangenheit mit seinen Sympathien stecken bleibe und in dieser seiner Voreingenommenheit intolerant werde gegenüber der Produktion seiner Zeitgenossen oder anderer Epochen. Diese Folge möge sich in einzelnen wenigen Fällen einstellen. Ein Beispiel dieser Art zeigt sich bei der modernen Kunstsekte der »Caecilianer«, die in der Kunst des 16. Jahrhunderts stecken bleiben und Kunstwerke unserer Zeit nur anerkennen, wenn sie in dieser Manier geschrieben, vielmehr nachgebildet sind. Die Nachteile dieser Folgeerscheinung treten zurück hinter der Indolenz der Ungebildeten oder den Vorurteilen der Halbgebildeten, welche moderne Kunstwerke überhaupt nicht achten oder bei der in den ersten Zeiten ihrer Erziehung gerade herrschenden Kunstrichtung mit zäher Exklusivität stehen bleiben. Diesen letzteren hätte sicherlich eine ernste Kunstbildung auf die Beine geholfen, so dass sie imstande wären mitzulaufen.

Die Erforschung der Geschichte der Tonkunst steht im innigsten Zusammenhänge mit den historischen Arbeiten über andere Künste, besonders der Dichtkunst. Mit dieser stand die Musik seit ihrer Entstehung in vitalen Beziehungen. Zu keiner Zeit haben die beiden den Kontakt verloren oder aufgegeben. Ab und zu war er gelockert. Die Musik reiht sich so in das Gesamtgebiet geistiger Produktionen und zeigt sich wie diese alle abhängig von socialen, ökonomischen, politischen Bedingungen aller Art. So wie das eigentliche Fachgebiet unserer musikhistorischen Forschung mit grösserem Erfolge bearbeitet sein wird, erschliesst sich für zukünftige Generationen die neue Aufgabe, alle diese Verbindungsfäden aufzuwickeln. Was bisher in dieser Richtung, die man gewöhnlich als Kulturgeschichte bezeichnet, geleistet worden ist, kann nicht als vollgiltig angesehen werden. Da wir Musikhistoriker den Vertretern dieser neu erstehenden kulturhistorischen Schule nicht viel und nicht durchaus Verlässliches bieten konnten, wäre es unbillig, wenn wir von ihnen mehr erwarteten und verlangten. Ich glaube übrigens, dass die meisten anderen Separatgebiete historischer Arbeit in einer ähnlichen Lage sind – vielleicht mit Ausnahme der Geschichte der Dynastieen und der Kriege.

Die Musikhistoriker werden sich in Zukunft auch mit mannigfach anderen Betrachtungsweisen zu beschäftigen haben, wie sie sich für die geschichtliche Auffassung im allgemeinen einleben oder eindrängen. Dieses Arbeitsgebiet ist heute nicht zu überschauen. Ich möchte da nur an eine Erscheinung der neueren Zeit erinnern: an den Versuch, die Evolutionstheorie von Herbert Spencer nicht nur generell, wie es Spencer selbst gethan hat, auf die Geschichte der Tonkunst zu übertragen, sondern auch in die einzelnen Epochen und auf die einzelnen Gattungen der Musik zu überführen.

Dies leitet uns zu einer anderen Aufgabe der modernen Musikwissenschaft über: neben historischen auch philosophische Studien zu pflegen. Unsere Wissenschaft hat erkannt, dass die Schulung in der Kritik historischer Werke nicht dazu berufen ist, sich einzig an die Stelle des ästhetischen Urteiles zu setzen. Ich denke mir beide vielmehr vereint, so innig verbunden, dass eine Scheidung nicht zu vollziehen ist. Eine Reihe ausgezeichneter Musiker unseres Jahrhunderts hat diese Aufgabe übernommen. Man kann diese literarische Vermittlung der zumeist dem Kreise der Romantiker angehörenden Tondichter den spekulativ philosophischen Erörterungen der eigentlichen Fachmänner dieser Wissenschaft zu mindest zur Seite setzen, wenn nicht über dieselben stellen. Manche philosophischen Erörterungen der grossen Musiker haben neue Bahnen gewiesen. Andererseits verdanken die Künstler mancherlei Förderung den Philosophen, besonders durch Klärung und Festigung bei der schriftstellerischen Behandlung ihrer Prinzipien. Zudem wäre eines Umstandes zu erwähnen, der mir von Bedeutung scheint: die moderne, zumal die modernste Produktion ist vielfach angeregt und beeinflusst von philosophischen, metaphysischen Problemen. Es geschehen da mancherlei Übergriffe seitens der Tondichter auf das Gebiet der Philosophie und der philosophischen Dichtung, die leicht in eine gefährliche Verquickung heterogener Momente ausarten. Immerhin muss anerkannt werden, dass dieser Zug eine gewisse Berechtigung hat: er ist das moderne Gegenstück zu der althergebrachten Verbindung von Musik und Religion, Tonkunst und Liturgie; der religiösen Musik paart sich hier die philosophische Tondichtung, in welche philosophische Gedanken nach ihrer Gemütsseite, ihrem Gefühlsgehalte eindringen. Diese Richtung wird in Zukunft nicht mit einem mitleidsvollen Belächeln oder durch satyrische Verhöhnung abgethan werden können. Es scheinen hier neue unerwartete Aufgaben für die künstlerische Erfüllung und die kritische Behandlung zu erstehen.

Der philosophische Teil der Musikwissenschaft selbst ist momentan im Bannkreis der psychologischen, der psychophysiologischen Studien. Die Untersuchungen über Konsonanz und Dissonanz, über Rhythmus und Arhythmie sind aus den Händen der Musiktheoretiker in die der Psychologen und der

Physiologen übergegangen. Die einschlägigen Fragen dürften nur im engsten Anschluss an die historischen Ergebnisse über Einführung und Umwandlung der Konsonanzen und Rhythmen in Kunst und Musiktheorie gelöst werden. Wir kommen also wieder beim Musiker an, der auch in diesem Falle neben dem Musikhistoriker steht. Die Musiker haben die ersten Zweifel ausgesprochen über die Helmholtz'sche Lehre von den Konsonanzen und Dissonanzen. Diese kann als rein akustische und gehörphysiologische Erörterung immerhin ihre Geltung haben und dürfte sie behalten. Musiker und Musikhistoriker können jedoch nur eine von welcher Seite immer zu gebende Erklärung anerkennen, die in Übereinstimmung ist mit den historischen Thatsachen und den ästhetischen Anschauungen. Die Musikpsychologie, deren Führer Carl Stumpf ist, scheint jetzt auf der richtigen Fährte zu sein. Man würde fehlgehen, wenn man diesen Untersuchungen, sowie anderen, die neuester Zeit in experimentell-psychologischen Kabinetten oder physiologischen Instituten angestellt wurden, eine gleiche Bedeutung für den Musiker oder Musikgelehrten zuerkennen würde, wie den kunstphilosophischen Erörterungen der Musiker, die bereits charakterisiert wurden. Die ersteren dienen, soweit sie bis jetzt vorliegen, rein wissenschaftlichem Selbstzweck und kommen jedenfalls der allgemeinen Psychologie mehr zu statten als der Kunstphilosophie. Vollste Anerkennung ob des daran gewendeten Fleisses kann ihnen nicht vorenthalten werden.

Wertvoller für Kunst und Künstler sind die psychologischen Beobachtungen, die auf dem Gebiete der Biographistik angestellt werden. Der Zusammenhang des Künstlers mit seinem Werke ist für die Kunstwissenschaft von gleichem Interesse, wie die Zusammenstellung von Eltern und Kind für die Naturwissenschaft. Hier eröffnet sich der Denkkraft und der Phantasie des Forschers ein reiches, ergiebiges Feld seiner Thätigkeit. Nichts ist für den Kunstjünger anregender als ein Einblick in Charakter, Gemüt, Arbeitsart, in die Werkstätte grosser Künstler der Vergangenheit und Gegenwart. Der Kunstfreund ergötzt sich an all den Einzelzügen ernster und komischer Art. Hier hat der Aberfleiss der Sammler – ich gebrauche dieses Wort als Parallelbildung zum Wort: Aberglauben – manch überflüssiges Blatt aufgehoben. Die Versuchung, im Äusserlichen, Unwichtigen, Nebensächlichen stecken zu bleiben, ist hier grösser als sonst. Hier setzt sich der Dilettantismus am breitesten an und verführt selbst manchen ernsteren Forscher zu übertriebener, überflüssiger Thätigkeit. Das Belangreichste ist hier die Verfolgung des Werdeprozesses des Kunstwerkes, wie er sich aus den Skizzen, Umarbeitungen, Bemerkungen des Künstlers im Zusammenhang mit seinem Entwicklungsgange, den äusseren und inneren Bedingungen seiner Arbeit ergiebt. Dies ist das subjektive Gegenstück zu dem objektiven Bilde, welches über dem genetischen Gang der betreffenden Kunstgattung und der damit zusammenhängenden Kunstpraxis aufgedeckt werden muss. Die richtige Gegenüberstellung der beiden, die geschickte Einrichtung einer passenden Beleuchtung darf man billigerweise von jedem Musikhistoriker erwarten.

So sehen wir, wie dem Musikforscher neben der streng wissenschaftlichen Arbeit die Aufgabe erwächst, für die Deckung mannigfacher Bedürfnisse des Künstlers und Kunstfreundes Sorge zu tragen. Die Verwendung der angeführten Mittel und die Befolgung der aufgesteckten Wegweiser dürften zu dem Ziele führen, welches das Objekt unserer Erörterungen ist. Im einzelnen wäre natürlich noch mancherlei, noch vieles klarzustellen. Als Gesamtresultierende zeigt sich eine Doppelaufgabe, die ein Vertreter der Musikwissenschaft auf der Universität zu erfüllen hat: vorerst die wissenschaftliche Ausbildung derjenigen, die sich diesem Fache widmen und dann die Bildung, Förderung und Anregung von Künstlern, Kunstjüngern und Kunstfreunden. Urteil und Verständnis sollen gehoben und geläutert werden durch das Beispiel der Geschichte, durch theoretische Analyse und ästhetische Untersuchung. Klärung und Aneiferung, nicht Entmutigung sollen die wohlthätigen Wirkungen auf die Künstler sein. Hier sollen auch diejenigen herangebildet werden, die erkoren sind zwischen Produzenten und Konsumenten, zwischen Künstler und Publikum die schriftstellerische Vermittlung zu übernehmen und zwar sowohl diejenigen Künstler, die für ihre eigenen Werke dieses Amt übernehmen, als auch die Schriftsteller und Kritiker von Beruf, die sich in den Dienst der Kunst und Künstler stellen. Die Künstler dürften zumeist nur imstande sein, für ihre eigene Kunst das Mittleramt zu verrichten, wie wir dies bei einzelnen hervorragenden Vertretern der Romantik beobachten und rühmend anerkennen konnten. Je grösser der Künstler, je stärker seine Eigenart, desto schwerer wird es ihm, sich in die Individualität zeitgenössischer Künstler einzuleben und ihnen volle Objektivität zu teil werden zu lassen. Der Künstler lebt für sich und seine Kunst. Zudem finden sich wahre künstlerische Produktivität und wirkliche kritische Begabung nur in den seltensten Ausnahmefällen vereint.

Vorträge und Übungen, letztere in Gemeinschaft mit den Studierenden, sind gleicherweise geeignet, dem Lehrzweck zu dienen. Bei den Übungen ist es nötig, über einen geeigneten Lehrapparat zu verfügen, wie er in den wissenschaftlichen Seminarien gefordert wird. Jeder Besucher der Kollegien soll bald im klaren sein, welcher Art dasselbe ist, ob allgemein oder speziell, vielmehr spezifisch wissenschaftlich. Nach meinen Prager Erfahrungen ist im Auditorium nicht selten aus einem Saulus ein Paulus geworden. Mancher, der anfänglich sich nur für das Allgemeine und auch da nur mit einiger Zurückhaltung interessierte, vertiefte sich in der Folge in das Spezielle. Ohne je darauf auszugehen, für mein Fach Proselyten zu machen bei Studierenden anderer Wissenschaften, zog es so manchen aus seinem Gebiet fort, nicht etwa nur aus der philosophischen Fakultät, sondern auch aus der theologischen, medizinischen und juristischen. Aus der letzteren rekrutierte sich überhaupt die grössere Zahl der Hörer meines

Faches. Wie viele Juristen gingen allein seit dem vorigen Jahrhundert zur Musik über! Aus Neigung und Sympathie für den Hörerkreis lernte ich dem herben Ernst rein wissenschaftlicher Strenge die leichtere Art mehr geselliger Mitteilung beizumischen und anzureihen. Dabei kommt die Vorführung praktischer Beispiele zu statten: die Illustrationen beleben den Vortrag – gewisse Übungen werden überhaupt ganz vom Instrumente aus vorgenommen. Man hüte sich, zu wähnen, dass es möglich sei, durch die Einfügung von Beispielen, man gebe sie in welcher Zahl und Ausdehnung immer, geschlossene Folgen der Entwicklung zu illustrieren. Nicht einmal die Haupttypen der Geschichte können im Rahmen eines Kollegiums gegeben werden. Abgesehen davon, dass die Mittel der Ausführung nur einen Schattenriss der wirklichen Aufführung der alten Zeiten ermöglichen – nicht einmal bei Klavierstücken ist die Reproduktion ganz stilgemäss – so müssen gerade manche Beispiele, die notwendig und geboten wären, ganz weggelassen werden, weil sonst eine ganz schiefe und falsche Auffassung die Folge wäre. Immerhin ermöglichen die überhaupt zulässigen Beispiele die Belebung der Redevorträge. Was das Skioptikon für die Kollegien über bildende Kunst, ist das Klavier in entfernterer Analogie für die Vorträge über Musik. Es erleichtert den Austausch, besonders in den Übungen über moderne Musik. Und mit dieser möchte ich den Zusammenhang nie und nimmer verlieren.

Wenngleich die akademische Lehrkanzel als der feste Pol zu betrachten ist, der die Zeitbewegungen nicht mitzumachen hat, an welchen die jeweiligen Parteiströmungen nicht herankommen sollen, so ist doch der Lehrer nicht unabhängig von individuellen Anlagen und Neigungen. Vom grossen historischen Standpunkte, sub specie aeternitatis, aus betrachtet, haben die Heroen der Vergangenheit eine andere Stellung gegenüber der modernen Literatur, als wenn man diese letztere als Zeitgenosse mit erlebt, mitgeniesst und in der grösseren Öffentlichkeit bespricht. Als Kind der Zeit hat man das Recht, und ich sage, obzwar ich Historiker bin, auch die Pflicht, den Werken der mitlebenden Künstler mit Liebe und Achtung zu begegnen, sie nicht durch unpassende Vergleiche mit den Werken der Vergangenheit zu erdrücken. Den Satz Voltaire's »*On doit des égards aux rirants, on ne doit aux morts que la rerité*«, der meine Ansicht bestätigt, möchte ich nicht einzig als Ausfluss blosser Höflichkeit angesehen wissen. Nein, auch gegenüber den Lebenden soll man nebst Billigkeit sowohl Gerechtigkeit als Wahrheit walten lassen, und die grosse Gefahr, die so oft eintritt, vermeiden, aus zu grossen Rücksichten für den einen zur Rücksichtslosigkeit gegen die anderen sich bestimmen zu lassen.

Nicht mitzuhassen, sondern mitzulieben, mitzuraten, mitzuhelfen ist die Pflicht des Wissenschafters der Musik. Kunst und Kunstwissenschaft haben nicht getrennte Gebiete, deren Scheidelinie scharf gezogen wäre, sondern nur die Art ihrer Bearbeitung ist verschieden und wechselt nach den Zeitläuften. Je enger der Kontakt der Wissenschaft mit der fortschreitenden Kunst und den lebenden

Künstlern, desto näher kommt sie ihrem Ziele: *durch die Erkenntnis der Kunst für die Kunst zu wirken.*

Kommentar von Wolfgang Fuhrmann

Theophil Antonicek zum Gedenken

Eine Wissenschaft von der Musik

Die Antrittsvorlesung, die der 43jährige Guido Adler (1855–1941) am 26. Oktober 1898 an der Universität Wien hielt, ist ein Ereignis von großer Symbolkraft für die Geschichte der Musikforschung nicht nur in Wien oder der Habsburgermonarchie, sondern weltweit. Adler war der erste Ordinarius, der für das Fach Musikwissenschaft überhaupt an eine Universität berufen worden ist. Obwohl es eine akademisch verankerte Musikforschung schon vor und neben Adler gegeben hatte, war sie oft genug nebenberuflich oder ehrenamtlich betrieben worden: Johann Nikolaus Forkel (1749–1818), der die erste anspruchsvolle deutschsprachige Musikgeschichte geschrieben hat,[1] war Universitätsmusikdirektor in Göttingen, Raphael Georg Kiesewetter (1773–1850) und August Wilhelm Ambros (1816–1876), die beiden bedeutenden österreichischen Musikhistoriker des 19. Jahrhunderts, waren k. u. k. Beamte; Ambros brachte es jedoch auch zum außerordentlichen Professor der Musik an der Universität Prag und hatte in seinen letzten Lebensjahren eine Professur am Wiener Konservatorium. Von den beiden Forschern, mit denen Adler von 1885 bis 1894 die *Vierteljahrsschrift für Musikwissenschaft* herausgegeben hatte, war Friedrich Chrysander (1826–1901) Privatgelehrter, der die von ihm herausgegebene Händel-Gesamtausgabe unter beträchtlichen finanziellen Opfern finanziert hatte; Philipp Spitta (1841–1894), Verfasser einer bis heute maßgeblichen Bach-Biographie, war Sekretär der Königlichen Akademie in Berlin und bekleidete an der dortigen Universität eine außerordentliche Professur, ebenso wie der in Leipzig tätige Musiktheoretiker und -historiker Hugo Riemann (1849–1919), der es an der Universität Leipzig zum zwar ordentlichen, aber nicht dekanatsfähigen Professor ohne Lehrstuhl gebracht hat.

1 Johann Nikolaus Forkel: *Allgemeine Geschichte der Musik*, Bd. 1, Graz 1967 [1788]. Forkels Darstellung plagiierte allerdings stark englische Vorläufer, vgl. Oliver Wiener: *Apolls musikalische Reisen. Zum Verhältnis von System, Text und Narration in Johann Nicolaus Forkels ›Allgemeiner Geschichte der Musik‹ (1788–1801)*, Mainz 2009, Kapitel 5, v. a. S. 229–252. – Zu den übrigen hier genannten Namen und Daten siehe die Einträge in Ludwig Finscher (Hg.): *Die Musik in Geschichte und Gegenwart. Allgemeine Enzyklopädie der Musik* [Personenteil], Kassel, Stuttgart 1999–2007.

Lediglich Adlers unmittelbarer Vorgänger Eduard Hanslick (1825–1904), der berühmte Musikkritiker der *Neuen Freien Presse* und Verfasser der noch heute zentralen musikästhetischen Abhandlung *Vom Musikalisch-Schönen*, hatte an der Universität Wien einen Lehrstuhl für Geschichte und Ästhetik der Musik innegehabt. Mit dem Antritt Adlers jedoch wurde dieser Lehrstuhl dezidiert dem damals neuen Fach Musikwissenschaft gewidmet; Adler stellte später nicht ohne tadelnden Unterton fest, Hanslick habe »populäre Vorlesungen über Geschichte der Musik [...] vor einem ausgewählten Publikum der besten Wiener Kreise« gehalten, »ein Vorläufer der *university extension*«, und sich dabei lediglich auf drei Bücher gestützt.[2] Die strenge Verwissenschaftlichung der Auseinandersetzung mit der Musik, die Adler offenbar vorschwebte, sah er in Hanslicks Wirken nicht vorgebildet; er attestierte ihm vielmehr, »in einem Zwischenverhältnis von Wissenschaft und Tageskritik« gestanden zu haben.[3]

Dass Adler das musikwissenschaftliche Ordinariat erhielt, um das sich andere vergeblich bemüht hatten, war das Resultat jahrelanger intensiver Forschungs-, Organisations- und Editionstätigkeit gewesen; an Selbst- wie an Sendungsbewusstsein fehlte es Adler nicht. Programmatisch hatte er, der gerade einmal Dreißigjährige, als ersten Aufsatz in der ersten Ausgabe der *Vierteljahrsschrift* eine Abhandlung mit dem herausfordernden Titel *Umfang, Methode und Ziel der Musikwissenschaft* veröffentlicht. Hier schlug Adler eine Zweiteilung des Fachs in »Historische Musikwissenschaft«, die die Geschichte der – europäischen – Musik zu erforschen habe, und »Systematische Musikwissenschaft« vor, deren Aufgabe die »Aufstellung der in den einzelnen Zweigen der Tonkunst zuhöchst stehenden Gesetze« sei.[4] Die darin enthaltene merkwürdige Kombination aus bildungsbürgerlich-historistischem Denken und einer gewissermaßen szientifischen Überzeugung von Naturgesetzlichkeit ist typisch für Adlers wissenschaftsgeschichtliche Positionierung. Die Brücke wird geschlagen in der Formulierung, die »Hauptaufgabe« sei die »Erforschung der Kunstgesetze verschiedener Zeiten und ihrer organischen Verbindung und Entwicklung«, und

2 Diese Feststellungen traf Adler ausgerechnet anlässlich der Aufstellung einer Büste Hanslicks im Arkadenhof der Wiener Universität (1913), vgl. Guido Adler: »Eduard Hanslick. Rede, gehalten bei der Enthüllung der Büste in der Universität«, in: *Neue Freie Presse* (18.02.1913), 1–4, 1. Adlers leicht abschätzige Würdigung von Hanslicks wissenschaftlichen Leistungen tritt vor allem bei seinem Urteil über Hanslicks *Geschichte des Concertwesens in Wien* (1869) hervor, vgl. ebd., 4. Vgl. Theophil Antonicek: »Hanslick und Adler – ein problematisches Verhältnis«, in: Theophil Antonicek, Gernot Gruber (Hg.): *Musikwissenschaft als Kulturwissenschaft damals und heute*, Tutzing 2005, 61–68 und Gabriele Eder: »Guido Adler und sein Verhältnis zu Eduard Hanslick«, in: Theophil Antonicek, Gernot Gruber u. Christoph Landerer (Hg.): *Eduard Hanslick zum Gedenken. Bericht des Symposions zum Anlass seines 100. Todestages*, Tutzing 2010, 85–101.

3 G. Adler: »Eduard Hanslick. Rede«, 1.

4 Guido Adler: »Umfang, Methode und Ziel der Musikwissenschaft«, in *Vierteljahrsschrift für Musikwissenschaft* 1 (1885), 5–20, siehe die Tabelle auf S. 16f.

dazu müsse sich »der Kunsthistoriker der gleichen Methode bedienen wie der Naturforscher: vorzugsweise der *inductiven* Methode.«[5] (Hinter Adlers Lieblingswendung von der »organischen Entwicklung« dürfte mehr als eine bloße Metapher stehen.)[6] Im selben Aufsatz erläuterte er die Suche nach den »Kunstgesetzen« allerdings auch so, dass es auf ihre »praktische Verwerthung in der musikalischen Pädagogik« ankomme: »Die Wissenschaft wird ihre Aufgabe in vollstem Umfange nur dann erreichen, wenn sie im lebendigen Contact mit der Kunst bleibt.«[7] An dieser Meinung, wie überhaupt an seinen grundsätzlichen Überzeugungen, hielt Adler auch später fest, und deswegen stellte er seine Antrittsvorlesung zu dem Amt, mit dem er seine theoretische Grundlegung wissenschaftlich und wissenschaftsorganisatorisch in die Tat umsetzte, unter den Titel *Musik und Musikwissenschaft.*

Der lange Weg zum Ordinariat

Der Weg zu dieser Antrittsvorlesung war kein einfacher. Als Sohn eines jüdischen Landarztes aus Eibenschitz (Mähren) war Guido Adler in bescheidenen Verhältnissen in Iglau, später in Wien aufgewachsen und hatte sich nach einem halbherzig begonnenen Jurastudium – und der Einsicht, dass er zum Komponisten kein Talent habe – musikhistorischen Fragestellungen zugewandt, während er gleichzeitig im Wiener Akademischen Wagner-Verein Vorträge hielt (zu dessen Mitgliedern zählte auch der fünf Jahre jüngere Gustav Mahler, mit dem Adler eine lebenslange Freundschaft verbinden sollte). Von Hanslick gefördert, verfasste Adler 1880 seine Dissertation, die er unter dem Titel *Die historischen Grundclassen der christlich-abendländischen Musik* publizierte, 1882 habilitierte er sich mit einer *Studie zur Geschichte der Harmonie*, eine Arbeit, die Hanslick in seinem Gutachten für die Habilitationskommission leicht befremdet folgendermaßen charakterisierte:

5 Ebd., 15. Vgl. zu diesem Aspekt auch Othmar Wessely: »Vom wissenschaftlichen Denken Guido Adlers«, in: *Musicologica Austriaca* 6 (1986), 7–14; Barbara Boisits: »Historisch/systematisch/ethnologisch: die (Un-)Ordnung der musikalischen Wissenschaft gestern und heute«, in: Michele Calella, Nikolaus Urbanek (Hg.): *Historische Musikwissenschaft. Grundlagen und Perspektiven*, Stuttgart 2013, 35–55.

6 Vgl. Volker Kalisch: *Entwurf einer Wissenschaft von der Musik: Guido Adler*, Baden-Baden 1988, 98–107; zum Gesetzesbegriff auch ebd., 120–123. In seiner Antrittsvorlesung beruft sich Adler, wenn auch nur beiläufig, auf die Evolutionstheorie Herbert Spencers (126). Allerdings stand Adler der Idee einer »Gesetzeswissenschaft« später weitaus zurückhaltender gegenüber, vgl. Barbara Boisits: »Kulturwissenschaftliche Ansätze in Adlers Begriff von Musikwissenschaft«, in: T. Antonicek, G. Gruber (Hg.): *Musikwissenschaft als Kulturwissenschaft*, 125–139, 136f.

7 G. Adler: »Umfang, Methode und Ziel der Musikwissenschaft«, 15.

> Mehr von archäologischem und musik-philosophischem Interesse, als von aesthetischem oder allgemein geschichtlichem, entzieht sie [die Arbeit] sich der Theilnahme u. dem Verständniß weiterer musikalischer Kreise; der Ernst u. die Sachken[n]tnis womit hier eine bis auf den Namen fast verschollene Spezialität mittelalterlichen Kunstgesanges untersucht wird, entspricht aber desto mehr dem Character einer Habilitationsschrift [...].[8]

Adlers Ehrgeiz zielte ganz offenbar auf eine akademische Laufbahn, und es war auch Hanslick deutlich, dass dieser junge Gelehrte sich mit der Absicht trug, ihn zu beerben.

> Hanslick sagte mir, daß ich ihm wohl nicht Glauben schenken würde, aber sein unwandelbarer Entschluß sei, heuer von der Lehrkanzel sich zurückzuziehen; er habe seine 60 Jahre, 30 Jahre Dienstzeit, [v]olle Pension; die neue Universität passe ihm nicht der Lage nach, noch sonst. Ich möge nur einen Ruf nach Prag annehmen, unter welchen Bedingungen immer, denn dann sei mir die Lehrkanzel in Wien im nächsten Jahre sicher,

gibt Adler ein Gespräch mit Hanslick aus dem Jahr 1884 wieder, als das Angebot eines Prager Extraordinariats erfolgt war, und Adler ging in der Tat nach Prag.[9]

Aber Hanslick zog sich erst 1894, ein Jahrzehnt später, in den Ruhestand zurück und Adler verbrachte an der Prager Universität unsichere und frustrierende Jahre. Zunächst als »wirklicher, unbesoldeter Professor«, ab 1893 dann im Status eines »unbesoldeten ordentlichen Professors« gelang es ihm dennoch, sein Einkommen von anfangs 500 Gulden auf immerhin 1500 Gulden »nebst Aktivitätszulage« zu steigern, wie er in seiner Autobiographie berichtete – um sogleich hinzuzufügen: »Ich führe diese Daten nicht an, um öffentlich mich zu beklagen – fürwahr nicht. Ich kam mir immer wie ein Krösus vor (auch wenn ich darbte), als ein Priester im Dienste meines Ideals, und hätte mit keinem Millionär getauscht.«[10] Wie Adler es schaffte, unter diesen nicht so glänzenden Bedingungen ein musikwissenschaftliches Institut zu begründen, erzählte er selbst: durch ständige Eingaben an das Ministerium. »Ich wurde ›lästig‹.«[11] Dieses probate Verfahren sollte er auch nach seiner Wiener Berufung fortsetzen, wie etwa seine fortwährenden Eingaben zur Finanzierung einer Institutsbibliothek beweisen.[12]

---

8 Theophil Antonicek: »Gedenken an Guido Adler«, in: *Mitteilungen der Österreichischen Gesellschaft für Musikwissenschaft* 5 (1975), 5–8, 6.

9 Adler an Meinong 22. 11. 1884, in: Gabriele Johanna Eder (Hg.): *Alexius Meinong und Guido Adler. Eine Freundschaft in Briefen*, Amsterdam, Atlanta 1995, 98.

10 Guido Adler: *Wollen und Wirken. Aus dem Leben eines Musikhistorikers*, Wien 1935, 36. – Die Metapher von Priester und Altar durchzieht die Schriften des Nicht-Konvertiten Adler mit auffallender Häufigkeit, gerade im Hinblick auf die Wissenschaft.

11 Ebd.

12 Barbara Boisits: »Guido Adler und die Gründung der Bibliothek am Musikwissenschaftli-

»Wir leben ziemlich still und wurden jetzt durch die Pensionierung Hanslicks aufgeschreckt. Wir hoffen das Beste, sind aber – auf alles gefaßt«, schrieb Adler 1894 anlässlich von Hanslicks Pensionierung.[13] Dass von nun an nicht weniger als vier Jahre bis zu Adlers Berufung verstreichen sollten, ist auf ein langes – von Theophil Antonicek minutiös rekonstruiertes – Tauziehen um die Nachbesetzung der Stelle zurückzuführen; und das, obwohl Hanslick ein flammendes Plädoyer für den Kandidaten Adler eingereicht hatte (der Handschrift nach zu urteilen, hat es Adler selbst geschrieben).[14] Gegen Adler formierte sich eine Partei rund um Johannes Brahms, die Eusebius Mandyczewski (1857–1929), den Musiktheoretiker, Dirigenten und Archivar der Gesellschaft der Musikfreunde, protegierte. So wurde gegen den ausschließlich durch musikhistorische Forschungen hervorgetretenen Adler ins Feld geführt, dass die Lehrkanzel ja nach wie vor der »Geschichte und Ästhetik der Musik« geweiht sei, Adler selbst sich aber kaum der Ästhetik gewidmet habe. In der Tat stand Adler dieser Forschungsrichtung, die Hanslick letztlich ja die Professur eingebracht hatte, recht skeptisch gegenüber; in seinem Habilitationsgesuch hatte er diplomatisch formuliert, »daß dieser Theil der Musikwissenschaft noch nicht auf vollstaendig objectiv wissenschaftlichem Boden steht«, sodass man sich zunächst an Einzelaspekte wie »das musikalische Hoeren, die aesthetischen Grundformen der Musik, Ursprung und Function der Musik u:s:w:« zu halten habe.[15] Schon 1885 hatte Adler in *Umfang, Methode und Ziel der Musikwissenschaft* die »Aesthetik der Tonkunst«, verstanden als »Vergleichung und Werthschätzung der Gesetze und deren Relation mit den appercipirenden Subjecten behufs Feststellung der *Kriterien des musikalisch Schönen*«,[16] zwar festgeschrieben, Adler selbst verstand sich jedoch zeitlebens als Musikhistoriker, wie es auch der Untertitel seiner Autobiographie sagt.

Die Quellen erlauben manchen Einblick in die Untiefen des Berufungsbetriebs. Für das Kommissionsmitglied Alexius Meinong (1853–1920), ein mit Adler befreundeter Philosoph und Psychologe, stellte Adler einen Dreiervorschlag aus den Bewerbern zusammen, natürlich mit sich selbst an der Spitze.[17] Einer der offiziellen Gutachter, der Berliner Musikwissenschaftler Hermann Kretzschmar, schlug nach der Beurteilung der Kandidaten auch sich selbst vor.[18]

chen Institut in Wien«, in: T. Antonicek, G. Gruber (Hg.): *Musikwissenschaft als Kulturwissenschaft*, 69–88.

13 Adler an Meinong, 25.11.1894, in: G. J. Eder (Hg.): *Meinong und Adler*, 142.

14 Theophil Antonicek: »Musikwissenschaft in Wien zur Zeit Guido Adlers«, in: *Studien zur Musikwissenschaft* 37 (1986), 165–193, 172.

15 T. Antonicek: »Gedenken an Guido Adler«, 6.

16 G. Adler: »Umfang, Methode und Ziel der Musikwissenschaft«, 17.

17 T. Antonicek: »Musikwissenschaft in Wien«, 175.

18 Ebd.

Adlers Position verschlechterte sich zudem, als der Mandyczewski-Intimus Gustav von Escherich als kooptiertes Kommissionsmitglied gegen ihn auftrat, doch mit den Philosophen Ernst Mach und Friedrich Jodl hatte die Kommission auch weitere Fürsprecher Adlers aufzubieten. Mach und Jodl waren es auch, die darauf drangen, die Verknüpfung von Geschichte und Ästhetik der Musik zugunsten der ersteren aufzugeben: Hier seien, so Jodl in einem Bericht, »Forderungen verknüpft [...], welche in dieser Vereinigung durch die heutige Entwicklung der Wissenschaft nicht gerade unmöglich, aber wenigstens überaus selten und schwierig geworden sind.«[19] Auch in diesen sich noch länger erstreckenden Ausführungen erkannte Antonicek, sicher zu Recht, Adler als Ghostwriter.

Die Mandyczewski-Partei gab sich nicht kampflos geschlagen und Adlers Hoffnungen mussten noch einen argen Rückschlag erleiden, bevor ihm endlich die Berufung zuteil wurde. Die Details müssen hier nicht weiter interessieren; aber in unserem Zusammenhang ist eine Feststellung aus den Sitzungsprotokollen vom 3. Dezember 1896 von Interesse: »Prodecan Penck erklärt, daß die von ihm gehörte Aeußerung, Adler werde nur aus antisemitischen Motiven nicht vorgeschlagen, falsch sei, und weist zur Widerlegung auf den Vorschlag [Berthold] Hatschek's für die zoologische Lehrkanzel hin. Er bemerkt weiter, daß er privatim Brahms um seine Meinungsäußerung gefragt u. dieser auch Mandyczewski vor allen empfohlen habe.«[20]

Der Verdacht, dass hier antisemitische Tendenzen mit im Spiel waren, liegt im Lueger-Wien sicher nahe, und ganz besonders an der Universität, die eine »Hochburg des Antisemitismus« – nach 1918 auch des organisierten und gewalttätigen Antisemitismus – gewesen ist.[21] Dass sich der Unterrichtsminister

19 Ebd., 177. Jodls Bericht stammt vom 31. Oktober 1896.

20 Ebd., 179.

21 Klaus Taschwer: *Hochburg des Antisemitismus. Der Niedergang der Universität Wien im 20. Jahrhundert*, Wien 2015. Obwohl Adlers Biographie hier nicht mehr im Einzelnen nachzuzeichnen ist, sei stichwortartig notiert, wie sehr sie vom Antisemitismus überschattet war. So konnte Adlers vehementer Widerspruch nicht verhindern, dass sich sein im universitären antisemitischen Geheimbund »Bärenhöhle« bestens vernetzter Schüler Robert Lach (1874–1958) habilitierte und von 1927 bis 1939 Adlers Nachfolge antrat. Vgl. T. Antonicek: »Musikwissenschaft in Wien«, 184–191 sowie Klaus Taschwers Beitrag auf http://geschichte.univie.ac.at/de/artikel/die-barenhohle-eine-geheime-antisemitische-professoren clique-der-zwischenkriegszeit (abgerufen am 28.12.2017). Der Emeritus Adler wurde durch die Nationalsozialisten ab 1938 seiner verbliebenen Ämter enthoben und mit Publikationsverbot belegt. Er starb 1941 in Wien, vor Vertreibung oder Deportation durch seinen internationalen Ruhm bewahrt, wobei möglicherweise auch ein Gutachten von Lachs Nachfolger Erich Schenk half (1902–1974, Ordinariat von 1940 bis 1971). Schenk war jedoch nach Adlers Tod an der Enteignung von dessen bedeutender musikwissenschaftlicher Bibliothek beteiligt, die die Tochter Melanie Adler (1888–1942) vergeblich zu verkaufen versucht hatte; nach einem Fluchtversuch wurde sie am 26. Mai 1942 in Maly Trostinec er-

Arthur Graf Bylandt-Rheydt am 29. Mai 1898 – ganze eineinhalb Jahre nach der entscheidenden Fakultätssitzung vom 15. Dezember 1896 – für die Berufung Adlers entschied, zeigt immerhin, dass der Antisemitismus im Kaisertum Österreich nicht allein den Ton angab. Mit Adlers Berufung – die kaiserliche Entschließung vom 15. Juni 1898 erteilte dem Ruf die Rechtswirksamkeit für den 1. Oktober – gelangte ein zutiefst vom Liberalismus geprägter Jude auf die Wiener Lehrkanzel. In Deutschland sollte das bereits vor 1933 kaum einem jüdischen Musikwissenschaftler gelingen; es gab nur zwei jüdische Professoren an der Berliner Universität, Curt Sachs und Erich Moritz von Hornbostel; keiner von beiden hatte ein Ordinariat inne.[22] Auch war Adler nicht der letzte jüdische Wissenschaftler, der berufen werden sollte, obwohl die Frequenz nach 1900 sehr schnell abnahm.[23]

Musik und Musikwissenschaft – ein prekäres Verhältnis

Adlers Antrittsvorlesung *Musik und Musikwissenschaft* wendet sich in emphatischer Weise dem Verhältnis von musikalischer Praxis und Musikwissenschaft zu, das er als ein produktives und wechselseitiges versteht. Das mag angesichts seiner Bemühungen um eine wissenschaftstheoretische, methodologische und methodische Grundlegung des Fachs Musikwissenschaft,[24] mithin um seine Szientifizierung, etwas überraschend erscheinen. Der Kunsthistoriker Moriz Thausing etwa hatte in seiner vergleichbar grundlegenden Antrittsrede als Professor der Kunstgeschichte 1873 diese nicht nur vehement von der Ästhetik getrennt (wie es Adler in Abgrenzung zu Hanslick tun sollte), sondern auch von der künstlerischen Praxis.[25] Aber der Bezug zur musikalischen Gegenwart war

schossen. Vgl. Markus Stumpf, Herbert Posch, Oliver Rathkolb (Hg.): *Guido Adlers Erbe. Restitution und Erinnerung an der Universität Wien*, Göttingen 2017.

22 Pamela M. Potter: *Die deutscheste der Künste. Musikwissenschaft und Gesellschaft von der Weimarer Republik bis zum Ende des Dritten Reichs*, Stuttgart 2000, 131 f.

23 Genannt seien Max Hermann Jellinek (1868–1938), o. Prof. 1906 (Germanistik), Alfred Francis Pribram (1859–1942), o. Prof. 1913 (Neuere Geschichte), Josef Hupka (1875–1944), o. Prof. 1915 (Handels- und Wechselrecht), Max Neuburger (1868–1955), o. Prof. 1915 (Geschichte der Medizin), Felix Ehrenhaft (1879–1952), o. Prof. 1920 (Physik) und Ernst Peter Pick (1872–1960), o. Prof. 1924 (Pharmakologie). Freundliche Auskunft von Herbert Posch, Institut für Zeitgeschichte, Universität Wien.

24 Wissenschaftstheorie: G. Adler: »Umfang, Methode und Ziel der Musikwissenschaft«. Methodologie: Guido Adler: *Methode der Musikgeschichte*, Leipzig 1919. Methodisch: Guido Adler: *Der Stil in der Musik, Band 1,1: Prinzipien und Arten des musikalischen Stils*, Leipzig 1911, 1929^2 (mehr nicht erschienen).

25 Moriz Thausing: »Die Stellung der Kunstgeschichte als Wissenschaft«, in: ders.: *Wiener Kunstbriefe*, Leipzig 1884, zitiert nach dem Nachdruck in: *Wiener Jahrbuch für Kunstge-*

Adler zeitlebens wichtig, er war wohl nicht zuletzt veranlasst durch die musikalischen Ambitionen seiner Vergangenheit – wie schon erwähnt, hatte er ursprünglich Komponist werden wollen.[26] Schon in *Umfang, Methode und Ziel der Musikwissenschaft* hatte Adler programmatisch erklärt:

> Die Wissenschaft wird ihre Aufgabe in vollstem Umfange nur dann erreichen, wenn sie im lebendigen Contact mit der Kunst bleibt. Kunst und Kunstwissenschaft haben nicht getrennte Gebiete, deren Scheidelinie scharf gezogen wäre, sondern es ist vielmehr das gleiche Gebiet, und nur die Art der Bearbeitung ist verschieden.[27]

Mit diesen 1885 in der *Vierteljahrsschrift für Musikwissenschaft* veröffentlichten Ansichten[28] wandte sich Adler mit unverkennbarer Deutlichkeit, wenn auch ohne Namensnennung, ausgerechnet gegen seinen Mitherausgeber Philipp Spitta. Dieser hatte sich in seiner Akademierede *Kunstwissenschaft und Kunst* 1883 nämlich mit derselben Metapher gegen diese Ansicht verwahrt und erklärt, »zwischen beiden Gebieten [müsse] die Scheidelinie scharf gezogen sein«, dann aber dürften sie »die Resultate ihrer Arbeit einander zureichen«.[29]

Vor diesem Hintergrund ist nun auch der Titel von Adlers Antrittsvorlesung, *Musik und Musikwissenschaft*, als unausgesprochene polemische Bezugnahme auf die Ansichten Spittas und anderer verstehbar. Die Schlusssätze lauten:

> Als Kind der Zeit hat man das Recht, und ich sage, obzwar ich Historiker bin, auch die Pflicht, den Werken der mitlebenden Künstler mit Liebe und Achtung zu begegnen, sie nicht durch unpassende Vergleiche mit den Werken der Vergangenheit zu erdrücken. [...] Je enger der Kontakt der Wissenschaft mit der fortschreitenden Kunst und den lebenden Künstlern, desto näher kommt sie ihrem Ziele: *durch die Erkenntnis der Kunst für die Kunst zu wirken.* (130)

So gut diese Formel klingt (Adler sollte sie noch in seiner Autobiographie wörtlich zitieren):[30] Wie hat man sich das genau vorzustellen? Hier bleibt Adler auffällig vage. Zwar plädiert er für das »Kunstwissen« als verbindendes Element von Künstler (Musiker) und Kunstwissenschaftler (Musikwissenschaftler) und nennt als Negativbeispiele zwei berühmte Kapellmeister, die Beethoven-Symphonien dirigiert hätten, ohne deren Formprinzipien zu verstehen. (122) Doch

---

schichte 36 (1983), 140–150, mit einer Einleitung von Artur Rosenauer, S. 135–139. Vgl. dazu den Beitrag von Georg Vasold im vorliegenden Band.

26 Vgl. G. Adler: *Wollen und Wirken*, 6–8.

27 G. Adler: »Umfang, Methode und Ziel der Musikwissenschaft«, 15.

28 Passagen aus seinen daran anschließenden Ausführungen sollte er wörtlich 1916 und noch in seiner Lebensrückschau 1935 zitieren, vgl. Gabriele Johanna Eder: »Guido Adler. Grenzgänger zwischen Musikwissenschaft und Kulturleben«, in: T. Antonicek, G. Gruber (Hg.): *Musikwissenschaft als Kulturwissenschaft*, 101–123, 103.

29 Philipp Spitta: »Kunstwissenschaft und Kunst« (Akademierede vom 21. März 1883), in: ders.: *Zur Musik. Sechzehn Aufsätze*, Berlin 1892, 1–14, 13.

30 G. Adler: *Wollen und Wirken*, 34.

findet Adler keine überzeugende Explikation seiner Formel, die über einen etwas skizzenhaften Begriff musikalischer Bildung hinausgeht. Die Musikwissenschaft, so heißt es gegen Ende der Rede, habe »die Bildung, Förderung und Anregung von Künstlern, Kunstjüngern und Kunstfreunden« zu leisten »durch das Beispiel der Geschichte, durch theoretische Analyse und ästhetische Untersuchung. Klärung und Aneiferung, nicht Entmutigung sollen die wohlthätigen Wirkungen auf die Künstler sein.« (128) Nicht unwesentlich ist für Adlers Konzeption von Musikwissenschaft mithin die Ausbildung jener, deren Tätigkeit neudeutsch ›Musikvermittlung‹ genannt wird.

So vage diese Vorstellungen theoretisch scheinen, sie waren kein bloßes Lippenbekenntnis.[31] Adler hat schon in der Jugend durch seine Parteinahme für und persönliche Bekanntschaft mit Richard Wagner, später durch seinen Einsatz für den Freund Gustav Mahler aktiv für die jeweils moderne und umstrittene Musik geworben; beiden Komponisten widmete er auch Monographien – ein außergewöhnliches Vorgehen in einem wissenschaftlichen Umfeld, das sich von der Gegenwart entschieden ab- und vor allem der Erforschung der Älteren Musik zugewandt hatte.[32] Adler engagierte sich auch für die von Arnold Schönberg, Alexander von Zemlinsky, Franz Schmidt und anderen 1904 gegründete *Vereinigung schaffender Tonkünstler in Wien* und nahm sonst in vieler Hinsicht organisatorisch am Musikleben teil.

Allerdings wurde Adlers Liebe zur Musik seiner Zeit durch die Umbrüche der Moderne schweren Prüfungen unterzogen. Wie der in mancher Hinsicht so traditionsbewusste Kreis um Schönberg nach 1908 mit den traditionellen Regeln der Tonalität und Harmonik brach, das erschütterte Adler zutiefst. Alma Mahler zitiert in ihren Erinnerungen einen Ausspruch Adlers, den er nach dem Aufruhr um die Uraufführung von Schönbergs 1. Kammersymphonie op. 9 am 8. Februar 1907 im Großen Musikvereinssaal getan haben soll: »Ich bin nach Hause gegangen und habe über die Wege der Musik geweint. Ja, ich habe geweint [...].«[33] Weniger bekannt als diese Worte, aber nicht weniger bezeichnend ist ein Gutachten, das Adler 1922 im Auftrag des Ministeriums für Cultus über den »anderen« Erfinder der Dodekaphonie erstellte, nämlich über Josef Matthias Hauer, der um ein staatliches Stipendium angesucht hatte. Hier sah sich der engagierte Vertreter einer Verbindung von moderner Musik und moderner Musikwissen-

31 Zum Folgenden vgl. das reiche Anschauungsmaterial bei G. J. Eder: »Guido Adler. Grenzgänger«, passim, und ferner V. Kalisch: *Entwurf*, 249–301.

32 Edward R. Reilly: *Gustav Mahler und Guido Adler. Zur Geschichte einer Freundschaft*, Wien 1987.

33 Alma Mahler: *Erinnerungen an Gustav Mahler*, hg. v. Donald Mitchell, Frankfurt/Main, Berlin, Wien 1978, 140. Vgl. Martin Eybl: *Die Befreiung des Augenblicks: Schönbergs Skandalkonzerte 1907 und 1908. Eine Dokumentation*, Wien 2004, 174f.

schaft in ausgesprochener Verlegenheit, und zwar gerade aufgrund von Hauers Bruch mit der Tradition.

> Die Auflösung Jahrhunderte alter bewährter Kunstübung ist für den Historiker ein Grauen, um nicht zu sagen: ein Greuel. Das Talent Hauers scheint mir auf einem Irrwege – für mich sind seine Produkte taube Nüsse. Ich dächte, dass solche Produktion von einer Gemeinde der Gläubigen gehalten und verbreitet werden sollte. Ob der Staat da helfend eingreifen soll – und kann, überlasse ich den hiezu Berufenen.[34]

Diese Musik sagte nicht nur Adler nichts, auch er hatte ihr als Musikwissenschaftler nichts mehr zu sagen. Die Idee, »*durch die Erkenntnis der Kunst für die Kunst zu wirken*«, die Adler Zeit seines Lebens vorgeschwebt hatte, war vor seinen eigenen Augen brüchig geworden.[35]

34 Nachlassakte Guido Adler, Archiv der Universität Wien, Signatur 131.60.

35 Der Verfasser dankt Barbara Boisits (Österreichische Akademie der Wissenschaften) und Herbert Posch (Universität Wien) für ihre freundlichen Auskünfte.

Ludwig Boltzmann (1844–1906)

Die Prinzipien der Mechanik (1902) und *Ein Antrittsvortrag zur Naturphilosophie* (1903)

Ludwig Boltzmann
Antrittsvorlesung, gehalten in Wien im Oktober 1902.

Meine Herren und Damen!
Man pflegt die Antrittsvorlesung stets mit einem Lobeshymnus auf seinen Vorgänger zu eröffnen. Diese hier und da beschwerliche Aufgabe kann ich mir heute ersparen, denn gelang es auch Napoleon dem Ersten nicht, sein eigener Urgrossvater zu sein, so bin doch ich gegenwärtig mein eigener Vorgänger. Ich kann also sofort auf die Behandlung meines eigentlichen Themas eingehen.

Nun in der Abhaltung von Antrittsvorlesungen über die Prinzipien der Mechanik habe ich mir nachgerade eine gewisse Routine erworben. Schon die Vorlesung, mit der ich vor 33 Jahren in Graz meine Thätigkeit als ordentlicher Universitätsprofessor begann, behandelte dieses Thema. Seitdem eröffne ich in Wien am heutigen Tage zum 3. Male meine Vorlesungen mit der Betrachtung dieser Materie, dazu kommt einmal eine Antrittsvorlesung in München und einmal eine in Leipzig über denselben Gegenstand.

Er ist in der That bedeutend genug, dass man ihn so oft behandeln kann, ohne sich allzusehr zu wiederholen. Die Mechanik ist das Fundament, auf welches das ganze Gebäude der theoretischen Physik aufgebaut ist, die Wurzel, welcher alle übrigen Zweige dieser Wissenschaft entspriessen. Man begreift das, wenn man einerseits die historische Entwicklung der physikalischen Wissenschaften betrachtet, andererseits auch, wenn man deren logischen inneren Zusammenhang ins Auge fasst.

Mag sich die Wissenschaft noch so sehr der Idealität ihrer Ziele rühmen und auf die Technik und Praxis mit einer gewissen Geringschätzung herabschauen, es lässt sich doch nicht leugnen, dass sie ihren Ursprung in dem Streben nach der Befriedigung rein praktischer Bedürfnisse nahm. Andererseits wäre der Siegeszug der heutigen Naturwissenschaft niemals ein so beispiellos glänzender gewesen, wenn dieselbe nicht an den Technikern so tüchtige Pioniere besässe.

Um die ersten Spuren mechanischer Thätigkeit des Menschen zu finden, müssen wir uns aus der heutigen Zeit, aus dem Zeitalter der Röntgenstrahlen und der Telegraphie ohne Draht in die allerersten Uranfänge menschlicher Kultur zurückversetzen. Das erste menschliche Werkzeug war der Knüttel. Ihn handhabt auch der Orang-Utang und zwar zu einem Zwecke, dem sich noch heute, wo wir uns so erhaben über ihn denken, ein Gutteil menschlichen Erfindungsgeistes und technischen Scharfsinns zuwendet. Wie soll ich diesen Zweck nennen? Menschenmord nennen ihn die Friedensfreunde; Einsetzen des höchsten Preises des Lebens für die edelsten Güter der Menschheit, für Ehre, Freiheit und Vaterland nennen ihn die Soldaten.

Wie dem auch sei, jedenfalls müssen wir im Knüttel schon ein mechanisches Werkzeug, das erste Geschenk des erwachenden Sinnes für Technik erblicken. Als später die Kultur der Menschheit sich zu entwickeln begann, waren es nicht akustische oder optische Apparate, kalorische oder gar elektromagnetische Maschinen, was man zuerst erfand. Die Sache ging ein wenig langsamer. Das Bedürfnis, natürliche Höhlen besser zu verschliessen, künstliche anzulegen, führte allmählich zum Bau von Wohnungen und Burgen. Die Notwendigkeit, zu diesem Zwecke wuchtige Steine oder kolossale Baumstämme herbeizuschaffen, reizte den Erfindungsgeist. Der Mensch rundete passend geformte Äste zu Walzen, baute später roh gezimmerte Räder, den Knüttel benutzte er als Hebel in der primitivsten Form und betrat so erst unbewusst, dann mit immer mehr Absicht und Bewusstsein das Gebiet der Mechanik im engeren Sinne.

Hut ab vor diesen Erfindern in Bärenfellen und Schuhen aus Baumrinde. Der Mensch, der zuerst mittels geschickt untergelegter Walzen einen Stein bewegt hat, dessen Wucht für immer den Riesenfäusten seiner Mitmenschen zu spotten schien, empfand sicher nicht geringere Genugthuung als *Marconi*, da er das erste durch die Luft über den Ozean geleitete Telegraphensignal vernahm, selbstverständlich unter der Voraussetzung, dass alles wahr ist, was die Zeitungen hierüber berichten.

Aus so unscheinbaren Anfängen wuchs die Mechanik, anfangs unendlich langsam, aber doch stetig und später in immer rascherem Tempo empor. Schon *Archimedes* flösste das zu seinen Zeiten Erreichte solche Bewunderung ein, dass er sich die Welt aus den Angeln zu heben getraut hätte, wenn ihm nur ein fester Stützpunkt hätte geboten werden können. Nun, die heutigen Fortschritte der Technik haben zwar nicht die Erdkugel bewegt, aber die ganze soziale Ordnung, den ganzen Wandel und Verkehr der Menschheit haben sie in der That nahezu aus den Angeln gehoben.

Ja die Fortschritte auf dem Gebiete der Naturwissenschaften haben sogar die ganze Denk- und Empfindungsweise der Menschheit vom Grund aus umgestaltet. Während das frühere humanistische Zeitalter in allem Beseeltes, Empfindendes erblickte, gewöhnen wir uns leider immer mehr, alles vom Standpunkte der Maschine zu betrachten. Früher durchschweifte der Fusswanderer singend Wald und Flur und was konnte man in der Postkutsche Besseres thun, als dichten und träumen, wenn nicht gerade der Ärger über die Langeweile überwog; jetzt wird im Expresszug, im Ozeandampfer noch gearbeitet und gerechnet. Ehemals suchte der Cutscher durch Zureden in der Menschensprache den Sinn seines Gaules zu lenken; jetzt dirigiert man den Elektromotor oder das Automobile mit etlichen Kurbeln schweigend.

Und doch werden wir die Vorstellung der Beseeltheit der Natur nicht los. Die grossen Maschinen von heute, arbeiten sie nicht wie bewusste Wesen? Sie schnauben und pusten, heulen und winseln, stossen Klagelaute, Angst- und Warnungsrufe aus, bei Überschuss von Arbeitskraft pfeifen sie gellend. Sie nehmen die zur Erhaltung ihrer Kraft erforderlichen Stoffe aus der Umgebung auf und scheiden davon das Unbrauchbare wieder aus, genau denselben Gesetzen unterthan wie unser eigener Körper.

Es hat für mich einen eigentümlichen Reiz, mir vorzustellen, wie die in den verschiedensten Gebieten bahnbrechenden Geister sich über das freuen würden, was ihre Nachfolger, vielfach auf ihren Schultern stehend, nach ihnen errungen haben, so z. B. was *Mozart* empfinden würde, wenn er jetzt eine Meisteraufführung der 9. Simphonie oder des Parsifal anhören könnte. Ungefähr dasselbe müssten die grossen griechischen Naturphilosophen, vor allem der mathematische Feuerkopf *Archimedes* zu den Leistungen unserer heutigen Technik sagen; an Begeisterung und Sinn für das Grossartige würde es ihnen gewiss nicht fehlen. Bezeichnen wir doch noch heute den höchsten Grad der Begeisterung mit dem schönen griechischen Worte Enthusiasmus.

Doch ich bin ein wenig von meinem eigentlichen Gegenstande abgeirrt und muss wieder zu diesem zurückkehren.

Ich sprach bisher fortwährend von Maschinen und von Technik. Sie würden aber fehl gehen, wenn Sie erwarteten, dass ich Sie in meinen Vorlesungen in die Kunst des Maschinenbaues einweihen werde. Dies ist Sache der technischen Mechanik und Maschinenlehre; der Gegenstand meiner Vorlesungen aber wird die analytische Mechanik sein. Ihre Definition ist viel allgemeiner. Sie hat die Gesetze zu erforschen, nach denen sich die Gesamtheit der Bewegungserscheinungen in der uns umgebenden Natur abspielt.

Wir finden daselbst zunächst sehr viele Körper, welche eine, wenigstens soweit die Beobachtung geht, unveränderliche Gestalt haben. Ihre Bewegung ist also eine blosse Ortsveränderung und Drehung ohne jede Formänderung und die analytische Mechanik wird zunächst die Gesetze für diese Ortsveränderung anzugeben haben. Andere Körper, die Flüssigkeiten (tropfbare und gasförmige), ändern ihre Gestalt während der Bewegung fortwährend in der mannigfaltigsten Weise. Man kann sich nun ein anschauliches Bild dieser steten Gestaltänderungen machen, wenn man sich die Flüssigkeiten aus kleinsten Teilchen zusammengesetzt denkt, von denen sich jedes selbständig nach denselben Gesetzen wie die festen Körper bewegt, jedoch so, dass stets 2 benachbarte Teilchen der Flüssigkeit immer nahezu dieselbe Bewegung machen. Zu den Kräften, welche von aussen auf jedes Teilchen wirken, sind noch die hinzuzunehmen, welche die verschiedenen Teilchen aufeinander ausüben. Auf diese Weise kann auch die Bewegung der Flüssigkeiten auf die Gesetze der Mechanik der festen Körper zurückgeführt werden.

Die Bewegungserscheinungen sind diejenigen, welche wir am häufigsten und unmittelbarsten beobachten. Alle anderen Naturerscheinungen sind versteckter. Wir können auch die Bewegungserscheinungen mit der geringsten Summe von Begriffen erfassen. Wir reichen zu ihrer Beschreibung mit dem Begriffe des Ortes im Raume und der zeitlichen Veränderung desselben aus, wogegen wir bei den anderen Erscheinungen noch viel unklarere Begriffe, wie Temperatur, Lichtintensität und Farbe, elektrische Spannung etc., nötig haben.

Es ist nun überall die Aufgabe der Wissenschaft, das Kompliziertere aus dem Einfacheren zu erklären; oder, wenn man lieber will, durch Bilder, welche dem einfacheren Erscheinungsgebiete entnommen sind, anschaulich darzustellen. Daher suchte man auch in der Physik die übrigen Erscheinungen, die des Schalles, Lichtes, der Wärme, des Magnetismus und der Elektrizität auf blosse Bewegungserscheinungen der kleinsten Teilchen dieser Körper zurückzuführen, und zwar gelingt dies bei sehr vielen, freilich nicht bei allen Erscheinungen mit gutem Erfolge. Dadurch wurde eben die Wissenschaft der Bewegungserscheinungen, also die Mechanik, zur Wurzel der übrigen physikalischen Disziplinen, welche allmählich immer mehr und mehr sich in spezielle Kapitel der Mechanik zu verwandeln schienen.

Erst in neuester Zeit ist dagegen eine Reaktion eingetreten. Die Schwierigkeiten, welche die rein mechanische Erklärung des Magnetismus und der Elektrizität bot, liessen Zweifel darüber aufkommen, ob alles mechanisch erklärbar sei und gerade der Elektromagnetismus gewann immer an Wichtigkeit nicht nur für die Praxis, sondern auch für die Theorie. Schliesslich wurde seine Macht so gross, dass er sogar den Spiess umzukehren und die Mechanik elektromagnetisch zu erklären suchte. Während man früher Magnetismus und Elektrizität durch eine rotierende oder schwingende Bewegung der kleinsten Teile der Körper zu erklären versucht hatte, so ging man jetzt darauf aus, die Fundamentalgesetze der Bewegung der Körper selbst aus den Gesetzen des Elektromagnetismus abzuleiten.

Das bekannteste Gesetz der Mechanik ist das der Trägheit. Jeder Gymnasiast ist heutzutage damit vertraut, wobei ich natürlich bloss von der Trägheit im physikalischen Sinne spreche. Bis vor kurzem hielt man das Trägheitsgesetz für das erste Fundamentalgesetz der Natur, welches selbst unerklärbar ist, aber zur Erklärung aller Erscheinungen beigezogen werden muss. Nun folgt aber aus den *Maxwell*schen Gleichungen für den Elektromagnetismus, dass ein bewegtes elektrisches Partikelchen, ohne selbst Masse oder Trägheit zu besitzen, bloss durch die Wirkung des umgebenden Äthers sich genau so bewegen muss, als ob es träge Masse hätte. Man machte daher die Hypothese, dass die Körper keine träge Masse besitzen, sondern bloss aus massenlosen elektrischen Partikelchen, den Elektronen bestehen, ihre Trägheit also eine bloss scheinbare, durch die Wirkung des umgebenden Äthers bei ihrer Bewegung durch denselben hervorgerufene sei. In ähnlicher Weise gelang es, auch die Wirkung der mechanischen Kräfte auf elektromagnetische Erscheinungen zurückzuführen. Während man also früher alle Erscheinungen durch die Wirkung von Mechanismen erklären wollte, so ist jetzt der Äther ein Mechanismus, der an sich freilich wieder vollkommen dunkel, die Wirkung aller Mechanismen erklären soll. Man wollte jetzt nicht mehr alles mechanisch erklären, sondern suchte vielmehr einen Mechanismus zur Erklärung aller Mechanismen.

Was heisst es nun, einen Mechanismus vollkommen richtig verstehen? Jedermann weiss, dass das praktische Kriterium dafür darin besteht, dass man ihn richtig zu behandeln weiss. Allein ich gehe weiter und behaupte, dass dies auch die einzig haltbare Definition des Verständnisses eines Mechanismus ist. Man wendet da freilich ein, dass es denkbar ist, dass eine Person die Behandlungsweise eines Mechanismus erlernt hat, ohne diesen selbst zu verstehen. Allein dieser Einwand ist nicht stichhaltig. Wir sagen bloss, sie versteht den Mechanismus nicht, weil ihre Kenntnis seiner Behandlungsweise auf dessen reguläre Thätigkeit beschränkt ist. Sobald am Mechanismus etwas gebrochen ist, schlecht funktioniert oder sonst eine unvorhergesehene Störung eintritt, weiss sie sich nicht mehr zu helfen. Dass er den Mechanismus verstehe dagegen, sagen wir von demjenigen, der auch in allen diesen Fällen das Richtige zu thun weiss. So scheint dieser Umstand wirklich die Definition des Verständnisses zu bilden. Wie wir die Begriffe bilden sollen, kann nicht definiert werden, ist auch in der That vollkommen gleichgültig, wenn sie nur stets zur richtigen Handlungsweise führen.

So ist ein bekannter verlockender Fehlschluss der sogenannte Solipsismus, die Ansicht, dass die Welt nicht real, sondern ein blosses Produkt unserer Phantasie, wie ein Traumgebilde sei. Auch ich hing dieser Schrulle nach, versäumte infolgedessen praktisch richtig zu handeln und kam dadurch zu Schaden; zu meiner grössten Freude, denn ich erkannte darin den gesuchten Beweis der Existenz der Aussenwelt, welcher allein darin bestehen kann, dass man minder zu richtigen Handlungen befähigt ist, wenn man diese Existenz in Zweifel zieht.

Als ich vor 33 Jahren meine schon besprochenen ersten Vorlesungen über Mechanik hielt, neckte mich einer meiner damaligen Grazer Kollegen, indem er sagte: »Wie kann man sich nur mit so etwas rein Mechanischem befassen«. Er beabsichtigte natürlich bloss ein Wortspiel; ich aber sass ihm auf und ereiferte mich darzuthun, dass die Mechanik nichts Mechanisches sei; aber trotz ihrer

Schwierigkeit, trotz des unendlichen Aufwandes von Scharfsinn, den durch Jahrhunderte hindurch die grössten Gelehrten auf ihre Entwickelung verwendeten, hat es doch mit dem Mechanischen etwas auf sich.

Vom Begriffe der Trägheit habe ich schon gesprochen, ein 2. Grundbegriff der Mechanik ist der der Arbeit. Man könnte das wichtigste Gesetz der Mechanik ungefähr dahin aussprechen, dass die Natur alles mit einem Minimum von Arbeitsaufwand leistet. Wem kämen dabei nicht wieder triviale Nebengedanken? Ist der Arbeitsbegriff nicht für die Praxis ebenso der wichtigste und zugleich rätselvollste wie für die gesamte Naturwissenschaft? Schon das aus dem Paradiese vertriebene erste Menschenpaar sah in der Arbeit den höchsten Fluch, andererseits aber wäre der Mensch ohne Arbeit kein Mensch. Stetige unausgesetzte Arbeit hat der Mensch freilich mit dem Zugtier, ja sogar mit der leblosen, von ihm selbst fabrizierten Maschine gemein und doch wird Arbeitsamkeit als eine der schönsten Charaktereigenschaften eines jeden, vom Herrscher bis zum Tagelöhner, gepriesen.

Zum Schluss möchte ich die Frage aufwerfen, ist die Menschheit durch alle Fortschritte der Kultur und Technik glücklicher geworden? In der That eine heikle Frage. Gewiss, ein Mechanismus, die Menschen glücklich zu machen, ist noch nicht erfunden worden. Das Glück muss jeder in der eigenen Brust suchen und finden.

Aber schädliche, das Glück störende Einflüsse hinwegzuschaffen, gelang der Wissenschaft und Civilisation, indem sie Blitzgefahr, Seuchen der Völker und Krankheiten der Einzelnen in vielen Fällen erfolgreich zu bekämpfen wusste. Sie vermehrte ferner die Möglichkeit, das Glück zu finden, indem sie uns Mittel bot, unseren schönen Erdball leichter zu durchschweifen und kennen zu lernen, den Aufbau des Sternenhimmels uns lebhaft vorzustellen und die ewigen Gesetze des Naturganzen wenigstens dunkel zu ahnen. So ermöglicht sie der Menschheit eine immer weiter gehende Entfaltung ihrer Körper- und Geisteskräfte, eine immer wachsende Herrschaft über die gesamte übrige Natur und befähigt den, der den inneren Frieden gefunden hat, diesen in erhöhter Lebensentfaltung und grösserer Vollkommenheit zu geniessen.

Hochgeehrte Anwesende, ich habe die Aufgabe, Ihnen in den gegenwärtigen Vorlesungen gar Mannigfaltiges darzubieten: Verwickelte Lehrsätze, auf das höchste verfeinerte Begriffe, komplizierte Beweise. Entschuldigen Sie, wenn ich von alledem heute noch wenig geleistet habe. Ich habe nicht einmal, wie es sich geziemen würde, den Begriff meiner Wissenschaft, der theoretischen Physik, definiert, nicht einmal den Plan entwickelt, nach dem ich dieselbe in diesen Vorlesungen zu behandeln gedenke. Alles das wollte ich Ihnen heute nicht bieten, ich denke, dass wir später im Verlaufe der Arbeit besser darüber klar werden. Heute wollte ich Ihnen vielmehr nur ein Geringes bieten, für mich freilich auch wiederum alles, was ich habe, mich selbst, meine ganze Denk- und Empfindungsweise.

Ebenso werde ich auch im Verlaufe der Vorlesungen von Ihnen gar Mannigfaltiges fordern müssen: Angestrengte Aufmerksamkeit, eisernen Fleiss, unermüdliche Willenskraft. Aber verzeihen Sie mir, wenn ich, ehe ich an dieses alles gehe, Sie für mich um etwas bitte, woran mir am meisten gelegen ist, um Ihr Vertrauen, Ihre Zuneigung, Ihre Liebe, mit einem Worte, um das Höchste, was Sie zu geben vermögen, Sie selbst.

Ein Antrittsvortrag zur Naturphilosophie.
Von Hofrat Prof. Dr. Ludwig Boltzmann.[1]

Meine Damen und Herren!
Sie haben sich ungewöhnlich zahlreich zu den bescheidenen Eingangsworten eingefunden, die ich heute an Sie zu richten habe. Ich kann mir dies nur daraus erklären, daß meine gegenwärtigen Vorlesungen in der Tat in gewisser Beziehung ein Kuriosum im akademischen Leben sind, nicht durch Inhalt, nicht durch Form, aber durch begleitende Nebenumstände.

Ich habe nämlich bisher nur eine einzige Abhandlung philosophischen Inhalts geschrieben und wurde hierzu durch einen Zufall veranlaßt. Ich debattierte einmal im Sitzungssaal der Akademie aufs lebhafteste über den unter den Physikern gerade wieder akut gewordenen Streit über den Wert der atomistischen Theorien mit einer Gruppe von Akademikern, unter denen sich Hofrat Prof. Mach befand.

Ich bemerke bei dieser Gelegenheit, daß ich in der Tätigkeit, die mit meiner heutigen Vorlesung beginnt, in gewisser Hinsicht Nachfolger Hofrat Machs bin, und mir eigentlich die Pflicht obgelegen hätte, die Vorlesung mit seiner Ehrung zu beginnen. Ich glaube aber, ihn besonders zu loben, hieße Ihnen gegenüber Eulen nach Athen tragen, und nicht bloß Ihnen gegenüber, sondern jedem Oesterreicher, ja allen Gebildeten der Welt gegenüber.

Mach hat selbst in so geistreicher Weise ausgeführt, daß keine Theorie absolut wahr, aber auch kaum eine absolut falsch ist, daß vielmehr jede Theorie allmählich vervollkommt werden muß, wie die Organismen nach der Lehre Darwins. Dadurch, daß sie heftig bekämpft wird, fällt das Unzweckmäßige allmählich von ihr ab, während das Zweckmäßige bleibt, und so glaube ich, Prof.

1 Da sich von meiner ersten Vorlesung über Naturphilosophie (gehalten am 26. Oktober) teilweise infolge mißlungener Zeitungsreferate offenbar ganz falsche Ansichten verbreitet haben, so folge ich gern der Aufforderung der Redaktion der »Zeit«, sie zu veröffentlichen. Da die Vorlesung vollkommen frei gehalten wurde, kann ich nicht den Wortlaut, wohl aber unbedingt den Sinn verbürgen.

Mach am besten zu ehren, wenn ich in dieser Weise zur Weiterentwicklung seiner Ideen, soweit es in meinen Kräften steht, das Meinige beitrage.

In jener Gruppe von Akademikern sagte bei der Debatte über die Atomistik Mach plötzlich lakonisch: »Ich glaube nicht, daß die Atome existieren.« Dieser Ausspruch ging mir im Kopf herum.

Es war mir klar, daß wir Gruppen von Wahrnehmungen zu Vorstellungen von Gegenständen vereinen wie zu der eines Tisches, eines Hundes, eines Menschen etc. Wir haben auch Erinnerungsbilder an diese Vorstellungsgruppen. Wenn wir uns neue Vorstellungsgruppen bilden, die diesen Erinnerungsbildern ganz analog sind, so hat die Frage einen Sinn, ob den entsprechenden Gegenständen eine Existenz zukommt oder nicht. Wir haben da gewissermaßen einen genauen Maßstab für den Existenzbegriff. Wir wissen genau, was die Frage bedeutet, ob der Vogel Greif, das Einhorn, ein Bruder von mir existiert. Wenn wir dagegen ganz neue Vorstellungen bilden, wie die des Raumes, der Zeit, der Atome, der Seele, ja selbst Gottes, weiß man da, fragte ich mich, überhaupt, was man darunter versteht, wenn man nach der Existenz dieser Dinge fragt? Ist es da nicht das einzig richtige, sich klar zu werden, was man mit der Frage nach der Existenz dieser Dinge überhaupt für einen Begriff verbindet?

Diskussionen dieser Art bildeten den Gegenstand meiner einzigen Abhandlung aus dem Gebiete der Philosophie. Sie sehen, diese war wohl echt philosophisch; abstrus genug mindestens, um diesen Namen zu verdienen. Außer ihr habe ich nichts auf diesem Gebiete publiziert. Nun, das möchte noch hingehen; wenn man recht boshaft sein wollte, könnte man sagen, daß hie und da schon jemand an einer Universität gelehrt hat, der noch um eine, der Publikation würdige Arbeit weniger über sein Fach geschrieben hat.

Jedenfalls aber muß es mich mit der größten Bescheidenheit erfüllen. Man sagt, wem Gott ein Amt gibt, dem gibt er auch den Verstand. Anders das Ministerium; dieses kann zwar den Lehrauftrag, das Gehalt, aber niemals den Verstand geben; für letzteren fallt die Verantwortung allein auf mich.

Nicht bloß bei Verfassung meiner einzigen Abhandlung, auch sonst noch grübelte ich oft über das enorme Wissensgebiet der Philosophie. Unendlich scheint es mir und meine Kraft schwach. Ein Menschenleben wäre nur wenig, um einige Erfolge auf demselben zu erringen; die unermüdete Tätigkeit eines Lehrers von der Jugend bis zum Alter unzureichend, sie der Nachwelt zu übermitteln, und mir soll dies Nebenbeschäftigung neben einem anderen allein die ganze Kraft erfordernden Lehrgegenstand sein?

Schiller sagt: »Es wächst der Mensch mit seinen Zwecken.« Lieber guter Schiller! ach, ich finde, es wächst der Mensch *nicht* mit seinen höheren Zwecken.

Als ich Bedenken trug, diese schwere Last auf mich zu nehmen, sagte man mir, ein anderer würde es auch nicht besser machen. Wie arm erscheint mir dieser Trost in dem Augenblick, wo ich die Last heben soll.

Und doch, was mich niederdrückt, soll es mich nicht wieder aufrichten? Wenn ich, der ich mich so wenig mit Philosophie beschäftigt habe, als der würdigste befunden wurde, sie vorzutragen, ist das nicht doppelt ehrenvoll für mich?

Wenn es für den Professor der Medizin oder der Technik wünschenswert ist, daß er, um nicht zu verknöchern, neben seiner Lehrtätigkeit auch fortwährend Praxis betreibe, ja, wenn man Moltke zum Mitglied der historischen Klasse der Berliner Akademie wählte, nicht weil er Geschichte schrieb, sondern weil er Geschichte machte, vielleicht wählte man auch mich, nicht weil ich über Logik schrieb, sondern weil ich einer Wissenschaft angehöre, bei der man zur täglichen Praxis in der schärfsten Logik die beste Gelegenheit hat.

Bin ich nur mit Zögern dem Rufe gefolgt, mich in die Philosophie hineinzumischen, so mischten sich desto öfter Philosophen in die Naturwissenschaft hinein. Bereits vor langer Zeit kamen sie mir ins Gehege. Ich verstand nicht einmal, was sie meinten, und wollte mich daher über die Grundlehren aller Philosophie besser informieren.

Um gleich aus den tiefsten Tiefen zu schöpfen, griff ich nach Hegel; aber welch unklaren, gedankenlosen Wortschwall sollte ich da finden! Mein Unstern führte mich von Hegel zu Schopenhauer. In der Vorrede des ersten Werkes des letzteren, das mir in die Hände fiel, fand ich folgenden Passus, den ich hier wörtlich verlesen will: »Die deutsche Philosophie steht da mit Verachtung beladen, vom Ausland verspottet, von der redlichen Wissenschaft ausgestoßen gleich einer.....« Den folgenden Passus unterdrücke ich im Hinblick auf die anwesenden Damen. »... Die Köpfe der jetzigen gelehrten Generation sind desorganisiert durch Hegelschen Unsinn. Zum Denken unfähig, roh und betäubt, werden sie die Beute des platten Materialismus, der aus dem Basiliskenei hervorgekrochen ist.« Damit war ich nun freilich einverstanden, nur fand ich, daß Schopenhauer seine eigenen Keulenschläge ganz wohl auch selbst verdient hätte.

Allein auch Herbarts Rechnungen über Erscheinungen der Psychologie schienen mir eine Persiflage auf die analogen Rechnungen in den exakten Wissenschaften. Ja, selbst bei Kant konnte ich verschiedenes so wenig begreifen, daß ich bei dessen sonstigem Scharfsinn fast vermutete, daß er den Leser zum Besten haben wolle oder gar heuchle. So entwickelte sich damals in mir ein Widerwille, ja Haß gegen die Philosophie. Im Hinblick auf diese alten philosophischen Systeme möchte ich fast sagen, daß man in mir den Bock zum Gärtner gemacht hat. Oder hat man mir gerade diesen Lehrauftrag erteilt, wie man einen alten Demokraten zum Hofrat ernennt, damit er vollends aus einem Saulus zum Paulus werde? Ich fürchte, zwischen Bock und Hofrat werde ich in diesen Vorlesungen hin- und herschwanken, und wenn ich auch nie in den Stil, wovon ich eben eine Probe vorlas, zu verfallen hoffe, so werde ich vielleicht doch hie und da etwas derb nach der Machschen Methode an der Vervollkommnung philosophischer Systeme arbeiten.

Mein Widerwille gegen die Philosophie wurde übrigens damals fast von allen Naturforschern geteilt. Man verfolgte jede metaphysische Richtung und suchte sie mit Stumpf und Stiel auszurotten; doch diese Gesinnung dauerte nicht an. Die Metaphysik scheint einen unwiderstehlichen Zauber auf den Menschengeist auszuüben, der durch alle mißlungenen Versuche, ihren Schleier zu heben, nicht an Macht einbüßt. Der Trieb, zu philosophieren, scheint uns unausrottbar angeboren zu sein. Nicht bloß Robert Mayer, der ja durch und durch Philosoph war, auch Maxwell, Helmholtz, Kirchhoff, Ostwald und viele andere opferten ihr willig und erkannten ihre Fragen als die höchsten an, so daß sie heute wieder als die Königin der Wissenschaften dasteht.

Schon ein Mann, welcher an der Wiege der induktiven Wissenschaft stand, Roger Bacon von Verulam, nennt sie eine gottgeweihte Jungfrau; freilich fügt er dann gleich wieder malitiös bei, daß sie gerade dieser hohen Eigenschaft wegen ewig unfruchtbar bleiben müsse. Unfruchtbar sind allerdings viele Untersuchungen auf metaphysischem Gebiete geblieben, aber wir wollen doch die Probe machen, ob jede Spekulation auch völlig unfruchtbar sein müsse. Schon am Eingang zu unserer Tätigkeit finden wir eine große Schwierigkeit, die, den Begriff der Philosophie festzustellen. (Hier geht der Vortragende die wichtigsten bisher gebräuchlichen Definitionen der Philosophie durch, von denen ihm jede unhaltbar scheint. Hierauf fährt er fort:) Bei so schwierigen Dingen kommt es zunächst auf die richtige Fragestellung an. Wir wollen daher vorerst die Frage selbst genauer analysieren. Man kann sie in den folgenden verschiedenen Formen stellen: 1. Wie wurde die Philosophie von den verschiedenen Philosophen definiert? 2. Welche Definition würde dem allgemeinen Sprachgebrach am besten entsprechen? 3. Welche scheint mir am zweckmäßigsten? 4. Wie will ich ohne Rücksicht darauf, wie es andere taten, ob es dem Sprachgebrauche entspricht, ob es zweckmäßig ist, einem unwiderstehlichen Zwange gemäß den Begriff der Philosophie fassen? Wie drängt mich mein inneres Gefühl, jede Faser meines Denkens, die Frage zu lösen? Wir können jede dieser Fragen wieder in mehrere spalten und analysieren. Absolute Gründlichkeit würde auch dann noch nicht erreicht. Aber wir setzen die Analyse nicht weiter fort, weil wir uns jetzt passabel zu verstehen glauben.

Ich will nun die Frage im letzteren Sinne beantworten: Welche Definition der Philosophie drängt sich mir mit innerem unwiderstehlichem Zwange auf? Da empfand ich stets wie einen drückenden Alp das Gefühl, daß es ein unauflösbares Rätsel sei, wie ich überhaupt existieren könne, daß eine Welt existieren könne, und warum sie gerade so und nicht irgendwie anders sei. Die Wissenschaft, der es gelänge, dieses Rätsel zu lösen, schien mir die größte, die wahre Königin der Wissenschaften, und diese nannte ich Philosophie.

Ich gewann immer mehr an Naturkenntnis, ich nahm die Darwinsche Lehre in mich auf und ersah daraus, daß es eigentlich verfehlt ist, so zu fragen, daß es auf diese Frage keine Antwort gibt; aber die Frage kehrte immer mit gleicher zwingender Gewalt wieder. Wenn sie unberechtigt ist, warum läßt sie sich dann nicht abweisen? Daran knüpfen sich noch unzählige andere: Wenn es hinter den Wahrnehmungen noch etwas gibt, wie können wir auch nur zur Vermutung davon gelangen?[2] Wenn es nichts gibt, würde dann eine Marslandschaft oder die eines Sirius-Trabanten wirklich nicht existieren, wenn kein belebtes Wesen je imstande ist, sie wahrzunehmen? Wenn alle diese Fragen sinnlos sind, warum können wir sie nicht abweisen, oder was müssen wir tun, damit sie endlich zum Schweigen gebracht werden? Licht in diesen Fragen wenigstens zu suchen, soll die Aufgabe meiner gegenwärtigen Vorlesungen sein.

Ich habe bisher keine Ahnung, wo es zu finden ist, ich lebe daher in einer wahren Faust-Stimmung. Dieser sagt ja auch: »Ich soll lehren mit sauerm Schweiß, was ich selbst nicht weiß.« Ich will es auch nicht lehren, sondern bloß alles zusammensuchen, was dazu beitragen kann, langsam und langsam Licht in dieses Dunkel zu bringen und Sie dazu anregen, in gemeinsamer Arbeit mit mir das Beste zu tun, um die Erreichung dieses Zieles zu fördern.

Meine Methode vorzutragen, mag manchem absonderlich erscheinen, vielleicht ist sie doch echt akademisch. Der akademische Vortrag im höchsten Sinne des Wortes hat ja weniger den Zweck, fertige Lösungen von Problemen zu lehren, als vielmehr Probleme zu stellen und die Anregung zu ihrer Lösung zu geben. Wir werden daher die verschiedenen Grundbegriffe aller Wissenschaften durchgehen und alle mit Rücksicht auf dieses vorgesteckte Ziel betrachten, *sub specie philosophandi.*

Ich eile nun zum Schlusse. Ich gab meiner ersten Vorlesung in Wien einen Schluß, der mir besonders gefiel, nicht seines Inhalts, nicht seiner Form wegen, sondern weil er gerade das ausdrückte, was mir am Herzen lag; nicht weil er geistreich gemacht war, sondern weil er nicht gemacht war. Ich empfinde heute genau wieder dasselbe und kann es daher nicht anders als wieder mit denselben Worten ausdrücken: Ich sagte damals: »Meine Damen und Herren: Vieles ist es, was ich Ihnen in diesen Vorlesungen darbieten soll, komplizierte Lehrsätze, verwickelte Schlußfolgerungen, schwer zu erfassende Beweise. Verzeihen Sie, wenn ich von alledem Ihnen heute noch nichts bot. Ich wollte Ihnen heute nur ein Weniges geben, freilich alles, was ich habe, meine ganze Denk- und Sinnesweise, mein innerstes Gemüt, mit einem Worte, mich selbst.

Ich werde auch im Verlaufe der Vorlesungen viel von Ihnen fordern müssen: angestrengten Fleiß, gespannte Aufmerksamkeit, unermüdliche Arbeit. Aber heute will ich Sie um etwas ganz anderes bitten: um Ihr Vertrauen, Ihre Zunei-

---

2 Auf die Notwendigkeit, daß neben den Wahrnehmungen auch der Trieb, Objekte zu denken, gegeben sein muß, wies, wenn ich ihn recht verstand, der früher gelästerte Schopenhauer hin.

gung, Ihre Liebe, mit einem Worte, um das Beste, was Sie haben, Sie selbst.« Diese Worte von damals sollen auch heute den Schluß meiner Rede an Sie bilden.

Kommentar von Wolfgang L. Reiter

Schon wenige Monate nach seiner Ernennung zum Professor für theoretische Physik an der Universität Leipzig im August 1900 begann Boltzmann seine Rückkehr nach Wien zu betreiben. Seine zweite Wiener Professur (1894–1900) hatte er aus Unzufriedenheit mit der mangelnden Anerkennung und den – im Vergleich zu seinen Erfahrungen in München (1890–1894) – fehlenden tüchtigen Studierenden recht überstürzt aufgegeben. Seitens des Ministers für Cultus und Unterricht, Wilhelm August Ritter von Hartel, fand Boltzmanns Wunsch nach Rückkehr volle Unterstützung. Denn die Abgänge von Professoren von österreichischen Universitäten an Universitäten im Deutschen Reich, an denen – aufgrund der vom preußischen Ministerialdirektor Friedrich Althoff gestalteten Wissenschafts- und Berufungspolitik – finanziell attraktivere Bedingungen geboten wurden, waren für Hartel zu einem (universitäts-)politischen und öffentlich diskutierten Problem geworden.[1]

Die Rückberufung Boltzmanns war freilich für alle Beteiligten – Hartel, die Philosophische Fakultät und nicht zuletzt Boltzmann selbst – keine leichte Übung. Zum einen war eine tiefgreifende Reform der Organisation der physikalischen Institute zu bewältigen und Boltzmann selbst erhob Anspruch auf die vormalige Naturalwohnung im Institutsgebäude in der Türkenstraße 3, die an die physikalischen Institute abgetreten werden sollte. Boltzmann forderte bei Entfall dieser Wohnung eine Entschädigung von jährlich 3000 Kronen, was wiederum vom Finanzministerium abgelehnt wurde. Weiters sah die Reform die Neugründung eines Instituts für Theoretische Physik vor, dem Boltzmann vorstehen sollte, was zugleich eine weitgehende Neuverteilung der apparativen Ausstattung des vormals Stefan-Boltzmann'schen Instituts zugunsten des ebenfalls neu zu errichtenden II. physikalischen Instituts von F. S. Exner bedeutete.[2] All dies war überschattet von Boltzmanns gesundheitlicher Verfassung, die in der damaligen Terminologie als Neurasthenie nur sehr oberflächlich beschrieben wurde.[3]

Boltzmanns deplorable gesundheitliche Verfassung war wohl die wichtigste Motivation, nach Wien zurückzukommen, und im Wissen um die Unstetigkeit

1 Walter Höflechner (Hg.): *Ludwig Boltzmann. Leben und Briefe*, Graz 1994 (= Publikationen aus dem Archiv der Universität Graz 30), I 224.

2 Zur Berufungsverhandlung vgl. ebd., I 148.

3 Ebd., I 216. Ilse Maria Fasol-Boltzmann, Gerhard Ludwig Fasol (Hg.): *Ludwig Boltzmann (1844–1906). Zum hundertsten Todestag*, Wien, New York 2006, 36.

bei seinen Entscheidungen musste er Hartel die ehrenwörtliche Erklärung geben, Österreich – im Falle seiner Rückberufung – nicht mehr zu verlassen.[4] Diese Erklärung fand auch in sein Ernennungsdekret für Wien vom 4. Juni 1902 Eingang.[5] Mit Wirksamkeit vom 1. Oktober 1902 wurde Boltzmann »neuerlich zum ordentlichen Professor der Theoretischen Physik an der Universität Wien unter den beantragten Modalitäten« ernannt.[6] Er kehrte also nicht in seine frühere Position als Leiter des alten physikalischen Instituts von Josef Stefan (1835–1893) zurück, sondern in eine auf seine Person zugeschnittene Professur mit einer moderaten Lehrverpflichtung für ein fünfstündiges Kollegium in seinem Nominalfach in jedem Semester, ein Collegium publicum in jedem dritten Semester sowie allenfalls theoretisch-praktische Übungen.[7]

Boltzmanns letzte Wiener Professur war die siebte seiner langen Karriere, die mit einer Professur für Mathematische Physik an der Universität Graz (1869–1873) als Nachfolger von Ernst Mach begonnen hatte, an die sich die erste Wiener Professur für Mathematik (1873–1876) und die zweite Grazer Professur für Allgemeine und Experimentelle Physik (1876–1890) anschlossen. Von 1890 bis 1894 wirkte er als ordentlicher Professor für theoretische Physik an der Ludwig-Maximilians-Universität in München, von wo er auf seine zweite Wiener Professur für Theoretische Physik (1894–1900) zurückkehrte, ehe er 1900 an die Universität Leipzig berufen wurde, um von dort 1902 – und nun endgültig – nach Wien zurückzukehren.

In dem Boltzmann zugeteilten Hörsaal in jenem völlig desolaten Mietshaus in der Türkenstraße 3 im neunten Wiener Gemeindebezirk, in dem von 1875 bis 1913 die Physikinstitute untergebracht waren, hielt er Anfang Oktober 1902 seine letzte Antrittsvorlesung als Physiker.[8] Als Thema wählte er – nicht zum ersten Mal – die *Prinzipien der Mechanik*, ein für ihn bestimmendes Thema seiner Lehr- und Forschungstätigkeit seit der Zeit in Graz, dem er auch die Antrittsvorlesungen in München und Leipzig gewidmet hatte. Zwei seiner Antrittsvorlesungen als Physiker hat Boltzmann in seine Sammlung populärer Schriften aufgenommen; jene von München ist – wie auch die seiner anderen akademischen Stationen – nicht überliefert.[9] Dies mag darin begründet sein, dass Antrittsreden (so sie denn von Physikern explizit als solche deklariert

4 W. Höflechner (Hg.): *Ludwig Boltzmann. Leben und Briefe*, II 346.
5 Ebd., I 233.
6 Ebd.
7 Ebd., I 235.
8 Ebd., I 250.
9 Boltzmann veröffentlicht nach »wiederholt an mich ergangenen Aufforderungen« die Leipziger und Wiener Antritts-Vorlesungen zusammen mit einem Vorwort vom 1. November 1902 unter dem Titel »Zwei Antrittsreden«, in: *Physikalische Zeitschrift* 4 (1902/03), 247–256 [Leipziger Rede], 274–277 [Wiener Rede]. Beide Reden übernimmt er auch in Ludwig Boltzmann: *Populäre Schriften*, Leipzig 1905.

worden waren), wenn in freier Rede gehalten, nicht verschriftlicht wurden und erst aus den letzten Dezennien des 19. Jahrhunderts zum Druck beförderte Fassungen vorliegen.

Die schriftliche Fassung der Wiener *Antritts-Vorlesung* beginnt in typisch Boltzmann'scher Manier mit scherzhaften Worten: »Man pflegt die Antrittsvorlesung stets mit einem Lobeshymnus auf seinen Vorgänger zu eröffnen. Diese hier und da beschwerliche Aufgabe kann ich mir heute ersparen, [...] bin doch ich gegenwärtig mein eigener Vorgänger.« (141) Stefan Meyer, sein damaliger Assistent, erinnerte sich an Einleitungsworte, die auf die (erzwungene) Übergabe der instrumentellen Ausstattung seines ehemaligen Instituts an Exners Institut anspielen und in der gedruckten Fassung fehlen: »Als Boltzmann damals seine neue Antrittsvorlesung hielt, begann er mit den Worten: Als ich fortzog, als ich fortzog, waren Kisten und Kasten schwer, als ich wiederkam, als ich wiederkam, war alles leer.«[10] Zur Zeit der Wiener Antrittsvorlesung war Boltzmann intensiv mit der Abfassung des Manuskripts des zweiten Bandes seiner *Vorlesungen über die Prinzipe der Mechanik* beschäftigt, deren erster Band bereits 1897 erschienen war.[11] Nichts lag also näher, als in seiner Antrittsvorlesung dieses Thema erneut aufzugreifen. Im Unterschied zur Leipziger Vorlesung, die einen Umfang von 21 Seiten hat,[12] kann die Wiener Rede[13] mit acht Seiten lediglich als eine in leichtem Ton gehaltene Fingerübung gelten.[14] Der zentrale Gedanke ist sein oft wiederholtes Bekenntnis, dass die Mechanik »das Fundament [ist], auf welches das ganze Gebäude der theoretischen Physik aufgebaut ist, die Wurzel, welcher alle übrigen Zweige dieser Wissenschaft entspriessen.« (141) Diese Einsicht ergibt sich, wenn »man einerseits die historische Entwicklung der physikalischen Wissenschaften betrachtet, andererseits auch, wenn man deren logischen inneren Zusammenhang ins Auge fasst.« (141)

Dieser fundamentale Ansatz führte allerdings »in neuester Zeit« zu »Schwierigkeiten, welche die rein mechanische Erklärung des Magnetismus und der Elektrizität bot«; diese Schwierigkeiten »liessen Zweifel darüber aufkommen, ob alles mechanisch erklärbar sei«. (144) Mit einem kurzen Hinweis auf die Äthertheorie (»ein Mechanismus, der an sich freilich wieder vollkommen

10 Brief von Stefan Meyer an Hans Benndorf vom Februar 1944: »Erinnerungen an Boltzmanns Zeit«, in: W. Höflechner (Hg.): *Ludwig Boltzmann. Leben und Briefe*, III 1–III 9.

11 Ludwig Boltzmann: *Vorlesungen über die Principe der Mechanik. I. Theil, enthaltend die Principe, bei denen nicht Ausdrücke nach der Zeit integriert werden, welche Variationen der Coordinaten oder ihrer Ableitungen nach der Zeit enthalten*, Leipzig 1897. Ders.: *Vorlesungen über die Prinzipe der Mechanik. II. Theil. Die Grundprinzipe, die Lagrangeschen Gleichungen und deren Anwendungen*, Leipzig 1904.

12 In der Fassung von L. Boltzmann: *Populären Schriften*, 309–330.

13 In der Fassung von L. Boltzmann: *Populären Schriften*, 330–337.

14 Boltzmann selbst bezeichnete die Münchner und Wiener Antritts-Vorlesungen als »harmlose Plaudereien«. L. Boltzmann: *Populäre Schriften*, 308.

dunkel, die Wirkung aller Mechanismen erklären soll« (145)) verweist Boltzmann auf ein Problem der Inkompatibilität von Mechanik und Elektrodynamik, das drei Jahre später Albert Einstein beantworten sollte.[15] Mit berührenden, ja man ist versucht zu sagen, naiven Worten beschließt Boltzmann seinen Vortrag mit der Bitte um »Vertrauen«, »Zuneigung«, »Liebe«, »mit einem Worte, um das Höchste, was Sie zu geben vermögen, Sie selbst.« (147) Zwei Wiener Zeitungen berichteten ausführlich über die Antrittsvorlesung als ein gesellschaftliches Ereignis und hoben in fast gleichlautenden Worten die »brausende[n] Heilrufe« [bzw.] »Hochrufe« nach Boltzmanns Schlussworten gefolgt von »minutenlangem Beifall« hervor und es fehlte nicht der kritische Hinweis, dass der dringend nötige Neubau eines physikalischen Instituts noch immer nicht realisiert worden sei, und eine kurze Notiz in einer Grazer Zeitung informierte die Leser seiner früheren Wirkungsstätte.[16] Dass die Antrittsvorlesung ein besonderes Ereignis war, zeigte auch die Zahl der Zuhörer aus allen Fakultäten, die sich bis in die Gänge vor dem Hörsaal drängten.[17]

Ernst Mach war 1895 zum ordentlichen Professor der Philosophie, insbesondere für *Geschichte und Theorie der inductiven Wissenschaften* an der Universität Wien ernannt worden. Nach einem Schlaganfall im Juli 1898 konnte er seiner Lehrverpflichtung nicht mehr nachkommen und musste sich mit Ende September 1901 pensionieren lassen.[18] Als Boltzmann nach Wien zurückkam, war Machs Lehrstuhl noch immer verwaist und die Fakultätskommission konnte sich nicht auf eine Nachfolge einigen, als Boltzmann von sich aus den Vorschlag machte, Vorlesungen in der Nachfolge und im Geiste Machs zu halten.[19] Über Boltzmanns Motive zu diesem Angebot mag man trefflich spekulieren, sie reichen von einer in der ersten Wiener Zeit leicht manischen Phase seines Gemütszustands bis zu seiner Absicht, sich systematisch mit ihn bedrängende Fragen der Naturphilosophie und Epistemologie zu beschäftigen, wie sie von Henri Poincaré (1854–1912), Pierre Duhem (1861–1916) und insbesondere auch vom Machianer Wilhelm Ostwald (1853–1932), seinem Freund und Widerpart im Energetiker-Streit bei der Naturforscherversammlung in Lübeck 1895, verfolgt wurden.[20] Das fakultäre Tauziehen um eine geeignete Nachfolge Machs

15 Albert Einstein: »Zur Elektrodynamik bewegter Körper«, in: *Annalen der Physik und Chemie* 17 (1905), 891–921.

16 *Neues Wiener Abendblatt* (23.10.1902), 3; *Illustriertes Wiener Extrablatt* (23.10.1902), 2; *Grazer Volksblatt*, (28.10.1902), 8.

17 W. Höflechner (Hg.): *Ludwig Boltzmann. Leben und Briefe*, I 250.

18 Rudolf Haller, Friedrich Stadler (Hg.): *Ernst Mach. Werk und Wirkung*, Wien 1988, 24.

19 W. Höflechner (Hg.): *Ludwig Boltzmann. Leben und Briefe*, I 246–251.

20 Wilhelm Ostwald: »Die Überwindung des wissenschaftlichen Materialismus«, in: *Verhandlungen der Gesellschaft Deutscher Naturforscher und Ärzte. 67. Verhandlung zu Lübeck 16.–20. September 1895*, Leipzig 1895, 155–168. Ludwig Boltzmann: »Ein Wort der Mathe-

endete, da eine Wiederbesetzung dessen erledigter Lehrkanzel nicht realistisch erschien, mit der Erteilung eines Lehrauftrags an Boltzmann am 5. Mai 1903 über *Philosophie der Natur und Methodologie der Naturwissenschaften*, beginnend mit dem Wintersemester 1903/04 im Ausmaß von zwei Wochenstunden in jedem Semester. Machs mathematisch-naturwissenschaftlich orientierter Lehrstuhl der Philosophie blieb also weiter unbesetzt, und zwar bis zur Berufung von Moritz Schlick (1882–1936) auf den Lehrstuhl für Naturphilosophie im Jahre 1922.[21]

Boltzmann bereitete sich gründlich auf seine neue Aufgabe vor und studierte eingehend die Arbeiten verschiedener Philosophen u. a. solche von Kant, Wundt, Poincaré und Schopenhauer.[22] Am 26. Oktober 1903 hielt Boltzmann seine erste Vorlesung über Naturphilosophie. Die von ihm unter dem Titel *Ein Antrittsvortrag zur Naturphilosophie* publizierte Version fasste seine Vorlesungen vom 26. und 27. Oktober zusammen, wie sich aus der stenographischen Vorbereitung dazu erschließen lässt.[23] In einer Fußnote erklärt Boltzmann das Zustandekommen dieser Publikation:

> Da sich von meiner ersten Vorlesung über Naturphilosophie (gehalten am 26. Oktober) teilweise infolge mißlungener Zeitungsreferate offenbar ganz falsche Ansichten verbreitet haben, so folge ich gerne der Aufforderung der Redaktion der »Zeit«, sie zu veröffentlichen. Da die Vorlesung vollkommen frei gehalten wurde, kann ich nicht den Wortlaut, wohl aber unbedingt den Sinn verbürgen. (147)

Boltzmann bezieht sich hier auf zwei Zeitungsartikel vom 27. und 29. Oktober 1903 in der *Neuen Freien Presse* sowie der *Arbeiter-Zeitung*.[24] Dass Boltzmanns Vorlesung beträchtliches gesellschaftliches Aufsehen zu erregen vermochte, entnimmt man dem Artikel in der *Neuen Freien Presse:*

> Vor dem Hörsaale hatte sich lange vor Beginn der Vorlesung eine zahlreiche Zuhörerschaft – darunter auch viele Damen – eingefunden und bei Oeffnung der Saaltüren entstand ein lebensgefährliches Gedränge. [...] Der Vortragende, der mit rauschendem Applaus begrüßt wurde, gedachte eingangs seiner Vorlesung Ernst Machs.[25]

---

matik an die Energetik. I. Mechanik, II. Wärmelehre, III. Über Herrn Ostwalds Vortrag über den wissenschaftlichen Materialismus«, in: ders.: *Populäre Schriften*, 104–136.

21 Friedrich Stadler: *Studien zum Wiener Kreis. Ursprung, Entwicklung und Wirkung des Logischen Empirismus im Kontext*, Frankfurt/Main 1997, 225.

22 Ilse M. Fasol-Boltzmann (Hg.): *Ludwig Boltzmann. Principien der Naturfilosofi. Lectures on Natural Philosophy 1903–1906*, Berlin, Heidelberg 1990, 12–16.

23 Ebd., 14–15.

24 Anonym: »Naturphilosophische Vorlesung Hofrat Boltzmanns«, in: *Neue Freie Presse* (27.10.1903), 5f.; Anonym: »Machs Nachfolger«, in: *Arbeiter-Zeitung* (29.10.1903), 6.

25 Anonym: »Naturphilosophische Vorlesung Hofrat Boltzmanns«, 5f.

Auch die *Arbeiter-Zeitung* spricht von »einem jubelnden Auditorium«[26]; der eigentliche Gegenstand des Artikels ist allerdings ein heftiger Angriff auf das Unterrichtsministerium und die fehlende Nachbesetzung der philosophischen Lehrkanzel nach Mach, die nun mit einem Lehrauftrag kompensiert wurde:

> Den Gehalt für eine Lehrkanzel zu ersparen, um die Bildungsmöglichkeit zu verhindern, ist der österreichischen Unterrichtsverwaltung immer sympatisch: aber diesmal ging's doch nicht, wenigsten nicht länger als fünf Jahre. Freilich die Lehrkanzel bleibt unbesetzt, aber der Nachfolger ist gefunden und vorgestern hat er bereits seine Antrittsvorlesung gehalten: vor einem jubelnden Auditorium sprach Boltzmann über Naturphilosophie. Man hatte entdeckt, daß dieser Große der theoretischen Physik eigentlich ein engerer Kollege von Mach sei, der ja auch einmal ein Physiker war, bevor er Philosophie lehrte; und man hatte das Vertrauen, daß Boltzmann schließlich doch wenigstens wußte, was ein Atom ist. Atom? Natürlich auch Atomistik, und wie nahe ist's da zur Philosophie! Wenigstens Naturphilosophie wird der Mensch doch verstehen, dachten sich die Herren, die vermutlich unter einem ›Naturphilosophen‹ eine Art Naturburschen in philosophicis vorstellen. Boltzmann selbst war gestern unerschöpflich in Bosheiten und Witzen über den Einfall, ihn Philosophie lehren zu lassen: er meinte geradezu, das hieße den Bock zum Gärtner machen. Aber im Ernst gesprochen, wir alle wissen, daß Boltzmann uns etwas zu sagen hat, unter welchem Titel auch immer er seine Vorlesung hält, und wenn er sich die Rubrik »Naturphilosophie« gefallen ließ, wird er auch den entsprechenden Ausschnitt aus seiner Gedankenwelt geben können.[27]

Wissenschaftsphilosophische Interessen waren in der Zeit um 1900 unter Physikern keinesfalls die Ausnahme und Boltzmanns Interesse vor allem an erkenntnistheoretischen und methodologischen Fragestellungen stand unter dem starken Einfluss von Ernst Mach und dessen antimetaphysischer Erkenntnislehre, die Boltzmann teilte, wenn er im Antrittsvortrag mit Bezug auf Mach von der »Weiterentwicklung seiner Ideen« und der »Machschen Methode« spricht, mit der er »an der Vervollkommnung philosophischer Systeme arbeiten« (149) wolle.[28] Boltzmann, der keine systematische Bildung und Ausbildung im Fach der Philosophie hatte, verstand sich als *philosopher-scientist*, ganz ähnlich wie Mach und im Gleichklang etwa mit seinem Widersacher in der Auseinandersetzung um die Energetik Wilhelm Ostwald, der im Jahr zuvor seine *Vorlesungen über Naturphilosophie* publiziert hatte, die Boltzmann sicherlich kannte.[29]

Es entbehrt nicht der Raffinesse, wenn Boltzmann sagt, er habe nur *eine* im engeren Sinne philosophische Arbeit geschrieben; in seinen Worten blitzt der Schalk auf, wenn er feststellt, »daß hie und da schon jemand an einer Universität

26 Anonym: »Machs Nachfolger«, 6.
27 Ebd.
28 In der Fassung von L. Boltzmann: *Populäre Schriften*, 339, 341.
29 Wilhelm Ostwald: *Vorlesungen über Naturphilosophie. Gehalten im Sommersemester 1901 an der Universität Leipzig*, Leipzig 1902.

gelehrt hat, der noch um eine, der Publikation würdige Arbeit weniger über sein Fach geschrieben hat«. (148)[30] Boltzmann wusste sein Publikum zu unterhalten.

Zu den Fachphilosophen des deutschen Idealismus – Boltzmann nennt hier Hegel (»aber welch unklaren, gedankenlosen Wortschwall sollte ich da finden!« (149)) und Schopenhauer – hatte Boltzmann ein robust ablehnendes Verhältnis, dem er in seinem Antrittsvortrag in für ihn typisch polternden Worten Ausdruck verlieh. Auch der Philosoph, Psychologe und Pädagoge Johann Friedrich Herbart wird mit Verweis auf »Rechnungen in den exakten Wissenschaften« in einem Satz erledigt. (149) Ja, auch Kant wird unterstellt, »den Leser zum Besten haben [zu] wolle[n] oder gar [zu] heuch[eln].« (149) Wortreich beklagt Boltzmann die Einmischung von Philosophen in die Naturwissenschaften und ist sich, ganz dem Zeitgeist unter Physikern verpflichtet, mit seinen Fachkollegen einig: »Mein Widerwille gegen die Philosophie wurde übrigens damals fast von allen Naturforschern geteilt.« (150) Bei all diesem Furor gegen die Schulphilosophie stellt sich die Frage, was Boltzmann seinem Publikum zu bieten gedachte. Es scheint mir um nichts weniger zu gehen als um den Anspruch der Philosophie, die mit der Naturerkenntnis verbundenen Rätsel neu zu denken. Boltzmann erachtete dabei die Darwin'sche Lehre als methodischen, erkenntnisleitenden Leitfaden für seine Überlegungen. Die zweifache Nennung Darwins in seiner Rede hat im zeitlichen Kontext bekenntnishaften Charakter. Machs Analysen implizit aufgreifend stellt er die Frage nach dem Verhältnis von Wahrnehmung und Erkennbarkeit der Außenwelt. Der lokale wie auch offene »Streit über den Wert atomistischer Theorien mit einer Gruppe von Akademikern[31], unter denen sich Hofrat Professor Mach befand«, wird von ihm nur gestreift und Boltzmann berichtet anekdotisch, Mach hätte »plötzlich lakonisch« bemerkt: »Ich glaube nicht, dass Atome existieren.«[32] Und Boltzmann fügte, als würde er Mach zum Zeugen aufrufen für seine nun fortdauernde Beschäftigung mit erkenntnistheoretischen Fragen, unmittelbar an: »Dieser Ausspruch ging mir im Kopf herum.« (148)

Im *Antrittsvortrag zur Naturphilosophie* versuchte Boltzmann eine Antwort zu finden: »Wenn alle diese Fragen sinnlos sind, warum können wir sie nicht abweisen, oder was müssen wir tun, damit sie endlich zum Schweigen gebracht

30 Hier untertreibt Boltzmann die Anzahl seiner philosophisch orientierten Arbeiten; dazu zählen »Über die Unentbehrlichleit der Atomistik in der Naturwissenschaft«, »Nochmals über die Atomistik« und »Über die Frage nach der objektiven Existenz der Vorgänge in der unbelebten Natur«. Alle Aufsätze sind zu finden in: L. Boltzmann: *Populäre Schriften*, 141–187. Boltzmann bezieht sich bei seiner Aussage auf die drittgenannte Arbeit.

31 Mit »Akademikern« spricht Boltzmann ein Gespräch zwischen Mitgliedern der Kaiserlichen Akademie der Wissenschaften an.

32 Das ist die – Boltzmann folgend – wohl authentischere Formulierung von Machs Aussage zur Existenz von Atomen, die in der Literatur alltagssprachlich als »Haben's scho an's g'segn?« kolportiert wird.

werden?« (151) (Eine an Wittgensteins *Tractatus* gemahnende Auslassung!) Reichlich pathetisch formuliert Boltzmann ein allgemeines Ziel seiner Vorlesungen: »Licht in diesen Fragen wenigstens zu suchen, soll die Aufgabe meiner gegenwärtigen Vorlesungen sein.« (151) Das Programm ist methodologischer, konzeptiver und epistemologischer Natur, Gegenstand sollen »die verschiedenen Grundbegriffe aller Wissenschaften« sein und »alle mit Rücksicht auf dieses vorgesteckte Ziel [zu] betrachten, *sub specie philosophandi.*« (151)

»Papa wurde hier sehr enthusiastisch aufgenommen«, berichtete Boltzmanns Frau Henriette an ihre Tochter Ida:

> In der Antrittsvorlesung standen die Leute bis in Laboratorien, Vorhaus und Stiege. Tafel und Hörsaal waren mit Tannreis geziert. Brausender Beifall begleitete ihn. In allen Wiener Zeitungen stand darüber. Er ist nun wieder sehr eifrig. Ich muß für ihn wieder schreiben. Er läßt die Antrittsvorlesung drucken sowie eine andere Abhandlung.[33]

Boltzmann befand sich »in einer wahren Faust-Stimmung«,[34] der Enthusiasmus, der ihm von Seiten seiner Zuhörer entgegenkam, mag sich sehr wohl auf ihn übertragen haben und der publizierte Text seines Antrittsvortrags lässt ein wenig vom sprühenden Witz und Geist des Redners und dessen faustischem Grübeln erahnen. Lange hielt die gute Stimmung jedoch nicht an. Nach vielen, oft krankheitsbedingten Unterbrechungen beendete er seine philosophische Vorlesung mit dem Wintersemester 1905/06.[35]

33 Aus dem Hinweis auf »Laboratorien« kann geschlossen werden, dass die Vorlesung an seinem Institut in der Türkenstraße 3 stattfand. W. Höflechner (Hg.): *Ludwig Boltzmann. Leben und Briefe*, I 250.

34 L. Boltzmann: *Populäre Schriften*, 343.

35 Während eines Sommeraufenthalts mit seiner Familie in Duino beendete Boltzmann am 5. September 1906, einen Tag vor der geplanten Rückreise nach Wien, sein Leben. Wolfgang L. Reiter: »Ludwig Boltzmann – the Restless Prophet«, in: Giovanni Gallavotti, Wolfgang. L. Reiter, Jakob Yngvason (Hg.): *Boltzmann's Legacy. ESI Lectures in Mathematics and Physics*, Zürich 2008, 243–260.

Elise Richter (1865–1943)

Zur Geschichte der Indeklinabilien (1907)

Zur Geschichte der Indeklinabilien.

1. Die Geschichte von *magis* im Französischen.
Magis (mit der von alters her belegten Nebenform *mage*[1]) hatte im Lateinischen drei Bedeutungen,[2] und zwar ist es:

A. Elativisch.

I. Elativisch, synonym zu *valde*. Absolutes hohes Maß: sehr, in hohem Grade: *magis amare* intensiv lieben, *magis doctus* sehr gelehrt, *magis placet* es beliebt, ist sehr erwünscht, *magis puto* ich bin in hohem Grade der Ansicht. Itala Mat. 27. 23 *magis tumultus* großer Lärm, Paulin. Petricordia I, 32 *mage laus est*, I, 96 *mage verum decorum*, Form. Andecav. III, 49 *meas magis necligencias*, wozu in der Note die Korrektur: ›*magnas?*‹ Wie der Zusammenhang darlegt, ist keine Korrektur geboten.

B. Komparativisch, synonym: 1. zu *plus*, 2. zu *potius*.

II. Komparativisch-quantitative Bedeutung, synonym zu *plus*. Es handelt sich nicht darum, ob etwas in sehr hohem Grade vorhanden, sehr intensiv ist, sondern nur darum, daß es ›mehr‹, ›intensiver‹ ist als ein anderes. Cic. *magis esset pudendum, si–*; *magis color, magis est dulcius*, Cic. *magis aedilis fieri non potuisset*, in höherem Grade, glänzender, besser hätte er nicht Aedil werden können, Marc. Empir. 249 F *sed si per os magis detrahere humoris ma-*

---

1 *Mage*, das nicht nur im Altlateinischen, sondern auch später, z. B. bei Paulinus Petricordia, Gallius Cyprianus (CSE XXIII) u. a. belegt ist, lebte im afrz. *mai, maique*, prov. *mai* fort. Die Entwicklung von *magis* erklärt M–L I § 553 (über **mags*) aus **max*. Dagegen ließen einwenden, daß *g* viel früher zu *j* wird, als der Nachtonvokal verstummt. *Magis* dürfte zu *mais* geworden sein, wie *legis* > *lis*, **fagis* > *fais*.

2 Vgl. Hand, Tursellinus.

teriam visum fuit eine größere Quantität Schleim, Orienti Carm. (a. ca. 400) 599 *ipsa morte magis plura agnosco timenda* viel mehr fürchtenswerte Dinge (Dinge, die viel mehr zu fürchten sind), Paulin. Petricordia V, 212 *quo mage credendum est testem magis esse probatum*, wodurch es sehr glaubwürdig ist, daß der Zeuge erprobter sei. (Man beachte den Wechsel von *mage* und *magis: mage* als tonloses elatives Adverb zu *credendum*, *magis* als betontes komparativisches Adverb.) Als ausgesprochen vergleichendes Adverb *magis – quam* m e h r – a l s : Pers. 4. 4. 108 *vendere magis lubet quam perdere* etc., tautologisch *magis plus*, z. B. bei Chiron *magis plus agitatus*; auch bei Hieronymus vikarieren *magis* und *plus*. Natürlich dient es auch zu n e g a t i v e m Ausdruck: Cic. ad Att. *valde te expecto, valde desidero, neque ego magis quam ipsa res et tempus poscit* aber n i c h t m e h r a l s = nur so wie. ›Nicht mehr als‹ ist gleichbedeutend mit › e b e n s o s e h r a l s ‹: Verr. 4, 35 *domus erat non domino magis ornamento quam civitati*. Und da die rhetorische Formel nur ausdrücken soll, daß die zwei angeführten Vorstellungen einander g l e i c h sind, so heißt es auch › n i c h t w e n i g e r a l s ‹: Tusc. 3. 5. 10 *qui enim animus est in aliquo morbo … non magis est sanus quam id corpus quod in morbo est* = die Seele ist n i c h t g e s ü n d e r als der kranke Körper, d. h. eben so wenig gesund = n i c h t m i n d e r k r a n k, als.

Fürs Romanische wichtig sind die Weiterbildungen: Hieronym. (Migne) XXX, 659 B *nos … qui nihil magis quam justum Dei judicium praedicamus* n i c h t s m e h r a l s = n i c h t s a n d e r e s = n u r, a u s s c h l i e ß l i c h, daneben 663 B *qui nihil amplius, quam quod praeceptum est, operatur*. Ermoldus Nigellus 2. 74 *nec sibi cura* *m a g i s* *p r a e t e r* *amare* keine größere Sorge a u ß e r ; a l s n u r. Hier ist also *quam* durch *praeter* vertreten, d. h. der Ausdruck ist aus den Synonymen *m a g i s q u a m* und *p r a e t e r* kontaminiert. Vgl. S. 659.

III. K o m p a r a t i v i s c h - q u a l i t a t i v e Bedeutung, synonym zu *p o t i u s*. Der Unterschied der beiden verglichenen Vorstellungen liegt in der höheren Eignung, in dem Näherstehen zu einer gewissen Beurteilung, › e h e r ‹. *magis hoc aequum* das paßt, eignet sich eher. *magis velle* lieber wollen, Capitolin. Macrinus (Script. Aug.) 2. 4 *quem vis magis quam parricidam* jeden Beliebigen eher als den Vatermörder, Bell. Afr. XIII, 1 *artificiis magis quam viribus decernendis*, Tert. Resur. Carm. 45 *magis illud prius est sine quo priora non possunt* viel mehr ist das das erste, Hieron. Ep. 125. 16 *Nunc … honor nominis Christiani fraudem magis facit quam patitur* eher Anstoß erregt als erleidet, Mar. Vict. I, 519 *donec te lenta senectus terram, quod magis es, faciat*, was du vor allem bist, Paullus Dig. 5, 3. 22 *an hic magis possessor audiendus sit non petitor*, ob hier eher der Besitzer gehört werden soll oder der Kläger. Die Bedeutung › v i e l m e h r ‹: Hieron. XXIV, 154 C *quando tibi potero persuadere me non potuisse magis quam voluisse*. Dieses » n i c h t A v i e l m e h r B « kann natürlich auch umgekehrt ausgedrückt werden: »nicht sowohl A als B«, respektive »nicht (sowohl) A sondern B«: Liv. I, 44. 5 *hoc spatium non magis quod post murum esset quam quod murus post id …* nicht so sehr weil – sondern. Bei Plin. Paneg. 82. 7 finden wir die Wendung in anderer Stellung: *nec dignitate nuptiarum magis quam his artibus inclaruisse* nicht durch die Würde der Ehefrauen so sehr als durch diese Künste, nicht – sondern.

In allen drei Bedeutungen ist *magis* ins Französische übergegangen.

Elativisches *magis*.

Hierher gehört, wie mir scheint, Alex. *65 De la celeste (vie) li mostret veritet. Mais lui ert tart qued il s'en fust tornez.* Man mag das ›*mais*‹ als noch so geschwächte Adversativpartikel fassen, bietet es doch der Erklärung Schwierigkeit, weil eben überhaupt kein Gegensatz vorliegt, sondern ein Fortschreiten der Erzählung: Er predigt ihr die Wahrheit des himmlischen Lebens. Sehr eilt es ihm, daß er dahin gelange.[3] Was die Form des Pronomens anbelangt, so zeigt Alexius selbst den Wechsel von betonter und tonloser Form bei *donc:* 57 *donc lui remembret de son seignor celeste*, gegen 40 *donc li achatet filie ad un noble franc.* Ille 1425 … *Que Galerons ne voelle mie Estre sa seror ne s'amie*; *Mais trop li tarde et li demeure.* Gar sehr wie *plus.* Bartsch, Past. III, 5. 17 *tricheor sont mes trop cil chevalier.* Aus diesem *mais* ist die Redensart *ne pouvoir mais* ›nichts dafür können‹ zu verstehen, nämlich: *pouvoir mais,* wie *magis puto, magis amo* = ›etwas intensiv können‹, und daher mit der Negation: nichts vermögen, in einer Sache nichts ausrichten können. Ich kann dabei nichts tun, also: ich kann nichts dafür. Cast. v. Coucy V *je n'ai mais povoir de moi defendre*, ich habe keine Kraft. Es heißt auch: in einer Sache nicht beteiligt sein; Mont. Ess. II, 48 (Littré) *que peut-il mais de vostre ignorance?* – H. Estienne Apol. pour Hér. 18 *les enfans ont esté tuez pour l'occasion d'une chose de laquelle ils ne pouvoyent mais.*

Quantitativ-komparativisches *magis*.

Die Bedeutung ›mehr‹ ist altfranzösisch ganz geläufig: mais *ou poi; trois centz en ont per duz e mais*, Prov. Vil. 44 *Cil qui se desgarnist Dou suen, on l'escharnist Quant il n'a mais que prendre* wenn er nichts mehr hat, was man nehmen kann. Noch jetzt dialektisch, z. B. norm. *il n'a mais que dire* er hat nichts mehr zu sagen.

Die Bedeutung ›noch dazu‹: Octovien de St. Gelais, En. (Rich. 861) f. 107^{c}: *transperça lors sa cuysse et mais l'aigne.*

Von ›mehr‹ zum temporalen Ausdruck. ›Fürderhin‹: Berte XXX *Ha Diex, verai je mes, fet-elle, mes amis.* Nicht mehr: Cunes de Béthune *Or n'en ai mais talent*; nie mehr: Alex. 36 *Quant veit li pedre que mais n'avrat enfant,*

3 Man beachte die Variae Lectiones: A *kar lui iert tart*, also Fortschreiten der Erzählung; P *tart lui esteit* mit emphatischer Herausstellung des *tart.*

Percev. (God.) *n'en tot le monde n'a mai on, qui mieus devisast la façon du chastel.* J e m a l s : Doon May. 2471 *au premier desplaisir que tu mais lui feras,* Jourd. Blaiv. 709 *furent mais gens en cest siecle vivant (A-t-on jamais vu?).* N i e m a l s : *onques mais.* N i e m a l s – m e h r *ne – mais.* Spezialisiert für den Ausdruck der Zukunft, tritt *mais* an alle temporalen Ausdrücke: *mais toz dis, mais nul jor, a mais totz tens, a mais toz jors*; mit nachgesetztem *mais: a nul tens (a totz tens) mais, a tens mais, a tosjors mais*; ohne bestimmte Zeitangabe, mit substantiviertem *mais: a tout mais.* Ferner bedeutet es von jetzt ab: *mais ouan, mais hui, des mais en avant.* N u n m e h r : Gar. Loh. I *Lairons du roi, dirons mes de Henri,* Ben. Norm. II, 6107 *La terre est mais desabitée Et la genz morte et afamée.* Hier hat *mais* die Bedeutung ›j e t z t‹ angenommen; auch *mais ouan, mais hui* werden in diesem Sinne verwendet (Belege bei God.).

In abgeschwächter Bedeutung › j e ‹ : Villon Gr. Test. 36 *Que dys? Seigneur! Helas, ne l'est-il mais?* Ist er es je? Ist er es denn überhaupt?

Rein komparativisch wird es, wie *plus* und *ains*, auch mit *de* konstruiert: *mais de trois centz* neben *mais que.*

Aus dem komparativen *magis – quam* entwickelt sich das viel umstrittene altfranzösische *n e m a i s q u e* und Konsorten im Sinne der A u s s c h l i e - ß u n g , der N e g a t i o n , der H e r v o r h e b u n g und zwar sind zwei Entwicklungslinien nachweisbar:

1. n o n m a g i s – q u a m führt, wie schon gezeigt, zur Ausschließung und Hervorhebung: ›n u r ‹. *Non habeo magis quam unum = unum tantum = unum solum.* So im Alex. 37 *mais* (fürder) *n'avrat e n f a n t m a i s que cel sol,* Cout. des Chartr. Dijon (God.): *Li faivres n e doit forgier es freres m e s q u e ce qu'il doivent avoir* n i c h t m e h r a l s w a s s i e h a b e n s o l l e n , Joinv. 136 *il sont certeins que il ne pevent vivre mez que tant comme il plera a monseigneur,* Barb.-Méon II. 113. 4 *N'ot gaires de possession mais que une bone maison.* Und mit Bewahrung der lateinischen Stellung: Poème Mor. 420 b *Cant il l'en geita n e m a i s q u e quinze jors al secle demora.*

Ferner haben wir: *habeo (facio) nihil magis quam* n i c h t s a l s = n u r . Psalm XVII (Maz. 798) *Il n'ait mai kes iniquiteit et mauvistieit,* es gibt nichts als. Livre au filz Agap (God.): *Et ne verra l'en mes que bestes sauvages,* Rom. de Kanor (God.) *Je savoie bien qu'il ne vous chaloit maisque vous fussies de moi partis* es drückte euch n i c h t s a l s von mir getrennt zu sein. Nouv. fr. 54 *Amiles ne trouvai qui fust por lui mas que Hildegarde* n i e m a n d a l s n u r , Am. et Am. 2501 *Ne li faut chose mais que santez,* ihm fehlt nichts als (= nur) Gesundheit, n i c h t s a l s ist hier gleichbedeutend zu außer.

Diese Entwicklung steht auf festem Boden; sie wurde auch von Mussafia in seinen Vorlesungen vorgetragen.

2. Nun aber komme ich zu der Form *ne mais (ne nemais)* o h n e *que.* Es fragt sich, wieso das *quam* weggefallen ist. Tobler's Erklärung V. B. III, 76ff. ist bekanntlich die: jemand macht eine Aufstellung: *non habet filium magis.* Worauf nach einer Pause die Korrektur erfolgt: *unum.* Dann wären diese zwei Sätze zusammengezogen worden und durch Verschiebung der Pause auch Verschiebung der Funktion von *magis* eingetreten, das aus einem Adverb zur Konjunktion wird, ähnlich wie dt. *daß* u. ä.

Gegen diese Aufstellung ist nun aber in Erwägung zu ziehen, daß sie zu den spätlateinischen Sprachgepflogenheiten nicht zu passen scheint. So weit wir den spätlateinischen Habitus kennen, haben die Leute damals eher ein Wort zu viel gesetzt, als daß sie eine gedankliche Korrektur so herausgestoßen hätten, wie das ›*non habet magis. – Unum*‹ voraussetzt. Ein ›d o c h ‹, oder sonst irgend ein Verbindungswort erwartet man. Es ist auch nicht zu übersehen, daß in all den anderen Beispielen, die Tobler heranzieht, wie dt. *daß* usw., zwei gleichartige beigeordnete Vollsätze vorhanden sind, von denen im Laufe der Zeit der zweite untergeordnet wird. Hier hätten wir es aber nur mit einem Satzfragment zu tun, das im Zwiegespräch noch eher verständlich wäre, als in der fortgeführten Rede eines und desselben Sprechers. Aus dem Zwiegespräch heraus hätte dann aber keine Pausen- und Bedeutungsverschiebung entstehen können. Als raffiniert zugespitzte Antithese, als ausgeklügelte Redefigur eines Rhetors könnten wir uns eine solche Wendung denken, aber in der Volkssprache steht der Fall vereinzelt da.

Quam kann nur in einem A n t w o r t s a t z e ausgefallen sein, wie Herzog ZRPh. XXXI, 507 andeutet, bei der Widerlegung von Clédat's Aufstellungen (Rev. de Phil. Franç. XX S. 14)[4]. Die Entwicklung von *non magis* ohne *quam* geht offenbar auf das Gespräch zurück. Auf eine Frage *quantos habes?* erfolgte die Antwort kaum anders als: n o n m a g i s q u a m *unum.* Auf die Frage *quantos magis habes?* lautet sie: *non magis habeo.* Herzog's Ausdruck ›im verballosen Satze‹ ist also noch zu rektifizieren, denn seine Aufstellung von *non magis quam duos* zu **non magis duos* ist sprunghaft. Es ist dabei eben wieder nicht gesagt, w i e s o das *quam* wegbleibt. Es liegt aber auf der Hand, d a ß e s w e g b l e i b t (und zwar in einem verballosen Satze) i n d e r G e g e n f r a g e : *Quantos habes? – Duos. – Non magis?* = nur? Hier konnte *non magis* in der einschränkenden Bedeutung erstarren und sich vom Komparativ loslösen, so daß es des ›*quam*‹ nicht mehr bedurfte, wenn dann ein Objekt dazu trat: *Non magis duos?* das übrigens eine Zusammenziehung aus zwei Fragen sein kann: *Non magis?*

4 Nach Clédat wäre zwischen *mais* und *que* ein ›*il faut*‹ ausgefallen und das ›*que*‹ geschwunden, als *nemaisque* den Wert einer Präposition mit Akkusativ erworben hatte. Das ist schon deshalb abzulehnen, weil es sich bei dem Schwund des ›*que*‹ nicht nur um einen französischen Vorgang handelt, sondern die Form *non* (*ne*) *magis* ohne *quam* auch rumänisch und norditaliänisch vorhanden ist.

(sich vergewissernd) *duos?* Von da aus dringt es zunächst in den wiederholenden, beteuernden Antwortsatz: *non magis, duos* > *non magis duos.* Da *non magis* nun das Objekt negativ einschränkt, ist es natürlich, daß ein hinzutretendes Verb ebenfalls die Negation hat: non *habeo* non magis *duos.* Da das Französische, auf das ich hier allein eingehen will, statt *non* in solchen Fällen *ne* setzt (vgl. Tobler V. B. I, 3) so haben wir also bereits im vorliterarischen Französisch die Typen

I. *non* / *nihil* } *habeo magis quam unum* > *ne – mais que*

II. *ne magis?* / sobald ein Verb dazutritt: > } *nemais* / *ne – nemais.*

Nichts begreiflicher, als daß diese zwei Formen, die schließlich gleichwertig die einschränkende Bedeutung ausdrücken, sich anziehen und gegenseitig beeinflussen; daher erhalten wir einerseits

III. *ne – nemaisque*

andrerseits, da ja so häufig neben Wörtern mit *-que* Simplicia ohne *que* stehen,

IV. *ne – mais.*

Einige Belege zu II: Rol. 381 *Jo* ne *sai veirs nul hume* Nemes *Rollant* keinen – als nur = außer. Raimb. Og. 4617 *qu'il* n'*en paroit* ne mais *l'oel et le pie*, nichts – als nur, Li biaus Desconnuz 206 N'i *a celui qui ait talent* nemais *li biaus Desconnuz.*

Zu III: Chev. Cygne 204 n'en *remaine avec lui* nemaisque *trente et six*, Rol. 1309 ne mais que *dous* n'en *i ad remes vifs.*

Zu IV: QLR 123 … *si cume la mere sun filz qui* n'*ad* mais *un*, Ille 5450 Nus ne *set sossiel les noveles*, mais *lor sergent*, Ben. Norm. II, 10493 *Si* n'*i ont unc puis autre plait* mais *del eissir*, alle in der Bedeutung niemand (nichts) – als nur = außer.

Die Negation kann anders ausgedrückt sein: Joinv. 167 *ainsi en revenimes* sans riens *perdre*, mesque *ce que le mestre de S. Ladre y avoit perdu.* Ein weiterer Schritt Ms Bern 365 (God.) *que fait on* autre chose mais ques *on oeuvre la porte?* Eine rhetorische Frage; man hat im Sinne: man tut nichts anderes als –. Weiter ganz ohne Beziehungswort Ps. XVII (Maz. 798) *Et qui est Dieu maiques nostre Seigneur?* ›wenn nicht‹; entstanden aus dem assertorischen Satze: er ist niemand (nichts) anderes – als. Einer Ergänzung bedarf auch Joinv. 137 *l'omme lay ne doit pas deffendre la loy cretienne nemais de l'espee* = nicht anders als mit dem Schwerte, nicht – außer.

Man hatte also zwei Wortpaare *nemais nemaisque* und *mais maisque*, die im negativen Satze die Einschränkung ›nur‹, ›bis auf‹, ›außer‹ bedeuten.

Eine Aussage wird geleugnet bis auf einen gewissen Punkt; der ist von der gemachten Aufstellung ausgenommen. Die Funktion des Ausschließens heftet sich diesen Wörtern an, sodaß sie zu reinen Ausschließungspartikeln werden und als solche auch im positiven Satze Verwendung finden: Rol. 217 *Franceis se taisent* nemais que *Guenelon*, Rol. 1689 *tuit sont ocis* nemais *seisante*, Passion 99 *Tot ses fidels i saciet* maisque *Judas*, also alle drei schon in den ältesten Texten, während das einfache *mais* m. W. erst später zu belegen ist: Mort. Aym. 449 *tote estoit noire mes un bras qu'ele ot blanc* etc. Auch hier gilt die Aussage bis auf einen Punkt, der von der Aufstellung ausgeschlossen bleibt, aber nun natürlich im umgekehrten Verhältnis. Die Aussage ist bejaht, der ausgenommene Punkt verneint. Das ist also derselbe Vorgang, den wir in *neis* beobachten: Im negativen Satze = ›selbst nicht‹, ›nicht einmal‹, heißt es im positiven ›sogar‹, weil die steigernde Bedeutung überwiegt.

Nemais und Kons, dienen nun in gleicher Weise zur Ausschließung wie *fors* und es ist daher begreiflich, daß das von ihnen abhängige Nomen im Obliquus steht, auch da wo die Satzkonstruktion den Rectus erfordern würde (vgl. Tobler V. B. III, 82), wie in dem eben zitierten *nemaisque Guenelon,* Flore und Blanchefl. 1716 *Tout se lievent ne mais k'aus trois.*

Natürlich kann der von der Aussage ausgeschlossene Punkt in Form eines ganzen Satzes gegeben werden und dann wird also *nemais* und seine Sippe konjunktional gesetzt. Es bedeutet: außer : Joinv. 137 *Il dit que il* n'*avoit pas conseil du redire* mesque *devant ceulz qui estoient au matin.*

In der Bedeutung ›nur daß‹, ›bis auf das, daß‹, ›ausgenommen daß[‹] steht es

im negativen Satz: Rou II, 2446 *Unkes* n'*i arestut*, nemais qu'un *pou mangea* nur, daß er ein wenig aß. Er rastete nicht bis auf das, daß –.

Im positiven Satz: Guil. Pal. 4240 *A mult grant joie s'en revont, maisque mult las et pené sont*, Erec 1652 *Ses peres est frans et cortois mesque d'avoir a petit pois.* Nur daß sie sehr müde sind; nur Besitz hat er wenig. In beiden Fällen ließe sich ›nur daß‹, ›nur‹ durch ›aber‹ ersetzen; wir haben es nämlich mit Vollsätzen zu tun.

Die Bedeutung ›außer‹ entwickelt sich beim konjunktionalen *nemais* so: ich tue es nicht außer = ich tue es nicht, wenn nicht –, = ich tue es, wenn nur – oder schließlich: ich tue es nur wenn. Es leitet also einen Bedingungssatz ein. Die Aussage gilt, wenn eine andere Aussage gilt (resp. nicht gilt). Chans. d'Ant. 174 *tous les estuet morir … ne mais se il voloient guerpir lor loi haie, aus plus riches barons donrai grant manandie*, nur wenn sie – wollen = es sei denn, daß sie wollten. Es kann, wie jede andere Konditionalpartikel den Konjunktiv regieren: Huon Bord. 145 *maisqu'il fust fervestus et armés* es sei denn daß, vorausgesetzt daß, R. Cambray 2284 *Et pardonrai trestot, par St. Richier, mais que mes oncles puisse a toi apaier,* J. de Salisb. (God.) *Il n'est homme plus necessaire ne plus proffitable que le mire, mais que il soit loial et sage,* aber er muß –. Es hält sich bis ins 16. Jahrh.: Marg. d'Angoul. Brief 63 *Maisque il plaise a V. S. vous garder en bonne santé je ne crains riens.* Noch bei Garnier, Bradam. 605 *quelle parfaite joye, Mais qu' un petit Cesar entre vos bras je voye.*

Eine letzte Entwicklungsphase ist dann aus der konditionalen die rein temporale ›sobald als‹: Tournebus Les contens II, 2 *Mon pere, maisque j'aye dit deux mots a Madame Françoise je vous vieng trouver.* Ebd. III, 7 *Ce sera grand pitie de la vie qu'elle fera* tantost maisque *tout nostre mystere soit decouvert.* Fürs Normannische verzeichnet es Littré: *mais que j'aille chez vous je vous l'apporterai,* wenn ich nur = sobald.

Mit einfachem *mais:* Troie 16347 *mei ne chalt s'il maveit ocis, mes de lui fust vengement pris,* wofern nur (es sei denn daß) u. a. Ebenso *mes tant que* wie *fors tant que* ›nur daß‹ vgl. Auberee 633. Das einschränkende *maisque* verblaßt zur farblosen Adversativpartikel, von ›nur daß‹ zu ›nur‹, ›aber‹. Rich. 4597 *Si maudist l'eure qu'il le vit, Mais que ce fut entre ses dens,* aber er tat es nur zwischen den Zähnen. Hier beschränkt *maisque* die Gültigkeit der gemachten Aussage in ganz anderer Weise als früher; es gibt nämlich nur einen Gradunterschied. Es bestreitet nicht einen einzelnen Punkt der früher gemachten Aussage, sondern läßt sie im vollen Umfange gelten, schwächt sie aber in demselben vollen Umfange ab. Er hat geflucht, nur daß er es leise getan hat. Hier verläuft also die Grenze zwischen dem ausschließenden und dem adversativen *mais.*

Tobler stellt die Entwicklung von *ne mais que* aus komparativischem *magis quam* in Abrede mit der Begründung, es hätte sich bei *mais* dann auch *de* finden müssen, wie bei allen anderen Komparativen. Dieser Einwand scheint mir nicht unwiderlegbar. Das komparativisch gefühlte *mais* hat ja *de,* wie *plus de* (vgl. S. 659). Das ausschließende *mais* aber wurde, sowie es eben in die hervorhebend-ausschließende Bedeutung überging, nicht mehr komparativisch gefühlt. Das Nebeneinander der Formen *nemais* und *maisque* bewirkte von vornherein, daß hier *que* nicht als das komparativische *que* gefühlt wurde, das mit *de* wechseln kann, sondern als adverbiales resp. konjunktionales *que,* daher es nach Belieben weggelassen und *mais* allein gesetzt wird; das *que* andrerseits erhält auch noch advb. *-s (maisques). Nemais(que)* war keine flüssige Komparativform, sondern eine erstarrte; wäre sie nicht erstarrt, so hätte sie sich nicht zur Bedeutung ›nur‹, ›außer‹, ›sondern‹ entwickeln können. Übrigens haben wir in *puisque* einen analogen Fall, der aber noch viel auffallender ist: *puis* neben *puisque* wie *ains ainsque, avant avantque,* und dennoch stellt sich kein *puis de* ein, obzwar *ains de, avant de* vorkommen.

Qualitativ-komparativisches *Magis*.
Reines *magis* = *potius* ›lieber‹ scheint mir vorzuliegen in Alex. 48 *Danz Alexis l'esposet belement, mais de cel plait ne volsist il neient.* Er hat sie geheiratet; lieber wüßte er nichts von der ganzen Sache; lieber wollte er nichts damit zu tun haben. Tobler stellt dieses *mais* unter das rein adversative, korrigierende *mais*; es handelt sich aber wohl eher um ein *magis velle*, aus dem der Konjunktiv dann auch ganz verständlich ist. Hs. L hat zwar *mais co est tel plait*, zeigt aber in der ganzen Strophe schlechte Überlieferung.

Der Sinn von *magis* = potius = ›eher‹, ›vielmehr‹, ›lieber‹ ist die Richtigstellung einer eben gemachten Aussage. Ich sage: A; man korrigiert mich: »vielmehr paßt B.« Gui Bourg. 2170 *je irai ... a Huidelon parler. Sire, ce dist Bertrans, mais moi laissies aler.* Vielmehr (lieber) laßt mich gehen. Heut wendet man statt dessen *plutôt* an, das gleichwertige Wort, nur daß seine Bedeutung weniger verdunkelt ist.

Aus dem korrigierenden *magis* ist das adversative hervorgegangen.[5]

Diese Richtigstellung eines Urteils kann von dreierlei Art sein:

1. Eine ganz allgemeine Richtigstellung, wie die eben erwähnte: *tu ne vadas, magis ego.* Dieses Stadium war jedesfalls vorromanisch, da es in allen romanischen Sprachen, außer Rumänisch, anzutreffen ist; *magis* besagt, daß statt eines Objektes ein anderes gesetzt wird, es ist soviel als ›statt dessen‹, ›sondern‹. Diese beiden Partikeln drücken im allgemeinsten Sinne aus, daß eine Auffassung an Stelle einer anderen gesetzt wird. *Ce n'est point parce que ses passions le rendent contraire à Dieu, mais parce qu'elles troublent son repos*, Cid II, 9 *immolez non à moi, mais à votre couronne, mais à votre grandeur.* Aber die Korrektur ist nicht immer so allgemein gehalten, daß sie überhaupt für einen Gedankengehalt A einen ganz anderen, B, setzt. Fast immer spricht sich darin eine Gegenüberstellung, ein Gegensatz, ein Widerstreit zweier Meinungen aus, so daß *mais* in adversative Bedeutung gedrängt wird: Sev. *cela est bon pour une demoiselle de Saint-Cyr, mais pour une véritable Abbesse*; die Rangunterschiede sind in Gegensatz gestellt. Ronsard I, 91 *ton jeune coeur, mais vieil pour decevoir* Jung, insofern die Angeredete jung ist, aber alt inbezug auf die Kunst des Täuschens. Rein adversativ: mais non. Volt. Dict. Phil. (Moïse) *Le peuple pour qui Dieu a fait des choses si étonnantes va sans doute*

5 Tobler a.a.O. 82 streift die Frage, ob adversatives *mais* unmittelbar aus der Bedeutung ›*potius*‹ abgeleitet werden soll und läßt sie unentschieden. Er neigt eher zur einheitlichen Ableitung auch dieses *mais* aus dem in Pausa stehenden *magis*. M.-L. Syntax § 550, 553 (vgl. auch 702) wird *mais* nicht mit *potius* in Zusammenhang gebracht und die Tobler'sche Erklärung im Ganzen beibehalten. Aber im Syntax-Kolleg 1904/05 hob Professor Meyer-Lübke hervor, daß im adversativen *mais* die Bedeutung ›potius‹ steckt und daß die beiden *mais* zu trennen sind.

être le maître de l'univers; mais non, le fruit de tant de merveilles est de souffrir. Das gerade Gegenteil trifft zu. M a i s e n c o r e : Lafontaine fabl. 1,5 *Qu'est-ce là? Lui dit-il. – Rien. – Quoi, rien? – Peu de chose. – Mais encore?* etc. Aber etwas ist doch da, (im Gegensatz zu Deinem Leugnen), ich sehe doch etwas.

Die Korrektur erstreckt sich n i c h t immer auf das g a n z e U r t e i l , sondern sie kann auch p a r t i e l l sein. Die zuerst ausgesprochene Meinung besteht zwar fort, wird aber n i c h t i n i h r e m v o l l e n U m f a n g e als gültig angesehen, sie wird durch die Korrektur zwar nicht verdrängt, wohl aber e i n - g e s c h r ä n k t , daher haben wir

2. R i c h t i g s t e l l u n g i m S i n n e e i n e r H e r a b m i n d e r u n g des ersten Urteils. *Il est riche mais avare.* Der Reichtum ist (inbezug auf seine Wirkung nach außen und zur Beglückung des Trägers) eingeschränkt durch den Zusatz ›geizig‹. Britan. IV, 3 *J'embrasse mon rival, mais c'est pour l'étouffer.* Die Aussage ›ich nähere mich freundlich meinem Nebenbuhler‹ ist herabgemindert durch die Mitteilung, daß es keine tatsächlich freundliche Annäherung ist: ›aber nur‹ um ihn zu erwürgen. Hierher gehört auch Alex. 114 *Iluec troverent dam Alexis sedant, mais ne conurent son vis ne son semblant.* Die gute Nachricht, daß sie ihn endlich trafen, ist eingeschränkt durch die Tatsache, daß sie ihn nicht erkannten. *Tu nous laissas le jour, mais pour nous avilir.* Die Gnade ist herabgemindert durch den Zusatz: (›aber nur‹) um uns zu erniedrigen etc.

3. R i c h t i g s t e l l u n g i m S i n n e e i n e r S t e i g e r u n g des ersten Urteils. Die Aussage ›A ist B‹ wird korrigiert: ›vielmehr ist es B^2‹ ›es ist sogar B^2‹; *mais* ist also wieder reine Steigerungspartikel. *C'est bon, mais très-bon. C'est un coeur, mais un coeur, c'est l'humanité même. Elle y fut reçue très-bien, mais très-bien. Mais oui* ganz gewiß. Mit Wechsel des Ausdruckes: *un seul cri, mais éclatant, mais unonime. Non seulement il est bon, m a i s e n c o r e il est généreux.* Auch noch, n o c h d a z u . Eigentümlich knapp und kraftvoll bei Ronsard III, 213 (an Heinrich III, dessen Güte öfters der göttlichen verglichen wird): *O prince, mais o Dieu!*

In etwas abgeblaßter Bedeutung dient dann *mais* zur Überleitung von einer Aussage zur anderen: *mais cependant, mais enfin, à quoi en voulez-vous venir?, mais qu'avez-vous, mais que voulez-vous faire.* Verkürzter Ausdruck liegt vor in Fällen, wo das *mais* sich nicht unmittelbar auf das eben Gesagte bezieht, sondern auf etwas, was der Sprecher im Sinne behält. So im Alex. 83 *Donc en eissit danz Alexis a terre, Mais ço ne sai com longes i converset.* Der Gegensatz liegt nicht darin, daß er ›ausgestiegen‹ und ›dort geblieben‹ ist, sondern, das Aussteigen erzählt der Autor mit voller Gewißheit, aber ›das weiß ich nicht‹, wie lange er geblieben ist. Die Variae Lectiones drücken denselben Gedankengang aus. *Mais* als Angabe der Ursache: *Je l'ai maltraité mais j'en avais sujet.* Ich knüpfe mit a b e r an ein nicht ausgesprochenes Mittelglied an: das könnte roh, unbedacht, unrecht scheinen, (ist es aber nicht) vielmehr hatte ich einen Grund. Oder: *mais revenons à notre propos.* Nicht ausgedrückt: lassen wir dieses Gespräch, kommen wir vielmehr auf unser Thema zurück. Oder zur Einleitung eines Widerspruchs: *mais ne vous en déplaise*, voll ausgedrückt: ich werde zwar etwas Gegenteiliges Vorbringen, hoffe aber, Sie nicht zu beleidigen.

Es ist schon oben darauf hingewiesen worden, daß das a u s s c h l i e ß e n d e *mais* (*nemais*) bis a n d i e a d v e r s a t i v e B e d e u t u n g gelangt. Dennoch wäre es nicht angebracht, diese Fälle einfach zum adversativen *mais* zu schlagen. Nicht nur aus chronologischen Gründen: alle Bedeutungen von *mais* liegen in den ältesten Texten nebeneinander, adversatives *nemais* hingegen ist erst später zu konstatieren. Den Ausschlag geben die inneren Gründe: Das a d v e r s a t i v e *mais* < ›potius‹ fügt dem aufgestellten Urteil e i n n e u e s A r g u m e n t h i n z u , das bisher übersehen worden war. *Il est riche mais avare.* ›*Avare*‹ steht an Stelle eines Vollsatzes; es ist eine neue Vorstellung zu dem früheren hinzu getreten, sie mag voll ausgedrückt sein oder nicht. Das e i n s c h r ä n k e n d e *mais* hingegen l e i t e t k e i n e n n e u e n G e d a n k e n ein, sondern schließt nur aus der schon gegebenen Gesamtvorstellung einen Teil aus, es hebt aus der mitgeteilten (nun schon bekannten) Vorstellung etwas heraus. Z. B. *tote estoit noire, mes un bras qu'ele ot blanc.* Nun könnte ja die Ausdrucksweise mit korrigierendem *mais* daneben stehen: ›vielmehr, an einem Arm war sie weiß‹. Was aber dem Ausdrucke gerade hier durch den krassen Widerspruch etwas dumm Unbedachtes gäbe. Jedesfalls ist vom ausschließenden *(ne)mais* auszugehen.

Auch wo *nemais* und Konsorten in der Bedeutung ›nur‹ einen S a t z einleiten ist der Ü b e r g a n g z u r a d v e r s a t i v e n B e d e u t u n g gegeben und auch hier ist er gemacht worden, vgl. das oben zitierte *a mult grant joie s'en revont, mais que mult las et pene sont.* Das könnte auch schon übersetzt werden: a b e r müde sind sie. Ille 1823 *Et voit illoec ester s'amie, Nemais il ne le connoist mie, Ains cuide que ce soit uns hom.* Hier haben wir die Bedeutung, die zwischen n u r und a b e r schillert; *nemais* ist wie das adversative *mais* konstruiert: es leitet einen n e u e n V o l l s a t z ein und kann mit ›j e d o c h ‹ übersetzt werden. 2296 *Bien sai que l'os nos assaudra Ne mais viande lor faudra.* Das Heer wird uns angreifen; nur werden ihm Lebensmittel fehlen. Es ist aus der Situation heraus zu erklären: sie werden uns belagern, aber es wird nicht lange dauern können, denn sie werden bald Nahrungsmangel haben. Also: Angreifen werden sie uns, nur wird es nicht lange dauern. Noch deutlicher 606 *Se je muir chi A con mal port sont arrivé Tuit cil qui sont de moi privé. Ne mais, se dieux me velt conduire Cier me vendrai ains que je muire.* V o r a u s g e s e t z t , d a ß Gott mir hilft. Die beiden Sätze enthalten keinen Widerspruch, daher erscheint mir Tobler's Klassifikation zu ›aber‹ a.a.O. 84 etwas sprunghaft. Es ist konditionales *ne mais,* das noch außerdem durch konditionales *se* gestützt wird. Aber es ist eine eigenartige

Konstruktion, die der adversativen näher steht: *nemais* leitet formell und inhaltlich den neuen Satz ein und hängt nicht von etwas schon Gesagtem ab.

Aus solchen Schattierungen der Verwendung ergibt sich die Möglichkeit, ›*nemais*‹ in der Bedeutung ›jedoch‹ zu verwenden, wie wir es öfters finden, speziell in Ille, z. B. 1638 *C'est cose trop desmesuree. Nemais ce que avenir doit Ne puet nus tolir,* 5315 *(Galerons est none velée …) Ne mais li dus en ot tel doel,* 2263 *I ciet bien tel a.i. assaut, Quant on le requiert, qui poi vaut, Ne mais pröece est aduree En cose bien amesuree,* ›hingegen‹. Chans. d'Ant. II, 153 *Car li Turc les enchaucent … Ne mes, diex en ait los, qui tot puet justicier, N'i perdirent li nostre vaillisant un somier.* Keine einfache Umstellung aus *n'i perdirent li nostre ne mes un somier*; bei der Übersetzung ›nicht mehr als‹ fehlt das Bindeglied beider Aussagen, auch ist der Einschub zwischen *Ne mes* und *ne* zu beachten; *ne mes* ist vom übrigen Satze losgelöst und hat selbständige Bedeutung: ›jedoch‹. In einigen Fällen ist, wie Tobler a.a.O. 81 erwähnt, die Übersetzung mit ›s o n d e r n ‹ näherliegend: Chans. d'Ant. II, 274 *Vous* n'*avés pas les Turs mors ne desharetés,* N e m a i s *Jhesus de gloire …* Méon I, 3, 43 *en sa mule point* n'*avoit De frain, ne mes seul lo chevestre* = sondern nur, *nule enneur terrienne ne veuil aquerre* m e s q u e *ta loi essaucier.* In diesen Fällen liegt ganz und gar Ersatz einer Vorstellung durch eine andere vor. Wir haben also eine Zwischenform zwischen adversativem und rein ausschließendem *mais*; und so konnte eine Zeitlang neben adversativem *mais* auch a d v e r s a t i v e s *ne mais ne–nemais maisque* usw. existieren.

2. Indeklinabilien mit -*ipse*.

Es kommen vor allem drei Bildungen in Betracht: *ne* + *ipse*, *ant-* + *ipse* und *de* + *ipse*. Da bei frz. *anceis* und bei frz. *dès* und ähnlichen Formen die Zusammensetzung mit *ipse* fraglich ist, so empfiehlt es sich, mit *ne ipse* zu beginnen,

I. *N e i p s e .*

Sicher ist *ne ipse* enthalten in it. *nessuno* und in der provenzalischen Sippe *neissus, neis*; im Französischen bietet die Entwicklung von *ne ipse* > *neis nis nes* neben *neïs* der Erklärung Schwierigkeiten. Es liegt auf der Hand, daß prov. *neis* und frz. *neis* nicht denselben Entwicklungsgang gemacht haben können. An eine Entlehnung des Französischen aus dem Provenzalischen ist nicht zu denken; ganz abgesehen davon, daß das Französische zweisilbige Formen aufweist, die es ja unmöglich aus dem Provenzalischen entlehnen konnte: (z. B. Oxf. Psalter 38, 9 *nedes*, 138, 12 *naes*, Cambr. Psalter 134, 17 *nees* etc.)

Da das Provenzalische auch das b e j a h e n d e *eis* zur Hervorhebung anwendet, sei zunächst ein Blick auf die p r o v e n z a l i s c h e n Verhältnisse geworfen.

In unseren ältesten südfranzösischen Texten sehen wir *eps* wesentlich häufiger gebraucht, als später; in der Passion allein steht es 10 mal, und zwar 2 mal beim Feminin: 116 *per epsa mort* 313 *ad epsa nona*; da im Provenzalischen *ipse* ein Indeklinabile ist, können wir beim Maskulin nur durch die Stellung entscheiden, ob es adjektivisch oder adverbial empfunden wurde: 502 *contra nos eps* 255 *el madeps* 184 *per loi medeps.* Vor dem Artikel: 16 *per eps los nostres* 35 *chi eps lo morz fai se revivere* 417 *en eps cel di.* Mit Attraktion: Boeci 214 *en epsa l'hora.* Als nördliche resp. französische Formen sind anzusehen *es* und *is*, die wir gelegentlich in demonstrativischer Verwendung finden: Boeci 498 *per tot es mund.* Girart 358 *me tail' e cos, diss el, is vestement.* Für ›derselbe‹ z. B. Girart 121 *en is loc* (auf der[selben] Stelle), 442 *es loc* (absoluter Obliquus).

Da die Beispiele für die Verwendung von *eis* leicht zu vermehren wären, ist es wohl überflüssig, weiter darauf einzugehen.

Im Boethiusliede finden wir *ne eps* im n e g a t i v e n Satz: 142 n e e p s *li omne qui sun ultra la mar, no potden tant e lors cobeetar* ..., n i c h t s e l b s t = s o g a r n i c h t, und im Johannes-Evangelium im p o s i t i v e n : *no solament los pes mas* n e e p s *las mas el chap*, s o n d e r n a u c h, s o g a r. Dialektisch scheiden wir *neis* und *neus.* In beiden Fällen hat das vortonige *e* mit dem folgenden Vokal einen Diphthong gebildet, das Wort erscheint provenzalisch m. W. nur einsilbig. Die lautliche Entwicklung liegt eben so klar vor uns wie die begriffliche: während das demonstrative Pronomen in jedem Falle akkordiert, wird das steigernde, das so häufig an Sach- und Umstandsobjekt tritt, leichter unveränderlich gebraucht; es erstarrt mit *ne* zum heraushebenden Adverb und daher wird es einerseits auch vor dem Feminin in unveränderter Gestalt verwendet; andrerseits wird die s t e i g e r n d e Bedeutung von der n e g a t i v e n losgelöst, wie im it. *non che*, und es tritt in den positiven Satz, zwar auch in steigernder Funktion, aber in einer der ursprünglichen entgegengesetzten Bedeutung.[6]

Im F r a n z ö s i s c h e n haben wir vom demonstrativen *ipse* keine Spur; und das hervorhebende ist ebenfalls in historischer Zeit nicht mehr in adjektivischem Gebrauch. Wir haben nur adverbialisch erstarrte Wendungen: *en es le pas, en es l'heure*, vereinzelt mit genereller Angleichung: *en esse la charrière.* Wenn also *ne+ipse* eine feste Verbindung einging, so war das Wort durch kein volllebendiges einfaches *ipse* in seiner Entwicklung irgendwie beeinflußt.

Aber auch die lautlichen Verhältnisse liegen fürs Französische anders. Hier mußte der Nominativ *ipse* sich genau so entwickeln wie *ille* und *iste*, nämlich über *epsi* durch Umlaut zu i s, während im Provenzalischen offenbar der Diphthong nicht umlautet. Tatsächlich finden wir die Deklination *ipsi – ipso* in spätlateinischen Texten sehr häufig, z. B. Fredegar 103. 6 i p s i *vero patrem suum*

6 Vgl. zur Entwicklung von *non che* das z. Z. im Druck befindliche Referat über Ebeling's Probleme der Romanischen Syntax in Vollmöller's Kritischem Jahresbericht 1905.

… *interfecit* gegen 106. 32 *ipso anno obiit.* Joca Monachor.: 8 ipsi *dabet vobis oleum*, Form. Andec. II 48 *Si fuerit* ego ipsi *aut aliquis de propinquis meis …* XIII et ipsi illi *ad placetum adfuit … qui ipso placito custodisset*, XVII *Sed* ipsi illi *de presente adstare videbatur … ante ipso vigario vel ante ipsos pagensis … Sed* ipsi illi *in ipso placito ad ipsa cruce visus fuit cadisse* etc. Wenn nun das steigernde *ipse* überhaupt in Gebrauch war, so mußte

NE IPSI ILLI > *ne is il*, NE IPSO ILLUI > *ne es lui*

ergeben. Die wahrscheinliche Betonung war *nè is íl, nè es lúi.* Da aber das Pronomen *is es* in einfacher Gestalt außer Gebrauch kam, und eben nur zur Verstärkung in einigen Wendungen gesagt wurde, konnte es mit dem vorhergehenden *ne*, zu dem es enklitisch stand,[7] eine Worteinheit bilden: *néis nées.* Letzteres wurde zu *nes* zusammengezogen. Das einsilbige *neis* ist – wohl infolge der Vortonigkeit – später zu *nois* fortgeschritten als die satzbetonten Wörter. Bei Chrestien z. B. steht *neis* neben *corteisie, peisson* etc., vgl. Foerster zu Cligès S. LX. *Nois* lesen wir z. B. in Floovant 155, in der Vie de Saint-Silvestre, in den Akten von S. Germain-des-Prés (vgl. Godefroy).

Es ist nicht zu verwundern, wenn in einer Gegend auch eine Betonung *ne ípse* die vorherrschende wurde; durch sie erklären sich die zweisilbigen Formen *neïs, nees, nedes.* Das *-ed-* zeigt, daß wir es mit der zu *qued* analogischen Form *ned* zu tun haben, die ja alt genug ist, um hier in Betracht zu kommen.

Wir finden die schon erwähnten Formen *nedes naes nees* im Oxforder und Cambridger Psalter; aus ihnen erklärt sich *neies* im Rom. du M. St. Mich. 2835 (neben *neis* 2964). Ferner ist zu konstatieren *neïs* bei Marie de France (neben *nes*), Hermann von Valenciennes, Adam de la Hale (Rob. et Mar. 581 Hs A) neben *nis* und *nes*, und im Rosenroman z. B. 14221.

Im Vorton wird *neés* zu *nes* (wie *nées*) und *neïs* zu *nis*. Auch *nis* gehört dem Westen an: es findet sich bei Hermann von Valenciennes, Marie de France, Adam de la Hale, Vic. de Margival, Garnier de Pont-Saint-Maxence, Gautier de Coincy, Benoit de Ste-Maure, Frère Angier (Rom. XII), im Chevalier au Cygne, Chevalier as deus Espees, Doon de Mayence, Chanson d'Antioche etc., ferner bei

7 Auch später, nämlich in historischer Zeit, sehen wir *neis* enklitisch z. B. QLR I 13 7 *Samuel fut en Galgala* e ces neis *pour aveient ki od lui esteient* (sogar diejenigen) ohne Entsprechung im lateinischen Text: *Universus populus perterritus est qui sequebatur eum.* Vielleicht Auberi 87. 22 *Se losengier m'ont envers vos meslee Maugre* lor nes *i serai acordee.* Durch diese Auffassung würde eine der Stellen aufgeklärt, die Tobler S. 265 unter *nes* anmerkt. An der zweiten Stelle 171. 31 *mal deheit ait ens el nes de devant* scheint allerdings unabweisbar ein Substantiv *nes* vorzuliegen. Aber die ganze Stelle ist auffallend durch Wiederholung des *devant*, das auch in V. 29 steht. Es liegt doch wohl eine Textverderbnis vor.

E. de St. Gilles, Geoffroy de Paris, Raimbert de Paris etc. Dadurch wird die Annahme gestützt, daß es eine Kurzform von *neïs* ist.

Der Gedanke läge nahe, daß *nes* durch *ni* beeinflußt worden wäre, mit dem es ja sinnverwandt ist. In den ältesten Übersetzungen ist es nachweisbar der Ersatz für *nec*: Cambr. Ps. 134. 17 *nees nen est esperiz en la buche d'els* = sed *nec* est Spiritus in ore eorum, so wie es im positiven Satze das steigernde *et* vertritt: Cant. Ez. (Michel) 14 *il regeirat a tei sicume* nedes je *hoi* = ipse confitebitur tibi sicut *et ego* hodie, Ps. 107. 1 *je chanterai ... mais e neis la meie glorie* = cantabo ... *sed et* gloria mea. Es steht für ›auch‹: Te deum (ebd.). 13 *le saint neis confortable esperit* = sanctum *quoque* paraclitum spiritum (vgl. dagegen Ps. 37. 10 *neis icele ren est ot mei* = *etiam ipsa* non est mecum). Aber die Einwirkung von *ni* auf *nes* ist abzulehnen, weil nach Goerlich's Auseinandersetzungen (Nordwestl. Dialekte der Langue d'Oil 33) gerade in diesen Gegenden *nec* nicht > *ni* sondern *ne* wird.

Fast sollte man nach diesen Darlegungen Wechsel von *neis* und *nes* erwarten, je nach dem Kasus des nachfolgenden Wortes. Er ist aber nicht nachweisbar und die Ursache liegt auf der Hand. Man behandelte *neis nes* nicht als Kasus eines und desselben Wortes, weil eben einfaches *is es* nicht im Sprachgebrauch waren. Die erstarrten Worte wurden als starke (zunächst negierende) Hervorhebung gefühlt, weiter nichts, und daher hatte man, wie bei anderen Adverbien kein Bedürfnis nach Angleichung an das folgende Wort. Man war zu Doppelformen gekommen, deren ursprünglicher syntaktischer Unterschied nicht mehr verstanden wurde. Sie schienen gleichwertig und wurden daher simultan verwendet. So finden wir *neis nes* und *nis* nebeneinander z. B. in Raoul de Cambray (*neis* 5048 *nes* 800 *nis* 7872). Oder man bevorzugte eines auf Kosten des anderen, ohne daß ein Grund angegeben werden könnte.

Von *neis* etc. nicht zu trennen ist *neisun nesun*. Da die Entwicklung von *neis* vorhistorisch ist, läßt es sich nicht entscheiden, ob *ne is un(s) ne es un* oder erst *neis un nes un* vorliegt. Das letztere ist bei weitem wahrscheinlicher. Keinesfalls kann *ne ips(unu)* angesetzt werden, da sonst *-ss-* erhalten sein müßte. *Nessun* aber ist nur vereinzelt zu belegen. Chastell. Chron. des D. d. B.: *sans reffus nessun*, wo das *ff* das *ss* als rein orthographische Eigenheit erweist.

II. *Anceis.*

Schwieriger stellt sich die Geschichte von *anceis* dar. Daß es *ipse* enthält, zeigt zunächst das Provenzalische, wo *anceys* im Johannes-Evangelium neben *eis* steht. Die Bildung *anz+eys* ist dabei ganz durchsichtig. Im Oberfranzösischen[8] haben wir es im Alexanderfragment 55.

Im Nordfranzösischen ist nicht nur das Suffix, sondern auch der Stamm

8 Vgl. Herzog, Neufranzösische Dialekttexte, S. IX u. DLZ 1906, Sp. 3221.

Gegenstand vielfacher Erörterungen gewesen (vgl. ZRPh. VI, 260, X, 174ff., XI, 250, XV, 240, Rom. XIV, 574, XVII, 96, Gröber Grundr. 790 u. a.), von denen Meyer-Lübke in der Syntax als Fazit gibt: die genaueren Grundlagen von *ainz* und *anzi* sind noch nicht gefunden (§ 488, vgl. auch § 207).

Es sei mir der Versuch gestattet, aus dem da und dort Gesagten eine Ableitung zu gewinnen.

I. D e r S t a m m . An Ménage's Aufstellung **antius* könnte wohl angeknüpft werden. *Ante* deckt sich in Bedeutung und Verwendung vielfach mit *prius*, wird wie *prius* mit *quam* konstruiert, seine steigernde Funktion ist klar. Es ist durchaus einleuchtend, daß man nach dem Muster von *prius, melius* etc. auch ein **antius* gebildet habe. **Antius* stand nun neben *ante* ohne Unterschied der Bedeutung und Verwendung und dieses Nebeneinander rief die Kontaminationsform **antie*[9] hervor. Italienisch ist *ante* und **antie* erhalten in *anti* und *anzi.*

Französisch gibt sowohl **antius* als **antie* die Grundlage für das Simplex *ainz*, sowie provenzalisch für *anz.* Für die Ableitung setzt Meyer-Lübke *anz-* als ursprüngliche Form an, während *ainz-* an das Simplex angeglichen ist. Weitere Belege für das Verhältnis *ántj-* > *ainz-* und *antj'-* > *anz-* sammelte Juroszek an Ortsnamen Zeitschr. XXVII, 691.

II. D i e W e i t e r b i l d u n g . Meyer-Lübke's Aufstellung *ante ipse* scheint mir[10] nicht *anceis* ergeben zu können, weil die Bildung **ante ipse* nicht so früh angesetzt werden kann, als daß sie noch an der Entwicklung zu **anti̯ epse* teil haben konnte. Zudem ist einfaches *ante* im Französisch-Provenzalischen gar nicht erhalten. Nehmen wir aber an, es wären **antius* und **antie* strichweise geblieben; so kommen wir für die verschiedenen Entsprechungen der einzelnen Dialekte durch.

Wenn wir uns nun ein Satzglied von der Form **anti̯us is il* bilden, liegt die Betonungsfrage etwas anders als bei *ne is il.* Von vornherein ist eher der Ton **ànti̯ŭs ís íl* zu erwarten, als der *àntiŭs ĭs íl.* Da beide Formen von *ant-* in Betracht kommen, ergeben sich für die beiden Kasus von *ipse* im ganzen 4 mögliche Formen:

1. **ànti̯ĕ ís il* = lyon. *ancis*,
2. **ànti̯ĕ és lui* = nordwestfrz. *ancies* (pic. *anchies*); *ancees*; ostfranz. *anceeis* (*anceois*, *anceos* bei Gregor).

9 Vgl. Schuchardt, Zeitschr. XV, 240. Gegen Sch.'s Ableitung ließe sich einwenden, daß wir von dem Adjektiv **antius* etc. keine Spuren haben und mit seiner Aufstellung einen Umweg machen, der vermieden werden kann.

10 Vgl. Schuchardt's Einwand, ebd.

3. **ántiŭs ís il* = **anzis.*
4. **àntiŭs és lui* = *anzes*, ostfranz. *anzeis.*

Schreibungen *-zs- -c- -cs-* und andere Varianten bei allen Formen.

Die auf *es* zurückgehenden Formen *ancies ancees* (2) *anzes anzeis* (4) sind also parallel zu *nedes, nes;* zu dem von *is* aus gebildeten nordwestfranzösischen *neïs* ist als gleiche Entwicklung nur das lyones. *ancis* (1) vorhanden.

Der Typus *anzis* (3) ist m. W. nicht belegt. Wir haben uns vorzustellen, daß in denselben Gegenden

neis *anzis
nes anzes

gesagt wurde. Sobald diese Wörter zu Adverbien erstarrten, war ihre s t e i g e r n d e B e d e u t u n g im Vordergrund. Sie konnten leicht aufeinander bezogen werden, einander formal beeinflussen. Mit Rücksicht auf das komparativische *sordeis* überwog dann die Form n e i s und zog **anzis* an. So entwickelt sich *anzeis* (*-ceis*), das – wegen seines stärkeren Tones – früher zu *-oi-* fortschritt als *neis.* Bei Chrestien z. B. haben wir *nes neis* und *ançois* nebeneinander.

Im Pikardischen finden wir neben der regelmäßigen Form *anchies* (2) auch die Grenzform *anchois*, eine Kontamination von *enchies* und *ançois.* Auch *anschois* kommt vor. Die Form *ancie* ist mit verschiedenen Varianten (nach Godefroy) im Westen noch erhalten.

Wir finden:

Ancis nur im Lyonesischen, z. B. Marg. d'Oingt.

ances in Aubery, Gautier de Coincy, Horn, Conqu. d'Irlande.

anciez (*anch-)* in nordwestlichen Denkmälern, auch im Rosenroman, und in den Predigten Gregor's (*enziez, anchiez*).

anceis als Hauptform des Altfranzösischen, sowohl in den westlichen, anglonormannischen Texten: Roland, Rou, Vie St. Thomas [*aunceis*], Joies N. D., Alexius [Romania VIII] etc. als in den franzischen (*ançois*): Chrestien, Chev. as Deus Espees, Flore et Blancheflor, Dolapathos, Floovant, Aubery (neben *ances*), Villehardouin, Rob. von Blois, Raimbert v. Paris, Fierabras, Renart etc. etc.

Es ist nichts besonders Beachtenswertes, daß die nordwestlichen Formen nach Osten wandern so gut wie die zentralen nach Westen, z. B. *aincois* bei Péan Gatineau.

Wenn im Poitevinischen die Form *meisme* als die regelmäßige verzeichnet wird (bei Goerlich 39), so ist dies zwar an sich merkwürdig, aber für unsere Derivate von *ipse* gewiß belanglos. *meisme* wird vielleicht an *mei* angeglichen sein.

Es bleibt zu erwägen, was für ein Produkt bei der Betonung **ántĭūs (-ĭĕ) ĭs íl* entstünde. Es ist offenbar, daß dann *ainz-* die berechtigte Form wäre; wir hätten *áinzes* resp. *áinc(i)es* als im Französischen einzig mögliche paroxytone Formen. Da aber vorläufig eine paroxytone Form unseres Wortes nicht mit Sicherheit[11] nachweisbar und eine Tonverschiebung nicht annehmbar ist, muß bis auf Weiteres prinzipiell in Abrede gestellt werden, daß die Betonung *ántiŭs ĭs íl* zu einer erstarrten Form geführt hat.

Die Form **anzis (-c-)* hat Spuren hinterlassen in den Modifikationen von *ancessor* und Konsorten. Sowie durch *anchies* ein *anchiseur, anchiserie* hervorgerufen wurde, durch *ancois ancoiserie*, so durch **anzis ancissor* (*-eur*) *ancisserie ancissiriement ankisseur*, deren *i* sonst nicht begreiflich wäre.

III. *D e + i p s e .*

Diese Komposition, die schon Raynouard als Grundlage für *des* annahm, ist von Meyer-Lübke (Syntax S. 163/164) für frz. prov. *des*, cat. span. ptg. *desde* angesetzt worden. Hier liegen nun die Dinge durchaus anders als bei den beiden eben besprochenen Wortgebilden.

Ich beginne mit der s e m a n t i s c h e n S e i t e der Frage.

1. *Neis* und *anceis* sind auf gallisches Gebiet beschränkt; im Provenzalischen haben wir *ipse* in geringer, im Französischen gar nicht in demonstrativer Verwendung. *Des(de)* hingegen ist nicht nur hier, sondern – und noch viel intensiver – auf dem Gebiete heimisch, wo *ipse* eine große Rolle spielt, und in fortwährendem Gebrauche ist. Im Spanisch-Portugiesischen ist *ipse* dasjenige Demonstrativum, das in allen drei Genera erhalten ist, das stets mit dem folgenden Substantiv akkordiert, aber in a d v e r b i a l e r V e r w e n d u n g n i c h t vorkommt. Eine erstarrte, nicht flektierende Form ist hier weit auffallender, als im Französisch-Provenzalischen. Im Sardischen, wo *dessu* dem französischen *del* entspricht, wäre die Spezialisierung zur Angabe der Richtung noch besonders merkwürdig. Nun ist *desde* zwar von Spano angeführt, offenbar aber kein bodenständiges Wort (in Texten ist es mir nicht begegnet). Der heimische Ausdruck für das ›woher‹ ist ja *dai.*

2. *Neis* und *anceis* sind deutlich hervorhebende, steigernde Wörter, so daß ihre Entstehung – durch Verbindung mit einem hervorhebenden Pronomen – vollkommen klar und begreiflich ist. *Des* hingegen hat diese steigernde Bedeutung nicht nur jetzt nicht, sondern sie ist auch aus älterer Zeit kaum zu belegen. Frz. *dès* könnte man noch allenfalls als ›gesteigertes *de*‹ ansehen, aber cat. span. ptg.

11 Destr. de Rome 104 *Mais ainces qu'il s'en tornent* ‖ fordert zwar trochäisches *ainces*; aber wie viele erste Halbverse sind nicht mit schwebender Betonung zu lesen!

desde haben sicher keine Spur einer elativischen Bedeutung. Vergleicht man jedoch auch das frz. *dès le matin* mit rum. *des de maneața*, das tatsächlich *ipse* enthält,[12] so empfindet man sofort den Unterschied. Im Französischen haben wir eigentlich nichts als die Angabe des temporalen Ausgangspunktes, hier hingegen die intensive Bedeutung, die Steigerung des Substantivbegriffs. Man vgl. auch span. *essora* (intensive Bedeutung) mit *des la ora.*

3. *Neis* und *anceis* steigern jeden möglichen Begriff, Personal-, Umstands-, Sachvorstellung. Dasselbe würde man von *des* erwarten; aber gerade im Französischen hat *des* eine ganz beengte Funktion; gerade hier, wo es sich den beiden Steigerungswörtern anschließen sollte, wo sogar eine analogische Weiterentwicklung nach ihnen besonders leicht verständlich wäre, ist sein Verhalten so anders, daß die gemeinsame Herkunft fragwürdig erscheint. In den andern Sprachen aber, in denen es das einfache *de* für den lokalen und temporalen Ausdruck ganz verdrängt hat, haftet es doch immer an der Bedeutung des Ausgangspunktes der Richtung. Für alle die vielen anderen Bedeutungen von *de* tritt es niemals ein. Es scheint also eher eine Modifikation des de als eine Steigerung des folgenden Begriffswortes.

4. Ich komme zur formalen Seite der Frage.

Im Provenzalischen paßt *des* als Phonem nicht zu *eis medeis eissamen neis anceis.*[13]

Im Katalanischen paßt *des(de)* nicht zu *mateix (-ex) aqueix*, im Spanisch-Portugiesischen nicht zu *ese eso*, die sonst ihren Auslaut nicht einbüßen. Auffallend ist, daß gerade hier kein einfaches *des* erhalten blieb, sondern nur die abermalige Komposition.

Im Französischen paßt *des* lautlich zu *es*. Die syntaktische Verwendung ist aber nicht die gleiche. Denn *es* steht immer vor dem Artikel: *en es le pas, en es l'heure*, das Substantiv ist immer artikuliert. Daneben haben wir *des ore des or* schon im Rolandslied als erstarrte, artikellose Bildung. Zu der oben ausgeführten Entwicklung von *neis, anceis* paßt *des* nicht und läßt sich mit beiden Wörtern nicht vereinbaren.

Die ostfranzösische Form *dois* bourg. *dos* gibt weiter keinen Anhaltspunkt, da dort jedes gedeckte *e* > *oi* etc. wird.

Die Grundlage *ipse* erscheint also semantisch anfechtbar fürs Französische, lautlich und semantisch anfechtbar fürs Spanische, Portugiesische, Catalanische, Provenzalische.

12 Vgl. Pușcariu's Etymol. Wörterbuch der rumänischen Sprache.
13 Im Ev. Joh. 14. 30 ist, völlig vereinzelt, die Form *deis*.

Wie verhält es sich nun mit der zweiten bekannten Etymologie von *des*, mit ***de ex?***

Meyer-Lübke hat die Etymologie *de ex* bekanntlich mit der unwiderlegbaren Begründung verworfen, daß zwei gleichbedeutende Präpositionen nicht nebeneinander stehen (also auch nicht verbunden werden) konnten, da doch eine die Bedeutung der anderen modifizieren soll; daß aber die Verbindung *de+ex* nicht in eine Zeit hineinreichen könne, in der die Bedeutung von *de* und *ex* verschieden war, da wir sonst den Spuren dieser Bildung in der Litteratur begegnen müßten.

Dagegen wäre nun folgendes in Erwägung zu ziehen:
Die Lebenszähigkeit von *ex* ist etwas größer, als gemeiniglich angenommen wird. Es spielt noch eine gewisse Rolle im Spätlateinischen, es bildet noch neue Redensarten. Vor allem sind die Zeitbestimmungen mit *ex* sehr beliebt: CIL IV (Pompei) *Locantur ... tabernae pergulae cenacula ex idibus aug. primis in idus august. sextas* etc.; *exinde* (span. *desent*), *ex post* (span. *despues*), *ex nunc ex tunc* (Diplom. Pard. a 560 *ex nunc prout ex tunc ... ex speciali privilegio et ex abundantia liberalitatis*), *ex hoc* (Conc. Tolet. 476. 7, Ant. Plac. 165. 15), *ex eo* (*illo ipso*) *tempore, ex hac hora* (August. Confess. VIII 6. 15).

Lokales *ex* ist als Präfix produktiv geblieben, wie eine Reihe von Verben beweist, nicht nur im Italienischen und Sardischen, wo das *s-* resp. *is-* ein so häufiger privativer Anlaut ist, sondern auch auf gallischem Boden, vgl. z. B. Cap. Reg. Franc. II, 1 *excommunicare, excondicere* (= excusare) oder afz. *esbalayer* (fächeln) *esbanoyer essaisonner esbahir* etc.

Sehr beachtenswert ist es, daß eine bedeutende Anzahl von Verben, die im Italienischen mit *s-* und im Sardischen mit *is-* gebildet sind, im Französisch-Provenzalischen *des-* aufweisen: *sbarcare isbarcai desbarca*; *sbarrazzare isbarrazai débarrasser*; *sciancare išancai déhancher desancha*; *scomodare iscomodai décommoder*; *sfogliare isfozare défeuiller* u. v. a., denen auf der iberischen Halbinsel Formen mit *des-* entsprechen, die hier der Kürze halber nicht weiter angeführt werden. Eine flüchtige Vergleichung des französischen und italienischen Wortschatzes zeigt, daß den französischen Bildungen mit *de*(*s*)- in der Mehrzahl der Fälle italienische mit *s-* als Hauptform gegenüberstehen. Eine oberflächliche Zählung ergab für 200 französische Verben mit *dé-* nur 41 italienische, in denen *dis-* die Hauptform, *s-* die Nebenform ist. In 26 Fällen waren *dis-* und *s-* gleichwertig; in 71 Fällen war *dis-* Nebenform, die gelegentlich eine semantische Weiterentwicklung zeigte, und in 62 Fällen war *s-* überhaupt allein vorhanden; also ein Übergewicht von 159 Fällen für *ex*.

Sollen wir nun allemal, wenn ital.-sardischem *ex-* ein gallisch-iberisches *des-* gegenübersteht, Suffixwechsel, nämlich Ersatz von *ex* durch *dis* annehmen?

Sollen wir nicht glauben, daß ein gemeinromanisches *ex-* auf westromanischem Boden zu *dex-* erweitert wurde?

Da im ersten und zweiten Jahrhundert vorkonsonantisches *ex* zu *es* wurde, haben wir uns dieses im ganzen westromanischen Sprachgebiet produktive Präfix als *es-* zu denken. Das Kontaminationsprodukt aus *de ex* mußte also vorkonsonantisch *des* vorvokalisch *dex* lauten. Die Schwierigkeit einer Beweisführung für *des-* liegt darin, daß, sobald *dis* > *des* wurde, eine Angleichung von *es-* zu *des* stattfinden konnte, die, wenigstens in einer großen Reihe von Fällen, den Sinn nicht berührte.

Im vorkonsonantischen Kompositum kann also gar nichts entschieden werden, außer etwa im Sardischen, wo ja *dis* bleibt, *dex-* aber zu *des* wird. Nun haben wir tatsächlich einige Komposita mit *des-*, die allerdings nur dann beweiskräftig wären, wenn ihr zweites Glied bezeugte, daß sie nicht aus dem Spanisch-Katalanischen entlehnt sind. Ein solches könnte *desmuronai* sein (einstürzen), und allenfalls *deslùxiri* (Südsard., Spano) verschwinden.

Die einzige Möglichkeit, *dex-* von *dis-* zu scheiden, ist im vorvokalischen Kompositum, da *ex* $^{\text{voc.}}$ sich anders entwickelt als *ex* $^{\text{cons.}}$ Aber auch hier versagen das Italienische, Spanische, Portugiesische jeden Bescheid; wir finden nur *des-*; *desent* geht auf unanfechtbares *dexinde* zurück; ebensowenig ist im Sardischen eine Spur zu finden.

Etwas ergiebiger ist das Katalanische; es zeigt das spanische *desatar* in den Formen *axatar* und *dexatar*, also offenbar mit *ex* (vgl. *axam* < examen, *axamplar* < examplare, *axomorat* < exhumoratus, *axarcolar* etc.) resp. *dex*; ferner *dexondar* aufmachen.

Im Provenzalischen wird *ex*$^{\text{voc.}}$ > *eis(s): eissemple*, *eissermen*, *eissill*, und so haben wir auch *eissaussar*, *eisaurar*, *eisegar*, *eissavar* etc.; wenn wir daneben Formen mit *es(s)* finden (*essemple*, *esalsar* etc.), so ist – abgesehen von dialektischen Unterschieden – offenbar Analogie zu vorkonsonantischem *es-* eingetreten. Das Altprovenzalische zeigt uns nun *deisarezar* > *dexaredare, *deisazegar* > *dexadaequare aus dem Gleichen bringen, verrenken, ausrenken, daher *deisazec* die Ausrenkung, das ›Aus der richtigen Lage gebracht sein‹, übertragen: das Unbehagen, das Misvergnügen. Das Neuprovenzalische liefert *deisalabarda* (vorzeitig krähen) Dauph. *deisassarma* (= désaltérer) *deisimpue* und im Dauphinois wie im Limousinischen eine Reihe von Fällen, wo *deis* vorkonsonantisch auftritt, also aus vorvokalischen Kompositionen übertragen sein kann, während *des*$^{\text{cons.}}$ zu *dei* wird. So haben wir z. B. *deissala deisseca deispueys* u. a. Jedesfalls ist das in diesen Mundarten häufige vorvokalische *deis-* leichter zu erklären, wenn einige organische Fälle von *deis* vorliegen. Wonach sollte *deisastre*, *deisimpue*, *deisir*, *deisordre*, *deisaula* gegangen sein? *des* < *dis* mußte doch vorvokalisch bleiben und, sobald es vorkonsonantisch > *dei* wurde, konnte es eben deshalb kein Vorbild für *deis* abgeben. Zudem sind einzelne Fälle schon Altprovenzalisch, z. B. *deisonor*, dessen Bedeutung eher zu *dis* als zu *dex* paßt. *Deis-* ist offenbar analogisch zu etwas. Nimmt man *dis* allein als Grundlage an, so ist die Entwicklung zu *deis* ganz unverständlich; umgekehrt können einige Bildungen auf *deis-* gegen die große Menge der Bildungen auf *des-* den kürzeren gezogen haben. Wenn *deis-* zu *des-* wurde, ging auch *eis-* zu *es-* über. Durch das Nebeneinander von *deiss-* und *des-*, *eiss-* und *es-* erklärt sich der Ausfall des *s-*, z. B. in *eisegar*, *eisemplar*.

Im Französischen wird *ex*$^{\text{voc.}}$ > *ess: essoriller*, *essorer*, afrz. *essever*, *essessier* = *essaucier*, *essaim*. Eine Bildung *dess-* habe ich nicht gefunden.

Das Ergebnis ist recht dürftig. Immerhin scheinen sich einzelne Punkte besser mit *dex* als mit *dis* aufzuklären. Betrachten wir den spätlateinischen Tatbestand, so ergibt sich:

(*dis* >) *des*$^{\text{voc.}}$ *des*$^{\text{cons.}}$
(*ex* >) *ex*$^{\text{voc.}}$ *es*$^{\text{cons.}}$
(*dex* >) *dex*$^{\text{voc.}}$ *des*$^{\text{cons.}}$

Da ist eine Verallgemeinerung der vorkonsonantischen Form ganz begreiflich und die wenigen Belege für vorvokalische Form, die wir haben, sind als Reste eines alten Stadiums anzusehen. Speziell fürs Spanische und Portugiesische wäre noch heranzuziehen, daß *e(x)-* frühzeitig in *en(š)* übergeht, wie Ascoli AG III, 450 nachwies, sodaß die Präposition auf das Präfix nicht wirkte. In beiden Sprachen ist auch noch eine besondere Vorliebe für Doppelpräfixe zu erwähnen, sodaß *des* erst an *ad-* antritt, nicht unmittelbar an den Stamm. Die Bedeutung *ent-* ist dadurch überwiegend gegeben, z. B. *desabordar*, *desabrochar*, *desamasar* etc. etc.

Wie gering also auch die Stütze ist, die wir aus dem Verhalten des Präfixes für die Präposition **dex* gewinnen, so ist sie doch vielleicht nicht ganz zu verachten.

Was nun die Bildung der Präposition *dex* selbst anbelangt, so ist sie möglich gerade in der spätlateinischen Zeit, als *de* und *ex* anfingen, gleichwertig zu werden; und aus dieser Zeit haben wir zwei Belege: Ev. Palat. 36. 20 *unum de ex conservis suis* (vgl. Hamp, ALL V), Itala Reg. II 21. 15 u. a.a.O. *deexacerbare* (vgl. Rönsch, It. u. Vulg.). Zwei magere Belege, die an sich nicht gleichbeweisend sind. *De ex conservis* ist eine nähere Bestimmung aus zwei noch nicht ganz gleichbedeutenden Präpositionen: *de* || *ex conservis*, von aus der Reihe der Diener. Hingegen *deexacerbare* zeigt tautologische Verwendung der Präpositionen.

Als *de*+*ex* zu einem Worte verschmolzen, war die vorkonsonantische Aussprache *es* schon eingebürgert.

Des erscheint nicht als »zusammengesetzte Präposition«, wohl aber als Kontamination so wie *dab* und hat auch das mit ihm gemein, daß gerade die älteren Denkmäler die Kontaminationsform nicht aufweisen. Unter den drei gleichwertigen Wörtern *de, ex, ab* wählten die verschiedenen Sprachen je zwei und zwar so, daß *des* die westliche parallele Bildung zu *dab* ist; wo *dab* ist, finden wir kein *dex* und umgekehrt. Im *des*-Gebiet haben wir Derivate von *dexpost dexinde*, im *dab*-Gebiet nicht. Von *dex* fehlt jede Spur im Italienischen[14] und Rätischen, sowie die Gewähr bodenständiger Entwicklung im Sardischen: also in den *dab*-Gebieten. Von *dab* fehlt die Spur im Französischen, Provenzalischen, Katalanischen, Spanischen, Portugiesischen: im *dex*-Gebiet. Das Rumänische hat von allen Möglichkeiten nur reines *de* bewahrt.

Kommentar von Melanie Malzahn

Elise Richter war »eine der bedeutendsten Figuren der Romanistik«[1] und die erste Frau im deutschsprachigen Raum, der die *venia legendi* an einer Hochschule zuerkannt wurde – dies geschah im Jahr 1907. Bereits 1897, als an der Philosophischen Fakultät der Universität Wien Frauen erstmals zum Studium zugelassen wurden, hatte sich Richter als ordentliche Hörerin im Fach Romanistik inskribiert und ihr Studium 1901 abgeschlossen.[2] Ihr eigentlicher Schwerpunkt lag jedoch in den Sprachwissenschaften. In ihrer Jugend hatte Richter sogar das Studium der Indogermanistik erwogen,[3] doch erwies sich der Wiener Ordinarius für dieses Fach, Paul Kretschmer, als »unzugänglich – nicht nur für mich«.[4] Richter interessierte sich vor allem für die neue Disziplin der Allgemeinen Sprachwissenschaft und wurde eine bedeutende Phonetikerin, die in der Zwischenkriegszeit die in Prag und Wien von Nikolai Trubetzkoy entwickelte neue linguistische Disziplin der Phonologie umgehend rezipierte und

14 Bergam. *dès du agn* = or son due anni (Tirab.) gehört zu *adesso.*

1 Hans Helmut Christmann: *Frau und ›Jüdin‹ an der Universität. Die Romanistin Elise Richter (Wien 1865–Theresienstadt 1943)*, Mainz, Wiesbaden 1980, 5.

2 Im Wilhelminischen Kaiserreich gab es bis zu dessen Ende keine Dozentinnen. Zum Frauenstudium in der Habsburgermonarchie vgl. zuletzt Michaela Raggam-Blesch: »A Pioneer in Academia: Elise Richter«, in: Judith Szapor, Andrea Petö, Maura Hametz, Marina Calloni (Hg.): *Jewish Intellectual Women in Central Europe 1860–2000. Twelve Biographical Essays*, Lewiston, Queenston, Lampeter 2012, 93–128, bes. 97–107; Tamara Ehs, Kamila Staudigl-Ciechowicz: *Die Wiener Rechts- und Staatswissenschaftliche Fakultät*, Göttingen 2014, 67–77.

3 Elise Richter: »Erziehung und Entwicklung«, in: Elga Kern (Hg.): *Führende Frauen Europas in sechzehn Selbstschilderungen*, München 1928, 70–93, 77. Der Beitrag ist auch erschienen in Elise Richter: *Kleinere Schriften zur Allgemeinen und Romanischen Sprachwissenschaft*, Innsbruck 1977, 531–554, 538.

4 E. Richter: *Kleinere Schriften zur Allgemeinen und Romanischen Sprachwissenschaft*, 133.

propagierte.[5] Als Schülerin des Junggrammatikers Wilhelm Meyer-Lübke (1861–1936) war sie zunächst die Vertreterin einer rein positivistisch orientierten Sprachwissenschaft, doch schlug sie bald einen eigenständigen Weg ein und näherte sich Positionen der idealistischen Richtung.[6] Sie stand jedoch in beständigem Gedankenaustausch mit zwei prominenten romanistischen Gegnern der junggrammatischen Bewegung, Hugo Schuchardt (1842–1927) und dem entschieden idealistisch ausgerichteten Leo Spitzer (1887–1960),[7] der in Wien sogar noch ihr Schüler gewesen war.[8]

Vor diesem fachlichen Hintergrund erstaunt die Themenwahl von Richters Antrittsvorlesung *Zur Geschichte der Indeklinabilien. 1. Die Geschichte von magis im Französischen. 2. Indeklinabilien mit-ipse*,[9] die sie am 23. Oktober 1907 an der Universität Wien hielt. Diese rein taxonomische Gebrauchsstudie war ein typisch junggrammatisches Vorlesungsthema, das schwerlich eine Anziehung auf ein breiteres Publikum ausgeübt haben konnte,[10] und das auch im Fach in der Folge keine Rezeption gefunden hat.[11] Von der Antrittsvorlesung ist

5 Klaas-Hinrich Ehlers: *Strukturalismus in der deutschen Sprachwissenschaft. Die Rezeption der Prager Schule zwischen 1926 und 1945*, Berlin, New York 2005, passim, insbes. 236–238; Utz Maas: *Verfolgung und Auswanderung deutschsprachiger Sprachforscher 1933–1945. Band 1: Dokumentation. Biobibliographische Daten A–Z*, Tübingen 2010, 635–637.

6 H. H. Christmann: *Frau und ›Jüdin‹ an der Universität*, 20f., 31–33; U. Maas: *Verfolgung und Auswanderung*, 635f.; Robert Tanzmeister: »Die Wiener Romanistik im Nationalsozialismus«, in: Mitchell G. Ash, Wolfram Nieß, Ramon Pils (Hg.): *Geisteswissenschaften im Nationalsozialismus. Das Beispiel der Universität Wien*, Göttingen 2010, 487–520, 512.

7 Für Elise Richters Korrespondenz mit beiden vgl. Bernhard Hurch (Hg.): »›Bedauern Sie nicht auch, nicht an der Front zu sein?!‹, oder: Zwei Generationen und ein Krieg. Der Briefwechsel zwischen Hugo Schuchardt und Elise Richter« und ders.: »›Wir haben die Zähigkeit des jüdischen Blutes!‹ Leo Spitzer an Elise Richter«, in: *Grazer Linguistische Studien* 72 (2009), 135–197, 199–244, Bibliographie 251–263.

8 Weitere herausragende Idealisten unter den Romanisten waren Karl Vossler (der mit dem führenden Vertreter der Junggrammatiker Hermann Osthoff freilich durchaus respektvoll umging, vgl. Anna Guillemin: »The Style of Linguistics: Aby Warburg, Karl Vossler, and Hermann Osthoff«, in: *Journal of the History of Ideas* 69 (2008), 605–626 und Eugen Lerch, der Elise Richter im Jahr 1925 sogar für das idealistische Lager reklamiert hat, vgl. H. H. Christmann: *Frau und ›Jüdin‹ an der Universität*, 32f.

9 Erstpublikation der Antrittsvorlesung: Elise Richter: »Zur Geschichte der Indeklinabilien. 1. Die Geschichte von *magis* im Französischen. 2. Indeklinabilien mit-*ipse*«, in: *Zeitschrift für romanische Philologie* 32 (1908), 656–677.

10 »In der Angst, man könnte von mir eine seichte Plauderei erwarten oder zur Befriedigung gemeiner Neugier zu mir kommen, hatte ich ein ganz abstraktes Tema [sic!] gewählt (Geschichte der Indeklinabilien im Französischen) und mutete den Hörern Schwereres zu als jemals später«. E. Richter: »Erziehung und Entwicklung«, 80. Vgl. Yakov Malkiel bemerkt: »[H]er first formal lecture had gone through bore on indeclinable nouns in Old French – an amazing response to the granting of a *venia legendi*.« Benjamin M. Woodbridge, Yakov Malkiel: »Elise Richter: Two Retrospective Essays«, in: *Romance Philology* 26 (1972), 335–341, 339.

11 Heutzutage würde eine solche diachrone Studie zum Gebrauch von Funktionswörtern (so die

an den folgenden Tagen tatsächlich auch nur vereinzelt in der Tagespresse berichtet worden.[12] Die *Neue Freie Presse*, die ursprünglich vorhatte, das vollständige Manuskript zu veröffentlichen, widmete sich dem Thema mit keiner Zeile.

Die Unscheinbarkeit des Vorlesungsthemas und die Nichtrezeption entsprachen durchaus einer bewusst gewählten Strategie Elise Richters. In ihrer Autobiographie *Summe des Lebens* (1940) erwähnt sie ihr Bestreben,

> das Klatschinteresse des ›Publikums‹, der Kaffeegesellschaft hintanzuhalten, zu verhüten, daß die weibliche Antrittsvorlesung zum gesellschaftlichen Ereignis herabgewürdigt würde und eine Gegendemonstration der klerikalen und nationalen Studenten auslöse. Ich selbst hütete leidenschaftlich mein Heiligtum – das war mir die Venia – und übte bis zur Meisterschaft die Kunst, Journalisten hinauszuwerfen und hinters Licht zu führen. Schon als wir vom Sommerurlaub heimkehrten, standen einige an der Gartentür, und von da ab kamen sie mit den absonderlichsten Anträgen. Zuletzt bat ein Vertreter der *Neuen Freien Presse* um das Manuskript der Antrittsvorlesung, um sie, sofort nachdem ich sie gehalten, veröffentlichen zu können. Ich sagte, ich wisse noch nicht einmal, worüber ich sprechen werde. Am nächsten Morgen fand die erste Vorlesung [...] nur vor etwa hundert Personen in aller Stille statt [wobei wie] zu einer Verschwörung [...] alle Vorbereitungen heimlich getroffen [worden waren].[13]

In der autobiographischen Schrift *Erziehung und Entwicklung* (1927) heißt es konziser und präziser:

> Um Zeitungslärm zu verhüten und wohlgemeinte Teilnahme, die leicht Veranlassung zu Gegendemonstrationen geben konnte, wurde Tag und Stunde des Kollegs erst am letzten Abend angeschlagen[,] und so gelang es, dem ›Novum‹ das häßlich Sensationelle zu nehmen und die ›weibliche‹ Antrittsvorlesung auf den Maßstab einer ›männlichen‹, wenn auch einer besonders gut besuchten, zu bringen. Ein paar Spötter hatten sich eingefunden; aber das Lachen verging ihnen.[14]

Sowohl die Wahl des Themas als auch die umsichtige Planung der Antrittsvorlesung waren dem durchwegs antisemitischen und frauenfeindlichen Klima an der Universität Wien geschuldet, das Richters gesamte akademische Karriere beeinflusste. Als Frau konnte Richter erst im Oktober 1897, d. h. im Alter von 32 Jahren, ein ordentliches Studium an der Wiener Universität beginnen. Im Jahr

---

aktuelle Terminologie), im Rahmen einer gängigen Syntaxtheorie konzipiert, vermutlich in sehr viel höherem Ausmaß ein sprachwissenschaftliches Publikum ansprechen, wäre aber gleichzeitig für ein nicht-fachwissenschaftliches Publikum noch viel weniger attraktiv als die tatsächlich von Elise Richter gehaltene Antrittsvorlesung.

12 Vgl. Anonym: »Die Vorlesungen der ersten weiblichen Privatdozenten«, in: *Neues Wiener Journal* (24. Oktober 1907), 5 f.; E. v. H.: »Die erste Privatdozentin«, in: *Salzburger Volksblatt* (26. 10. 1907), 4.

13 Elise Richter: *Summe des Lebens* (1940), hg. v. Verband der Akademikerinnen Österreichs, Wien 1997, 107 f.

14 E. Richter: »Erziehung und Entwicklung«, 80.

1921 wurde ihr als erster Frau im deutschsprachigen Raum zwar noch der Titel eines außerordentlichen Universitätsprofessors verliehen und im Jahr darauf ein bezahlter, fortlaufender Lehrauftrag für Phonetik erteilt, die Berufung auf eine ordentliche Professur blieb Richter aber trotz der internationalen Anerkennung ihrer wissenschaftlichen Leistungen verwehrt. Die Universität Wien erwies sich in der Zwischenkriegszeit immer mehr als eine »Hochburg des Antisemitismus«,[15] sowohl auf Seiten der Professoren[16] wie auf Seiten deutschnational-antisemitischer Studierender, die schon in der Endphase der Monarchie zur Gewalttätigkeit gegenüber jüdischen Studierenden und zur Terrorisierung ihrer jüdischen akademischen Lehrer übergegangen waren.[17]

Dabei entsprach die 1897 aus der jüdischen Glaubensgemeinde ausgetretene und 1911 zum evangelischen Glauben konvertierte Elise Richter, die durchaus konservative gesellschaftspolitische Auffassungen vertrat,[18] in weltanschaulich-politischer Hinsicht nicht unbedingt dem Feindbild der konspirativen Zirkel von »Bärenhöhle« und »Deutscher Gemeinschaft«.[19] Mit der Frauenrechtsbewegung wollte Richter, wie sie selbst mehrfach betonte, nicht identifiziert werden[20] und während des Ersten Weltkriegs fand ihr Patriotismus in Aufsätzen über die Etymologie von französisch *boche*[21] und den Gebrauch von Fremdwörtern[22]

15 So der Titel einer wichtigen rezenten Monografie: Klaus Taschwer: *Hochburg des Antisemitismus. Der Niedergang der Universität Wien im 20. Jahrhundert*, Wien 2015.

16 Vgl. neben K. Taschwer: *Hochburg des Antisemitismus* außerdem die rezenten Publikationen: Johannes Feichtinger: »1918 und der Beginn des wissenschaftlichen Braindrain aus Österreich«, in: *Beiträge zur Rechtsgeschichte Österreichs* 4 (2014), 286–298, bes. 290–294; Hansjoerg Klausinger: »Academic Anti-Semitism and the Austrian School: Vienna, 1918–1945«, in: *Atlantic Economic Journal* 42 (2014), 191–204; Kamila Staudigl-Ciechowicz: »Exkurs: Akademischer Antisemitismus«, in: Thomas Olechowski, Tamara Ehs, Kamila Staudigl-Ciechowicz: *Die Wiener Rechts- und Staatswissenschaftliche Fakultät*, Göttingen 2014, 67–77.

17 Vgl. insbes. Oliver Rathkolb: »Gewalt und Antisemitismus an der Universität Wien und die Badeni-Krise 1897. Davor und danach«, in: Oliver Rathkolb (Hg.): *Der lange Schatten des Antisemitismus. Kritische Auseinandersetzungen mit der Geschichte der Universität Wien im 19. und 20. Jahrhundert*, Göttingen 2013, 69–92 und Birgit Nemec, Klaus Taschwer: »Terror gegen Tandler. Kontext und Chronik der antisemitischen Attacken am I. Anatomischen Institut der Universität Wien, 1910 bis 1933«, in: ebd., 147–171.

18 Vgl. Astrid Schweighofer: *Religiöse Sucher in der Moderne. Konversionen vom Judentum zum Protestantismus in Wien um 1900*, Berlin, New York 2015, passim, insbes. 140–144, 264–266, 363–368, 382–396; zur Konversion anders Petra Stuiber: »Elise Richter: ›Mein zweites Leben soll nicht gemordet werden‹«, in: *Der Standard* (12.6.2015), verfügbar unter: http://derstandard.at/2000017250740/Elise-Richter-Mein-zweites-Leben-soll-nicht-gemordet-werden (abgerufen am 10.9.2016).

19 Zur politischen Ausrichtung der beiden antisemitischen Zusammenschlüsse vgl. Taschwer: *Hochburg des Antisemitismus*.

20 Richter: »Erziehung und Entwicklung«, 92; vgl. auch Richter: *Summe des Lebens*, 110.

21 Elise Richter: »Boche«, in: *Zeitschrift für französische Sprache und Literatur* XLV (1919), 121–135.

22 Elise Richter: *Fremdwortkunde*, Leipzig, Berlin 1919.

seinen Niederschlag. An Hugo Schuchardt richtete sie 1916 die durchaus ernst gemeinte Frage »Bedauern Sie nicht auch, nicht an der Front zu sein?!«[23] Darüber hinaus pflegte sie zum katholisch-konservativen Schriftsteller und Kulturphilosophen Richard von Kralik (1852–1934), den sie auch in ihren 1940 niedergeschriebenen Erinnerungen würdigte,[24] eine freundschaftliche Beziehung. Nicht nur dem Kommunismus, sondern auch der Sozialdemokratie stand Richter ablehnend gegenüber.[25]

Nach der Errichtung der Republik wurde Richter Mitglied einer liberalkonservativen Professorenpartei.[26] Doch als 1923 bei einer Volkszählung zum ersten Mal auch die ›Rasse‹ angegeben werden sollte, veröffentlichte sie im wissenschaftlichen Supplement der *Neuen Freien Presse* einen zweiteiligen Beitrag, in dem sie nicht nur gegen die Gleichsetzung von ›Rasse‹, Volk und Sprache argumentierte – dergleichen hatte das Publikum gerade auch im Bestseller *Der Untergang des Abendlandes* (1918/22) des gewiss nicht linken Oswald Spengler lesen können –, sondern auch einige provokative und wissenschaftlich anfechtbare Behauptungen über den Einfluss von »Sprachmischungen« auf die ästhetische Qualität einer Sprache aufstellte.[27] Die Deutsche Studentenschaft forderte daraufhin den Entzug ihrer *venia*, und der Wiener Altgermanist Rudolf Much, über den sie in einem Brief an Hugo Schuchardt vom 12. März 1923 schrieb, dass er »von jeher mein persönlicher Feind ist, der meiner Habilitation (nicht aus wissenschaftlichen Gründen, sondern aus anderen) Schwierigkeiten in den Weg legte«, und ihr »natürlich schaden« wollte, »so viel er kann«,[28] veröffentlichte in diesem Zusammenhang sogar zwei gegen sie gerichtete und von

23 Vgl. B. Hurch: *Grazer Linguistische Studien*, 137–141.

24 E. Richter: *Summe des Lebens*, 82f.; zu Kralik vgl. Richard S. Geehr: *The Aesthetics of Horror. The Life and Thought of Richard von Kralik*, Boston 2003, vgl. hier 102–129 zu dessen Antisemitismus; Janek Wasserman: *Black Vienna. The Radical Right in the Red City, 1918–1938*, Ithaca, London 2014, bes. 22–27, 29–34.

25 Vgl. Christiane Hoffrath: *Bücherspuren. Das Schicksal von Elise und Helene Richter und ihrer Bibliothek im »Dritten Reich«*, 2. Aufl., Köln, Weimar, Wien 2010, 39, 41–43, 50.

26 Der »Bürgerlich-freiheitlichen Partei«, die bald einen »wesentlich konservativeren Kurs« einschlug und sich in weiterer Folge mit der »jüdisch dominierten« »Demokratischen Partei« zur »Bürgerlich-demokratischen Arbeitspartei« vereinigte. Birgitt Morgenbrod: *Wiener Großbürgertum im Ersten Weltkrieg. Die Geschichte der »Österreichischen Politischen Gesellschaft« (1916–1918)*, Wien, Köln, Weimar 1994, 201f.

27 Elise Richter: »Rasse, Volk, Sprache«, in: *Neue Freie Presse* (1.3.1923, Abendblatt, wiss. Suppl.); Fortsetzung: *Neue Freie Presse* (8.3.1923, Abendblatt, wiss. Suppl).

28 B. Hurch: *Grazer Linguistische Studien*, 180. Much war ein Gefolgsmann Georg Schönerers, bildete »mit seiner Familie eine frühe Zelle der österreichischen NS-Bewegung und fördert [sic!] die Ausschaltung der hitlerfeindlichen Fraktion«. Sebastian Meissl:«Germanistik in Österreich. Zu ihrer Geschichte und Politik 1918–1938«, in: Franz Kadrnoska (Hg.): *Aufbruch und Untergang. Österreichische Kultur zwischen 1918 und 1938*, Wien, München, Zürich 1981, 475–496, 485. Außerdem war Much Mitglied der antisemitischen Netzwerke »Bärenhöhle« und »Deutsche Gemeinschaft«. Vgl. Taschwer: *Hochburg des Antisemitismus*, 111–113.

ihr als grob empfundene Zeitungsartikel.[29] Zwar wurden ihre Lehrveranstaltungen nicht einmal im Zuge dieser gegen sie gerichteten Kampagne gestört[30] und es blieb ihr auch die *venia* erhalten, sie wurde aber vom Dekanat abgemahnt.[31] Diese Maßregelung veranlasste sie einige Jahre später, am 19. Juni 1927, zum umgehenden Austritt aus ihrer Partei, als diese die Untätigkeit der akademischen Behörden angesichts der Gewaltexzesse der rechtsextremen Studenten anprangerte und gegen Richters Einspruch den Einsatz der Polizei auf dem Boden der Universität Wien forderte.[32] Nach der Beseitigung der Demokratie im Jahr 1934 wurde Richter Mitglied der Einheitspartei *Vaterländische Front* und unterstützte die austrofaschistischen Machthaber Engelbert Dollfuß und Kurt Schuschnigg.[33]

Nach dem »Anschluss« verlor Richter sukzessive den Lehrauftrag, die Lehrbefugnis und das Recht, den Boden von Universität und Akademie zu betreten. Als Resultat von Steuerschikanen sahen sich Elise Richter und ihre ältere Schwester, die bedeutende Anglistin Helene Richter,[34] genötigt, nach und nach ihre überaus wertvolle und umfängliche Bibliothek zu veräußern.[35] Zuletzt wurden beide Schwestern im Oktober 1942 nach Theresienstadt deportiert, wo Helene im November und Elise Richter nur wenige Monate später den Tod fanden.

---

29 Vgl. den Brief an Schuchardt vom 3. April 1923, in: B. Hurch: *Grazer Linguistische Studien*, 180 bzw. 181f. Elise Richter beklagt darin auch »so viel böse[n] Wille[n]« offenbar auf Seiten Muchs.

30 E. Richter: *Summe des Lebens*, 108.

31 Vgl. insbes. Walter Höflechner: *Die Baumeister des künftigen Glücks. Fragment einer Geschichte des Hochschulwesens in Österreich vom Ausgang des 19. Jahrhunderts bis in das Jahr 1938*, Graz 1988, 327, Anm. 190; E. Richter: *Summe des Lebens*, 113f.; Robert Tanzmeister: »Die Aufarbeitung der Geschichte des Instituts für Romanistik in Wien aus sprachwissenschaftlicher Sicht«, in: ders. (Hg.): *Zeichen des Widerspruchs. Kritische Beiträge zur Geschichte des Wiener Instituts für Romanistik*, Wien 2002, 77–115, hier 84–89; R. Tanzmeister: *Die Wiener Romanistik*, 489.

32 E. Richter: *Summe des Lebens*, 206f.

33 Diese Unterstützung ist in jüngster Zeit auch kritisiert worden, vgl. Bernhard Hurch: »Apropos Elise Richter«, in: *Der Standard* (29./30.11.2008), verfügbar unter: http://derstandard.at/1227287400094/Apropos-Elise-Richter (abgerufen am 10.9.2016). Doch ist zu bedenken, dass auch nonkonformistische Intellektuelle wie Karl Kraus und Ernst Krenek sowie die christlich-konservative Autorin und Widerstandskämpferin Irene Harand entschieden für Dollfuß eintraten. Vgl. Dieter A. Binder: »Einige Überlegungen zu politischen Positionen von Karl Kraus«, in: *Literatur und Kritik* 211/212 (1987), 55–68; Martin Kugler: *Die frühe Diagnose des Nationalsozialismus. Christlich motivierter Widerstand in der österreichischen Publizistik*, Frankfurt/Main 1995, 198f., Christian Klösch, Kurt Scharr, Erika Weinzierl: *»Gegen Rassenhass und Menschennot«. Irene Harand – Leben und Werk einer ungewöhnlichen Widerstandskämpferin*, Innsbruck, Wien, München, Bozen 2004, bes. 97–107.

34 Franz Karl Stanzel: »Erinnerungen an die Anglistin Helene Richter anlässlich der Wiederkehr ihres 150. Geburtstages 2011«, in: *Anglia* 129 (2011), 321–332.

35 Darüber ausführlich Hoffrath: *Bücherspuren*, 94–169.

Moritz Schlick (1882–1936)

Vorrede zur Vorlesung ›Einführung in die Naturphilosophie‹ (1922)

A.14
Vorrede zu *Moritz Schlick's* erster Vorlesung in Wien (Naturphilosophie), Herbst 1922.

Gymnasium. Vom Lehrerkollegium als Abschiedsgeschenk der Schule Buch erhalten, in Interessenkreis passend, willkommen: »Die Mechanik in ihrer Entwicklung historisch-kritisch dargestellt« von *Ernst Mach.* Sehr gefesselt, Einheit von historischer Darstellung, Naturforschung, philosophischer Betrachtung – welche Erbauung das Versenken in diesen klaren, unerbittlich kritischen Geist. Der Name *Mach* seit jener Zeit mächtige Gefühlsbetonung, glänzendes Symbol einer eigentümlichen Methode des Philosophierens, die mir zu den fruchtbarsten zu gehören schien, welche die Geschichte des menschlichen Denkens aufzuweisen hat. Mit wieviel stärkeren, andern Gefühlen hätte Lektüre mich ergriffen, wenn geahnt, dasz ich einst an derselben Stelle lehren sollte, an der E. Mach hier an der Universität Wien gewirkt hat.

Sie begreifen: Gefühl der ungeheuern Verantwortung beim ersten Betreten der Kanzel, denn ich fühle: das Wohlwollen der Fakultät und Regierung hat mich an diesen Platz gestellt in der Erwartung, große Tradition in irgend einem Sinne aufrecht erhalten, die an einen Namen wie Mach's und auch an den seines L. Boltzmann sich anknüpft. Aufgabe fast hoffnungslos, wenn bedeutet: etwas schaffen, was ihren Werken gleichwertig an die Seite zu stellen – oder: denselben philosophischen Standpunkt einnehmen wie die Vorgänger (was z. B. bei M. und B. unmöglich), läszt sich erfüllen, wenn so verstanden: *Geist* lebendig zu halten, in dem Philosophie von den Vorbildern verstanden und gelehrt wurde. Welcher ist dieser Geist? Schilderung gibt sogleich Begriff von der Grundstimmung, die in diesen Stunden walten soll, die wir hier miteinander verbringen. Begriff von der *Art* des Philosophierens, die wir gemeinsam pflegen – Begriff von der Auffassung, die uns leitet, gegenüber den höchsten Fragen der Wissenschaft und des Lebens. Ich hoffe, es wird in unsern Bemühungen gerade etwas von dem Geiste zu spüren sein, von dem M's und B.'s Schaffen zu innerst beseelt war, so verschieden sie auch gewesen, und so wenig sie vielleicht selber sich dieses Geistes als eines philosophischen bewuszt waren. Persönlichkeit beider Männer wäre am schwersten zu ersetzen, aber in Persönlichkeit gibt es keine Tradition.

Beide Oesterreicher, in engerer Heimat wirkend, beiden jene Innerlichkeit eigen, wie sie etwa in der liebenswerten Bescheidenheit des B.'schen Charakters zutage trat, abhold dem Schein und Glanz. Ich nicht in Oesterreich geboren, aber bitte, nicht Fremdling, Ausländer, sondern Deutscher im selben Sinne wie M. und B. Deutsche waren (Wien deutsche Universität!). Die politischen Grenzen bestehen nicht und bestanden nie für die geistigen Beziehungen von Forscher zu Forscher, von Lehrer zu Schüler. Existieren hier nicht, weil unnatürlich und vor dem Gefühl des Herzens und der Vernunft der Wissenschaft hat nur das Natürliche Geltung. Kam hier in dem Gefühl, wahre Heimat und Vaterland nicht verlassen zu haben; Hoffnung: Verstärkung und Bestätigung in Zusammenarbeit. Herkunft aus dem Norden des gemeinsamen Heimatlandes kein Hindernis, eine Aufgabe weiter zu führen, die hier im Süden erwachsen ist.

Welcher der Geist, der in dieser philosophischen Aufgabe walten und gepflegt werden soll? Die beiden Forscher, deren Namen ich nannte, Träger der Überzeugung, Heil der Philosophie im *Anschlusz* – an strenge Denkmethoden der exact. Wiss. Gaben ihr z.T. auf wunderliche Weise Ausdruck. Philosophie, die Gegensatz zur Naturwissenschaft und deren Methode der vorsichtigen Erfahrungsforschung verachtet, musz scheitern; keinen bequemeren Weg zur Lösung der gröszten Erkenntnisfragen als durch die Einzelwissenschaften hindurch. Kein königlicher Weg.

Scheitern der groszen Systeme: Lossagung von einander, zu beider Schaden. Echte Naturwissenschaft bedarf der Philosophie zu ihrer Vollendung, echte Philosophie bedarf der Naturwissenschaft als ihrer festesten Grundlage. Von den besten Köpfen erkannt. Helmholtz' Wunsch. 1895 Mach Physiker in Prag: (Geschichte der inductiven Wissenschaften). Sein Weg zur Phil.: Sinnesphysiologie, Kritik der physikal. Grundbegriffe und Theorien. Lehnte es ab, Phil. zu sein: Überrest der alten Abneigung. Ebenso Boltzmann: Physik *gegen* Philosophie, Gegensatz zu Mach: Dieser stieg zur Erkenntnistheorie hinab, B. zur Naturphilosophie hinauf. Auch in Resultaten. Boltzmann: Realist, Atome. Mach: Hilfsbegriffe. Übereinstimmung: Geist der Naturwiss. Exact. Denken. Log. Schule der *Mathematik*, fester Boden der Erfahrung, keine luftige Spekulation.

Dieser Geist der Naturwissenschaft scheint *mir wegen seiner Strenge und Bestimmtheit* nicht nur Geist der sichersten Erkenntnis – ja Geist der Natur selber: er ist's was hier in allem Philosophieren zu pflegen ist. In *allem?* Zeigte sich nicht die Einseitigkeit? Was heiszt Philosophieren? Keine langweilige Definition. Jedenfalls kein Geschäft für sich, unabhängig von aller übrigen Erkenntnis, keine Disciplin *neben* andern. Sondern etwas *in* ihnen, ihr wahrer

Lebensgeist, das eigentlich Wissenschaftliche, ihre höchsten allgemeinstgültigen Sätze.

Der Philosoph *macht* nicht die Philosophie, sondern *findet* sie. Kein Goldmacher, sondern Goldsucher. Findet *Geschichts*philosophie, *Sprach-*, *Religions-*…, *Moral-*.. (in der Wissenschaft von der Gesellschaft), *Natur*philosophie. Nicht etwa lauter selbständige Philosophien, sondern verschiedene Erscheinungsformen (Aggregatzustände) der *einen.* Aber in einer der Formen *deutlichste* Offenbarung: umfassendste und strengste Prinzipien in exacter Wissenschaft: Naturwissenschaft. Natur: *in strengster Gesetzmäszigkeit dargestellte Wirklichkeit.* Ihr Mittel die Mathematik. Diese nicht deswegen streng, weil Mathematik, sondern weil Logik. Denken in reinster Form. Naturwissenschaft also nur *ein* Weg zur Philosophie, nur vielleicht der klarste. Orientierung am exacten Denken bedeutet *nicht:* Beschränkung auf *die* Gebiete der Philosophie, die mit Naturwissenschaft, Physik und Biologie offenkundig und direct zusammenhängen, sondern *alle* philosophische Disciplinen mit gleicher Liebe, aber *sub specie naturae* behandeln, *Geschichts*philosophie wie Erkenntnislehre, *Erkenntnislehre, Ästhetik* wie *Ethik.* Wort »Natur« so eignen, wundervollen Klang, dasz überall in jeder Verbindung liebenswürdig, selbst in so häszlicher Bildung wie »Naturalismus«. Nur im Munde der Gegner (Häckel) – dennoch ohne Scheu: so etwas wie naturalist. Philosophie. Heiszt: Methode der *Nat.* Erk. stets Muster und Vorbild. Nicht einzig mögliche Erk. Art, nicht überall die erwünschteste, aber *prinzipiell* stets *anwendbar*, auch auf »Geist«. Auch Geist *natürlich.* Kein Gegensatz zwischen Natur und Geist. Unterschied nur praktisch-methodisch, nicht prinzipiell im Wesen der Dinge, sondern in Betrachtungsweise gegründet. Selbst geschichtliche Vorgänge sind Naturprozesse. Ob dabei ihr letzter Sinn enthüllt?

Gleichviel, Auffassung zulässig und kann zu *sehr* tiefen Erkenntnissen führen. Auch das religiöse Suchen der Menschen ist natürlich. Und *Ethik!* Liegt ihre Region wirklich weit über das Reich der Natur hinaus? Mit höchster Energie: Moralisches Handeln *natürlich.* Weben der ganzen Welt verstehen nach Analogie der Naturgesetzlichkeit. Durchführbarkeit des Standpunktes nicht so geschwind begründen, aber Sie sehen Möglichkeiten von ferne, die näher zu zeigen sind. Hauptziel: Verständlichkeit. Nicht blosz vom Katheder herab vortragen, sondern lebendiger Wechselverkehr. Fast *alle* Philosophie Naturphilosophie.

A.14

Vorrede zu Moritz Schlick's erster Vorlesung in Wien (Naturphilosophie), Herbst 1922.

Gymnasium. Vom Lehrerkollegium als Abschiedsgeschenk der Schule Buch erhalten , in Interessenkreis passend , willkommen : " Die Mechanik in ihrer Entwicklung historisch - kritisch dargestellt " von Ernst Mach . Sehr gefesselt , Einheit von historischer Darstellung , Naturforschung , philosophischer Betrachtung - welche Erbauung das Versenken in diesen klaren , unerbittlich kritischen Geist . Der Name Mach seit jener Zeit mächtige Gefühlsbetonung, glänzendes Symbol einer eigentümlichen Methode des Philosophierens , die mir zu den fruchtbarsten zu gehören scheint , welche die Geschichte des menschlichen Denkens aufzuweisen hat . Mit wieviel stärkeren , andern Gefühlen hätte Lektüre mich ergriffen, wenn geahnt , dass ich einst an derselben Stelle lehren sollte, an der E. Mach hier an der Universität Wien gewirkt hat .

Sie begreifen : Gefühl der ungeheuern Verantwortung beim ersten Betreten der Kanzel , denn ich fühle : das Wohlwollen der Fakultät und Regierung hat mich an diesen Platz gestellt in der Erwartung , grosse Tradition in irgend einem Sinne aufrechtzuerhalten , die an einen Namen wie Mach's und auch an den seines Nachfolgers L. Boltzmann sich anknüpft . Aufgabe fast hoffnungslos , wenn bedeutet : etwas schaffen , was ihren Werken gleichwertig an die Seite zu stellen - oder : denselben philosophischen Standpunkt einnehmen wie die Vorgänger (was z.B. bei M. und B. unmöglich) ; lässt sich erfüllen , wenn so verstanden: Geist lebendig zu halten , ~~indem~~ in dem Philosophie von den Vorbildern verstanden und gelehrt wurde . Welches ist dieser Geist ? Schilderung gibt zugleich Begriff von der Grundstimmung , die in diesen Stunden walten soll , die wir hier miteinander verbringen . Begriff von der Art des Philosophierens , die wir gemeinsam pflegen - Begriff von der Auffassung , die uns leitet , gegenüber den höchsten Fragen der Wissenschaft und des Lebens. Ich hoffe , es wird in unsern Bemühungen gerade etwas von dem Geiste zu spüren sein , von dem M's und B.'s Schaffen zu innerst beseelt war , so verschieden sie auch gewesen , und so wenig sie vielleicht selber sich dieses Geistes als eines philosophischen bewusst waren . Persönlichkeit beider Männer wäre am schwersten zu ersetzen , aber in Persönlichkeit gibt es keine Tradition .

Beide Oesterreicher , in engerer Heimat wirkend , beiden jene Innerlichkeit eigen , wie sie etwa in der liebenswerten Bescheidenheit des B.schen Charakters zutage trat , abhold dem Schein und Glanz . Ich nicht in Oesterreich geboren , aber bitte , nicht Fremdling , Ausländer , sondern Deutscher im selben Sinne wie M. und B. Deutsche waren (Wien deutsche Universität!) . Die politischen Grenzen bestehen nicht und bestanden nie für die geistigen Beziehungen des wiss. und künstl. Austausches , nicht für die Beziehungen von Forscher zu Forscher, von Lehrer zu Schüler . Existieren hier nicht , weil unnatürlich und vor dem Gefühl des Herzens und der Vernunft der Wissenschaft hat nur das Natürliche Geltung . Kam hier in dem Gefühl , wahre Heimat und Vaterland nicht verlassen

Abb. 2: Erste Seite des Typoskripts der *Vorrede zu Moritz Schlicks erster Vorlesung in Wien (Naturphilosophie), Herbst 1922.* Typoskript, 3 Bl. – *Noord-Hollands Archief Haarlem (NL), Wiener Kreis Archiv, Nachlass Moritz Schlick, A .14[b].*

Kommentar von Friedrich Stadler

Friedrich Albert Moritz Schlick[1] wurde als Sohn evangelischer Eltern am 14. April 1882 in eine wohlhabende Berliner Fabrikantenfamilie hineingeboren. Er studierte an den Universitäten Heidelberg, Lausanne und Berlin Naturwissenschaften und Mathematik und dissertierte im Jahre 1904 bei Max Planck, dessen Lieblingsschüler er wurde, mit der Arbeit *Über die Reflexion des Lichtes in einer inhomogenen Schicht* in Mathematischer Physik. Nach dem Erscheinen seines ersten Buches *Lebensweisheit. Versuch einer Glückseligkeitslehre* (1908)[2] widmete er sich zwei Jahre lang dem Studium der Psychologie in Zürich und habilitierte sich 1911 an der Universität Rostock zum Privatdozenten für Philosophie mit der Schrift *Das Wesen der Wahrheit nach der modernen Logik.*[3] Während seiner zehnjährigen Tätigkeit in Rostock arbeitete Schlick an der Reform traditioneller Philosophie vor dem Hintergrund der naturwissenschaftlichen Revolution. Dadurch kam es zur Bekanntschaft und Freundschaft mit Albert Einstein, dessen Relativitätstheorie er in *Die philosophische Bedeutung des Relativitätsprinzips* (1915) mit ausdrücklicher Würdigung seines Schöpfers als einer der ersten philosophisch darstellte.

1917 erhielt Schlick in Rostock den Titel eines Professors, 1921 wurde er außerordentlicher Professor mit einem Lehrauftrag für Ethik und Naturphilosophie, im Jahre 1918 erschien erstmals sein Hauptwerk *Allgemeine Erkenntnislehre*[4] und 1921 erhielt Schlick einen Ruf an die Universität Kiel als ordentlicher Professor. Ein Jahr darauf erfolgte Schlicks Berufung an die Universität Wien in der Tradition von Ernst Mach und Ludwig Boltzmann auf den Lehrstuhl für Naturphilosophie (ursprünglich »Philosophie der induktiven Wissenschaften«). In Wien organisierte Schlick ab 1924 auf Anraten seiner Studenten Herbert Feigl und Friedrich Waismann einen regelmäßigen Diskussionszirkel – zuerst *privatim*, dann im Hinterhaus des mathematischen Institutes in der Wiener Boltzmanngasse 5 –, der als *Wiener Kreis* in die Philosophie- und Wissenschaftsgeschichte einging. Zu diesem interdisziplinären Kreis des ›Schlick-Zirkels‹ zählten etablierte und jüngere VertreterInnen der Philosophie, Psychologie,

1 Zu Leben und Werk im Kontext des Wiener Kreises: Friedrich Stadler: *Der Wiener Kreis. Ursprung, Entwicklung und Wirkung des Logischen Empirismus im Kontext*, Dordrecht 2015. Zum Verhältnis von Schlick und der Universität Wien vgl. den Ausstellungskatalog: Christoph Limbeck-Lilienau, Friedrich Stadler: *Der Wiener Kreis. Texte und Bilder zum Logischen Empirismus*, Münster 2015, speziell 413–438. Als Grundlage vgl. die kritische *Moritz Schlick Gesamtausgabe* (MSGA), hg. v. Friedrich Stadler u. Hans Jürgen Wendel. Wien, New York, Dordrecht 2006.

2 Moritz Schlick: *Lebensweisheit. Versuch einer Glückseligkeitslehre*, München 1908.

3 Moritz Schlick: »Das Wesen der Wahrheit nach der modernen Logik«, in: *Vierteljahrsschrift für wissenschaftliche Philosophie und Soziologie* 34 (1910), 386–477 (sowie in: MSAG I/4).

4 Moritz Schlick: *Allgemeine Erkenntnislehre*, Berlin 1918.

Mathematik, Physik, Biologie und Sozialwissenschaften, die alle bis auf zwei Ausnahmen (Viktor Kraft und Bela Juhos) wegen ihrer jüdischen Herkunft und/ oder aus politischen Gründen emigrieren mussten.[5]

Neben seiner umfangreichen Forschungs- und Lehrtätigkeit engagierte sich Schlick in der Volksbildung: als Mitglied der *Ethischen Gesellschaft* und von 1928 bis 1934 als Vorsitzender des *Vereins Ernst Mach.* Ab 1926 pflegte er einen intensiven Kontakt mit Ludwig Wittgenstein, der ihn maßgeblich beeinflusste. 1929 lehnte Schlick auf Bitten seiner Schüler eine attraktive Berufung nach Bonn ab, worauf er als Gastprofessor nach Stanford und später 1931/32 nach Berkeley ging. Er unterhielt enge internationale Kontakte mit der *scientific community* in Berlin, Prag, Göttingen, Warschau, England und den USA. Zusammen mit dem Physiker und Nachfolger Einsteins in Prag, Philipp Frank, gab er die Buchreihe *Schriften zur wissenschaftlichen Weltauffassung* (1929 bis 1937) heraus. Am 22. Juni 1936 wurde Moritz Schlick – auf dem internationalen Höhepunkt seines einflussreichen Gelehrtenlebens – auf den Stufen der Wiener Universität von einem ehemaligen Studenten aus privaten und weltanschaulich-politischen Motiven erschossen.[6] Der Wiener Kreis war damit endgültig zerstört, es existierten bis 1938 nur mehr einige epigonale Zirkel. Von 1948 bis 1954 organisierte Viktor Kraft einen kleineren Kreis als eine Art Wiederbelebung. Erst 1991 wurde in Wien das außeruniversitäre *Institut Wiener Kreis* gegründet und ab 2011 als Institut an der Fakultät für Philosophie und Bildungswissenschaft der Universität Wien eingerichtet.[7]

Im Jahre 1922 wurde der damals vierzigjährige deutsche Physiker und Philosoph Moritz Schlick auf den vakanten Lehrstuhl für Naturphilosophie an die Universität Wien berufen. Damit stand er thematisch in der Nachfolge des

---

5 Zum Kern gehörten z. B. Gustav Bergmann, Rudolf Carnap, Herbert Feigl, Philipp Frank, Kurt Gödel, Hans Hahn, Olga Hahn-Neurath, Bela Juhos, Felix Kaufmann, Viktor Kraft, Karl Menger, Richard von Mises, Otto Neurath, Rose Rand, Josef Schächter, Olga Taussky-Todd, Friedrich Waismann und Edgar Zilsel. Zur Peripherie des Kreises mit seinen prominenten ausländischen Gästen sind hier zu nennen: Alfred J. Ayer, Egon Brunswik, Karl Bühler, Josef Frank, Else Frenkel-Brunswik, Heinrich Gomperz, Carl G. Gustav Hempel, Eino Kaila, Hans Kelsen, Charles Morris, Arne Naess, Willard Van Orman Quine, Frank P. Ramsey, Hans Reichenbach, Kurt Reidemeister, Alfred Tarski und als »Prominenz« am Rande: Ludwig Wittgenstein und Karl Popper.

6 Der Mörder wurde von den Nationalsozialisten vorzeitig entlassen und lebte nach 1945 als freier Bürger in Österreich.

7 Zur Entwicklung nach 1945: Friedrich Stadler: »Philosophie – Zwischen ›Anschluss‹ und Ausschluss, Restauration und Innovation«, in: Margarete Grandner, Gernot Heiß, Oliver Rathkolb (Hg.): *Zukunft mit Altlasten. Die Universität Wien 1945 bis 1955*, Innsbruck, Wien, München, Bozen 2005, 121–136; ders. (Hg.): *Vertreibung, Transformation und Rückkehr der Wissenschaftstheorie. Am Beispiel von Rudolf Carnap und Wolfgang Stegmüller*, Wien, Berlin 2010; ders., Kurt R. Fischer (Hg.): *Paul Feyerabend. Ein Philosoph aus Wien*, Wien, New York 2006.

Naturforschers Ernst Mach (1838–1916), der 1895 als experimenteller Physiker den eigens für ihn eingerichteten Lehrstuhl für »Philosophie, insbesondere Theorie und Geschichte der induktiven Wissenschaften« an der Philosophischen Fakultät übernahm, was einen außergewöhnlichen Vorgang eines Spartenwechsels im akademischen Bereich darstellte.[8] Bereits nach sechs Jahren musste Mach jedoch als Folge eines Schlaganfalls seine Professur niederlegen und Ludwig Boltzmann wurde ab 1903 zusätzlich zu seiner Professur für Physik mit einem Lehrauftrag für »Philosophie der Natur und Methodologie der Naturwissenschaften« betraut.

Mit der Berufung Moritz Schlicks wurde die empiristische Tradition der Naturphilosophie, die sich kritisch mit der wissenschaftsfernen metaphysischen Philosophie auseinandersetzte, nach dem Ersten Weltkrieg wiederbelebt. Der Planck-Schüler, anerkannte Interpret von Einsteins Relativitätstheorie und Begründer des Wiener Kreises des Logischen Empirismus führte bis zu seinem frühen gewaltsamen Tod 1936 innerhalb von zwölf Jahren die Wiener Philosophie zur Weltgeltung.[9] Den thematischen Hintergrund für die Berufung mit Hindernissen im akademischen *annus mirabilis* 1922, in dem gleichzeitig drei vakante Lehrstühle mit Moritz Schlick, dem Sprachtheoretiker und Kognitionsforscher Karl Bühler (für Psychologie) und dem Kantianer Robert Reininger (für Geschichte der Philosophie) besetzt wurden, bildete die so genannte zweite naturwissenschaftliche Revolution mit der Quantenphysik seit Max Planck, der Relativitätstheorie Einsteins sowie der Evolutionstheorie – verstärkt durch die moderne symbolische Logik und Mathematik von Bertrand Russell, Alfred N. Whitehead und David Hilbert sowie die Sprachphilosophie mit Ludwig Wittgenstein als nichtakademischem Außenseiter (wie übrigens später noch Karl Popper) an der Peripherie des Wiener Kreises. Es ist also keine Überraschung,

8 Zur Philosophie an der Universität Wien vgl. die entsprechenden Beiträge im Rahmen der vierbändigen Geschichte *650 Jahre Universität Wien – Aufbruch ins neue Jahrhundert*, hg. v. Friedrich Stadler u. a.: Hans-Joachim Dahms, Friedrich Stadler: »Die Philosophie an der Universität Wien von 1848 bis zur Gegenwart«, in: Katharina Kniefacz, Elisabeth Nemeth, Herbert Posch, Friedrich Stadler (Hg.): *Universität – Forschung – Lehre. Themen und Perspektiven im langen 20. Jahrhundert*, Göttingen 2015, 77–132; Friedrich Stadler: »Philosophie – Konturen eines Faches an der Universität Wien im ›langen 20. Jahrhundert‹«, in: Karl Anton Fröschl, Gerd B. Müller, Thomas Olechowski, Brigitta Schmidt-Lauber (Hg.): *Reflexive Innensichten aus der Universität. Disziplinengeschichten zwischen Wissenschaft, Gesellschaft und Politik*, Göttingen 2015, 471–288.

9 Die Universität Wien hat anlässlich ihres 650 Jahr-Jubiläums im Jahre 2015 eine repräsentative Ausstellung im Hauptgebäude veranstaltet (*Der Wiener Kreis – Exaktes Denken am Rand des Untergangs*), in der die Ursprünge, die Entwicklung und Wirkung dieser innovativen Wissenschaftskultur der Zwischenkriegszeit visualisiert und im gesellschaftlichen Zusammenhang gewürdigt wurden. Vgl. die entsprechenden Publikationen von F. Stadler: *Der Wiener Kreis* und Chr. Limbeck-Lilienau, F. Stadler: *Der Wiener Kreis* sowie Karl Sigmund: *Sie nannten sich Der Wiener Kreis*, Heidelberg 2015.

wenn Schlick seine erste Vorlesung an der Universität Wien im Wintersemester 1922 der Naturphilosophie widmete und unter dem Titel *Einführung in die Naturphilosophie* im Vorlesungsverzeichnis ankündigte.

Die Antrittsvorlesung *Einführung in die Naturphilosophie*

Moritz Schlicks Antrittsvorlesung *Einführung in die Naturphilosophie* wurde im Vorlesungsverzeichnis für das Wintersemester 1922/23 mit einem eingelegten Beiblatt als dreistündige Lehrveranstaltung (Dienstag, Mittwoch, Donnerstag von 17–18 Uhr im Hörsaal 50 im Hauptgebäude der Universität Wien, der heute für 150 HörerInnen zugelassen ist) angekündigt. Die Gebühr betrug 2700 Kronen. Laut Zeitungsberichten fand die Vorlesung, von der mindestens 73 HörerInnen namentlich erfasst werden konnten,[10] zum ersten Mal am 24. Oktober 1922 statt.[11] Sie beginnt mit einer Würdigung Ernst Machs als erstem Inhaber des Lehrstuhles für Naturphilosophie: Schlick erinnert sich an Machs *Mechanik* als Abschiedsgeschenk seines Berliner Gymnasiums, das ihn wegen der »Einheit von historischer Darstellung, Naturforschung, philosophischer Betrachtung« faszinierte. Daher war ihm »[d]er Name *Mach* seit jener Zeit mächtige Gefühlsbetonung, glänzendes Symbol einer eigentümlichen Methode des Philosophierens«. (189)

Die Ehrerbietung an seine Vorgänger Mach und Boltzmann ist natürlich auch dem *genius loci* geschuldet, dessen Geist der neue Ordinarius lebendig halten wollte, und zwar durch die ›Art‹ des Philosophierens. Dies ist umso bemerkenswerter, als Schlick in seinem Hauptwerk *Allgemeine Erkenntnislehre* (1918/1925) noch unter dem Einfluss von Planck und dem deutschen Neukantianismus stand und eine durchaus kritische Position gegenüber Machs Erkenntnislehre mit einer Präferenz für einen kritischen Realismus eingenommen hatte. Gleichzeitig stieg Schlicks Anerkennung für den Vorläufer Einsteins, die auch in seiner Initiative zur Enthüllung des Ernst Mach-Denkmals im Wiener Rathauspark zum Ausdruck kam.[12] Schließlich zeigte sich im Kontext der Wiener Volksbildung Schlicks Engagement ab 1928 auch als Vorsitzender des »Vereins Ernst Mach. Verein zur Verbreitung von Erkenntnissen der exakten Wissen-

10 Diese Angabe basiert auf einem von Edwin Glassner und Christoph Limbeck-Lilienau erstellten unveröffentlichten Verzeichnis von Schlicks und Bühlers HörerInnen an der Universität Wien, 1922–1925, Institut Wiener Kreis.

11 Anonym: »Von der Wiener Universität«, in: *Wiener Zeitung* (17.10.1922), 3; Anonym: »Antrittsvorlesung«, in: *Wiener Zeitung* (24.10.1922, Abendblatt), 4.

12 Die Ansprache wurde zusammen mit Beiträgen von Albert Einstein, Hans Thirring und Felix Ehrenhaft in der *Neuen Freien Presse* abgedruckt. Vgl. die Dokumentation in: Rudolf Haller, Friedrich Stadler (Hg.): *Ernst Mach. Werk und Wirkung*, Wien 1988, 58–63.

schaften«, gegen dessen Auflösung aus politischen Motiven er nach dem Februar 1934 vergeblich protestierte.[13]

Dass der liberale Schlick die Wiener Universität dem Zeitgeist entsprechend als deutsche bezeichnete, wirkt aus heutiger Sicht anachronistisch, ist aber Ausdruck eines damals gängigen Diskurses einer deutschen Kultur- und Wissenschaftsgemeinschaft. Philosophisch ging es Schlick darum, die Methode der Philosophie als Denkmethode der exakten Wissenschaften vorzustellen, an denen es keinen »königliche[n] Weg« mehr vorbei geben kann: »Echte Naturwissenschaft bedarf der Philosophie zu ihrer Vollendung, echte Philosophie bedarf der Naturwissenschaft als ihrer festesten Grundlage.« (190) Damit ist die Philosophie keine Meta-Disziplin über den Einzelwissenschaften oder eine Disziplin neben anderen, »[s]ondern etwas *in* ihnen«, was sich in den höchsten allgemeingültigen Sätzen oder Prinzipien spiegelt. Der Philosoph wird so zum »Goldsucher«, indem er die Geschichtsphilosophie, Sprachphilosophie, Religionsphilosophie, Moralphilosophie und Naturphilosophie – als verschiedene Erscheinungsformen einer wissenschaftlichen Philosophie – findet. (190f.) Dabei bilden die Naturwissenschaften, die genau einen Weg zur Philosophie ebnen, aufgrund ihrer Exaktheit ein Ideal. Schlick resümiert:

> Orientierung am exacten Denken bedeutet *nicht:* Beschränkung auf *die* Gebiete der Philosophie, die mit Naturwissenschaft, Physik und Biologie offenkundig und direct zusammenhängen, sondern *alle* philosophische[n] Disciplinen mit gleicher Liebe, aber *sub specie naturae* behandeln, *Geschichts*philosophie wie Erkenntnislehre, *Erkenntnislehre, Ästhetik* wie *Ethik.* (191)

Für Schlick lässt sich daraus kein prinzipieller Gegensatz von ›Natur‹ und ›Geist‹ ableiten, der sich nur in praktisch-methodischer Hinsicht zeigt. Auch moralisches Handeln ist natürlich, daher ist für ihn »fast *alle* Philosophie Naturphilosophie.« (191)

Die hier zitierte und in vorliegendem Band abgedruckte (stichwortartige) *Vorrede zur Einführung in die Naturphilosophie*, die bislang nur als Typoskript überliefert war, stellt die eigentliche Antrittsvorlesung, d.h. in diesem Fall die erste Einheit seiner ersten Semestervorlesung an der Universität Wien, dar. Darüber hinaus ist ein bislang unpubliziertes, 121 Seiten umfassendes Vorlesungstyposkript überliefert, das sich, wie auch die *Vorrede*, im Schlick-Nachlass im Reichsarchiv Nord-Holland in Haarlem (NL) befindet[14] und im Rahmen der kritischen *Gesamtausgabe* der Schriften Moritz Schlicks veröffentlicht wird.[15] In

13 F. Stadler: *Der Wiener Kreis*, 150–166.

14 Moritz Schlick Nachlass, Reichsarchiv Nord-Holland: 008/A.14a und 14b Vorrede zu Naturphilosophie; 161/A.121b.

15 Moritz Schlick: *Gesamtausgabe*, hg. v. Friedrich Stadler u. Hans Jürgen Wendel, Abteilung II: *Nachgelassene Schriften*, Wien, New York (in Vorbereitung).

diesem Typoskript, das eine von Josef Rauscher angefertigte Nachschrift von Schlicks *Vorlesung zur Naturphilosophie* im Wintersemester 1923/23 darstellt, behandelt Schlick diese Programmatik allgemeinverständlich historisch und systematisch. Dabei werden die Grundbegriffe wie Materie, Natur, Energie, Kraft, Raum und Zeit, Kausalität und Gesetz sowie die wissenschaftlichen Methoden seit der Antike entwickelt und der Übergang von der mechanistischen zur statistischen Mechanik Boltzmanns illustriert. Abschließend wendet Schlick nochmals seinen zeichenorientierten Erkenntnisbegriff der *Allgemeinen Erkenntnislehre* auf die Naturwissenschaften an und endet mit dem Postulat eines offenen monistischen Weltbilds, das sich nur der Empirie verpflichtet fühlt.

Auch in seinen späteren Vorlesungen ist Schlick immer wieder auf diese Thematik zurückgekommen: Im Wintersemester 1925/26 wiederholte er die Vorlesung zur Naturphilosophie, deren Aufgaben und Ziele er in einem eigenen Kapitel auch im *Lehrbuch der Philosophie* (1925) am Beispiel der Philosophie der Substanz, der Gesetze und des Lebens erläutert.[16] Im Sommersemester 1927 (4st.), Wintersemester 1929/30 (4st.), Wintersemester 1932/33 (5st.) und zuletzt im Sommersemester 1936 (5st.), in dem Schlick auf dem Weg zu seiner letzten Vorlesung ermordet wurde, hat er das Thema Natur ebenfalls behandelt und weiter entwickelt, was sich auch in den parallelen Veröffentlichungen spiegelte.[17] Erfreulicherweise haben seine Studenten Walter Hollitscher und Josef Rauscher den Text eines weiterführenden Vorlesungsmanuskripts vom Wintersemester 1932/33, zuzüglich den vom Sommersemester 1936, im Jahre 1948 unter dem Titel *Grundzüge der Naturphilosophie* herausgegeben, sodass wir auch über die Inhalte der weiteren einschlägigen Vorlesungen im Bilde sind.[18] Eine Vorle-

16 Moritz Schlick: »Naturphilosophie«, in: Max Dessoir (Hg.): *Lehrbuch der Philosophie*, Bd. 2: Die Philosophie in ihren Einzelgebieten, Berlin 1925, 393–492, 397.

17 Vgl. dazu die entsprechenden Bände der Moritz Schlick Gesamtausgabe (MSGA): Moritz Schlick: *Die Wiener Zeit. Aufsätze, Beiträge, Rezensionen 1926–1936*, hg. u. eingeleitet v. Johannes Friedl u. Heiner Rutte, Wien, New York 2008 (Abt.I, Veröffentlichte Schriften, Band 6); Moritz Schlick: *Erkenntnistheoretische Schriften 1926–1936*, hg. u. eingeleitet v. Johannes Friedl und Heiner Rutte, Wien, New York 2013 (Abt. II: Nachgelassene Schriften, Band 1.2). Dazu auch: Moritz Schlick: *Die Probleme der Philosophie in ihrem Zusammenhang. Vorlesung aus dem Wintersemester 1933/34*, hg. v. Henk Mulder, Anne Kox u. Rainer Hegselmann, Frankfurt/Main 1986.

18 Dort werden in eigenen Kapiteln die Aufgabe der Naturphilosophie, das anschauliche Weltbild und seine Grenzen, Beschreibung und Erklärung, Aufbau der Theorien, Theorien und anschauliche Modelle, vom Sinne räumlicher Bestimmungen, die vierdimensionale Welt mit Grundlagen der allgemeinen Relativitätstheorie, Kritik des Konventionalismus, Grundgedanken der speziellen Relativitätstheorie, das Kausalprinzip in der klassischen Physik, die statistische Betrachtungsweise, die Grundbegriffe der neuen Physik, die Kausalität in der neuen Physik, die Grundfrage der Biologie, Kriterien des Lebens und der Vitalismus in der Biologie behandelt. Moritz Schlick: *Grundzüge der Naturphilosophie*, aus dem Nachlass hg. v. Walter Hollitscher u. Josef Rauscher, Wien 1948; dazu auch die Aufsatzsammlung: Moritz Schlick: *Gesetz, Kausalität und Wahrscheinlichkeit*, Wien 1948.

sungsniederschrift über das Verhältnis von Physik und Biologie aus dem Jahre 1927 ergänzt diese Veröffentlichung mit einem Auszug aus dem oben erwähnten Artikel Schlicks zur Naturphilosophie von 1925 im Anhang. Josef Rauscher hat 1952 zudem aus dem Nachlass das Büchlein *Natur und Kultur* herausgegeben, das Schlicks Intentionen einer gemeinsamen Betrachtungsweise der beiden Sphären in kosmopolitischer und pazifistischer Absicht nochmals dokumentiert.[19] Schlick postulierte darin die Einheit von Natur, Kultur und Kunst als Antwort auf den Totalitarismus und die Zerstörung der liberalen Demokratie seit 1933, deren endgültigen Untergang im Nationalsozialismus er nicht mehr erlebte.

Schlick hat die Prinzipien und den theoretischen Pluralismus in seinen Publikationen und Vorlesungen Zeit seines Lebens zum Ausdruck gebracht. Neben seinen Publikationen *Lebensweisheit* (1908), *Allgemeine Erkenntnislehre* (1918/1925), *Raum und Zeit in der gegenwärtigen Physik. Zur Einführung in das Verständnis der allgemeinen Relativitätstheorie* (1917), *Fragen der Ethik* (1930) hielt er von 1922 bis 1936 an der Universität Wien Vorlesungen zu Naturphilosophie, Logik, Erkenntnistheorie, Ethik, Weltanschauungsfragen, Relativitätstheorie und Geschichtsphilosophie.[20] Schlick ist also – trotz aller Wandlungen u. a. unter dem Einfluss von Wittgenstein – seinem philosophischen Grundsatz treu geblieben, den er in einer posthum erschienenen Selbstdarstellung im *Philosophen-Lexikon* (1950) unter der Bezeichnung »konsequenter Empirismus« zusammenfasste. Darin heißt es, dass Schlick »die Begründung und den Aufbau eines konsequenten und völlig reinen Empirismus« versuchte, und zwar – im Gegensatz zu dessen frühen Formen – durch die Einbeziehung der modernen Mathematik und Logik, denn »[d]er neue Empirismus […] geht aber gerade von dem Verständnis des mathematischen Denkens und seiner Anwendung auf die Wirklichkeit aus«.[21]

Die Philosophie als eigene wissenschaftliche Disziplin lehnte Schlick ab, vielmehr wies er ihr bereits in seinem erkenntnistheoretischen Hauptwerk *Allgemeine Erkenntnislehre* (1918/1925) eine umfassendere Funktion zu:

> Nach meiner Auffassung nämlich […] ist die Philosophie nicht eine selbständige Wissenschaft, die den Einzeldisziplinen nebenzuordnen oder überzuordnen wäre,

19 Moritz Schlick: *Natur und Kultur*, aus dem Nachlass hg. v. Josef Rauscher, Wien 1952 (= Sammlung »Die Universität«, Bd. 30).

20 »Einführung in die Naturphilosophie«, »Logik und Erkenntnistheorie«, »Einführung in die Ethik«, »System der Philosophie«, »Weltanschauungsfragen«, »Relativitätstheorie«, »Die Probleme der Geschichtsphilosophie«, »Die Probleme der Philosophie in ihrem Zusammenhang«, »Historische Einleitung in die Philosophie«, »Philosophie der Kultur und Geschichte«.

21 Werner Ziegenfuss, Gertrud Jung: »Schlick, Moritz«, in: dies. (Hg.): *Philosophen-Lexikon. Handwörterbuch der Philosophie nach Personen*, Bd. 2: L–Z, Berlin 1950, 462–464, 462.

sondern das Philosophische steckt in allen Wissenschaften als deren wahre Seele, kraft deren sie überhaupt erst Wissenschaften sind. Jedes besondere Wissen, jedes spezielle Erkennen setzt allgemeinste Prinzipien voraus, in die es schließlich einmündet und ohne die es kein Erkennen wäre. Philosophie ist nichts anderes als das System dieser Prinzipien, welches das System aller Erkenntnisse verästelnd durchsetzt und ihm dadurch Halt gibt; sie ist daher in allen Wissenschaften beheimatet, und ich bin überzeugt, dass man zur Philosophie nicht anders gelangen kann, als indem man sie in ihrer Heimat aufsucht.[22]

Schlicks Vorlesung(en) als öffentliches Ereignis

Wir haben bislang keine direkten Zeitzeugen-Berichte von der Antrittsvorlesung selbst, wissen aber aus sekundären Quellen, dass Schlicks Vorlesungen immer sehr gut besucht waren und er einen bleibenden Eindruck auf seine HörerInnen ausübte. Die zweite Vorlesung zur Naturphilosophie im Wintersemester 1924/25 besuchten z.B. bereits weit über 100 Studierende.[23]

So hat sich die junge österreichische Schriftstellerin Hilde Spiel, die bei Schlick und Karl Bühler ihre Dissertation schrieb, auf diese beeindruckenden Vorlesungen bezogen und zugleich Schlicks faszinierende Persönlichkeit beschrieben:

> Wer wie ich [...] bei Schlick an der Universität studiert hat, kann seine hervorragenden Qualitäten als Lehrer bezeugen – seine glasklare Einfachheit bei der Darstellung komplizierter Gedankengänge, seine so heitere wie geduldige Art, scholastische Probleme zu entwirren, die seit Jahrhunderten auf der Philosophie gelastet haben. Gleichwohl gab es, neben seiner Haltung äußerster wissenschaftlicher Redlichkeit, noch andere Gründe dafür, dass Schlick den meisten seiner Studenten zum Muster und Leitbild auf Lebenszeit wurde. Er war ein wahrhaft bescheidener, beinahe schüchterner, unendlich vertrauensvoller Mann, der von einer ebenso aufrichtigen Liebe zu seinen Mitmenschen erfüllt war wie von der Suche nach einer vernünftigen, logischen Sicht der Welt.[24]

Nach der Ermordung Schlicks schrieb Hilde Spiel einen Nachruf auf ihren verehrten Lehrer in der *Neuen Freien Presse* und beschloss, vor allem unter dem Eindruck dieses gewaltsamen Ereignisses und der allgemeinen politischen Entwicklung, bereits zwei Jahre vor dem »Anschluss« nach England zu emigrieren. Das war eine logische Reaktion, wenn wir von ihr dazu lesen:

---

22 Moritz Schlick: *Allgemeine Erkenntnislehre*, hg. u. eingeleitet v. Hans Jürgen Wendel u. Fynn Ole Engler, Wien, New York 2009 (MSGA Abt. I: Veröffentlichte Schriften, Band 1), 123f.

23 Vgl. das von Edwin Glassner und Christoph Limbeck-Lilienau erstellte unveröffentlichte Verzeichnis von Schlicks und Bühlers HörerInnen an der Universität Wien, 1922–1925, Institut Wiener Kreis.

24 Hilde Spiel: *Glanz und Untergang. Wien 1866–1938*, Wien 1987, 146f.

> Ein Kind, von kosmischen Ängsten geplagt, eine junge Person, verstört von widersprüchlichen Theorien und Ideologien, die ihr fortwährend angeboten werden, sieht sich mit einem Schlag aus der Wirrnis befreit. Frühmorgens, im großen Hörsaal der Philosophischen Fakultät, gehen von der Figur eines wahrhaft weisen, wahrhaft guten Menschen Erhellung, Beruhigung, Zuversicht, Lebenslenkung aus. Moritz Schlick liebt und wiederholt häufig das Wort von Kant, David Hume habe ihn aus dem ›dogmatischen Schlummer‹ erweckt. Nicht anders empfindet die Studentin, was sich mit ihr begibt.[25]

Auch bei den zahlreichen ausländischen Gästen wurden Schlicks Vorlesungen als prägendes Ereignis wahrgenommen. So erinnerte sich der junge amerikanische Philosoph Ernest Nagel, der später ein berühmter Professor an der Columbia University werden sollte, sehr lebendig an seinen Vorlesungsbesuch 1935 in Wien (und auch im Wiener Kreis) folgendermaßen:

> I did get a glimmer of insight into sociological motivations in Vienna. Professor Schlick's lectures were delivered in an enormous auditorium packed with students of both sexes, and in his seminar a stray visitor was lucky if he did not have to sit on the window sill. The content of the lectures, though elementary, was on a high level; it was concerned with expounding the theory of meaning as the mode of verifying propositions. It occurred to me that although I was in a city foundering economically, at a time when social reaction was in the saddle, the views presented so persuasively from the Katheder were a potent intellectual explosive. I wondered how much longer such doctrines would be tolerated in Vienna.[26]

Das sind nur zwei beeindruckende Belege dafür, dass und wie die Vorlesungen von Moritz Schlick an der Wiener Universität neben seinem persönlichen Einfluss tatsächlich auch zu einer »Wende der Philosophie« geführt haben, wie Schlick selbst programmatisch im ersten Band der Zeitschrift des Logischen Empirismus, die von 1930 bis 1940 unter dem Titel *Erkenntnis/Journal of Unified Science* erschien, verkündet hat.[27]

25 Hilde Spiel: *Die hellen und die finsteren Zeiten. Erinnerungen*, München 1989, 74.

26 Ernest Nagel: »Impressions and Appraisals of Analytic Philosophy in Europe«, in: *The Journal of Philosophy* 33 (1936), zit. n. Ernest Nagel: *Logic Without Metaphysics and other Essays in the Philosophy of* Science, Glencoe, Illinois 1956, 196.

27 Moritz Schlick: »Die Wende der Philosophie«, in: *Erkenntnis* 1 (1930/31), 4–11. Wiederabgedruckt in: ders.: *Die Wiener Zeit*, 205–224.

Heinrich von Srbik (1878–1951)

Metternichs Plan einer Neuordnung Europas 1814/15 (1922)

Metternichs Plan der Neuordnung Europas 1814/15.
Von
Heinrich Ritter von Srbik.[1]

An dem Tage, an dem ich meine Lehrtätigkeit an dieser altehrwürdigen Hochschule, der Stätte meiner Studentenjahre und der Anfänge meines akademischen Wirkens, beginne, ist es mir erste Pflicht und innerstes Bedürfnis, des ausgezeichneten Forschers und Lehrers zu gedenken, dessen Lehrstuhl ich nunmehr einnehme: August *Fourniers.* Lange Zeit bildete die Geschichte des Wiener Kongresses ein Hauptfeld des wissenschaftlichen Arbeitens Fourniers, den entscheidungsvollen Jahren 1814 und 1815 hat er wertvollste Studien gewidmet, Wertvolles hat sein Tod uns vorenthalten. Den Manen des Geschichtschreibers Napoleons möchte ich einen Tribut zollen, wenn ich Sie bitte, Ihre Aufmerksamkeit dem Vorwurf »Metternichs Plan der Neuordnung Europas 1814/15« zu schenken.

Vor unserem Auge steht das Antlitz, das der Kontinent nach der Beendigung der Ära des Imperators erhielt. Entsprach das Ergebnis den Gedanken des Staatsmannes, dessen feine und zähe Politik reichsten Anteil am Sturz des großen Gegners hatte und dessen Wirken der ersten Hälfte des vergangenen Jahrhunderts in ähnlichem Maß die Signatur gegeben hat wie die Bismarcks dem zweiten Halbjahrhundert? Nur in unzusammenhängenden Bruchstücken ist Metternichs Idee des Wiederaufbaues erfaßt worden, und doch ist es Aufgabe tieferschürfenden Erkenntnisstrebens, nicht nur sich und den Mitlebenden zu vergegenwärtigen, welches die Resultierende ist, die aus den Gegensätzen universaler, einzelstaatlicher und persönlicher Strebungen, zwingender Notwendigkeiten, menschlicher Führergabe und Unzulänglichkeit entstand; wir müssen und wollen auch erkennen, welches denn der politische Wille der leitenden Männer war, mit dem sie die Neuschöpfung Kultureuropas in Angriff nahmen,

1 Antrittsvorlesung, gehalten an der Universität in Wien am 16. November 1922.

und wie weit der Wille vom Werk sich unterscheidet. Das gilt von einem Metternich und Bismarck wie von einem Wilson und Lloyd George. Diese Rekonstruktion des politischen Wollens Metternichs ist mein Ziel; es kann – so hoffe ich – im Rahmen dieser Skizze erreicht werden, Forschung in unberührten Quellen mag diese Ausführungen noch vertiefen.

Zeitgenossen und Spätere haben Metternich als den Mann der Schwäche und Doppelzüngigkeit, der Falschheit und Halbheit, der Ideenlosigkeit und Frivolität bezeichnet; sie haben seinem staatsmännischen Tun feste politische Richtlinien abgesprochen, haben in ihm nur den geschickten Opportunitätspolitiker gesehen, der bloß den Augenblick zu nutzen und nur für den kommenden Tag zu sorgen verstand. Und doch: er *war* ein Führer Europas, er selbst hat sein ganzes öffentliches Leben von einem großen Grundmotiv beherrscht angesehen und dieser »Staatsmann der skrupellosen Unwahrhaftigkeit«, dieser »Mann der politischen Taschenspielerkünste« ist von einem Disraeli bewundert worden, der sich seinen getreuen Schüler nannte. Seltsamer Widerspruch! Auch auf dem Historiker lastet die Erinnerung an die Jahre der Freiheitskämpfe, da Metternich der gelösten Volkskraft und dem hohen Ethos nüchterne politische Berechnung gegenüberstellte; es lastet die Erinnerung an die Jahrzehnte politischen Druckes und Schweigens, denen er – doch nicht er allein – Deutschland, Österreich und Italien aussetzte. Nur der wird jenen Widerspruch lösen, der Metternichs persönliches Charakterbild und die innige Verwebung seines politischen Denkens mit den überindividuellen Kräften seiner Zeit unbefangen erforscht und der zu erkennen trachtet, wie tief seine politische Individualität eingebettet ist in die Gedanken und Erlebnisse des Zeitalters seiner Geburt und seines geistigen Aufwachsens, in eine Welt, die von dem wirkungsvollsten Ereignis der neueren Geschichte, der großen Revolution, und ihrem Vollender, Erben und Überwinder Napoleon zerschlagen worden ist; und wie sein politisches Dasein dem Kampf gegen diese zerstörenden Mächte und ihre Kinder, die großen beiden Tendenzen des 19. Jahrhunderts, die nationale und die freiheitliche, gewidmet war. Aus einem universalen Zeitalter ragt er hinüber in das nationale, aus dem Zeitalter des »monarchischen Systems« in das des Liberalismus und der Demokratie, aus dem Zeitalter systematisch-philosophischer Staatsmaximen in das des Realismus, und unverlierbar blieb in seinem Geist das Erbgut, das er überkommen: die Lehre von der Staatenfamilie, vom notwendigen Gleichgewicht im politischen und im ständisch-sozialen Leben, von dem immanenten Drang der Dinge zur Ruhe im ständigen Widerstreit erhaltender und vernichtender Gewalten. Es müßte erwiesen werden, wie Rationalismus und Historismus sich mit Realpolitik vermengten; dann erst würde es klar, daß Metternich nicht lediglich Tagespolitiker und nicht lediglich österreichischer Außenminister, sondern daß er der letzte bedeutende der universalen europäischen Führer der Staatengemeinschaft in der Idee war, so wie er es in der Tat wurde.

Das sind die Voraussetzungen, von denen aus wir an die Frage herantreten: wie dachte sich dieser europäisch gerichtete Politiker die Neugestaltung Europas, nachdem das Ringen der alten Mächte mit dem Universalmonarchismus Napoleons zur Wende in dessen Schicksal geführt hatte und als an Stelle des Lavierens oder des Abwehrkampfes auf einem Trümmerfeld neu aufgebaut werden, der Welt nach einem Vierteljahrhundert der Verwüstung eine neue und dauernde Lebensordnung gegeben werden sollte? Metternich hatte gegen den Genius Napoleons nicht wie Stein für den nationalstaatlichen, gleichwohl noch immer stark mit universalen Fermenten versetzten Gedanken gekämpft, sondern für das alte Staatensystem unter den historischen legitimen Gewalten, für das Gleichgewicht der geschichtlichen fünf Großmächte, ihre Unabhängigkeit und grundsätzliche Gleichberechtigung. Innerhalb dieser Pentarchie sah er, deutlich anknüpfend an die Idee des verblichenen Römisch-Deutschen Reichs, die Mitte des Kontinents als eine geographisch-politische Einheit an, als eine von zwei starken Mittelmächten zu bewachende Individualität. Frankreich und Rußland bedürfen so wenig wie das Inselreich England eines besonderen Schutzwalles, da die westliche Festlandsmacht durch ihren dreifachen Festungsgürtel, die östliche durch ihr Klima genügend gedeckt ist. Von den Flankenmächten in Ost und West beständig bedroht, kann Mitteleuropa nur durch festes Zusammenhalten der beiden führenden Staaten Österreich und Preußen innere und äußere Sicherheit gegen den Despotismus Rußlands und die von Frankreich drohende Revolutionsgefahr und gegen ein Bündnis der beiden Flügelstaaten finden. In diesen Grundsätzen des Jahres 1813 erblicken wir eine bleibende Dominante in Metternichs politischem Glaubensbekenntnis bis an das Ende seines geschichtlich so bedeutsamen Lebens; sie klingen in Bismarcks Politik wieder an. Für die Schaffung neuer Großmächte, eines geeinten Deutschland und eines freien und geeinten Italien ist in diesem Europa und Mitteleuropa kein Raum. Die Mittel- und Kleinstaaten haben ihren Halt an den geschichtlichen Großmächten zu suchen, historische und geographische Erwägungen, die wieder staatsphilosophisch verankert sind, weisen Österreich als dem eigentlichen Herzen des Kontinents die erste Rolle in der Mitte des Erdteils, in Deutschland und auf der Apenninhalbinsel zu. Der Leitgedanke der alten Pentarchie und ihres Gleichgewichts läßt ebensowenig die Universaldiktatur eines Einzelstaates wie die Vernichtung der Großmachtstellung auch nur eines der historischen Führerstaaten zu, er wehrt sich in gleicher Weise wie gegen Napoleon so auch gegen eine übermäßige Belastung Mitteleuropas durch allzu weites Vorschieben der östlichen Übermacht, er kann endlich eine Verdrängung der ersten Zentralmacht aus ihrem deutschen und italienischen Primat durch ein überstarkes Preußen oder durch den nationalen Einheitsgedanken nicht dulden. Der Logiker der europäischen Politik, der in Napoleon den Feind der gleichgewichtigen Staatenfamilie bekämpft hatte, wurde zum Streiter für das Gleichgewicht zu gunsten

Frankreichs, gegen Rußland, gegen Preußen und gegen die nationalstaatliche Tendenz.

Diesen politischen Leitsätzen entsprach der Widerstand gegenüber dem volklichen Verlangen und den strategischen Erfordernissen, die ein Blücher, ein Gneisenau, ein Stein in der Frage der Grenzen *Frankreichs* vertraten: das Werk des ersten und des zweiten Pariser Friedens ist, soweit der »Premier der Koalition« in Betracht kam, nicht schlechthin aus einer gewollten Abwendung Österreichs vom Westen und seiner Orientierung nach dem Osten und Italien zu erklären, maßgebend war vielmehr in erster Linie das universale Prinzip der Staatengesellschaft, das einen dauernden Ausgleich der Großmächte schaffen, Frankreich am Rhein nicht überstark lassen, aber auch nicht schwerverwundet und revanchegierig Rußland in die Arme treiben wollte. Wirkte Metternichs historisierende Weltanschauung bei dem Entschluß, auf Elsaß und Deutsch-Lothringen zu verzichten, mit, so bewies er seine Freiheit von einer reinösterreichischen Erwerbspolitik auch in der Behandlung des *belgischen* Problems: die Rechtstitel Österreichs auf den Wiedererwerb seiner einstigen niederländischen Provinzen blieben ungenutzt, der englische Antrieb und der überlieferte Barrieregedanke, eine Schutzmauer im Norden Frankreichs aufzuführen, bestimmten die Vereinigung der nördlichen und südlichen Niederlande, wie Gneisenau sagte, zu einer furchtbaren Bastion in der Flanke jedes französischen Angriffs gegen Deutschland und zum Brückenkopf Englands. Das Schicksal des Elsaß steht im engsten Zusammenhang mit dem Willen des Zaren Alexander I., ein konstitutionelles Königreich Polen in Personalunion mit *Rußland* zu schaffen. Der russische Koloß, der schon Finnland, Teile Galiziens und Bessarabien verschlungen hatte, war von der Mitte Europas nicht mehr fern zu halten, wenn er bis zu den Karpathen vordrang. Rußland, das von der Ostküste des Baltischen Meeres und den Donaumündungen nicht verdrängt werden konnte, durfte nach Metternichs Anschauung reichen polnischen Landgewinn für seine Leistungen beanspruchen, aber es durfte kein nahezu allpolnisches Königreich schaffen. Auch *Preußens* Recht auf Lohn für seine großen Opfer und Leistungen war unbestreitbar. Polnisches und kurfürstlich-rheinisches Land mochten zur Entschädigung dienen. Legte Preußen aber in erster Linie auf das Annexionsziel Friedrichs des Großen, auf Sachsen, Wert, dann mußte höhere Staatsklugheit auch diese unvermeidliche Vergrößerung der deutschen Nordmacht zulassen, wenn nur mit Preußens Hilfe ein starker Damm gegen Rußland errichtet wurde. Preußen und England erschienen Metternich als die gegebenen Bundesgenossen in dieser Abwehr der gierigen Ostmacht; versagte sich Preußen, dann sollte der bisherige Gegner, Frankreich, an seine Stelle treten, dann war aber auch das Versprechen, Sachsen an den Hohenzollernschen Rivalen in der Kontinentsmitte gelangen zu lassen, hinfällig, der sächsische Riegel konnte gerettet werden. In jedem Falle sollte Preußen stark, doch nicht überstark sein als notwendiges Glied der Zweimächtephalanx gegen Frankreich und Rußland. Man erkennt sofort, wie deutlich sich Metternich von den Altösterreichern scheidet, die im Sinne Maria Theresias und Kaunitzens die Erstarkung der deutschen Nordmacht erbittert bekämpften. Erst als Preußen die erwartete Unterstützung gegen Rußland nicht gewährte, hat Metternich mit Hilfe Englands und Frankreichs den Ausgleich erzwungen, der dem Wettiner die Souveränität und die Hälfte seines Staates rettete und die Schaffung eines allpolnischen Königreiches verhinderte. Gewiß, der russische Riesenstaat reichte nun dank seinem polnischen Landzuwachs bedrohlich nahe an Mitteleuropa heran und drang keilartig zwischen Westpreußen und Preußisch-Schlesien ein, aber Preußens Verteidigungsstellung war doch verbessert, das galizische Glacis Österreichs war verstärkt und das Königreich Sachsen erschwerte Preußen als Pufferstaat das Vordringen, den Aufstieg zur deutschen Führung.

Naturgemäß gravitierte Sachsen mehr zu dem gesättigten Österreich als zu der andern deutschen Großmacht, deren äußere Staatsgestalt zwingend auf Vergrößerung durch deutsches Land hinwies.

Das sind nun mehr oder weniger bekannte Dinge, die besonders durch August Fournier aufgehellt worden sind und hier nur in knappsten Linien umrissen werden konnten. Immer wieder erscheint Metternich als mehr denn als virtuoser Diplomat; mit dem Blick auf das Ganze opfert er bedenkenlos Sonderinteressen des deutschen Volkes, aber auch anscheinende Sonderinteressen Österreichs. Noch sehen wir indes lange nicht klar genug die letzten Ziele, die Metternich bei der Neuordnung der Struktur *Mitteleuropas* verfolgte. Dieses Problem bedarf eingehender Erörterung, wenn wir über den Bereich der Hypothese hinauskommen sollen.

Die ernsteste Kritik wird sich wie an die Wiener Schlußakte, so auch an die *deutsche Bundesakte* stets heften müssen, aber diese Kritik darf heute nicht mehr in Einseitigkeit verfallen. Der Berliner Kongreß unter Bismarcks Leitung hat die Balkanfragen nicht besser gelöst als der Wiener Kongreß die europäischen Fragen und der Rückblick auf unsere todestraurige jüngste Vergangenheit zeigt, daß der politische Verstand in einem Jahrhundert alles eher denn fortgeschritten ist. In schweren Erfahrungen war Metternich der Glaube an die Lebensfähigkeit des Römisch-Deutschen Reiches, dessen Wiedererstehen unter geänderten Bedingungen damals noch staatsrechtlich und politisch möglich war, völlig geschwunden. Er hatte kein Verständnis, welche Bedeutung einer Erneuerung der Deutschen Kaiserwürde in der Person Franz I. für die deutsche und die österreichische Zukunft innewohnte, die ideellen Kräfte der alten Kaiserkrone waren ihm fremd und durch seine Mitschuld ist der letzte günstige Zeitpunkt, das Haupt eines Habsburgers wieder mit der ehrwürdigen Reichskrone zu schmücken, ungenutzt vorübergegangen. Seit geraumer Zeit erfüllte ihn die Idee, die Staaten Deutschlands nur in einer Union auf Grund wechselseitiger Unabhängigkeit zu verbinden, einen Staatenverein auf völkerrechtlicher Basis ohne förmliches Oberhaupt, verknüpft nur zum Schutz des äußeren und inneren Friedens, zur Abwehr von Weltmacht, Übergewicht und internem Kampf, zu schaffen. Wir verstehen und teilen die Verurteilung, die nationalstaatliches Sehnen diesem Plan eines losen foedus perpetuum zuteil werden ließ und läßt; diesem ärmlichen Gebilde eines Staatenbundes, das an die Stelle des starken und einigen Deutschen Reiches trat, wie es eine geistig und ethisch hochstehende Minderheit im deutschen Volk erträumte. Aber wir erwägen auch nochmals, daß eine festwurzelnde Überzeugung von Pentarchie und Föderation der historischen Staaten der Idee einer neuen deutschen Großmacht feindlich sein mußte; wir bedenken, daß das alte Reich in der alten Struktur unmöglich erneuert werden konnte, und wir erkennen wie Metternich in den heute noch so lebendigen staatlichen Sondertrieben des deutschen Volkes eine wirksame, überaus schwer zu überwindende Kraft und wissen, daß zu ihrer Bewältigung, zu einem Mittelwege wenigstens zwischen Unitarismus und einzelstaatlichen Souveränitäten ein staatsmännischer Genius gehörte, wie ihn Metternich nicht hatte. Wir erwägen besonders, welche Hindernisse die Rheinbundgesinnungen und Preußens Selbständigkeitswille einer Erneuerung des Kaisertums entgegensetzten, wie sehr die partikularen Kräfte durch den polnisch-sächsischen Streit Österreichs und Preußens gestärkt worden sind und welch wesentlichsten Anteil der Widerstand der Mittel- und Kleinstaaten daran hatte, daß die geplante verfassungsmäßige Festlegung der Führung beider deutschen Großmächte im Bund gescheitert ist. Wir beachten die Sorge vor dem Anschwellen des Verlangens nach politischer Freiheit, das sich mit dem Einheitsverlangen verband, diese drückende Sorge vor dem Aufflammen der kaum überwundenen Revolution, und die grundsätzliche Überzeugung, daß zur nationalen Einheit nur jene Völker reif seien, die durch ihre Geschichte die Eignung zu dieser Einheit erwiesen haben. Und wir stellen auch den verhängnisvollen Irrtum in Rechnung, daß die Reichskrone für Österreich entbehrlich sei, seitdem die österreichische Kaiserkrone dem Glanz und der Großmachtstellung des engeren Staates Genüge zu tun schien; und daß Österreich als primus inter pares, als Präsidialmacht die realen Rechte des alten Kaisertums ohne Dualismus mit Preußen und ohne Mainlinie ausüben könne. Wir verkennen anderseits nicht mehr den Fortschritt, den das öffentliche Recht gegenüber dem verkümmerten Stadium des alten Reiches erzielt hat: der Deutsche Bund war Subjekt des öffentlichen Rechtes und völkerrechtliche Persönlichkeit mit Organen zur Willensausführung, die Einzelstaaten mußten auf einen Teil ihrer Souveränität zu gunsten des Bundes verzichten, Rheinbundpolitik gegenüber dem Ausland und Selbsthilfe der Bundesstaaten gegeneinander waren nicht mehr möglich und das Hoheitsgebiet des Bundes war bestimmt umgrenzt. Fehlten ihm gemeinsame Heeres- und Steuereinrichtungen, Verkehrs- und Wirtschaftsorganisationen, nahmen fremde Mächte als Bundesglieder und Garanten an der Leitung der deutschen Geschicke teil, so entstand doch ein Gebilde, das das gesamte deutsche Volk fester als vordem umschloß, und der Weg zu einem allgemeinen Reichsbürgerrecht war nicht versperrt. Und eines darf der Historiker im besonderen nicht vergessen: der Deutsche Bund erschien so manchem Zeitgenossen als ein Anfang zur Völkerverbrüderung, zu einem ewigen Friedensbund der Staaten – auch Utopien sind wirksame geschichtliche Faktoren!

Aber ist mit all dem Metternichs deutscher Plan genügend gekennzeichnet? Trifft ihn zu Recht der noch heute besonders von großdeutscher Seite so oft erklingende Vorwurf, daß er Österreich kurzsichtig vom deutschen Westen gelöst und den national so vielgestaltigen Staat vom deutschen Gesamtvolk isoliert habe, zum Schaden des Habsburgerreiches und seines deutschen Stammes und zum Schaden des Deutschtums insgemein? Nicht so liegen die Dinge: die Isolierung ist erfolgt, aber nicht durch Metternich und nicht durch seinen politischen Rat, ihn trifft nur die Schuld der Nachgiebigkeit, so schwer auch diese Schuld gewogen werden mag.

Dem Vergrößerungswillen Preußens im Norden entsprach der *Bayerns* im Süden. Das Königreich hatte um die Mitte des Jahres 1814 gegen die Rückgabe von Tirol und Vorarlberg bereits das Großherzogtum Würzburg und das Fürstentum Aschaffenburg erhalten; Stadt und Festung Mainz, die Grafschaft Hanau, die Städte Frankfurt und Wetzlar und die alte Rheinpfalz einschließlich der badischen Pfalz wurden ihm in Paris von Österreich zugesagt. Bayerns Absicht war es, der beherrschende Staat im Süden Deutschlands zu werden und als dritte deutsche Großmacht, vom Norden durch eine gänzlich bayrische Mainlinie geschieden, eine selbständige Politik zwischen Frankreich, Österreich und Preußen zu spielen. Als nun zufolge des sächsischen Streits das linksrheinische Gebiet zwischen Nahe und Mosel zur neuen preußischen Rheinprovinz geschlagen wurde, als ferner Bayerns Aussichten auf den Gewinn von Mainz immer trüber wurden, da verlegte das Königreich seine ganze Kraft darauf, das Innviertel, die Stadt und den Hauptteil des Landes Salzburg zu behalten. Metternich war bereit, nur das Inn- und Hausruckviertel und den Süden und Südwesten des Landes Salzburg für Österreich zu beanspruchen, die Stadt aber und den Hauptteil des salzburgischen Landes sowie Frankfurt, Hanau und sehr wesentliche Teile von Baden, Württemberg und Hessen an Bayern zu überlassen. Denn er sah in dem Wittelsbachschen Staat – wieder im Gegensatz zur altösterreichischen Überlieferung – die wertvollste Stütze Österreichs im Deutschen Bund, er war bereit, Württemberg und Baden durch bayrisches Gebiet umschließen, die Mainlinie durch Bayern bewachen zu lassen, um Preußens Vordringen nach der deutschen Mitte zu hindern und die deutsche Stellung Österreichs auf die Interessengemeinschaft mit dem süddeutschen Nachbarn zu stützen, so wie er Österreich im Osten mit Sachsen verband.

Wie der Frage der Abtretung sächsischen Gebietes an Preußen, so trat seiner bayrischen Politik eine nur auf Österreichs Abrundung bedachte Partei in Wien entgegen: die Schwarzenberg, Zichy, Stadion, die auf den Gewinn der Stadt Salzburg unter keinen Umständen verzichten wollten; und Baden wehrte sich nach Kräften gegen die Abtretung der badischen Pfalz mit Mannheim und Heidelberg, Württemberg gegen die Zession des Kreises Ellwangen. Metternich drängte unter dem Zwang dieser Widerstände Bayern im Juni 1815 vom Rhein zunächst ab, er trachtete aber umsomehr, die deutsche Position Österreichs fest im deutschen Westen zu verklammern. In einem Geheimvertrag mit Preußen ließ sich der Kaiserstaat alle vom Kongreß noch nicht verteilten Gebiete auf dem rechten und linken Rheinufer zu Eigentum und Souveränität zusprechen. Nun standen zwei Wege offen: es waren Austauschobjekte für das Inn- und Hausruckviertel und für Salzburg zur Verfügung, wenn diese Gebiete Bayern abgenommen werden sollten, es war aber auch die Möglichkeit gegeben, Österreich dauernd am Rhein seßhaft zu machen. Metternichs und Wessenbergs Wille war es, diesen letzteren Weg einzuschlagen und für Österreich die überrheinische Pfalz von der Queich bis zur Nahe mit dem ehrwürdigen Speyer sowie die Festungen Mainz und Landau zu behalten. Es kann in der Kürze dieser Ausführungen nur eben angedeutet werden, welche weitreichenden nationalpolitischen Folgen diese feste *Verankerung Österreichs am deutschen Rhein* nach sich gezogen hätte: diese Betrauung des habsburgischen Kaisertums mit der deutschesten der Aufgaben, der Verteidigung des teueren Flusses gemeinsam mit Preußen. Auch Hardenberg trat dafür ein, daß Österreich und Preußen gemeinsam das linke Rheinufer beherrschen und das Gleichgewicht gegen Frankreich aufrechthalten sollen. Machtpolitisch und in den Gesinnungen der Gesamtnation hätte Österreich wertvollsten Gewinn aus dieser Idee ziehen und ein starkes Gegengewicht in der deutschen Frage gegen Preußen in die Wagschale werfen können.

Der Plan tritt erst ins rechte Licht, wenn man Metternichs Bemühen hinzuhält, Österreich den *Breisgau mit Freiburg*, wo noch stärkste Anhänglichkeit an Habsburg bestand, wieder zu gewinnen. Beim Abschluß der Kongreßtagung wurde Österreich das Heimfallsrecht der badischen Pfalz und des Breisgaues zugesprochen. Unschwer gelang es dem Minister, seinen Kaiser für die breisgauschen Absichten zu gewinnen, dagegen öffnete sich in der bayrischen Ausgleichsfrage zum Verhängnis der deutschen Zukunft Österreichs ein tiefer Gegensatz zwischen Metternich auf der einen, dem Kaiser und der Wiener Militärpartei auf der anderen Seite. Die Militärs brachten den Kaiser zur Überzeugung, daß Österreich am Rhein nichts mehr zu suchen habe, sondern einer strategisch sicheren Grenze gegen Deutschland bedürfe, die nur im Lauf des Inns und den salzburgischen Gebirgen zu finden sei. Metternich aber, der kein Bismarck war, hat nachgegeben, als ihm Kaiser Franz in einem harten und demütigenden Schreiben die Wahl zwischen dem Tausch mit Bayern oder dem Rücktritt stellte, und Bayern mußte sich begnügen, für nahezu das ganze ehemalige Erzstift Salzburg und das Inn- und Hausruckviertel die Rheinpfalz, verkleinert um Rheinhessen und einen Bezirk zwischen Nahe und Glan und vergrößert nur um die Bundesfestung Landau samt dem Gebiet zwischen Lauter und Queich, zu erhalten. Es kann hier nicht geschildert werden, wie dann Bayern auch um den Gewinn im Fuldaschen, Darmstädtischen und Badenschen, ja selbst um den Main- und Tauberkreis gekommen ist. Österreich – das ist das Bedeutungsvollste – errang weder die überrheinische Pfalz noch den Breisgau; es grenzte fortan im Deutschen Bund unmittelbar mit seiner West- und Nordgrenze nur an Bayern, Sachsen und Preußen.

Die Sicherung Mitteleuropas gegen Westen gewann demnach ein völlig anderes Gefüge, als Metternich 1813 und 1814 gedacht hatte: das Gesamtkönigreich der Niederlande bildete ein Bollwerk gegen Frankreich im Norden und hielt, durch den Vierbund, vornehmlich durch England und Preußen geschützt, den unruhigen Staat vom Kanal fern. Der militärische Grenzschutz des Deutschen Bundes an der Maas und im Anschluß an die Niederlande am Rhein fiel der preußischen Rheinprovinz zu, von der Nahe bis zur Queich lag diese Aufgabe in Bayerns Händen, von der Queich bis zur Mosel bildete der Rheinstrom, von Baden bewacht, die unmittelbare Grenze gegen Frankreich. Österreichs einzige reale Verankerung im Westen bildete das gemeinsam mit Preußen auszuübende Besatzungsrecht in Mainz, seine Führung im Deutschen Bund beruhte vor allem auf Gefühlsmomenten, die in den Überlieferungen der Jahrhunderte wurzelten, und auf der wesentlich negativ gerichteten Gemeinsamkeit des Interesses mit den Mittel- und Kleinstaaten, die gegen preußische Hegemonie und deutschen Unitarismus Front nehmen mußten, endlich auf dem sächsischen, bayrischen und hannoverschen Gegengewicht gegen Preußen; nicht auf einer lebendigen Verkettung mit dem außerösterreichischen deutschen Volkstum.

Der Schwerpunkt Österreichs war östlicher gerückt, als es Metternich gewollt hatte, immer noch aber lag ihm dieser Schwerpunkt in der Mitte des Kontinents. Nicht nach Budapest, Mailand und Venedig sollte Österreich gravitieren, Ungarn und Oberitalien sollten sich vielmehr nach dem Herzen des Erdteils, nach Wien, orientieren.

Die theoretisch-systematische Begründung der *italienischen Politik* Metternichs ist eine ähnliche wie die der Abwehr des deutschen Einheitsdranges: nur dann hat ein Volk das Recht, den Einheitsstaat zu fordern, wenn die Geschichte als Auswirkung der unveränderlichen physischen Landesnatur und psychischen Volksnatur die Disposition dieses Volkes zur Einheit dargetan hat. Wenn Metternich den Italienern diese Eigenart bestritt, wenn er das berüchtigte Wort vom »geographischen Begriff Italien« gebrauchte, so darf nicht österreichische Machttendenz allein zur Erklärung herangezogen werden, sondern es muß auf den weitgehenden Einklang seiner Anschauungen mit denen bedeutender Zeitgenossen hingewiesen und es muß beachtet werden, daß auch heute, da der alte Kampf der unitarischen und der föderalistischen Idee mit einem vollen Sieg der ersteren geendet zu haben scheint, die Frage noch keineswegs verstummt ist, ob die natürlichen und geschichtlichen Verschiedenheiten der Halbinsel und der italienischen Nation völlig überbrückt seien. Der geistvolle Geschichtschreiber jenes Kampfes, Antonio Monti, hat genugsam bewiesen, daß der Ruf nach Dezentralisation und Verwaltungsautonomie der Teile innere Berechtigung auch jetzt noch hat. Die starke dynastische Tradition der Jahrhunderte habsburgischer Vorherrschaft auf der Halbinsel, des Säkulums österreichischer Beherrschung der Lombardei und des Bestehens habsburgischer Nebenlinien in Toskana und Modena traten hinzu und zu allem kam der Wille, Frankreich von dem blutgesättigten Boden Italiens fernzuhalten, auf dem die Valois und die Bourbonen, die Republik und Napoleon um die Hegemonie über Mitteleuropa gekämpft hatten. All dies ist der Ideenuntergrund der Schaffung eines österreichischen Primats über Italien.

An der grundsätzlichen Aufrechthaltung der Unabhängigkeit sämtlicher italienischen Staaten konnte für Metternich kein Zweifel bestehen. Seine tiefsten politischen Gedanken hat er mit diesem kargen Programm nicht geoffenbart. Wenn einmal die unabhängigen Staaten konstituiert waren, dann sollte eine politische Verbindung ihrer Souveränitäten erfolgen. Im Herbst 1814 schon plante der Minister die Gründung einer *Lega Italica*, die bestimmt sein sollte, Italien gegen jeden äußeren und inneren Feind zu schützen, so daß keine Erschütterung und kein Krieg die festgelegte Ordnung zerstören könne. Sofort springt uns die Analogie mit der Behandlung des deutschen Problems ins Auge. In dieser Defensivallianz der souveränen Staaten Italiens sollte wie im Deutschen Bund Österreich als die einzige Großmacht, die italienisches Land besitzt, den Vorsitz einnehmen, die Einzelstaaten haben wie im Deutschen Bund eine Beschränkung ihrer Vollsouveränität durch Vertrag auf sich zu nehmen. Noch mehr: da Italien in seinem staatlichen und gesellschaftlichen Gefüge die zersprengende Wirkung der Einheits- und Nationalstaatsidee in besonderer Stärke durchgemacht hat, sucht Metternich 1814 die Schaffung einer Zentralpolizeistelle für die ganze Halbinsel vorzubereiten: das gedankliche Urbild der Mainzer Zentraluntersuchungskommission ist nicht zu verkennen. In all dem tritt der große Rückschlag gegen die Revolution in klares Licht, der Metternichs politischem Leben überhaupt den geistigen Gehalt gibt; und deutlich ist auch die Nachwirkung der alten Reichsidee: Österreich ist nicht Rechtsnachfolger, aber ideeller Nachfolger des Römisch-Deutschen Kaisertums im Deutschen und im Italienischen Bund.

Bevor an die Gründung eines Italienischen Bundes geschritten werden konnte, mußte die Herrschaftsverteilung in Italien vollzogen werden. Vier Probleme dornigster Art galt es zu lösen: die Ausdehnung der österreichischen Herrschaft in Oberitalien und ihre Abgrenzung gegen das vordrängende Haus Savoyen; die Frage der Wiederherstellung des Kirchenstaates und seiner Grenzen im Norden gegen Österreichisch-Italien, im Süden gegen das Königreich Neapel; die Frage der Herrschaft Murats oder der bourbonischen Seitenlinie in Neapel und Sizilien und endlich die Entschädigung Maria Louises, der Gattin Napoleons, und der gleichnamigen Königin von Etrurien. Im ersten Punkt ist es sehr zu beachten, daß aus politisch-geographischen, wirtschaftlichen und strategischen Gründen Venetien für Österreich weit wichtiger war als die Lombardei. Das Ziel der Metternichschen Politik war denn auch zunächst nur die Wiedergewinnung der Lagunenstadt und des Gebietes bis zum Mincio. Auf die venetianische und die ehemals österreichische Lombardei aber warf Savoyen sein Auge; seit zwei Jahrhunderten hatte dieses Haus die stückweise Abbröckelung durch seine Balancepolitik zwischen Frankreich und Österreich betrieben, nun plante es, durch Landgewinn bis zum Mincio und Mantua ein mächtiges oberitalienisches Bollwerk zwischen dem Habsburger- und dem Bourbonenstaat zu schaffen. Metternich aber hielt sich wie in der sächsischen und bayrischen Frage einen zweifachen Weg offen: er sicherte Österreich im ersten Pariser Frieden den Erwerb der venetianischen und der Mailänder Lombardei bis zum Lago Maggiore und zum Tessin, er erwog aber auch die Möglichkeit, Savoyens Verlangen nach der Minciogrenze unter bestimmten Bedingungen zu erfüllen. Die Voraussetzung des Anfalls der Lombardei an Piemont war für ihn, daß entweder die Insel Sardinien durch Abtrennung oder daß das ganze Sardinien-Piemont durch eine Änderung des Thronfolgegesetzes an Maria Beatrix, die Tochter König Viktor Emanuels, und durch sie an ihre Nachkommen, die Kinder aus ihrer Ehe mit dem ehrgeizigen Habsburger Franz IV. von Modena, falle. Entstand im besonderen in diesem letzteren Fall eine neue habsburgische Seitenlinie in Sardinien-Piemont, dann war in diesem Staat aller Voraussicht nach so wie im habsburgischen Toskana und Modena für die äußere und innere Ruhe Italiens gesorgt und dann konnte auch der Plan der italienischen Föderation verwirklicht werden, Österreich konnte sich auf den venetianischen Erwerb bis zum Mincio beschränken und konnte die Lombardei, über die es als Faustpfand verfügte, an Piemont überlassen. In der Tat war Viktor Emanuel eine Zeitlang bereit, das Thronfolgegesetz um den Preis der Lombardei zu ungunsten der Linie Savoyen-Carignan zu ändern, aber Frankreich stützte die salische Erbfolgeordnung, England und Preußen versagten den modenesischen Ansprüchen die Förderung und nun überzeugte sich Metternich, daß Österreich die Lombardei behalten müsse, um die italienische Einheitsbewegung im Zaum zu halten, die sich an Savoyen heften werde: die Aufgabe, »den Geist des italienischen Jakobinismus zu zerstören«, gegen den Carignan keine Sicherheit bieten konnte, nahm Österreich mit der Lombardei auf sich, seitdem waren das

Habsburgerreich und Sardinien-Piemont getrennt durch Österreichs Absicht, das rechte Tessinufer zu gewinnen, und durch Sardiniens lebendige Hoffnung auf den Erwerb der Lombardei. Metternichs Sicherungspolitik gegen Savoyen ist die Folge dieser Lösung der lombardischen Frage: Österreich erzwingt die Zerstörung der Festungswerke von Alessandria und verschafft sich das Besatzungs- und Heimfallsrecht von Piacenza, es deckt die Lombardei gegen Angriffe Piemonts und bedroht den Gegner in der Flanke. Ja, Metternich verfolgt wohl sogar den Plan, Hochnovara von Arosa bis zum Simplon in die Hände seines Monarchen zu bekommen, um auch gegen Frankreich in Oberitalien strategisch gesichert zu sein; der Kaiserstaat behandelt Piemont als Vorposten gegen die unruhevolle Westmacht, als Wächter an den Pforten Italiens, und hinter diesem Posten steht beherrschend und drohend die Zwingmacht Österreich, die nun das napoleonische Regno d'Italia vollends zerstört.

Welche Fülle gegensätzlicher Landansprüche gab es in Süd- und Mittelitalien auszugleichen, bis die Zeit des Italienischen Bundes reifen konnte! Da waren die maßlosen Ansprüche der Bourbonen, die sogar Toskana für die ehemalige Königin von Etrurien forderten, dann nach Parma die Hand ausstreckten, das wie ein Keil zwischen Modena und Sardinien lag und nimmermehr ohne militärische Sicherungen Österreichs zum Klientelstaat Spaniens und Sardiniens werden durfte; und schwer lasteten auf Europa die Forderungen der Bourbonen nach Neapel, dem Staat des Schwagers Napoleons, dem Österreich sein Königreich und reichen Landzuwachs in den päpstlichen Marken garantiert hatte. Eine Weile lang hegte Metternich den Gedanken, die päpstlichen Legationen und Marken, über die Österreich nach dem Recht des Eroberers verfügte, zur Befriedigung der rivalisierenden Anwärter auf italienisches Land zu verwenden: erhielt die Kaiserin Maria Louise die Legationen südlich des Po, dann war dem Ostvenetianischen eine kräftige Bastion vorgelagert und eine sichere Verbindung mit Toskana geschaffen, sicherer und kräftiger als der Priesterstaat, und dann mochte die Königin von Etrurien in Parma einziehen; die Feste Piacenza würde sich Österreich wohl zu wahren wissen. Es bedurfte der zähen Klugheit des Kardinals Consalvi, der »gleichsam Blut schwitzte«, bis der Papst die Marken und Legationen, Camerino, Benevent und Ponte Corvo zurückerhielt, die auf dem linken Poufer gelegenen Teile der Legation Ferrara aber gab Österreich nicht mehr heraus, es sicherte sich das Besatzungsrecht in Ferrara und Comacchio und den Durchzug durch den Kirchenstaat, es räumte die Marken erst nach der Sprengung der Festungswerke von Ancona: der Kirchenstaat war der militärischen Widerstandskraft entkleidet und insoweit zur Gefolgschaft gegenüber Österreich gezwungen.

Die Herrschaft Murats im Königreich Neapel war Metternich an sich als Gegengewicht gegen das den Bourbonen bestimmte Sizilien nicht unerwünscht. Er ließ den »letzten Leutnant Napoleons« erst fallen, als er in ihm eine unverbesserliche Gefährdung des italienischen Staatensystems und seiner inneren Ruhe erkannte, da der Gascogner sich immer tiefer in die italienische Freiheits- und Einheitsbewegung verstrickte. Er sah untrüglich voraus, daß der Gascogner sich selbst das Grab schaufeln werde, er hielt Österreichs Reserve aufrecht, solange die Gefahr eines Krieges mit Rußland, vielleicht auch mit Preußen wegen Sachsens und Polens bestand und solange die Möglichkeit bestand, daß französische Truppen auf dem heißen Boden Italiens das napoleonische Banner erheben und die Gegenwehr eines Verzweifelten die ganze Halbinsel in Flammen setzen könnte. Er unterhöhlte den Garantievertrag, den Österreich mit Murat geschlossen hatte, so wie er die Allianz mit Napoleon unterhöhlt hatte, er band sich heimlich im Januar 1815 an Frankreich und wies Österreich wie gegenüber dem großen Korsen die Rolle bewaffneter Vermittlung zu, er täuschte den Unseligen, bis dieser selbst den Vorwand zu seinem Verderben lieferte. Nun erhielt das Königreich beider Sizilien in Italien etwa die Stellung, die Preußen im Deutschen Bund einnahm, nun konnte Napoleons Gattin, die Metternich mittlerweile vergeblich mit Lucca zu befriedigen getrachtet hatte, Parma endgültig zugewiesen werden, nun fehlte, von Kleinerem abgesehen, nur noch der Schlußstein des italienischen Gebäudes, die Schaffung des italienischen Staatenbundes unter Österreichs Vorsitz.

Diesem Schlußakt bauen die Allianzverträge mit Toskana und dem Königreich beider Sizilien zur gegenseitigen Verteidigung gegen Fremdmächte und zur Aufrechthaltung der Ruhe Italiens gegen das Aufleben des nationalen und freiheitlichen Triebes vor; diesem Schlußakte dient ferner das von Metternich möglichst eng gestaltete politische Verhältnis zur römischen Kurie, das auf dem Grundsatz der Zusammengehörigkeit von Thron und Altar aufgebaut wird. Die Lega Italica sollte dann wohl eine Bundesversammlung, gegenseitige Garantie der Bundesmitglieder, Verzicht derselben auf einen Teil ihrer völkerrechtlichen Bewegungsfreiheit und Schaffung einer gemeinsamen Polizeigewalt bringen. Die Frage darf aufgeworfen werden, ob diese föderative Einigung Italiens trotz aller Gebrechen auch vom italienischnationalen Standpunkt der völligen Selbständigkeit der Teile nicht vorzuziehen gewesen wäre. Ist Metternichs Legaplan nicht ein Seitenstück zu den Föderationsgedanken eines Luigi Angeloni, Cevelli, Benedetto Boselli und anderer Vorläufer Giobertis? Wieder war das politisch weit engere Denken des Kaisers Franz, der keinerlei Erinnerung an das Königreich Italien dulden wollte, das erste Hindernis wie gegenüber Metternichs Plänen im Kampfe Pfalz-Salzburg und hemmend trat auch der eifersüchtige Souveränitätswille der italienischen Fürsten ihm entgegen. Vergeblich der Druck, den der Minister durch England und durch Drohungen auf Piemont ausübte, vergeblich auch sein Mühen in Florenz und Rom. Der Plan der Lega ist gescheitert, Österreich konnte seinen italienischen Primat nur auf ein künstliches Bündnissystem und die Kraft seiner Waffen stützen. Es hielt den gefährlichen Nachbarn in Oberitalien durch die Geschütze von Piacenza, die das Land zwischen Tessin und Oglio bedrohten, und durch den Barrierestaat Parma nieder, der nun eine ähnliche Aufgabe erhielt wie Sachsen gegenüber Preußen; und das gute Einvernehmen mit England, dem die italienischen Küsten offen lagen, mochte die Aufrechterhaltung der Neuordnung auf der Apenninhalbinsel erleichtern. Der Gedanke, Italien in einer Lega zusammenzufassen, ist nur gelegentlich in Metternichs Geist wieder aufgelebt.

Wir haben zwei Kernpunkte der Metternichschen politischen Ideen in den entscheidenden Jahren 1814 und 1815 näher zu erfassen gesucht, als es bisher geschehen ist: die Ordnung Deutschlands und Italiens, wie sie seinem Geiste vorschwebte. Die Gemeinsamkeiten des Ordnungsplanes, die wir erkannt haben, sind darin begründet, daß beide Objekte seiner Politik Teile des größeren Ganzen sind, dem er dienen wollte und das wir schon oben genannt haben: *Mitteleuropas.* Der dritte organische Teil der Mitte des Erdteils, das morphologisch, kulturell und geschichtlich abgesonderte Skandinavien, lag Metternichs politischem Interessenkreis ferner; nur soweit die Abwehr der östlichen Flankenmacht Rußland in Frage kam, nahm er an der Herabdrückung Dänemarks zum Kleinstaat, der Vereinigung Norwegens mit Schweden teil. So erschien ihm auch die Pyrenäenhalbinsel stets als Gebiet zweiter politischer Ordnung und der russischen Balkanexpansion vermeinte er durch möglichste Erhaltung einer unversehrten Türkei im Einvernehmen mit England genügend Halt gebieten zu können. Metternichs Mitteleuropa ist in der Hauptsache das Gebiet des versunkenen Römisch-Deutschen Reiches und das Einflußgebiet christlich-germanischer Kultur der Höhezeit deutscher Geschichte, Italien. Das Zwischenland zwischen der Mitte und dem Westen, die Schweiz, ist föderativ organisiert wie Mitteleuropa und ihre Neutralität sowie die Integrität ihres Ländergebietes unter die Garantie des europäischen Areopags der führenden Mächte gestellt. Die alte Idee einer großen deutsch-romanischen Kultur- und Machtsphäre mit einer Fülle virtuell selbständiger staatlicher, durch ein dauerndes Vertragsband vereinter Existenzen ist in Metternichs Mitteleuropaidee neu in Erscheinung getreten: negativ, abwehrend, mahnend und warnend, wie Lorenz von Stein sagte, nicht positiv und schöpferisch; und universaler Art war dieses Mitteleuropa, das nur als Stückwerk verwirklicht wurde, so wie das alte Reich.

In diesem Metternichschen Plan der Neuordnung Europas war Österreich als der Kontinentsmitte eine überschwere Aufgabe zugedacht: die Führerrolle in der Sicherung des politischen und gesellschaftlichen Beharrens des Erdteils auf der Basis des erneuerten Staatensystems und der alten Gesellschaftsordnung. Es hieß die Lebenskraft des Staates überspannen, wenn man dem Kaiserreich, dem selbst so viel zur inneren Festigkeit mangelte, die Wächteraufgabe für die Erhaltung der geschichtlichen Struktur des Kontinents zuwies. Das war der eine große Irrtum des bedeutenden Mannes. Und dann: er wähnte, durch Einigkeit der fünf monarchischen Großmächte dem Ausdehnungstrieb der Einzelstaaten und dem Freiheits- und Einheitsdrang der Völker einen Halt setzen zu können; er übersah, daß ein europäisches System, das nur an geschichtliche Kräfte und an das Leben von Einzelpersönlichkeiten gebunden war, durch Änderung der überindividuellen und individuellen Fundamente die stärksten Einbrüche erfahren könne; er glaubte, elementare Massentriebe durch politische Kunst und Macht bändigen zu können. Es waren säkulare Gewalten, die großen geschichtlichen Mächte, auf die er baute, aber es waren ebenso säkulare Kräfte, die unaufhaltsam gegen ihn und seine Idee aus der Tiefe an die Oberfläche drängten. Die fortwirkende Geltung historisch-politischer Ideen, die er im Sinne des Jahrhunderts seines geistigen Reifens vertreten hat, hat keinen bedeutenderen Interpreten im neuen Jahrhundert gefunden als Metternich; aber ihm fehlte die wahre Schöpferkraft, die neuen Lebensmächte zum Aufbau zu verwenden. Sein Wollen in den Jahren der Neuordnung war größer als seine Tat. Die Nachwelt urteilt oft allzu sehr nach dem Erfolg, nicht nach der Absicht. Mag sein politischer Gedanke der Kritik noch so viel Raum geben, es war ein Gedanke von großem Stil und als solcher ist er geschichtlicher Bewahrung wert: der Gedanke, Europa neu auf der Grundlage der Staatenföderation aufzubauen und die Mitte des Kontinents in zwei großen föderativen Staatenbünden, geführt durch die historische Macht Österreichs im hochkonservativen Sinn, zu organisieren.

Kommentar von Martina Pesditschek

Heinrich (Ritter von) Srbik wird in der Literatur häufig als der »größte«, »bedeutendste« oder »prominenteste« österreichische Historiker des 20. Jahrhunderts bezeichnet.[1] In weltanschaulicher Hinsicht wird er, wiewohl NSDAP-Mitglied seit Frühjahr 1938, von den meisten Autoren als in Wirklichkeit *nicht* nationalsozialistischer, konservativer Idealist charakterisiert, der den Nationalsozialisten, wenn überhaupt, nur für kurze Zeit und bloß infolge eigener Weltfremdheit und »weicher Sentimentalität«[2] nahegestanden sei.[3] Im Jahr 1925

1 Vgl. für Belegstellen Martina Pesditschek: »Heinrich (Ritter von) Srbik (1878–1951). ›Meine Liebe gehört bis zu meinem Tod meiner Familie, dem deutschen Volk, meiner österreichischen Heimat und meinen Schülern‹«, in: Karel Hruza (Hg.): *Österreichische Historiker. Lebensläufe und Karrieren 1900–1945*, Bd. II, Wien, Köln, Weimar 2012, 263–328, 263; vgl. außerdem Elise Richter: *Summe des Lebens*, hg. v. Verband der Akademikerinnen Österreichs, Wien 1997, 223; Ernst Topitsch: »Im Spannungsfeld der Ideologien«, in: *Geschichte und Gegenwart* (Graz) 14/4 (1995), 255–264, 260.

2 So Friedrich Meinecke 1946 und 1947 zweimal in Briefen, vgl. Friedrich Meinecke: *Neue Briefe und Dokumente*, hg. v. Gisela Bock, Gerhard A. Ritter, Stefan Meineke, Volker Hunecke, München 2012, 444 (Brief 361 vom 18. 04. 1946 an Walter Goetz) und 456 (Brief 372 vom 01. 04. 1947 an Aage Friis).

hat sich Srbik auch selbst als gemäßigt konservativ ausgegeben;[4] damals gehörte er tatsächlich weiterhin der Burschenschaft *Gothia* an, die der protonazistischen »alldeutschen« Ideologie Georg Ritter von Schönerers verpflichtet war.[5] Doch wie immer man »konservativ« definieren mag[6] – ab 1930 traten in Österreich lebende Intellektuelle wie Hermann Mathias Görgen[7], Dietrich von Hildebrand[8], Ernst Krenek[9], Ernst Karl Winter[10] oder Irene Harand[11], die sich selbst ausdrücklich als Konservative verstanden oder doch jedenfalls am sinnvollsten als solche eingestuft werden, für eine selbständige Existenz Österreichs ein und orientierten sich an Engelbert Dollfuß und Otto von Habsburg, während Srbik für Adolf Hitler und einen Anschluss an das nationalsozialistische Deutschland optierte.[12] Gemeinsam mit Arthur Seyß-Inquart war Srbik Mitglied des Deutschen Klubs,[13] des Volkspolitischen Referats in der Vaterländischen Front[14] und

---

3 Vgl. zuletzt etwa Winfried Schulze: »Heinrich von Srbik und sein Wallensteinbild«, in: Joachim Bahlcke, Christoph Kampmann (Hg.): *Wallensteinbilder im Widerstreit. Eine historische Symbolfigur in Geschichtsschreibung und Literatur vom 17. bis zum 20. Jahrhundert*, Köln, Weimar, Wien 2011, 313–329, 321; Hans-Christof Kraus: »Kleindeutsch – Großdeutsch – Gesamtdeutsch? Eine Historikerkontroverse der Zwischenkriegszeit«, in: Alexander Gallus, Thomas Schubert, Tom Thieme (Hg.): *Deutsche Kontroversen. Festschrift für Eckhard Jesse*, Baden-Baden 2013, 71–86, 86; Klaus Neitmann: *Land und Landeshistoriographie. Beiträge zur Geschichte der brandenburgisch-preußischen und deutschen Landesgeschichtsforschung*, Berlin, New York 2015, 232 Anm. 163.

4 Heinrich von Srbik: *Metternich. Der Staatsmann und der Mensch*, München 1925, I, 49: »[...] auch der Verfasser dieses Werkes [...] macht aus seiner maßvollen, historisch begründeten konservativen Überzeugung kein Hehl.«

5 Vgl. v.a. Taras Borodajkewycz: »Heinrich Ritter von Srbik. Ein Gedenkblatt zu seinem 100. Geburtstag«, in: Heinrich Ritter von Srbik: *Zwei Reden für Österreich*, Wien 1978, 4–12, 5.

6 Ich habe Konservati(vi)smus einfach als Skepsis gegenüber Veränderungen von als (subjektiv) bewährt bis noch erträglich empfundenen älteren Zuständen definiert. Vgl. hierzu M. Pesditschek: »Heinrich (Ritter von) Srbik«, 279–281.

7 Vgl. etwa Hermann Görgen: *Ein Leben gegen Hitler. Geschichte und Rettung der »Gruppe Görgen«*. Autobiographische Skizzen, Münster 1997.

8 Vgl. etwa Dietrich von Hildebrand: *Memoiren und Aufsätze gegen den Nationalsozialismus*, Mainz 1994.

9 Vgl. etwa Gregory Dubinsky: »Křenek's Conversions: Austrian Nationalism, Political Catholicism, and Twelve-Tone Composition«, in: *Repercussions* 5/1–2 (1996), 242–315.

10 Vgl. etwa Robert Holzbauer: *Ernst Karl Winter (1895–1959). Materialien zu seiner Biographie und zum konservativ-katholischen politischen Denken in Österreich 1918–1938*, Diss. Wien 1992.

11 Vgl. etwa Christian Klösch, Kurt Scharr, Erika Weinzierl: *»Gegen Rassenhass und Menschennot«. Irene Harand – Leben und Werk einer ungewöhnlichen Widerstandskämpferin*, Innsbruck, Wien 2004.

12 Srbik lehnte ein eigenständiges Österreich prinzipiell ab und propagierte bereits 1927 explizit und öffentlich ein »neues, ein drittes Deutsches Reich« sowie »ein von deutschem Geist und deutscher Kraft geleitetes Mitteleuropa« (Heinrich von Srbik: *Das österreichische Kaisertum und das Ende des Heiligen Römischen Reiches 1804–1806*, Berlin 1927, 57).

13 Brigitte Behal: *Kontinuitäten und Diskontinuitäten deutsch-nationaler katholischer Eliten im*

des Österreichisch-Deutschen Volksbundes.[15] Dementsprechend galt Srbik schon vor 1938 nicht nur eindeutigen Konservativen und der von den Nazis so bezeichneten »Judenpresse in Wien«,[16] sondern auch Bundeskanzler Schuschnigg als Nationalsozialist; letzterer trug Srbik im Rahmen seiner Appeasement-Politik im Mai 1936 zweifellos gerade deshalb die Vizekanzlerschaft und das Innenministerium an.[17] Aus solchen Gründen habe ich Srbik in meinen bisherigen Arbeiten als einen genuinen Nationalsozialisten bezeichnet, der sich lediglich vor Nichtnationalsozialisten die Maske eines verträumt-idealistischen Konservativen aufgesetzt hat.[18]

Aufgrund von Arbeiten ohne jede zeitgenössische Relevanz[19] stieg Srbik

---

Zeitraum 1930–1965. Ihr Weg und Wandel in diesen Jahren am Beispiel Dr. Anton Böhms, Dr. Theodor Veiters und ihrer katholischen und politischen Netzwerke, Diss. Univ. Wien 2009, 104.

14 Robert Kriechbaumer (Hg.): *Österreich! und Front Heil! Aus den Akten des Generalsekretariats der Vaterländischen Front. Innenansichten eines Regimes*, Wien, Köln, Weimar 2005, 391–407.

15 Peter Eppel: *Zwischen Kreuz und Hakenkreuz. Die Haltung der Zeitschrift »Schönere Zukunft« zum Nationalsozialismus in Deutschland 1934–1938*, Wien, Köln, Graz 1980, 322 und Wladimir von Hartlieb: *Parole: Das Reich. Eine historische Darstellung der politischen Entwicklung in Österreich von März 1933 bis März 1938*, Wien, Leipzig 1939, 455: »Hier meldete sich ein anderes Vaterland zu Wort als das der ›Vaterländischen‹: das große Deutsche Reich Adolf Hitlers!«

16 W. Hartlieb: *Parole: Das Reich*, 326: »Nach wie vor trieb die Judenpresse in Wien ihr freches Wesen, ohne daß die Behörde ihr auch nur die leisesten Zügel anlegte. […] Am 19. Juni [1935] brachte der ›Telegraf‹ einen Hetzartikel gegen die Wiener Universitätsprofessoren Dr. v. Srbik und Menghin.«

17 Vgl. Dokumentationsarchiv des österreichischen Widerstandes (Hg.): *»Anschluß« 1938. Eine Dokumentation*, Wien 1988, 123. Die Aufnahme in die NSDAP hat Srbik im Frühjahr 1938 dann selbst aktiv betrieben (vgl. M. Pesditschek: »Heinrich (Ritter von) Srbik«, 298, Anm. 198), und die Nominierung für den Sitz im Großdeutschen Reichstag hat er seinem dafür verantwortlichen alten Freund Arthur Seyß-Inquart, der seit 1940 »Reichskommissar« der besetzten Niederlande war, überhaupt nicht verübelt, vielmehr hat er diesen im September 1941 gemeinsam mit seiner Frau ebendort besucht (vgl. Johannes Koll: *Arthur Seyß-Inquart und die deutsche Besatzungspolitik in den Niederlanden (1940–1945)*, Wien, Köln, Weimar 2015, 407, Anm. 81, 408, Anm. 83). Srbik war auch Mitglied der von Rosenberg geleiteten »Arbeitsgemeinschaft zur Erforschung der bolschewistischen Weltgefahr«, vgl. Christoph Nonn: *Theodor Schieder. Ein bürgerlicher Historiker im 20. Jahrhundert*, Düsseldorf 2013, 107, Anm. 211.

18 So hat er sich etwa gegenüber Oswald Redlich in einem Brief vom 6. Juli 1936 indirekt als »nationalbewußten Nichtnationalsozialisten« bezeichnet, dabei aber gleichzeitig Züge des in Deutschland real existierenden Nationalsozialismus, die seinen einstigen Lehrer offenbar abstießen, zu verharmlosen versucht: Hitler finde nur »noch nicht die Kraft, das ›Neuheidentum‹, das übrigens bei vielen theistisch, keineswegs materialistisch ist, zu überwinden. Der Kampf muß heute *im Reich* für Hitler gegen Rosenberg gekämpft werden[,] und hiezu können und sollen wir die Hand reichen« (Heinrich Ritter von Srbik: *Die wissenschaftliche Korrespondenz des Historikers 1912–1945*, hg. v. Jürgen Kämmerer (Deutsche Geschichtsquellen des 19. und 20. Jahrhunderts 55), Boppard am Rhein 1987, 459, Brief Nr. 288).

19 Heinrich von Srbik: *Die Beziehungen von Staat und Kirche in Österreich während des Mit-*

1912 zum Extraordinarius und 1917 zum Ordinarius in Graz auf. Gleichwohl war es schon lange sein an dem Vorbild Leopold von Rankes orientiertes Bestreben, durch historische Werke mit Zeitbezug auf ein breites Publikum zu wirken. Nach dem Umsturz 1918 und dem Regierungsantritt der Sozialdemokraten unter Karl Renner veröffentlichte Srbik einen ersten Aufsatz mit Gegenwartsbezug notabene über die österreichische Revolution von 1848;[20] dieser wies eine antihabsburgische Tendenz auf und ließ seinen Verfasser als Parteigänger der Sozialdemokraten erscheinen,[21] behandelte Metternich aber durchaus respektvoll. Als der Historiker Erich Marcks Srbik 1920 einlud, ein Porträt Metternichs für eine von ihm gemeinsam mit Karl Alexander von Müller herausgegebene Sammelpublikation beizusteuern,[22] gab es schon einen bürgerlichen Kanzler, doch hatten die Mittelschichten zumal angesichts der nun einsetzenden galoppierenden Inflation mehr denn je die Empfindung, die großen Verlierer des Umbruchs vom November 1918 zu sein,[23] und so fasste Srbik augenscheinlich den für seine Ambitionen dann sehr glücklichen Entschluss, sich bei diesem Zielpublikum durch eine umfängliche Rehabilitierung des notorischen Revolutionsgegners Metternich zu profilieren; tatsächlich gelang es ihm, eine entsprechende zweibändige Monografie bereits im Jahr 1925 vorzulegen, die ihn sogleich zu einem der maßgeblichen Vertreter der deutschsprachigen Geschichtswissenschaft aufsteigen ließ.[24] Srbik hat in seinem offenkundig opportunistischen[25] großangelegten Versuch einer Ehren-

telalters (Forschungen zur inneren Geschichte Österreichs 1,1), Innsbruck 1904, ND Leipzig 1938 (Institutsarbeit); ders.: *Der staatliche Exporthandel Österreichs von Leopold I. bis Maria Theresia. Untersuchungen zur Wirtschaftsgeschichte Österreichs im Zeitalter des Merkantilismus*, Wien, Leipzig 1907, ND Frankfurt/M. 1969 (Habilitationsschrift); ders.: *Wilhelm von Schröder. Ein Beitrag zur Geschichte der Staatswissenschaften* (SB Wien 114,1), Wien 1910 (Habilitationsschrift); ders.: *Österreichische Staatsverträge. Niederlande 1* (Veröff. der Komm. f. Neuere Gesch. Österreichs 10), Wien 1912; ders.: *Studien zur Geschichte des österreichischen Salzwesens* (Forschungen zur inneren Geschichte Österreichs 12), Innsbruck 1917. Vgl. M. Pesditschek: »Heinrich (Ritter von) Srbik«, 270–273.

20 Heinrich Ritter von Srbik: »Die Wiener Revolution des Jahres 1848 in sozialgeschichtlicher Beleuchtung«, in: *Schmollers Jahrbücher für Gesetzgebung, Verwaltung und Volkswirtschaft im Deutschen Reiche* 43/3 (1919), 19–58 = 829–868.

21 M. Pesditschek: »Heinrich (Ritter von) Srbik«, 274–276.

22 Heinrich von Srbik, »Metternich«, in: Erich Marcks, Karl Alexander von Müller (Hg.): *Meister der Politik. Eine weltgeschichtliche Reihe von Bildnissen*, Bd. II, Stuttgart, Berlin 1922, 355–400 = Zweite Auflage, Bd. III, 1924, 77–119.

23 Vgl. etwa Albert F. Reiterer: »Vom Scheitern eines politischen Entwurfes. ›Der österreichische Mensch‹ – ein konservatives Nationalprojekt der Zwischenkriegszeit«, in: *Österreich in Geschichte und Literatur* 30 (1986), 19–36, bes. 19 und 25.

24 Heinrich von Srbik: *Metternich. Der Staatsmann und der Mensch.* 2 Bde., München 1925. Einen dritten Band gab Srbiks Schüler Taras Borodajkewycz aus dem Nachlass heraus: *Quellenveröffentlichungen und Literatur. Eine Auswahlübersicht*, München 1954.

25 Zu dieser Einschätzung vgl. schon Viktor Bibl: *Metternich. Der Dämon Österreichs*, Leipzig,

rettung[26] Metternichs diesen immer nur von einem deutschnationalen Standpunkt aus kritisiert, wie ja auch seine wohl schon in Graz ausgebildete »gesamtdeutsche« Ideologie eine gemäßigte Variante von Schönerers »alldeutscher« Ideologie gewesen ist.[27] Heute wird Metternich gegen Srbiks Intention gerade in seiner Eigenschaft als Antinationalist überwiegend positiv gesehen, etwa bei Wolfram Siemann, dem führenden deutschen Metternich-Forscher.[28]

Srbiks Antrittsvorlesung

Als Srbik mit 1. Oktober 1922 als Nachfolger August Fourniers (1850–1920) von Graz an die Universität Wien gewechselt war, hat er das Thema seiner Antrittsvorlesung zweifellos sehr klug bestimmt. Mit seiner Wahl von *Metternichs Plan einer Neuordnung Europas 1814/1815*[29] hat er einerseits seinem Vorgänger Reverenz erwiesen und konnte er andererseits aus dem Vollen seines damaligen

Wien [4]1941 [1936], 13 und Herbert Dachs: *Österreichische Geschichtswissenschaft und Anschluß 1918–1930*, Wien, Salzburg 1974, 120f.

26 Dass Srbik dieses Ziel verfolgte, erhellt schon aus dem Umstand, dass er, wiewohl Antisemit, in den beiden ersten Bänden die ihm sehr wohl bewussten engen Beziehungen Metternichs zum Haus Rothschild nicht thematisiert hat; erst in *Metternich* III, 108f. ist von diesen etwas ausführlicher die Rede. Srbik hat sich weiters – anders als Viktor Bibl – auch nicht ernsthaft um die Erschließung neuer Quellen zu Metternich bemüht; vgl. Paul W. Schroeder: »Metternich Studies since 1925«, in: *The Journal of Modern History* 33 (1961), 237–260, 260 und Ernst Karl Winter: »Romantik«, in: *Zeitschrift für schweizerische Kirchengeschichte* 21 (1927), 81–102, 95, Anm. 2.

27 Srbik nahm ab etwa 1920 öffentlich gegenüber dem Haus Habsburg und der katholischen Kirche eine wesentlich versöhnlichere Haltung als Schönerer ein, aber die außenpolitischen Konsequenzen der »gesamtdeutschen« Ideologie unterschieden sich nicht wesentlich von jenen der »alldeutschen«: Ein einziger deutscher Gesamtstaat hatte für Srbik prinzipiell das Recht und die Pflicht, alle nicht deutschen Völker Mittel-, aber offenbar auch Osteuropas (also auch die baltischen Völker und Russen) zu »führen«, und eine solche »Führung« hätte einen deutschen Gesamtstaat natürlich auch gleich zu einer Hegemonie in ganz Europa, wenn nicht in der ganzen Welt befähigt bzw. berechtigt. Dass solche Zielvorstellungen Deutschland unweigerlich in einen neuen Allfrontenkrieg führen müssten, haben hellsichtige Zeitgenossen wie der konservative Historiker Gerhard Ritter lange vor 1938 gesehen; vgl. Pesditschek: »Heinrich (Ritter von) Srbik«, 284–290.

28 Vgl. Wolfram Siemann: *Metternich. Staatsmann zwischen Restauration und Moderne*, München 2010, bes. 11 (mit sowohl positiver wie negativer Würdigung von Srbiks Metternich-Werk) und 106–108 (zu Metternich als Regionalisten); Wolfram Siemann: *Metternich. Stratege und Visionär. Eine Biografie*, München 2016 (passim); James R. Sofka: *Metternich, Jefferson and the Enlightenment: Statecraft and Political Theory in the Early Nineteenth Century*, Madrid 2011, 316 mit Anm. 2 bezeichnet ihn sogar als *liberalen* Vorkämpfer für ein Vereintes Europa.

29 Der Erstdruck erfolgte drei Jahre nach der Antrittsvorlesung in: *Mitteilungen des Österreichischen Instituts für Geschichtsforschung* 40 (1925), 95–126.

Buchprojektes schöpfen. In seinen Publikationen zu Metternich rückte Srbik den entschiedenen Gegner eines Einheits- oder Bundesstaates auf deutschem Boden jeweils in die Nähe der eigenen »gesamtdeutschen« Konzepte wie jenes eines deutsch »geführten« mitteleuropäischen Blocks, und so hielt er es auch in der Antrittsvorlesung. Srbik spricht Metternich hier zwar »die wahre Schöpferkraft« ab, »die neuen Lebensmächte«, gemeint ist offenbar der »Freiheits- und Einheitsdrang der Völker« (217), »zum Aufbau zu verwenden« (217), er spricht ihn aber gleichzeitig vom Vorwurf frei, Österreich auf dem Wiener Kongress mit Absicht »kurzsichtig vom deutschen Westen gelöst und den national so vielgestaltigen Staat vom deutschen Gesamtvolk isoliert« (209) zu haben: »Nicht so liegen die Dinge: die Isolierung ist erfolgt, aber nicht durch Metternich und nicht durch seinen politischen Rat, ihn trifft nur die Schuld der Nachgiebigkeit« (209). Tatsächlich habe dieser sogar eine »feste *Verankerung Österreichs am deutschen Rhein*«, d.h. eine »Betrauung des habsburgischen Kaisertums mit der deutschesten der Aufgaben, der Verteidigung des teueren Flusses gemeinsam mit Preußen« (210) angestrebt, und dieser Plan trete »erst ins rechte Licht, wenn man Metternichs Bemühen hinzuhält, Österreich den *Breisgau mit Freiburg* [...] wieder zu gewinnen« (210).[30] »Machtpolitisch und in den Gesinnungen der Gesamtnation hätte Österreich wertvollsten Gewinn aus dieser Idee ziehen und ein starkes Gegengewicht in der deutschen Frage gegen Preußen in die Wagschale werfen können« (210); freilich sei der »Schwerpunkt Österreichs« dann schlussendlich doch »östlicher gerückt, als es Metternich gewollt hatte, immer noch aber lag ihm dieser Schwerpunkt in der Mitte des Kontinents« (211).

Die öffentliche Rezeption der Antrittsvorlesung

Dass Srbik ein mitreißender Vortragender war, mag man jedenfalls für den Beginn seiner Wiener Wirkungsperiode bezweifeln. Der spätere Schriftsteller Heimito von Doderer, der zu Srbiks ersten Wiener Hörern gehörte, zeigte sich im November 1922 von Srbiks Unterricht wenig angetan, notierte er doch in seinem Tagebuch: »Dann auf der Universität, ich hörte eine Vorlesung des neuen Professors für Historik *Srbik* – was ist diese ganze Gelehrsamkeit gegen eine halbe Seite aus einem Dialog von Oscar Wilde!«[31]

30 Ähnlich hatte sich Srbik zuvor gegenüber dem Protagonisten seines Buches *Wallensteins Ende. Ursachen, Verlauf und Folgen der Katastrophe. Auf Grund neuer Quellen untersucht und dargestellt*, Wien 1920 verhalten, sodass Jacques Droz das Urteil fällte: »Wallenstein apparaissait dans ce livre comme la première personnalité ›gesamtdeutsch‹«, vgl. Jacques Droz: »Heinrich Ritter von Srbik et la conception gesamtdeutsch de l'histoire allemande«, in: *Austriaca. Cahiers Universitaires d'Information sur l'Autriche* 6 (1978), 51–77, 57f.

31 Heimito von Doderer: *Tagebücher 1920–1939. Band I: 1920–1934*, hg. v. Wendelin Schmidt-

Jenseits des akademischen Bodens zog Srbiks Antrittsvorlesung wenig Aufmerksamkeit auf sich, doch widmete ihr die *Neue Freie Presse* vom Folgetag eine knappe Notiz. In dieser ist davon die Rede, dass Srbik »vor einem zahlreichen Auditorium« sprach, »in dessen Reihen der Präsident der Akademie der Wissenschaften Hofrat Professor Redlich[32] und eine große Anzahl von Professoren und Dozenten der philosophischen Fakultät und namentlich der historischen Fächer anwesend waren«. Srbik habe »insbesondere« Metternichs »Art und Erfassung des mitteleuropäischen Problems« dargestellt und »lebhaften Beifall« geerntet.[33]

Hans Rothfels, ein konservativer Historiker jüdischer Herkunft, zeigte die Druckfassung nach Erscheinen in der *Historischen Zeitschrift* an und maß ihr große Bedeutung bei.[34] Da der Inhalt der Antrittsvorlesung in Srbiks Metternich-Monografie wiederkehrte,[35] wurde die Druckfassung nach ihrem Erscheinen nicht mehr gesondert rezipiert, mit zwei bemerkenswerten Ausnahmen: In einer 1962 in Boston veröffentlichten Anthologie zu Metternich findet sich die englische Übersetzung einer stark gekürzten Version,[36] und in einer rezenten

---

Dengler, Martin Loew-Cadonna, Gerald Sommer, München 1996, 101 (Notat von »Mo 20./XI«).

32 Mit Oswald Redlich war Srbik gut bekannt: 1902 hatte er bei ihm promoviert, nach seiner Berufung an die Universität Wien bat er ihn (Brief vom 1. Juli 1922) um Hilfe bei der Wohnungssuche und darum, »der wohlmeinende und freundschaftliche Förderer zu bleiben, der Sie mir und den Meinen stets waren«, vgl. H. Srbik: *Die wissenschaftliche Korrespondenz des Historikers 1912–1945*, 193 (Brief Nr. 108). Zuletzt widmete Srbik Redlich einen verspäteten Nachruf: Heinrich Srbik: »Nekrolog Oswald Redlich, Ludwig Bittner und Lothar Groß«, in: *Historische Zeitschrift* 169 (1949), 448–451. Zu Srbiks Nachfolge Redlichs als Akademiepräsident (1919–1938) vgl. zuletzt Martina Pesditschek: »Heinrich (von) Srbik (1878–1951) und die Wiener Akademie der Wissenschaften«, in: Johannes Feichtinger, Herbert Matis, Stefan Sienell, Heidemarie Uhl (Hg.): *Die Akademie der Wissenschaften in Wien 1938 bis 1945. Katalog zur Ausstellung*, Wien 2013, 37–46.

33 Anonym: »Kleine Chronik. Die Antrittsvorlesung Professor Srbiks«, in: *Neue Freie Presse* (17.11.1922, Morgenblatt), 7. Diese Notiz wurde einen Tag später ohne Quellenangabe nur unwesentlich modifiziert (v.a. wurden einige Fremdwörter eingedeutscht) in einer Grazer Tageszeitung nachgedruckt: Anonym: »Tagesbericht. Die Antrittsvorlesung Professor Srbiks in Wien«, in: *Neues Grazer Tagblatt* (18.11.1922, Erste Morgenausgabe), 4.

34 H. Rothfels: »Neuere Geschichte von 1789–1871«, in: *Historische Zeitschrift* 132 (1925), 174f. Der Berichterstatter der *Neuen Freien Presse* und Rothfels verabsäumten nicht, Lieblingsideen bzw. -reizwörter Srbiks ausdrücklich anzuführen: »Srbik [zeigt], wie der Kanzler seinem Staate eine universale Aufgabe zumutet [...]. [Im deutschen Bund] wollte er mit Preußen zusammen die Wacht am Rhein übernehmen (Breisgau, Pfalz). [...] Und in der Tat ist allein schon jener Entwurf, Österreich in Deutschland zu verankern und es nicht nach Osten hin abdrängen zu lassen, ein Gedanke von eminenter Bedeutung, dessen Ausführung dem Schicksal Mitteleuropas ganz neue Bahnen gewiesen hätte.«

35 H. v. Srbik: *Metternich* I, 182–229, insbes. 193–218.

36 Heinrich von Srbik, »The Logician of European Politics«, in: Henry F. Schwarz (Hg.), *Metternich, the ›Coachman of Europe‹. Statesman or Evil Genius?*, Boston 1962, 8–15. Srbik ist in

Monografie eines US-Historikers von 2011 liest man: »see the important article by Srbik, ›Metternich's [sic] Plan der Neuordnung Europas,[sic] 1814–1815‹«.[37]

Viel stärker akklamiert wurde eine andere, etwas mehr als fünfzehn Jahre später, nämlich am 27. April 1938 gehaltene Antrittsvorlesung Srbiks mit dem Titel *Ueber die Entwicklung des deutschen Nationalgedankens*; es war dies die erste Vorlesung nach der Wiedereröffnung der Universität Wien am 25. April 1938 überhaupt. Das *Neue Wiener Tagblatt* vom Tag danach referierte Inhalt und Verlauf wie folgt:

> Es bedeute nun die höchste Erfüllung, dass der tausendjährige Traum der Deutschen Wirklichkeit geworden, dass zu der geistigen Einheit nun auch die staatliche gekommen sei. Aufgabe des deutschen Österreichertums sei die Verpflichtung, mit eiserner Kraftanspannung dem Reiche zu dienen und so eine wertvolle Bereicherung des Gesamtdeutschtums zu sein. Mit ›Ein Volk! Ein Reich! Ein Führer!‹ schloss Srbik. Im Namen der nationalsozialistischen Hörerschaft dankte der junge Historiker Dr. Adam von Wandruszka, Parteigenosse und SA-Obertruppführer, dem Lehrer für die geistige Führung und tatkräftige Unterstützung in den Jahren des Kampfes und der Unterdrückung.[38]

---

diesem Bändchen zweimal vertreten; auch mit einer englischen Übertragung einer Kurzfassung von H. v. Srbik: *Metternich* II, 559–566 (»The Champion of Historical Order«, 15–19).

37 J. R. Sofka: *Metternich, Jefferson and the Enlightenment*, 37, Anm. 7. Auch der Publikationsort wird durchwegs fehlerhaft zitiert: »*Mitteilungen des Instituts für österreichischen Geschichtsforshung*, 50 (1936) [alles sic]«.

38 K. M.: »Feier für Prof. R. v. Srbik«, in: *Neues Wiener Tagblatt* (28.04.1938), 8. Vgl. Brigitte Lichtenberger-Fenz: »›Es läuft alles in geordneten Bahnen‹. Österreichs Hochschulen und Universitäten und das NS-Regime«, in: Emmerich Tálos, Ernst Hanisch, Wolfgang Neugebauer, Reinhard Sieder (Hg.): *NS-Herrschaft in Österreich. Ein Handbuch*, Wien 2000, 549–569, 549f.

Heinz Kindermann (1894–1985)

Theaterwissenschaft als Lebenswissenschaft (1943)

Theaterwissenschaft als Lebenswissenschaft.

Aus der Ansprache von Univ.-Prof. Dr. Heinz K I N D E R M A N N anläßlich der Eröffnung des Zentralinstituts für Theaterwissenschaft an der Universität Wien am 25. Mai 1943.

Schon seit geraumer Zeit trug sich der Herr Reichserziehungsminister mit dem Plan, an einer der deutschen Universitäten ein Zentralinstitut für Theaterwissenschaft zu errichten. Mit solch einem Zentralinstitut soll der noch jungen Theaterwissenschaft ein Kristallisationspunkt gegeben werden, von dem aus ihre fundamentalen Methoden so zu entwickeln wären, daß die gesamte deutsche, aber auch die europäische Theaterwissenschaft von ihnen in großzügigen Forschungsaufgaben und in enger Zusammenarbeit endlich das ganze lebendige Zusammenspiel der Kräfte zu überschauen, zu umgrenzen und zu ergründen vermöchte.

Man schwankte eine Weile, ob man dieses Zentralinstitut nach dieser oder jener Universitätsstadt verlegen sollte. Schließlich aber gab der Hinweis des Herrn Reichsleiters von Schirach, daß Wien anerkanntermaßen die an theatralischer Tradition und an Theaterfreude reichste Stadt der Deutschen sei und daß hier für dieses Arbeitsgebiet Möglichkeiten vorhanden seien wie sonst nirgends in Europa, den Ausschlag.

So entschloß sich der Herr Reichserziehungsminister, dieses Zentralinstitut für Theaterwissenschaft nach Wien zu verlegen und der Wiener Universität dadurch einzugliedern, daß er es mit dem an der Wiener Universität neugegründeten Lehrstuhl für Theaterwissenschaft verband.

Mit Erlaß vom 19. Januar 1943 berief mich der Herr Reichserziehungsminister auf diesen Lehrstuhl und erteilte mir gleichzeitig den Auftrag zur sofortigen Errichtung des Zentralinstituts für Theaterwissenschaft.

Man entschloß sich, dieses Institut noch inmitten des großen Völkerringens zu schaffen, weil ja gerade jetzt die brennende Lebensnotwendigkeit des Theaters auch inmitten des Krieges und damit jeglicher schwerwiegenden Phase der

Volksentwicklung erkannt wurde und weil man wünscht, daß von diesem Zentralinstitut gerade auch dem Forschungsbereich Theater und Nation besondere Beachtung geschenkt werden soll. Im augenblicklichen Stadium der Theaterwissenschaft ist uns wie nie zuvor klargeworden, daß jede ästhetische und jede geistesgeschichtliche Feststellung in diesem Bereich zugleich volksgeschichtliche, vielleicht sogar völkergeschichtliche Bedeutung besitzt.

Darüber hinaus aber besteht der Wunsch, daß die Ausbildung der Dramaturgen, Regisseure, Bühnenbildner, Kunstbetrachter, also derjenigen Berufe, die dem Theater unmittelbar zu dienen haben und die neben ihrer praktischen Schulung dringend einer theaterwissenschaftlichen Fundierung bedürfen, auch während des Krieges weitergeführt wird, weil nach einem Entschluß der Reichsregierung das gesamte deutsche Theater im Kriege der Nation in weitgehendem Maße weiterzudienen habe.

So hat das Zentralinstitut für Theaterwissenschaft an der Universität Wien zweierlei Funktionen zu erfüllen:

Es ist erstens das theaterwissenschaftliche Institut der Universität, das für die theaterwissenschaftliche Heranbildung derjenigen Studenten zu sorgen hat, die ihren Doctor phil. auf Grund einer theaterwissenschaftlichen Dissertation erwerben oder die Theaterwissenschaft als Nebenfach neben einem anderen geistesgeschichtlichen Hauptfach, etwa dem der Germanistik, Romanistik, Anglistik, Slawistik, Musikwissenschaft, Kunstgeschichte oder Zeitungswissenschaft, absolvieren wollen.

Außerdem aber ist dieses Zentralinstitut zugleich dasjenige Forschungsinstitut, von dem aus die neuen gemeinsamen Methoden der Theaterwissenschaft in zielbewußter Zusammenarbeit mit all den übrigen Fachleuten entwickelt werden sollen. Von hier aus werden also bestimmte Gemeinschaftsarbeiten der Theaterwissenschafter nach neuen methodischen Grundsätzen ausgehen. Von hier aus werden bestimmte Forschungsaufgaben für jüngere Forscher gestellt werden. Und hier wird ein Forschungsapparat aufgebaut, der von nun an sowohl den deutschen Theaterforschern als auch denen der übrigen Nationen zur Verfügung stehen soll.

In dieser Hinsicht wird sich zweifellos eine enge und freundschaftliche Zusammenarbeit mit den so überaus reichen Wiener Theatersammlungen, besonders mit der Theatersammlung der Nationalbibliothek, mit den Sammlungen der Stadt Wien und den zahlreichen kleineren Sammlungen ergeben. Schon heute darf ich sagen, daß diese Zusammenarbeit in erfreulichem Maße in Gang gekommen ist. Besonders die Theatersammlung der Nationalbibliothek, mit der uns auch eine sehr günstige räumliche Nachbarschaft verbindet, hat uns schon bisher in großzügiger Weise geholfen. Sicherlich wird sich schon in Bälde eine Zusammenarbeit mit allen sonstigen theatergeschichtlich interessierten Faktoren Wiens, so auch mit den entsprechenden Abteilungen der Technischen

Hochschule und der Akademie der bildenden Künste, aber auch mit allen einschlägigen Vereinigungen in Wien und dem Altreich sowie bei befreundeten Nationen ergeben.

Da wir Theaterwissenschaft nicht als antiquarische, sondern als lebendige, d.h. auch dem Leben dienende und dem Gegenwartsleben und seinem künstlerischen Schaffen verbundene Wissenschaft treiben wollen, hat sich schon seit den ersten Vorarbeiten ein reger Gedankenaustausch und eine gute Zusammenarbeit mit dem deutschen Theater unserer Tage, besonders auch mit dem Wiener Theater, ergeben. Reichsdramaturg Dr. Rainer Schlösser und der mit unserer Vaterstadt im Herzen immer noch verbundene Präsident der Reichstheaterkammer, Paul Hartmann, haben mich ihrer regsten Anteilnahme und Mithilfe versichert.

Mit der Wiener Staatstheaterverwaltung und dem Burgtheater aber verbinden mich die engsten Beziehungen seit jener 17 Jahre zurückliegenden Zeit, in der ich selbst an beiden Institutionen mitarbeiten durfte. Diese Fäden waren nie abgerissen, und die Zusammenarbeit ist nun dank dem Entgegenkommen des Herrn Ministerialdirigenten Dr. Eckmann, des Herrn Generalintendanten Müthel und ihrer Mitarbeiter neuerlich aufgenommen worden. Auch der Brückenschlag zu den übrigen Theatern ist bereits weitgehend vollzogen. Ganz besonders herzlich wird sich die Berührung und das gegenseitige Geben und Nehmen mit der Schauspielschule des Burgtheaters und ihrem Leiter, Herrn Dr. Niederführ, entwickeln.

Um aber auch vom Praktischen der Wirkung ins Weitere her diesen Zusammenhang zu dokumentieren und dabei die notwendige Ergänzung von Wissenschaft und Praxis sichtbar zu machen, wird das Zentralinstitut neben seinen Seminaren und Forschungen und neben Kolloquien über praktische Bühnenkunde ständig eine Reihe von allgemein zugänglichen Sonderveranstaltungen durchführen. Diese Reihe der Sonderveranstaltungen beginnt schon am kommenden Freitag, dem 28. Mai, mit einem Vortrag des Staatsschauspielers Otto Treßler über eines der Kardinalprobleme der Schauspielkunst, nämlich über die »Kunst der Maske«. Am 8. Juni wird zum 100. Todestag Hölderlins eine Veranstaltung »Hölderlin und das deutsche Theater« folgen, bei der nach einem einleitenden Vortrag von mir Burgschauspieler Aslan, der schon bei der Uraufführung des »Empedokles« im Weltkrieg mitgewirkt hat, die Ätnaszene aus dem »Empedokles« lesen wird. Und am 29. Juni wird Direktor Heinz Hilpert im gleichen Rahmen über die »Formen des Theaters« sprechen.

Aber auch für die Entwicklung der Forschungsarbeit sind schon einige einleitende Schritte getan worden. Zunächst mußte dafür gesorgt werden, daß dem Zentralinstitut eine Schriftenreihe zur Verfügung stand, in der künftig die im Zusammenhang mit ihm entstehenden wissenschaftlichen Arbeiten sowohl schon gereifter Forscher des In- und Auslandes als auch besonders gelungene

Doktorarbeiten veröffentlicht werden können. Für diesen Zweck konnte die älteste theaterwissenschaftliche Schriftenreihe, die 1891 von Prof. Litzmann in Bonn gegründete Reihe »Theatergeschichtliche Forschungen«, übernommen werden. Sie wird von nun an in neuer Folge als offizielle Schriftenreihe des Zentralinstituts für Theaterwissenschaft erscheinen. Einige grundlegend neue und wichtige Themen sind bereits in Arbeit.

Mit zu den vordringlichsten Forderungen gehört es freilich, endlich die bitter empfundene Lücke einer gesamtdeutschen Theatergeschichte zu füllen. Seit Devrients schon um die Mitte des 19. Jahrhunderts entworfener Geschichte der deutschen Schauspielkunst ist dieser Versuch nie mehr unternommen worden. Vor zwei Jahren nun habe ich selbst den Auftrag erhalten, eine »Theatergeschichte des deutschen Volkes« zu schreiben. Vor kurzem konnte ich einen der drei umfangreichen Bände, und zwar den mittleren Band, der das Nationaltheater der deutschen Klassik behandelt, fertigstellen. Er ist bereits im Satz und wird im Frühjahr 1944 im Zeichen der Institutsarbeit erscheinen.

Drittens sind bereits alle Vorkehrungen zur Herausgabe eines »Reallexikons der Theaterwissenschaft« getroffen. Denn erst mit Hilfe solch eines Sachwörterbuches und seiner Literaturhinweise kann ja die Forschungsarbeit der jungen Generation in gute Bahnen gelenkt werden. Dieses Reallexikon wird als Veröffentlichung des Zentralinstituts erscheinen und europäisch angelegt sein, ja es wird, wo erforderlich, das ganze Welttheater mit einbeziehen. Schon im kommenden Sommer wird das zugrunde liegende Stichwortregister fertiggestellt werden.

In späteren Zeiten soll sich dann ein »Handbuch der Theaterwissenschaft« und auch eine europäisch gedachte theaterwissenschaftliche Zeitschrift anschließen.

Es ist mir ein Bedürfnis, am Schluß dieser Darlegungen noch besonders herzlich des engen Zusammenhanges dieses Instituts mit meiner Wiener Heimat-Universität zu gedenken, in die ich nun, nach 16jahrigem Wirken im niederdeutschen Raum, nämlich in Danzig und Münster, zurückkehren durfte. Ich grüße in Ihnen, Magnifizenz, und in Ihnen, Spektabilität, unsere Alma mater und ihre philosophische Fakultät und bitte Sie beide, unser Zentralinstitut unter Ihren Schutz zu nehmen und ihm Ihre ständige Hilfe zuteil werden zu lassen. Ich grüße zugleich alle diejenigen, die sich im Zusammenhang mit der Wiener Universität schon seit langem, schon seit frühen Versuchen von Karl Glossy, Jakob Minor und manchem anderen immer wieder von Wien aus um die Theaterwissenschaft verdient gemacht haben.

Was mir seit meinem ersten Studiensemester unsere Wiener Universität und unsere schöne Vaterstadt gegeben hat, das habe ich in all den 16 Jahren als Treuhänder ostmärkischen Kulturgutes redlich versucht, auch anderen deutschen Landschaften zu vermitteln. Da ich nun wiederkomme, hoffe ich, unserer

Universität und ihrem Lehrkörper sowie ihrer Studentenschaft auch mit all dem dienen zu dürfen, was ich draußen, im gesamtdeutschen Raum, auch bei den Volksdeutschen und bei den übrigen europäischen Nationen, vor denen ich oftmals sprechen durfte, gelernt habe.

Daß Sie, verehrte Magnifizenz, als Mediziner in Ihrer Rektoratsrede von der biologischen Grundlegung auch für die Geisteswissenschaften gesprochen haben, ist für uns alle, die, wie ich selbst, schon seit geraumer Zeit versuchen, den uns anvertrauten Wissensgebieten die biologische Fundierung zu geben, eine große Freude gewesen. Ich will versuchen, dieser Auffassung auch hier vom Zentralinstitut für Theaterwissenschaft aus Geltung zu verschaffen, auf daß sie zur wahrhaftigen Lebenswissenschaft werde und auf daß unser Zentralinstitut immer dem Ewig-Lebendigen diene.

In diesem Sinn und mit diesem Ziel vor Augen bitte ich Sie, verehrte Magnifizenz, nun das Zentralinstitut für Theaterwissenschaft seiner Bestimmung zu übergeben.

Kommentar von Birgit Peter

Theaterwissenschaft als Lebenswissenschaft lautete die programmatische Eröffnungsrede des neu berufenen ersten Ordinarius für Theaterwissenschaft an der Universität Wien Heinz Kindermann.[1] Am späten Nachmittag des 25. Mai 1943 fand im so genannten Kainz-Saal[2] im Reichskanzleitrakt der Hofburg die feierliche Eröffnung des »Zentralinstituts« für Theaterwissenschaft statt.[3]

1 Heinz Kindermann (1894–1985), 1913–1918 Studium Germanistik und Skandinavistik an der Universität Wien, 1917/18 »Führer der deutsch-völkischen Studentenschaft«, 1918, Doktorat der Germanistik an der Universität Wien, 1919, Referent im österreichischen Unterrichtsministerium Bereich Volksbildung (hier ab 1925 administrativer Referent für das Burgtheater), 1924 Habilitation, 1926 außerordentliche Professur für Literaturgeschichte und Ästhetik an der Akademie der bildende Künste Wien, 1927 ordentliche Professur für Deutsche Sprache und Literatur an der Technischen Hochschule Danzig, 1937 Lehrstuhl für Deutsche Literaturgeschichte an der Universität Münster, seit 1. Mai 1933 NSDAP-Mitglied, förderndes Mitglied der SS, Lektor für die vom Amt Rosenberg herausgegebene *Bücherkunde*. Siehe Mechthild Kirsch: »Heinz Kindermann – ein Wiener Germanist und Theaterwissenschaftler«, in: Wilfried Barner, Christoph König (Hg.): *Zeitenwechsel. Germanistische Literaturwissenschaft vor und nach 1945*, Frankfurt/Main 1996, 47–59, und Birgit Peter: »›Wissenschaft nach der Mode‹. Heinz Kindermanns Karriere 1914–1945. Positionen und Stationen«, in: Birgit Peter, Martina Payr (Hg.): *»Wissenschaft nach der Mode«? Die Gründung des Zentralinstituts für Theaterwissenschaft an der Universität Wien 1943*, Wien 2008, 15–51.

2 Benannt nach dem Schauspieler Josef Kainz (1858–1910).

3 Ausführliche Darstellungen der Gründungsgeschichte findet sich in: B. Peter, M. Payr (Hg.): *»Wissenschaft nach der Mode«?* und Wolfram Nieß: »Von den Chancen und Grenzen akademischer Selbstbestimmung im Nationalsozialismus. Zur Errichtung des Instituts für Theaterwissenschaft 1941–1943«, in: Mitchell G. Ash, Wolfram Nieß, Ramon Pils (Hg.): *Geistes-*

»Vertreter von Partei, Staat und Wehrmacht« sowie »zahlreiche prominente Vertreter des Wiener Kunstlebens«,[4] so berichtete die *Volks-Zeitung*, waren anwesend, um den Ausführungen Kindermanns zu folgen. Von politischer Seite kamen in Vertretung des Reichsleiters Baldur von Schirach der stellvertretende Wiener Gauleiter Karl Scharizer,[5] der Leiter des Wiener Gaupropagandaamts Alfred Eduard Frauenfeld[6] und der stellvertretende Generalkulturreferent Hermann Stuppäck.[7] Generalleutnant Heinrich Stümpfl,[8] Stadtkommandant von Wien, erschien als militärische Vertretung und für die Stadt selbst kam Stadtrat Hanns Blaschke.[9] Aus Berlin sandten der Reichsdramaturg Rainer Schlösser und der Präsident der Reichstheaterkammer Paul Hartmann Grußadressen.[10] Als Rahmenprogramm spielten Schüler der Reichshochschule für Musik Josef Haydns Violinkonzert Nr. 1 und der Burgschauspieler Eduard Volters[11] las Goethes Prolog *Eröffnung des Weimarischen Theaters* von 1807. Die Anwesenheit zahlreicher prominenter nationalsozialistischer Funktionäre zeigt, dass es sich bei der Eröffnung des »Zentralinstituts« für Theaterwissenschaft mehr um einen politisch bedeutsamen Festakt als um eine universitäre Feierlichkeit gehandelt hat.

Der Gestus der Rede Heinz Kindermanns richtete sich weniger an eine akademische als vielmehr an eine politische Öffentlichkeit und sie gibt Zeugnis vom Selbstbewusstsein und Machtanspruch des Lehrstuhlinhabers. Als Referenzpersonen berief sich Kindermann alleine auf ranghöchste (nationalsozialistische) Politiker, den Reichserziehungsminister Bernhard Rust und den Reichsleiter Baldur von Schirach, doch auf keine wissenschaftlichen Vorbilder. Kindermanns Eröffnungsrede *Theaterwissenschaft als Lebenswissenschaft* verdeutlicht sein kultur- und wissenschaftspolitisches Programm, ist jedoch

---

wissenschaften im Nationalsozialismus. Das Beispiel der Universität Wien, Göttingen 2010, 225–260.

4 »Theaterwissenschaft« [ungez.], in: *Volks-Zeitung* (26.5.1943), 2.

5 Karl Scharizer (1901–1956), 1932 von der NSDAP zum Gauleiter von Salzburg ernannt, ab 1938 stellvertretender Gauleiter von Wien, seit 1943 SS-Brigadeführer.

6 Alfred Eduard Frauenfeld (1898–1977), Gauleiter der Wiener NSDAP, Leiter des Gaupropagandaamtes Wien, Geschäftsführender Leiter der Reichstheaterkammer, Generalkommissar des Generalbezirks Krim im Reichskommissariat Ukraine.

7 Herrmann Stuppäck (1903–1988), seit 1932 NSDAP Mitglied, 1935 Landeskulturleiter der illegalen Landesleitung der NSDAP Österreich, 1938 Pressechef der NSDAP Wien, seit 1943 Generalkulturreferent und Leiter der staatlichen Kunstverwaltung Wien.

8 Heinrich Stümpfl (1884–1972), von 1938 bis 1944 Stadtkommandant von Wien.

9 Hanns Blaschke (1896–1971), ab 1938 Vizebürgermeister der Stadt Wien, Ende 1943 Bürgermeister der Stadt Wien.

10 Siehe »Eröffnung des Zentralinstituts für Theaterwissenschaft« [ungez.], in: *Völkischer Beobachter* (26.4.1943, Wien-Ausgabe), 4.

11 Eigentlich E. Vodicka (1904–1971), seit 1924 Mitglied des Burgtheaters, ab 1943 Lehrauftrag für angewandte Regie an der Akademie der bildende Künste und von 1943 bis 1945 Professor am ehemaligen Max-Reinhardt-Seminar.

keine wissenschaftliche oder fachspezifische Darlegung. Ideologie und Wissenschaft sind darin untrennbar verbunden zu einem Konglomerat, das Kindermann als »Lebenswissenschaft« bezeichnet. Gleichzeitig erklärt er damit die Theaterwissenschaft zur grundlegenden Disziplin nationalsozialistischer Wissenschafts- und Weltauffassung. Seine Argumentation zieht er aus wissenschaftspolitischen Proklamationen der SS, die um 1940 zum germanistischen Kriegseinsatz aufrief.[12] Bei Kindermann heißt es: »Im augenblicklichen Stadium der Theaterwissenschaft ist uns wie nie zuvor klargeworden, daß jede ästhetische und jede geistesgeschichtliche Feststellung in diesem Bereich zugleich volksgeschichtliche, vielleicht sogar völkergeschichtliche Bedeutung besitzt.« (226) Damit verweist Kindermann auf die kulturelle Neuordnung des von den Nationalsozialisten eroberten Europas, die auf der Ermordung der jüdischen Bevölkerung, der Roma, Sinti, also aller der als nicht-deutsch klassifizierten Menschen basierte. Dass Theaterwissenschaft in dem Feld der auf Rassentheorien basierenden Klassifizierung von Menschen eine bedeutende Rolle einnimmt, stellt der neue Leiter des Zentralinstituts außer Zweifel. »Lebenswissenschaft« zielt also auf diese kulturelle Neuordnung, so zum Beispiel wenn sich Kindermann von einer von ihm als »antiquarisch« bezeichneten Auffassung von Theaterwissenschaft abwendet, um seine Version als »lebendige, d.h. auch dem Leben dienende und dem Gegenwartsleben und seinem künstlerischen Schaffen verbundene Wissenschaft« (227) bezeichnet. Und mit »Lebenswissenschaft« meint er genauso eine rassentheoretische »biologische Fundierung«, die er selbst, wie Kindermann in der Rede betont, schon seit »geraumer Zeit« leiste. (229)

Heinz Kindermann mag diese Rede als Triumph erlebt haben, schlug ihm doch von universitärer Seite wenig kollegiales Wohlwollen oder Wertschätzung entgegen. Die Findungskommission der Universität Wien[13] hatte ihn abgelehnt, bescheinigte ihm als Theaterwissenschaftler überhaupt nicht hervorgetreten zu sein, seine theaterspezifischen Publikationen wie *Das Burgtheater. Erbe und Sendung eines deutschen Nationaltheaters* (1939) und *Ferdinand Raimund* (1940) wurden als Gelegenheitsschriften ohne eigenen Forschungsanteil bezeichnet: »[E]s ist hier die kulturpolitische Absicht und ihr Vorrang vor der

12 Gerd Simon: *Germanistik in den Planspielen des Sicherheitsdienstes der SS. Ein Dokument aus der Frühgeschichte der SD-Forschung*, Tübingen 1998 und Ludwig Jäger: »Disziplinen-Erinnerung – Erinnerungs-Disziplin. Der Fall Beißner und die NS-Fachgeschichtsschreibung der Germanistik«, in: Hartmut Lehmann, Otto Gerhard Oexle (Hg.): *Nationalsozialismus in den Kulturwissenschaften*, Bd. 1, Göttingen 2004, 67–128, 108.

13 Prof. Nadler, Prof. Kralik, Prof. Pfalz, Prof. Steinhauser, Prof. Rupprich, Prof. Wild, Prof. Schenk, Prof. Wolfram, Prof. Marchet, Prof. Sedlmayer, Rektor Prof. Knoll, Vorsitz. Dekan Prof. Christian; Archiv der Universität Wien, *Protokoll »Errichtung einer Lehrkanzel für Theaterwissenschaft« (02.12.1941)*, fol. 057, UAW Philosophische Fakultät der Universität Wien 1822 aus 1939/40/41.

wissenschaftlichen Haltung nicht zu verkennen.«[14] Aufgrund seiner ausgezeichneten politischen Kontakte setzte sich Kindermann trotzdem als Erstgereihter durch.[15]

Kindermanns wissenschaftliche Vita zeichnete sich bis 1943 durch ein enges Zusammenwirken von nationalsozialistischer Ideologieproduktion und individuellem Karrierestreben aus. Walter Benjamin charakterisierte Kindermann bereits 1931 als Vertreter einer neuen fragwürdigen Wissenschaftler-Generation, »der die ›Erneuerung‹ zu fördern glaubt, indem er die Grenzen seines Fachs gegen den Journalismus verschleift. Weltläufig und geschniegelt segelt er herein, um alsbald vor dem wissenschaftlichen Apparat die kümmerlichste Figur zu machen.«[16] Den wissenschaftlichen Apparat des Literaturhistorikers wie Zitation und Quellenangaben vernachlässigte Kindermann zugunsten gezielter ideologischer Verweise. Schon in seiner Dissertation von 1918 war dies das Rassismus-Konstrukt von Houston Stewart Chamberlain,[17] das Kindermann 1932 zu einer eigenen Methode, der »literaturhistorischen Anthropologie«, ausbaute.[18] Mit der Publikation von *Dichtung und Volkheit* (1937) legte Kindermann dann »Grundzüge« einer neuen nationalsozialistischen Literaturwissenschaft vor.[19] Seine zahlreichen Veröffentlichungen bis zur Berufung nach Wien 1943 – über vierzig selbständige Werke und etwa hundert Artikel – dienten der Formulierung nationalsozialistischer Ideologeme für die Literatur- und Theatergeschichtsschreibung. Zu Hitlers 50. Geburtstag ließ Kindermann diesem eine Sonderausgabe seiner 1939 erschienen Anthologie *Heimkehr ins Reich*

14 Ebd.

15 Baldur von Schirach sprach bereits 1941 anlässlich der Wiener Kulturrede davon, in Wien ein theaterwissenschaftliches Institut einzurichten mit Heinz Kindermann als Leiter. Baldur von Schirach: *Das Wiener Kulturprogramm. Rede des Reichsleiters Baldur von Schirach im Wiener Burgtheater am Sonntag den 6.4.1941*, hg. v. Gaupropagandaamt Wien der NSDAP, Wien 1941, 12.

16 Walter Benjamin: »Wissenschaft nach der Mode« [1931, Rezension von ›Heinz Kindermann: Das literarische Antlitz der Gegenwart (1930)‹], in: ders.: *Werke und Nachlaß. Kritische Gesamtausgabe*, Bd. 13.1, Frankfurt/Main 2011, 324–326, 325; siehe auch ders.: *Werke und Nachlaß*, Bd. 13.2, 307: »Von Adorno wurde er [Kindermann] später neben Julius Petersen als ›der offizielle Leibgermanist des Hitler‹ charakterisiert […]. Tatsächlich wurde er in der NS-Zeit vom Sicherheitsdienst der SS als ›einwandfrei‹ und ›besonders einsatzbereit‹ eingestuft […].«

17 Heinz Kindermann: *Hermann Kurz in seiner Frühzeit*, Universität Wien Dissertation 1918. Siehe Birgit Peter: »Antiziganismus, Antislawismus und Antisemitismus als Karrierestrategie. Über einen theaterwissenschaftlichen ›Gründungsvater‹«, in: Oliver Rathkolb (Hg.): *Der lange Schatten des Antisemitismus. Kritische Auseinandersetzungen mit der Geschichte der Universität Wien im 19. und 20. Jahrhundert*, Göttingen 2013, 173–181.

18 Heinz Kindermann: *Goethes Menschengestaltung. Versuch einer literaturhistorischen Anthropologie*, Bd. 1: Der junge Goethe. Mit einer Einführung in die Aufgaben der literaturhistorischen Anthropologie, Berlin 1932.

19 Heinz Kindermann: *Dichtung und Volkheit. Grundzüge einer neuen Literaturwissenschaft*, Berlin 1937 (2. Aufl. 1939).

überreichen,[20] woraufhin ihm Hitler einen »sehr freundlich gehaltenen persönlichen Dank« übermittelte.[21]

Aus dieser Perspektive verwundert es nicht, dass Kindermann dem Reichserziehungsministerium als der geeignetste Kandidat für das neu zu errichtende »Zentralinstitut« für Theaterwissenschaft erschien.[22] Walter Thomas, der Generalkulturreferent Baldur von Schirachs, erinnerte den Berufungsprozess aufgrund der Bedenken der Findungskommission als zäh und nervenaufreibend. In seinen 1947 unter dem Pseudonym W. T. Anderman erschienenen Memoiren berichtet Walter Thomas davon und betont dabei ohne Namen zu nennen die politische Verlässlichkeit des neuen Lehrstuhlinhabers,

> ehe ich am 15. November 1942 in meiner Eröffnungsansprache zur Gerhard-Hauptmann Woche die Errichtung eines Lehrstuhles für Theatergeschichte und damit verbunden eines zentralen theatergeschichtlichen Forschungsinstituts der Öffentlichkeit bekannt geben konnte. Daß von den drei wissenschaftlichen Kandidaten der schließlich in Berlin bestimmt wurde, der am meisten verbürgte, daß dieser Lehrstuhl nicht eine neue Keimzelle des österreichischen Autonomismus wurde, entsprach der in allen Fällen so evident zu Tage tretenden Praxis, Wien zwar durch Aufwand und Szenerie zu blenden, aber dieser Stadt die Möglichkeit zu nehmen, Berlins Hegemonie zu gefährden.[23]

Kindermann galt als ›politisch zuverlässig‹, wichtigstes Kriterium zur Bestellung als erster theaterwissenschaftlicher Ordinarius;[24] die von der Findungskommission Erstgereihten, Willi Flemming[25], Carl Niessen[26] und Hans Heinz Bor-

20 Heinz Kindermann: *Heimkehr ins Reich. Großdeutsche Dichtung aus Ostmark und Sudetenland 1866–1938*, Leipzig 1939.

21 Heinz Kindermann: »Rundschreiben an die Autoren des Bandes ›Heimkehr ins Reich‹«, Münster, Juni 1939, Nachlass Stefan Milow und Max von Millenkovich-Morold, H.I.N. 172803, Handschriftensammlung Wienbibliothek im Rathaus.

22 Vgl. Anne C. Nagel: *Hitlers Bildungsreformer. Das Reichserziehungsministerium für Wissenschaft, Erziehung und Volksbildung 1934–1945*, Frankfurt/Main 2012, 340.

23 Walter T. Anderman: *Bis der Vorhang fiel. Berichtet nach Aufzeichnungen 1940 bis 1945 von W. T. Anderman*, Dortmund 1947, 160f.

24 Im deutschsprachigen Raum wurden um 1900 in verschiedenen Disziplinen zu theaterspezifischen Fragestellungen gearbeitet. 1921 wurde auf Initiative von Max Herrmann (1865–1942), bei dem Kindermann 1918 eine Vorlesung hörte, ein theaterwissenschaftliches Institut an der Berliner Friedrich-Wilhelm-Universität eingerichtet. Allerdings war damit kein Ordinariat für Theaterwissenschaft verbunden. Herrmann, der als Pionier im deutschsprachigen Raum an den theoretischen Grundlagen der Theaterwissenschaft arbeitete, wurde 1933 als Jude aus seinen Ämtern und der Öffentlichkeit verjagt, von den meisten Kollegen und Schülern diffamiert, 1942 nach Theresienstadt deportiert, wo er wenige Wochen danach an den Folgen der Deportation starb. Siehe Stefan Corssen: *Max Herrmann und die Anfänge der Theaterwissenschaft.* Mit teilweise unveröffentlichten Materialien, Tübingen 1998 und Dagmar Walach (Hg.): *›Man soll sich nicht ängsten in der Welt‹. Max Herrmann.* Mit einem Geleitwort von Matthias Warstat, Berlin 2012.

25 Willi Flemming (1888–1980), seit 1933 förderndes Mitglied der SS u. a. Seit 1934 Lehrstuhl für

chherdt[27], konnten zwar mehr theaterspezifische Forschungen, auch ausreichend nationalsozialistisches Engagement vorweisen, doch letzteres nicht im selben Ausmaß wie Kindermann.

Die Antrittsrede Kindermanns fand großen Anklang in den NS-Medien, vom *Völkischen Beobachter* bis zur *Belgrader Donau-Zeitung* wurde von der Errichtung des Zentralinstituts für Theaterwissenschaft berichtet und *Theaterwissenschaft als Lebenswissenschaft* zitiert:[28]

> Der Vortragende [...] rechtfertige die Errichtung des Instituts mitten im Kriege mit dem Hinweis auf die besonderen Aufgaben, die gerade heute das Theater im Leben unseres Volkes zu erfüllen habe, und der sich daraus ergebenden Notwendigkeit, die Ausbildung jener Berufe, die dem Theater unmittelbar zu dienen haben, auch während des Krieges weiterzuführen.[29]

Wie in der Rede angekündigt, startete Kindermann seine Wiener Professur mit großangelegten Publikationsprojekten, sogenannten »Sonderveranstaltungen« für ein breites Publikum im Auditorium Maximum und gezielter Nachwuchsförderung.[30] Sein langjähriger Förderer Baldur von Schirach gratulierte Kindermann 1944:

Nordische Philologie und Theaterwissenschaft an der Universität in Rostock, Publikationen zu deutscher Barockkomödie, Wanderbühne, Mitautor in Heinz Kindermanns Handbuch der Kulturgeschichte 1934–43.

26 Carl Niessen (1890–1969), theaterwissenschaftlicher »Pionier« in Köln, baute dort eine »völkerkundlich« orientierte Theatersammlung (heute Theaterwissenschaftliche Sammlung der Universität zu Köln, Schloß Wahn) auf, die die Grundlage für die neue Disziplin bilden sollte. Zeitlebens ein großer Konkurrent von Heinz Kindermann. 1919 Habilitation zu Literatur- und Theatergeschichte. 1933 Truppführer der SA, in der Thingspielbewegung aktiv, 1939 a. o. Professor für Theaterwissenschaft an der Universität zu Köln. Bis 1955 Direktor des Instituts für Theaterwissenschaft an der Universität zu Köln.

27 Hans Heinz Borchherdt (1887–1964), seit 1922 Lehrauftrag für Theaterwesen an der Universität München, 1938 Dozent an der Adolf-Hitler-Schule auf der Ordensburg Sondberg, 1942 Ordinarius in Königsberg.

28 Vgl. »Zentralinstitut für Theaterwissenschaften« [unbez.], in: *Das kleine Blatt* (26.5.1943); »Neues Kulturinstitut in Wien« [unbez.], in: *Illustrierte Kronenzeitung* (26.5.1943); »Wien im Mittelpunkt der Schauspielkunst. Zur Eröffnung des Zentralinstituts für Theaterwissenschaft« [unbez.], in: *Kleine Volkszeitung* (26.5.1943); »Eröffnung des Zentralinstituts für Theaterwissenschaft« [unbez.], in: *Völkischer Beobachter* (26.5.1943); »Theaterwissenschaft« [unbez.], in: *Volkszeitung* (26.5.1943); Robert Prosel: »›An Theaterfreude reichste Stadt der Deutschen‹. Eröffnung des Zentralinstituts für Theaterwissenschaft«, in: *Neuigkeits-Welt-Blatt* (27.5.1943); »Theater und Nation. Gespräch mit Heinz Kindermann« [unbez.], in: *Volkszeitung* (30.5.1943); Walter Pollak: »Ein Zentralinstitut für Theaterwissenschaft. Eine neue Einrichtung, die nach dem Krieg zum Reichsforschungsinstitut ausgebaut wird«, in: *Donau-Zeitung* (Belgrad) (5.6.1943).

29 »Zentralinstitut für Theaterwissenschaften« [unbez.], in: *Das kleine Blatt* (26.5.1943).

30 Seine erste Wiener Dissertantin Margret Dietrich, die auch als wissenschaftliche Hilfskraft am Institut arbeitete, reichte im Jänner 1945 den Antrag zur Zulassung zur Habilitation für das Nachwuchsamt des Reichsforschungsrats ein. 1952 erfolgte die Habilitation in Wien,

Zu Ihrem 50. Geburtstag sende ich Ihnen die herzlichsten Glückwünsche. Sie haben durch eine Fülle literar-historischer Werke Ihrer Wissenschaft hervorragend gedient. Insbesondere spreche ich Ihnen heute für die vorbildliche Führung des theaterwissenschaftlichen Instituts Dank und Anerkennung aus. Mögen Ihnen noch viele Jahre erfolgreicher Arbeit beschieden sein. Heil Hitler! Ihr Baldur von Schirach.[31]

Im Mai 1945 wurde Kindermann seines Postens enthoben, doch 1954 erhielt er sein Ordinariat ebenso wie die Leitung des theaterwissenschaftlichen Instituts zurück.[32] Für den 26. April 1954 wurde seine neuerliche Antrittsvorlesung *Europäisches Theater im Mittelalter*[33] angekündigt. Aufgrund massiver Studierenden-Proteste musste Kindermann die Vorlesung abbrechen, doch bereits drei Tage später, unter Aufsicht des damaligen Rektors Leopold Schönbauer, der nur Studierende einließ, die ihm per Handschlag versicherten, die Vorlesung nicht zu stören, erfolgte die neuerliche Antrittsvorlesung.[34] Damit begann die zweite universitäre Karriere[35] Heinz Kindermanns, die er nun der ›völkerverbindenden‹

1969 wurde sie die Nachfolgerin Kindermanns als Ordinaria. Siehe Birgit Peter: »Theaterwissenschaft als Lebenswissenschaft. Die Begründung der Wiener Theaterwissenschaft im Dienst nationalsozialistischer Ideologieproduktion«, in: Stefan Hulfeld, Birgit Peter (Hg.): *Theater/Wissenschaft im 20. Jahrhundert. Maske und Kothurn* 55 (2009), 193–212.

31 Dank an Oliver Rathkolb, der dieses Telegramm aufspürte. Archiv der Republik, Gauakten Bürckel, *Telegramm von Baldur von Schirach an Heinz Kindermann* (08.10.1944).

32 Kindermann konnte sich nach seiner neuerlichen Implementierung als Leiter des Wiener theaterwissenschaftlichen Instituts mit der 1955 ausgerichteten Europäischen Theaterausstellung erfolgreich als Kenner europäischer Theatergeschichte »rehabilitieren«. Siehe Veronika Zangl: »›Ich finde diese Maßnahme persönlich als ungerecht‹ Heinz Kindermanns Entlastungsstrategien 1945–1954«, in: B. Peter, M. Payr (Hg.): *»Wissenschaft nach der Mode«?*, 172–206 und Klaus Illmayer: *Reetablierung des Faches Theaterwissenschaft im postnazistischen Österreich, Diplomarbeit* Universität Wien, Philologisch-Kulturwissenschaftliche Fakultät 2009.

33 Unter diesem Titel hielt er auch die erste theatergeschichtliche Vorlesung 1943/44.

34 »Von 15 inskribierten Hörern waren 50 anwesend. Zwischenfall im Theaterwissenschaftlichen Institut in der Hofburg – Prof. Dr. Heinz Kindermann sagte seine Vorlesung ab« [unbez.], in: *Neues Österreich* (27.4.1954), »Antrittsvorlesung mit Gewalt verhindert« [unbez.], in: *Die Presse* (27.4.1954), »Hochschülerschaft verurteilt Heinz Kindermann – Wirbel« [unbez.], in: *Neue Wiener Tageszeitung* (28.4.1954), »In der Hofburg: Theaterwissenschaftler wider Willen. Wegen eines ungeschriebenen akademischen Gesetztes mußte der Rektor der Wiener Universität eine Überrumpelungstaktik gegen unerwünschte Hörer anwenden« [unbez.], in: *Neues Österreich* (30.4.1954), »Unter Aufsicht des Rektors« [unbez.], in: *Volksstimme* (30.4.1954), »Rektor Schönbauer glättet die Wogen« [unbez.], in: *Die Presse* (30.4.1954), »Studentendelegation überreicht Beweise gegen Professor Kindermann« [unbez.], in: *Der Abend* (20.5. 1954).

35 Bis zu seiner Emeritierung 1969 blieb Kindermann Professor für Theaterwissenschaft an der Universität Wien, er gründete u.a. die Salzburger Max-Reinhardt-Forschungs- und Gedenkstätte, die Vereinigung *Wiener Dramaturgie*, das Institut für Theatergeschichte an der Österreichischen Akademie der Wissenschaften. Seine zehnbändige *Theatergeschichte Europas* (Salzburg 1957–78), die auf seinen ns-ideologischen Arbeiten basierte, wurde als historisches Standardwerk des Fachs rezipiert.

Dimension von Theater unter den neuen postnazistischen gesellschaftlichen Prämissen widmete.

Erwin Schrödinger (1887–1961)

Die Krise des Atombegriffs (1956)

E. Schrödinger

Antrittsrede Wien 1956

Herr Bundespräsident, meine Herren Bundesminister, Magnifice, Spectabiles, meine Damen und Herren!

Die Krise des Atombegriffs

I.

In der Antritts-Vorlesung soll man sich mit einem allgemeinen Thema seines Faches befassen. Dafür scheint mir zur Zeit und gerade hier in Wien, wo Loschmidt, Stefan, Boltzmann, Mach und Hasenöhrl gewirkt haben, sehr geeignet die Frage: wie steht es eigentlich heute mit den kleinsten Teilchen, den Molekülen, Atomen, Elektronen u. s. w.? Glauben wir noch an sie, oder wie stellen wir uns sonst die materielle Wirklichkeit vor? Erwarten Sie, bitte, nicht, daß ich Ihnen ein klares Bild davon entwerfe, denn das existiert noch nicht. Bald nach dem großen Umsturz in der Physik, der Mitte der zwanziger Jahre einsetzte, hat Sir Arthur Eddington die Situation mit den Worten gekennzeichnet: Neubau! Für Nichtbeschäftigte kein Zutritt! – Diese Lage hat sich seither nicht gebessert, eher verschlechtert. Unser materielles Weltbild ist heute so schwankend und unsicher wie es schon lange nicht gewesen ist. Eine weitverbreitete Lehrmeinung behauptet sogar, daß es ein objektives Bild der Wirklichkeit in irgendeinem früher geglaubten Sinn überhaupt nicht geben kann. Ich halte das für eine philosophische Verstiegenheit, einen verzweiflungsvollen Ausweg der *Resignation*, der in Wahrheit kein Ausweg *ist.* Die Physik findet sich in einem heftigen Umwandlungsprozeß, in dem sie vielleicht noch manches Jahrzehnt verharren wird – umso länger, je mehr uns jene von einem wüsten, gelehrten Formelkram umstarrte *Resignation* den offenen Blick versperrt.

Vorerst lassen Sie mich einige Etappen in der *Entwickelung der Atomtheorie* mit ganz kurzen Streiflichtern beleuchten. Der Gedanke wurde bekanntlich schon mit ziemlicher Klarheit von Leukipp und Demokrit im 5. Jahrhundert vor unserer Zeitrechnung gefaßt und in Details ausgeführt trotz des fast völligen Mangels an experimentellem Wissen. Im 17. Jahrh. wurde die Atomtheorie fast gleichzeitig mit dem Wiedererwachen der Naturwissenschaft von Pierre Gassendi (*1592; eine Generation nach Galilei *1564) zu neuem Leben erweckt und etwa zwei Jahrhunderte später von John Dalton (*1766, †1844) in die *Chemie* eingeführt. Einen Markstein in der physikalischen Atomtheorie bedeutete es, dass Josef Loschmidt (1821–1895) im *Jahre 1865* als erster eine richtige Abschätzung der wahren Größe der Atome und Moleküle gab und zugleich eine richtige Vorstellung von ihrer Zahl in einem wägbaren Stück Materie. So war der Weg geöffnet für die berühmte Ableitung der Grundgesetze der Wärmelehre aus der Mechanik der Atome und Moleküle – die sogenannte statistische Theorie der Materie – durch Ludwig Boltzmann (1844–1906). Und als dann im ersten Jahrzehnt *dieses* Jahrhunderts gleichzeitig Smoluchowski und Einstein in der sogen. Brown'schen Bewegung einen schlagenden Beleg für die Richtigkeit der für die ganze Physik grundlegenden Bolzmannschen Auffassungen alles Naturgeschehens erkannten, da gab es bestimmt Niemanden mehr, der an der Wirklichkeit der kleinsten Teilchen zweifelte (wie dies noch kurz zuvor der große Ernst Mach getan hatte).

Weitere Fortschritte unseres Wissens um die kleinsten Teilchen folgten nun so rasch und zahlreich, daß ich nur ein paar der eindrucksvollsten und für das später zu Sagende wichtigsten erwähnen kann. Es wird möglich die Wirkungen eines einzelnen kleinsten Teilchens direkt zu beobachten – als kurzen kleinen Blitz (Szintillation) auf dem Leuchtschirm oder durch einen Entladungsstoß in einem Geiger'schen Zählrohr; ja es wird möglich *Teilchenbahnen* zu sehen und zu photographieren – in der C. T. R. Wilsonschen Nebelkammer oder in einer photographischen Emulsion (Marietta Blau u. Hedwig Wambacher[1], Hafelekar b. Innsbruck). Man stellt fest, daß alle diese Teilchen meistens elektrisch geladen sind, und dann immer mit genauen Vielfachen des elektrischen Elementarquantums ($4{\cdot}8 \times 10^{-10}$ E. S. E.), das Robert Millikan mit großer Präzision direkt unter dem Mikroskop gemessen hatte. Auch ihre *Massen* konnte T. W. Aston in Jahrzehnte langer Arbeit in seinem Massenspektrographen mit eine Genauigkeit messen, von der Josef Loschmidt (der erste, der sie richtig *schätzte*) auch nicht zu träumen gewagt haben würde. Dabei stellt sich nun etwas zunächst sehr Merkwürdiges heraus, auf das ich näher eingehen muß: die Massen der Atomkerne sind zwar *sehr angenähert*, aber *nicht genau* Vielfache einer Einheit, z. B. (der Masse des Wasserstoffkerns).

1 [Anmerkung der Herausgeber: Gemeint ist Hertha Wambacher.]

Masse des C-Kerns	12·00053	}	x 1·6603 • 10^{-24} g
Masse des H-Kerns	1·00758		
Masse des Neutrons	1·00898		
Masse des He-Kerns	4·000…		(viell. 3·999…)

Das wäre *sehr* befremdend gewesen, wenn nicht schon geraume Zeit vorher Einstein seine berühmte und wohlbegründete These aufgestellt hätte, dass Energie und Masse *äquivalent* sind, oder daß ›Energie Trägheit besitzt‹ und alle wägbare Masse ›gespeicherte Energie‹ ist. So erklärt sich das ›*Untergewicht*‹ des C- und des He-Kerns gegenüber 12 bezw. 4 H-Kernen einfach aus dem *Wärmeaustritt* bei Bildung der Kernverbindung – ein ungeheurer Wärmeaustritt, der wie wir alle wissen in der sogen. Wasserstoffbombe das Schicksal der Menschheit bedroht.

II.

Nun sozusagen *querdurch.* Diese (theoretisch) wundervolle Campagne von Entdeckungen der Eigenschaften der kleinsten Teilchen kam, zuerst (1900) die Quantentheorie und, dann (1925) die Wellenmechanik. Ich sage *querdurch*, denn sie machen uns wirklich einen Strich durch die Rechnung – u. zw. eben weil wir diese Theorien annehmen müssen, nicht etwa unter den Tisch wischen können.

Den ›Strich durch die Rechnung‹ macht übrigens *nicht* die ältere Quantentheorie von Max Planck (1900), sondern wie wir sehen werden die Wellenmechanik, zu der sie sich in der Mitte der zwanziger Jahre entfaltet.

Planck sagt uns – aus guten Gründen, die ich hier beiseite lassen muß –, daß ›Energie der Frequenz ν‹ nur in Quanten oder Portionen hν ausgetauscht wird (h eine bestimmte universelle Konstante, das sogenannte Wirkungsquantum). Das verschärft sich bald durch Überlegungen Einstein's (auf die ich auch nicht eingehen kann) zu der These, daß solche Energie ›bloß in Portionen hν auftritt oder existiert‹. Halten Sie das mit der anderen Einstein'schen These – Äquivalenz von Energie und Masse – zusammen, so ergibt sich unausweichlich eine wundervolle *Neubegründung der Atomtheorie:* die kleinsten Massenteilchen *sind* nichts weiter als Plancksche Energiequanten, mit anderen Worten die Plancksche Theorie wurde schon zweieinhalb Jahrtausende vorher von Demokrit vorausgeahnt, sie bedeutet die reife, wohlbegründete Erfüllung der Ahnungen des alten Weisen.

Das wäre ja so weit ganz gut. Aber einem Atom mit der Masse m kommt nach Einstein eine Energie mc^2 zu, und zu dieser gehört nach Planck eine Frequenz

$$\nu = \frac{m\,c^2}{h}$$

(c = Vakuumlichtgeschwindigkeit). Will man den Anschluß an die Planck'sche Grundidee ernstlich vollziehen, dann darf diese Frequenz nicht als ein blasser, geheimnisvoller Schatten im Hintergrund stehen bleiben, sondern man muß etwas hypostasieren, irgendeinen mit der Masse m verknüpften periodischen Schwingungsvorgang, der mit dieser Frequenz vor sich geht. Das hat nun L. de Broglie 1925 in seiner berühmten Doktorarbeit getan u. zw. zunächst für das Elektron. Er wurde auf einen Wellenvorgang geführt, von dem er sich zunächst wohl dachte, daß er das punktförmig gedachte Elektron umspielt oder umspült. Wie dem auch sei, die Realität dieses Wellenphänomens wurde bald darauf einerseits von Davisson und Germer, anderseits von G. P. Thomson (mit viel größerer Präzision) experimentell – durch Interferenzerscheinungen – nachgewiesen. Etwa zur gleichen Zeit gelang es *mir*, die de Brogliesche Theorie zu verfeinern und außerordentlich stark zu erweitern, zunächst auf das Wasserstoffatom, das aus einem H-Kern und einem Elektron bestehen sollte, dann aber auch auf kompliziertere – im Prinzip auf beliebig komplizierte mechanische Systeme. Es ergibt sich dabei *einerseits* eine ungezwungene Erklärung der Linienspektren, wobei man freilich das Rutherford-Bohr'sche Modell des Atoms als ›Planetensystem‹ *zum Vorbild* nimmt, aber gewisse ad-hoc-Annahmen der Bohrschen Theorie, die sich durch nichts begründen lassen, *vermeidet*. Es ergeben sich nämlich ganz von selbst für den Schwingungsvorgang diskrete *Eigenfrequenzen*, wie bei einer schwingenden Saite oder tönenden Glocke; und die diskreten *Licht*frequenzen, die ›*Spektrallinien*‹, die das Atom emittieren oder absorbieren kann, ergeben sich ganz von selbst als die ›Differenztöne‹ dieser Eigenfrequenzen. Es wird dann nicht bloß *überflüssig*, an der ursprünglichen Planck-Einsteinschen Vorstellung quantenhafter Strahlungsakte mit sprunghaftem Übergang des Atoms aus einem in einen anderen ›Quantenzustand‹ festzuhalten, wie das auch die Bohr'sche Theorie übernommen hatte, – das wird, sage ich, nicht bloß überflüssig, sondern man darf das gar nicht; man muß an der vertrauten Vorstellung festhalten, daß die ›Eigentöne‹ sich *überlagern* können, wenn man das Zustandekommen von ›Differenztönen‹ auf natürliche Art verstehen will.

Eine weitere Folge aber ist diese. Wann man dieses Wellenmodell genau ins Auge faßt, so ist darin von einem punktförmigen Elektron, das sich etwa auf einer bestimmten ›Planetenbahn‹ bewegt überhaupt nichts mehr anzutreffen. Man wüßte wirklich nicht, wo man es unterbringen sollte, wenn jemand es durchaus restituieren wollte. Der Wellenvorgang dehnt sich merklich über eine Sphäre aus von ziemlich *der* Größe, die man dem *Atom* zuschreiben muß, der Wellenvorgang stellte den ›Körper‹ des Atoms dar, der zwar recht klein (cca 1 Å = 10^{-8}cm) ist, aber doch cca 20.000 mal größer als man sich den ›Körper‹ des Elektrons vorher zu denken pflegte.

Max Planck selber war von Haus aus sehr skeptisch gegenüber dem ruckweisen oder sprunghaften Austausch der Energie ›in ganzen Quanten‹, den er selber als wertvollen Denkbehelf eingeführt hatte. In den ersten Jahren (nach der grundlegenden Arbeit von 1900) suchte er seine scharfkantige Hypothese auf alle Art zu mildern, sozusagen abzuschleifen. Erst unter dem ungeheuren Einfluß vorerst von Einstein, dann von Niels Bohr, wurde dieser (man muß es sagen außerordentlich *bequeme*) Denkbehelf ganz ernsthaft als Tatsache angenommen. Den Glaube an wirklich ruckweise Elementarprozesse und damit an die volle Wirklichkeit eigentlicher ›Energiepakete‹ hv wieder fallen zu lassen, widerspricht also gar nicht der geistigen Einstellung des Begründers der Quantenlehre. Auch läßt sich von unserem heutigen Standpunkt erkennen, daß die wichtigen Folgerungen für die Wärmestrahlung und, allgemeiner, für die statistische Theorie der Materie (um deretwillen Planck seine Hypothese aufgestellt hatte) aus der *Wellenmechanik* sich gewinnen lassen, ohne daß man an den ruckweisen Diskontinuitäten, an der wirklichen Zusammenballung der Energie zu Paketen hv festzuhalten braucht.

Wo kommt nun der ›Strich durch die Rechnung‹, von dem ich vorhin sprach? Wieso bedeutet das Abgehen von der Diskontinuität, das die Wellenmechanik nahelegt, ja m. E. unabweislich fordert, eine Krise der Atomtheorie, eine Erschütterung unserer Vorstellungen von den kleinsten Teilchen? Nun, das ist sehr einfach. Wir hatten doch, auf Grund der Äquivalenz von Masse und Energie, jene kleinsten Massenteilchen – Atomkerne, Elektronen, Mesonen u. s. w. mit großer Freude als Plancksche Energieportionen aufgefaßt, ja gerade diese Auffassung hatte notwendig zur Wellenmechanik von de Broglie und mir geführt. *Diese* Entsprechung ist heute, auch experimentell, so fest gegründet, daß ein Abgehen *von ihr* gar nicht in Frage kommt. Wenn dann aber in ihrer weiteren Verfolgung, wie ich ausgeführt habe, die Planck'schen Energiequanten zu bloßen bequemen Denkbehelfen herabgedrückt werden, welche *nicht* die objektive Wirklichkeit beschreiben, so müssen wir dasselbe von den kleinsten Teilchen denken: auch sie sind nur mehr Hilfsbegriffe – sehr bequem, wir werden sie vielleicht niemals ganz entbehren können – aber in unserer Naturbeschreibung sind sie nur Symbole, die kleinen fast punktförmigen Körperchen, als die man sie sich lange Zeit ($2\frac{1}{2}$ tausend Jahre lang!) gedacht hat, die gibt es nicht wirklich. Lassen Sie es mich ganz drastisch und naiv sagen, an einem ganz einfachen Beispiel. Der Chemiker schreibt die sogen. *Strukturformel*, sagen wir, von Wasser oder Salzsäure *so:*

H – O – H , Cl – H

Wir sind uns seit langem darüber klar, daß die Bindestriche oder *Valenzstriche* nur höchst vereinfachte Symbole für einen in Wahrheit sehr komplizierten Sachverhalt sind. Wir werden uns daran gewöhnen müssen, daß auch die Buchstaben O, H, Cl … (welche die *Atome* von Sauerstoff, Wasserstoff, Chlor … vertreten) bloß Symbole sind, u. zw. *nicht* für kleine punktförmige Massenteilchen, die sich jeweils an einer *bestimmten Stelle* des Raumes befinden und eine *bestimmte Bahn* beschreiben, sondern für einen viel komplizierteren Sachverhalt, in den wir bis jetzt keinen anschaulichen Einblick haben.

III.

Obwohl wir, wie ich früher kurz erwähnt habe, heute in vielen Experimenten die Wirkung einer einzelnen Partikel (Atomkern, Elektron u. s. w.) beobachten, ja kurze Bahnstücke solcher Partikel sichtbar, fast greifbar, machen können, so ist die einzelne Partikel, was immer sie sein mag, jedenfalls kein wohlabgegrenztes, zeitbeständiges Dauerwesen. Diesem Umstand muß man denn auch wirklich auf Schritt und Tritt Rechnung tragen, wo immer man sich heute der kleinsten Massenteilchen als Denkbehelf bedient. Besonders äußert sich das in folgendem. Wenn das physikalische System, das man theoretisch darstellen und untersuchen will, *mehrere gleichartige* Partikel enthält – seien es einige wenige, wie etwa die *zwei* Elektronen des Heliumatoms, oder die *außerordentlich vielen* Moleküle, aus denen eine wägbare Probe eines homogenen Gases besteht – niemals darf man die (wenigen oder sehr sehr vielen) Zustände des Systems, die sich bloß durch *Rollentausch* gleicher Partikel unterscheiden, als *numerisch verschiedene* Zustände des Systems unterscheiden und zählen, sondern bloß als einen einzigen möglichen Zustand, als ein und dieselbe Konfiguration. Sonst erhält man Rechenergebnisse, die vom experimentellen Befund ganz und gar verschieden sind, ihm schnurstracks widersprechen. Wer mit dem Gegenstand nicht sehr vertraut ist, mag denken: ja das ist doch selbstverständlich, der Rollentausch zweier haargenau gleicher Bestandteile ›hat eben nichts auf sich‹. Leider muß ich sagen, daß in oberflächlichen Darstellungen die Sache dem Hörer oder Leser fälschlich in dieser Weise mundgerecht gemacht wird. Das ist aber Unsinn und Unfug: als ob etwa Boltzmann nicht gewusst hätte, daß alle Teilchen eines Gases, etwa alle Heliumatome, einander haargenau gleich anzunehmen sind. Dennoch – weil er sie als *zeitbeständige Individuen* ansah – gründete er ganz folgerichtig seine berühmten statistisch-mechanischen Theorien auf die ungeheuer große Zahl von Möglichkeiten, die sich *gerade aus dem Rollentausch gleicher Individuen* ergeben. (Daß er doch zu fast richtigen Resultaten kam, ist beinahe ein Zufall, dessen genaue Erörterung uns hier zu weit führen würde.)

In Wahrheit ist diese ›neue Art der Statistik‹ ein revolutionärer Schritt, der nur sinnvoll und folgerichtig wird, wenn man der einzelnen Partikel die *Individualität* abspricht, ihr *prinzipiell* keine *Wiedererkennbarkeit*, keine *Dasselbigkeit* zuerkennt. Die Notwendigkeit, auf mehrere gleiche Partikel in demselben Körper *niemals* die individuelle Boltzmann-Statistik sondern *immer* eine solche ›neumodische‹ (Fermi- oder Bose-) Statistik anzuwenden, wenn die Ergebnisse der Rechnung mit der Erfahrung übereinstimmen sollen, – diese Notwendigkeit spricht ganz eindeutig dafür, daß die einzelne Partikel kein wohlabgegrenztes, zeitbeständiges Dauerwesen ist, sondern etwas ganz anderes.

Aber was ist eine solche Partikel dann? Soweit es sich sagen läßt, habe ich es eigentlich schon gesagt: ein mehr oder weniger unpassender, aber trotzdem derzeit und vielleicht auf lange hinaus schwer entbehrlicher Denkbehelf, eine Krücke, auf die man sich mit großer Vorsicht stützen kann und muß. *Aber hören Sie weiter.*

Einfache Fälle wie das ideale Gas und die Wärmestrahlung (die beide in der Entwickelung der Physik eine Schlüsselrolle gespielt haben) kann man heute auch schon ganz direkt wellenmechanisch behandeln, d. h. man denkt sich das betreffende Objekt in einfache Wellensysteme aufgelöst (oder besser daraus durch Überlagerung zusammengesetzt) sozusagen *spektral analysiert*, und *nicht* aus Einzelpartikeln bestehend, von denen bei dieser Auffassung überhaupt nicht mehr die Rede ist. An die Stelle der Statistik der Partikeln tritt jetzt eine Statistik dieser spektralen Grundschwingungen oder -wellen. Und nun zeigt sich etwas tief Bedeutungsvolles, wenn auch zur Zeit noch nicht völlig Verstandenes. Es zeigt sich nämlich: um bei dieser wellenmäßigen Behandlung im Einklang mit der Erfahrung wieder dieselben Ergebnisse abzuleiten wie im Partikelbild mit der ›nicht-individuellen‹ Statistik, muß man *auf diese spektralen Grundwellen* die altvertraute Boltzmann'sche ›individuelle‹ Statistik anwenden, d. h. diese Grundwellen, die unserer Anschauung viel schwerer faßbar, viel ephemerer, ›luftiger‹ erscheinen, erweisen sich als echte, beständige Individuen, jede von der anderen verschieden; sie sind übrigens auch wirklich in ihren Bestimmungsstücken (etwa Wellenlänge, Richtung, Schwingungszahl) individuell charakterisierbar. Das ist sehr merkwürdig und, wie es mir scheint, tief bedeutungsvoll; sehr merkwürdig, denn eine solche Grundwelle hat keinen bestimmten Ort, jede davon erfüllt den ganzen Raum, den das betreffende System einnimmt, sie sind alle überlagert, durchdringen einander und ihre Überlagerung oder Durchdringung ist eben das *Bild*, das wir uns wellenmechanisch von dem System machen.

Ich sagte vorhin, daß diese rein wellenmäßige Behandlung, bei der von Partikeln gar nicht die Rede ist, für die einfachsten Systeme – ideales Gas, Wärmestrahlung – streng und befriedigend durchführbar ist. Das ernsthafte und erfolgreiche Bemühen der theoretischen Physiker in den letzten 20 oder 25 Jahren ist darauf gerichtet, diese Art der Behandlung auch auf kompliziertere Fälle, insbesondere auf die *Wechselwirkung* von ›Partikeln‹ der gleichen Art oder verschiedener Art auszudehnen. Dabei geht es freilich meistens so zu, daß zwar die Berechnungen ganz streng vermittels der spektralen Analyse in Grundwellen oder Grundschwingungen durchgeführt werden, aber mindestens die Endergebnisse der Rechnung werden dann in die liebe und altgewohnte Sprache der Partikeln sozusagen *übersetzt*; man findet es schwer, dieses scheinbar einfacheren und der Anschauung zugänglicheren Denkbehelfs zu entraten, obwohl man eigentlich fühlt und weiß (oder wissen könnte), daß er sehr problematisch und völlig unadäquat ist. Die Verhaftung an die historisch überkommene Partikelvorstellung ist so mächtig, daß viele von uns sogar dazu neigen, gerade umgekehrt das *Wellenbild* lediglich als einen Denkbehelf, einen abstrakten Hilfsbegriff anzusehen, der nur dazu diene, das – reichlich befremdende – Verhalten der Partikeln richtig auszurechnen oder vorauszuberechnen. *Dem kann ich nicht beipflichten.* Die Wellen sind (durch ihre Superpositionseffekte bei der Beugung und Interferenz) so direkt beobachtbar und (in manchen Fällen) so leicht sinnenfällig zu machen, wie irgendwelche handgreifliche Körper unserer Umwelt.

Die meisten meiner Fachgenossen geben das zu und haben sich darauf geeinigt, folgendes Kompromiß zu formulieren: Alles physikalische Geschehen sei *sowohl* ein Wellenphänomen *wie auch* ein Partikelphänomen. Welche *Seite* des Vorgangs bei einer bestimmten Versuchsanordnung sinnenfällig wird, das hänge von der speziellen Versuchsanordnung ab. Jede der beiden Vorstellungen sei in beschränktem Maße zulässig und berechtigt, keine für sich allein ganz ausreichend.

Nun diese Auffassung, die von *Niels Bohr* vertreten, Komplementarität genannt und weitgehend philosophisch untermalt wird, mag für den Augenblick eine bequeme Form der *Resignation* sein. Aber sie schließt eine große *intellektuelle Gefahr* in sich. Es wird dabei eine schwere Antinomie *überkleistert.* Besonders für jüngere Theoretiker, denen diese *Schein*lösung durch ein akzeptables Kompromiß von so autoritativer Seite und mit der erwähnten philosophischen Untermalung dargeboten wird, besteht die Gefahr, daß sie sich endgültig mit dem Kompromiß zufrieden geben, daß sie die Scheinlösung für eine wirkliche Lösung halten und jedes Gefühl für ihren antinomischen Charakter abstumpfen, verlieren. Wenn das um sich greift (und es hat schon weit um sich gegriffen), kann es das Auffinden einer *echten* Lösung auf lange hinausschieben – so ähnlich wie die Wellentheorie des Lichtes von Christian Huygens durch die halbgottähnliche Autorität des großen Isaak Newton (der sie bekämpft) um mehr als ein Jahrhundert in einen Dornröschenschlaf versenkt wurde.

Darum ist es nötig, immer wieder auf die Unmöglichkeit dieser Kompromißlösung hinzuweisen, auf die Unvereinbarkeit der beiden Denkbehelfe, der Korpuskelvorstellung und der Wellenvorstellung. Denn freilich, alle Vorstellungen sind nur Denkbehelfe! Und so mag man immerhin derzeit *beide* benützen, ja man muß es vielleicht heute noch. *Aber man soll wenigstens ein schlechtes Gewissen dabei haben,* man soll sein intellektuelles Gewissen nicht gegen diesen intellektuellen Frevel abstumpfen. Man soll sich von keiner Autorität einreden lassen, daß die beiden Vorstellungen sich *wirklich* zu einem einheitlichen Bild verschmelzen lassen, und auch nicht, daß heute schon untrüglich erwiesen wäre, ein einheitliches Bild des Naturgeschehens sei ewig niemals erreichbar. –[2]

2 [Anmerkung der Herausgeber: Der weitere Text ist im Manuskript durchgestrichen.]

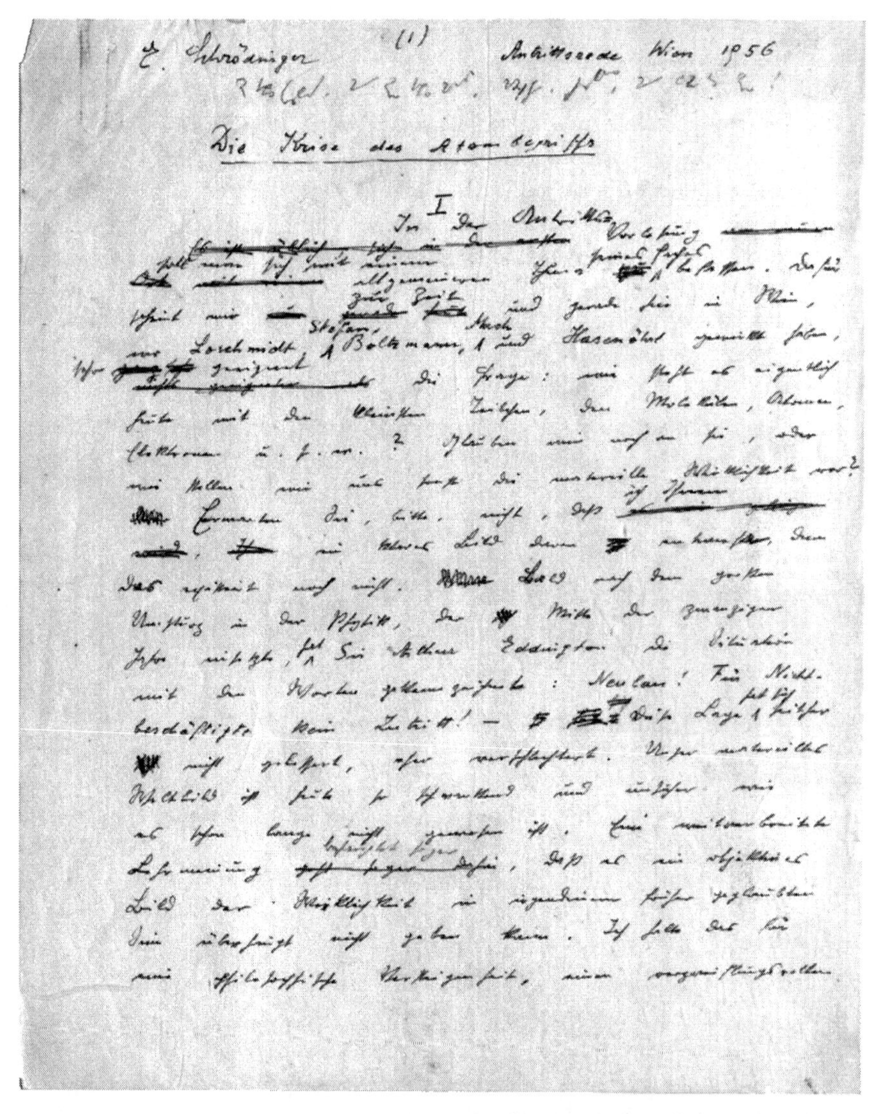
E. Schrödinger (1) Antrittsrede Wien 1956

Die Krise des Atombegriffs

I

Abb. 3: Erste Seite des Manuskripts von Erwin Schrödingers *Die Krise des Atombegriffs*, Antrittsrede Wien 1956. Handschrift, 18 Bl. – *Österreichische Zentralbibliothek für Physik, Nachlass Erwin Schrödinger, pack 21 n. 9, Sig. W33–801.*

Ganz bestimmt liegt nach diesen kurzen, allzu gedrängten Darlegungen vielen von Ihnen die Frage auf der Zunge: ja was sind denn nun diese Partikel, diese Atome, Moleküle, Elektronen, Mesonen u. s. w. *wirklich?* Um darauf doch eine vorläufige, wenn auch nicht sehr gewichtige Antwort zu geben: am ehesten darf man sie sich vielleicht denken als mehr oder weniger vorübergehende *Gestalten* (im weitesten Sinn des Wortes), die dem Wellenfeld eigen sind und deren Struktur durch das Wellenfeld so klar und scharf und unabänderlich bestimmt ist, daß Vieles sich so abspielt, *als ob* diese Gestalten substanzielle Dauerwesen wären. Ihre Massen und Ladungen, die sich wie wir gesehen haben experimentell so genau und präzis bestimmen lassen, gehören dabei mit zu den durch das Wellenfeld bestimmten Gestaltelementen. Die wichtige Tatsache der *Erhaltung* von Ladung und Masse (oder Energie) *im Großen* trotz des ephemeren Charakters der Partikeln hat man m. E. als einen statistischen Effekt anzusehen, gestützt auf das ›Gesetz der großen Zahl‹, nach dem Vorbild der Theorie von Ludwig Boltzmann.

Kommentar von Herbert Pietschmann

$$\boldsymbol{H}\Psi = i\hbar\frac{\partial\Psi}{\partial t}$$

Unter Physikern heißt es über die Schrödinger-Gleichung, es sei jene Formel, die weltweit am häufigsten an Tafeln geschrieben wird. Damit ist die Bedeutung dieser Grundformel der Quantenphysik gut beschrieben. Schrödinger bekam für diese Leistung gemeinsam mit Paul Adrien Maurice Dirac im Jahre 1933 den Nobelpreis für Physik »für die Entdeckung neuer fruchtbarer Formen der Atomtheorie«.[1]

Die Physik der Atome war in Kopenhagen von einer Gruppe von Physikern (darunter Werner Heisenberg und Wolfgang Pauli) entwickelt worden, und zwar in einer mathematischen Sprache, die den Physikern damals völlig neu und unbekannt war. Niels Bohr war gewissermaßen ›schützender Vater‹, der im Ringen mit den auftretenden Widersprüchen beruhigend sagte: »Das Gegenteil einer richtigen Behauptung ist eine falsche Behauptung. Aber das Gegenteil einer tiefen Wahrheit kann wieder eine tiefe Wahrheit sein.«[2] Erwin Schrödinger konnte mit seiner Gleichung denselben physikalischen Gehalt in der Sprache der

1 Vgl. »The Nobel Prize in Physics 1933. Nobelprize.org. Nobel Media AB2014«, verfügbar unter: http://www.nobelprize.org/nobel_prizes/physics/laureates/1933 (abgerufen am 06.10. 2016).

2 Gespräch zwischen Bohr und Heisenberg, in: Werner Heisenberg: *Der Teil und das Ganze – Gespräche im Umkreis der Atomphysik*, München 1969, 143.

Differentialgleichungen formulieren, die allen Physikern geläufig war. Erst dadurch gelang der große Durchbruch der neuen Physik.

Verständlich, dass die akademische Gemeinschaft – allen voran wir Studierende[3] – begeistert war, dass dieser Große der modernen Physik nach Wien kommen werde. Für ihn wurde ein Ordinariat *ad personam* eigens eingerichtet. Seine Antrittsvorlesung wurde daher zu einem gesellschaftlichen Ereignis, das auch der Hoffnung diente, Österreich möge nach den Verwüstungen des Weltkrieges wieder Anschluss finden an die Weltgemeinschaft der modernen Forschung.[4]

Um aber Schrödingers Antrittsvorlesung auch inhaltlich gerecht zu werden, muss die historische Entwicklung der Physik des 20. Jahrhunderts beleuchtet werden. Um die Mitte des 19. Jahrhunderts hat William Thomson (Lord Kelvin) den Energie-Begriff in die Physik eingeführt; er hat aber auch formuliert, was *Verstehen* in der Physik bedeutet: Seither gilt seine These, man könne eine Sache nur dann verstehen, wenn man von ihr ein mechanisches Modell herstellen kann.[5] Nun hat die Entwicklung seit dem Beginn des 20. Jahrhunderts aber gezeigt, dass ein mechanisches Modell des Atoms unmöglich ist.

Es ist eine kulturhistorisch interessante Beobachtung, dass im Laufe der Herausbildung der Quantenphysik – der Physik des Atoms – vier wichtige Mitgestalter, die für ihren Beitrag den Nobelpreis für Physik erhalten haben, die Entwicklung weg von der mechanistischen Vorstellung nicht mittragen wollten. Es waren Max Planck, Albert Einstein, Louis de Broglie und schließlich auch Erwin Schrödinger. Dazu kam noch Max von Laue, der 1914 den Nobelpreis »für seine Entdeckung der Diffraktion der Röntgenstrahlen in Kristallen« erhalten hatte.[6]

Nach der heute gültigen Interpretation der Schrödinger-Gleichung muss ihre Lösung, die z. B. ein Wasserstoff-Atom beschreiben soll, immer *komplementär* zwei widersprüchliche Bedeutungen mittragen: Einerseits als Aufenthaltswahrscheinlichkeit eines (diskreten) Teilchens, andererseits als Ladungsvertei-

3 Herbert Pietschmann war von 1956 bis 1958 Student bei Erwin Schrödinger. Am Institut für theoretische Physik der Universität Wien besuchte er Schrödingers Vorlesung über Allgemeine Relativitätstheorie. Die Antrittsvorlesung konnte er nicht hören, da er im Studienjahr 1955/56 als Hauslehrer in Syrien tätig war.

4 Zum öffentlichen Interesse an Schrödingers Berufung nach Wien und dessen Antrittsvorlesung vgl. u. a. Gabriele Kerber (Hg.): *Erwin Schrödinger 1887–1961. Materialien und Bilder. Eine Ausstellung der österreichischen Zentralbibliothek für Physik*, 2. Aufl., Wien 2011 und Dieter Hoffmann: *Erwin Schrödinger*, Leipzig 1984, 78–85.

5 Vgl. Herbert Pietschmann: *Quantenmechanik verstehen. Eine Einführung in den Welle-Teilchen Dualismus für Lehrer und Studierende*, Berlin 2003, 84.

6 Vgl. »The Nobel Prize in Physics 1933. Nobelprize.org. Nobel Media AB2014«, verfügbar unter: http://www.nobelprize.org/nobel_prizes/physics/laureates/1933 (abgerufen am 06.10. 2016).

lung einer (kontinuierlichen) Größe, die Schrödinger meist als Welle bezeichnete. Diesen so genannten Welle-Teilchen-Dualismus wollten die fünf genannten Nobelpreisträger nicht akzeptieren. Schrödinger lehnte es daher auch ab, das Wort Quantenphysik oder Quantenmechanik zu gebrauchen; er sprach immer von Wellenmechanik.

Die neue Denkweise der Quantenphysik beschrieb einer der Schöpfer der relativistischen Quantenfeldtheorie, Richard Feynman (USA), der 1965 zusammen mit Sin-Itiro Tomonaga (Japan) und Julian Schwinger (USA) den Nobelpreis für Physik für »grundlegende Arbeiten auf dem Gebiet der Quanten-Elektrodynamik« erhalten hat, folgendermaßen: »Even the experts do not understand it [die Quantenphysik] the way they would like to, and it is perfectly reasonable that they should not, because all of direct, human experience and of human intuition applies to large objects.«[7]

Während Schrödinger ausschließlich den kontinuierlichen Aspekt (die Wellen-Natur) seiner Gleichung gelten lassen wollte, versuchte Einstein, den Teilchen-Aspekt der neuen Physik in den Vordergrund zu stellen. Bei seinem ersten öffentlichen Auftritt vor der Gesellschaft Deutscher Naturforscher und Ärzte in Salzburg im Jahre 1909 sagte Einstein: »Es scheint, dass [...] die Emissionstheorie des Lichtes [Teilchennatur] von Newton mehr Wahres enthält als die Undulationstheorie [Wellennatur]«.[8] In der Diskussion meldete sich als erster Max Planck mit den besorgten Worten: »Das scheint mir ein Schritt, der in meiner Auffassung noch nicht als notwendig geboten ist. [...] Mechanisch erscheint das als unmöglich und man wird sich daran gewöhnen müssen.«[9]

Obwohl also Einstein und Schrödinger entgegengesetzte Auffassungen über die Interpretation der Schrödinger-Gleichung verfolgten, waren sie sich in einem Punkt einig: Der Welle-Teilchen-Dualismus (die Kopenhagener Interpretation der Quantenphysik) sei zu bekämpfen. Einstein tat dies mit den berühmten Worten »Gott würfelt nicht!«.[10] Er schrieb noch 1950 an Schrödinger (sechs Jahre vor dessen Antrittsvorlesung):

> Du bist (neben Laue) unter den zeitgenössischen Physikern der Einzige, der sieht, dass man um die Setzung der Wirklichkeit nicht herumkommen kann – wenn man nur ehrlich ist. Die meisten sehen gar nicht, was sie für ein gewagtes Spiel mit der Wirklichkeit treiben.[11]

---

7 Richard P. Feynman, Robert B. Leighton, Mathew L. Sands: *The Feynman Lectures on Physics – Quantum Mechanics*, Reading, Massachusetts 1965, 1.

8 Albert Einstein: »Über die Entwicklung unserer Anschauungen über das Wesen und die Konstitution der Strahlung«, in: *Physikalische Zeitschrift* 10 (1909), 817–826, 821.

9 Ebd., 825.

10 Worte, die Einstein vielfach in seinen Korrespondenzen und Diskussionen verwendete.

11 Karl Przibram (Hg.): *Briefe zur Wellenmechanik: Schrödinger, Planck, Einstein, Lorentz*, Wien 1963, 36.

Schrödinger widmete seine Antrittsvorlesung diesem Kampf, wobei er sich klar für die Wellennatur und gegen jede Teilchenauffassung stellte. Das ist insofern bemerkenswert, als die oben erwähnte Nobelpreisarbeit von Richard Feynman aus dem Jahre 1949 stammt, also zum Zeitpunkt der Antrittsvorlesung bereits sieben Jahre Erfolge einfahren konnte. Aber schon zwanzig Jahre vorher, in seiner Antrittsvorlesung an der Universität Graz im Jahre 1936, hatte Schrödinger gesagt: »Das reine Wellenbild wird der Sache auch nicht gerecht, ebenso wenig wie das reine Korpuskelbild. Die Wahrheit liegt – in der Mitte? Nein. Wir wissen es nicht. Hier genüsslich herumreden ist leicht. Aber das will ich [...] unterlassen«.[12]

Schrödinger hatte gehofft, in Wien in dem Experimentalphysiker der Universität Budapest, Lajos Jánossy, einen Verbündeten zu finden. Am 9. November 1955 schrieb Schrödinger – vielleicht ein wenig resigniert – an Jánossy:

> Lieber wäre uns freilich Erwartungen dieser Theorie aufzuzeigen, die sich experimentell nicht bestätigen. Wir müssen aber darauf gefasst sein, dass das sehr schwierig ist. Denn jene Theorie ist schließlich von sehr gescheiten Leuten erfunden und bei voller Kenntnis eines reichen Tatsachenmaterials ausgebaut worden, u. zw. mit viel Scharfsinn. Die Tatsachen liegen, wie wir alle wissen, äußerst verwickelt und scheinbar widerspruchsvoll (obwohl Tatsachen einander nie widersprechen können, das können bloß Behauptungen).[13]

Weil Schrödinger der Meinung war, dass das Welle-Teilchen-Doppelspiel der Kopenhagener Quantenmechanik bestenfalls vorläufige Gültigkeit haben könne, stellte er seine Antrittsvorlesung unter das Thema *Die Krise des Atombegriffs*. Er bezeichnete die Kopenhagener Deutung der Quantenmechanik als »bequeme Form der *Resignation*« und wies auf die »*intellektuelle Gefahr*« hin, dass damit »eine schwere Antinomie *überkleistert*« werde. (244) Die Vorläufigkeit wird widerlegt durch die Tatsache, dass die Antinomien der Schrödinger-Gleichung weiterhin Gegenstand intensiver Forschung bleiben; insbesondere auch in Schrödingers Heimatstadt Wien.[14]

Sowohl Einstein als auch Schrödinger waren sich in ihren späteren Jahren offenbar bewusst, dass die historische Entwicklung der Physik ihren Ansprüchen an vollständige Widerspruchsfreiheit der Quantenphysik nicht genügen würde. Einstein schrieb am 7. September 1944 an seinen Freund Max Born, der

12 Paul Urban: »Die Antrittsvorlesung Erwin Schrödingers in Graz über die ›Grundidee der Wellenmechanik‹«, in: *ÖGW Mitteilungen* 4 (1936), 7–10.

13 Péter Király, Mária Ziegler-Náray: *In Memoriam Lajos Jánossy – 75, Erwin Schrödinger – 100*, Budapest 1987, 50.

14 Vgl. Markus Arndt, Klaus Hornberger: »Testing the limits of quantum mechanical superpositions«, in: *Nature Physics* 10 (2014), 271–277 und Anton Zeilinger: »Das Ende des kausalen Weltbildes«, in: *Forschungsmagazin der Österreichischen Akademie der Wissenschaften* 9 (2011), 22.

1954 den Physik-Nobelpreis »für seine grundlegenden quantenmechanischen Arbeiten, insbesondere seine statistische Deutung der Wellenfunktion«[15] bekam:

> In unserer wissenschaftlichen Erwartung haben wir uns zu Antipoden entwickelt. Du glaubst an den würfelnden Gott und ich an volle Gesetzlichkeit in einer Welt von etwas objektiv Seiendem, das ich auf wild spekulativem Wege zu erhaschen suche. Ich glaube fest, aber ich hoffe, dass einer einen mehr realistischen Weg, bzw. eine mehr greifbare Unterlage finden wird, als es mir gegeben ist. Der große anfängliche Erfolg der Quantentheorie kann mich doch nicht zum Glauben an das fundamentale Würfelspiel bringen, wenn ich auch wohl weiß, dass die jüngeren Kollegen dies als Folge der Verkalkung auslegen.[16]

Als ich Ende der 1950er Jahre des vorigen Jahrhunderts Erwin Schrödinger um ein Dissertationsthema gebeten habe, lud er mich in seine Wohnung ein und erklärte mir, er könne keine Dissertation vergeben, denn er könne es nicht verantworten, einen jungen Mann auf einen Weg festzulegen, der vom Rest der Welt als Sackgasse angesehen werde. Ich bin ihm dafür zutiefst dankbar! Hätte er mich auf seine mittlerweile nur mehr historisch interessante Interpretation der Wellenmechanik eingeschworen, wäre ich vermutlich gar nicht oder zumindest sehr schwierig zur Quantenfeldtheorie und Elementarteilchenphysik gekommen. Auch darin zeigt sich sein Weitblick für die kommende Entwicklung seines Faches.

---

15 So die Begründung des Nobelpreiskomitees, verfügbar unter: http://www.nobelprize.org/nobel_prizes/physics/laureates/1954/born-facts.html (abgerufen am 06.10.2016).

16 Albert Einstein, Max Born: *Briefwechsel 1916–1955*, München 1969, 204.

Editorische Notiz

Die Texte der Antrittsvorlesungen werden in diplomatischer Abschrift präsentiert. Zu Grunde liegt jeweils die Fassung der Erstveröffentlichung mit Ausnahme der Antrittsvorlesungen von Moritz Schlick und Erwin Schrödinger. Diese erscheinen im vorliegenden Band erstmals im Druck. Die Texte folgen dem im Nachlass erhaltenen Typoskript (Schlick) bzw. dem Manuskript (Schrödinger).

In wenigen, ausschließlich die Typografie betreffenden Fällen wurden folgende editorische Eingriffe vorgenommen: Erstens wurden durch Fettung, Sperrung oder Unterstreichung hervorgehobene Textpassagen kursiv gesetzt. Zweitens wurden verschiedene Typen von Anführungszeichen in Form und Position vereinheitlicht. Drittens wurde die Kombination aus langem s <ſ> und kurzem s <s> als scharfes s <ß> wiedergegeben. Fußnotenverweise durch Asterisken wurden zu arabischen Ziffern geändert. Einzig für die Antrittsvorlesung von Elise Richter wurde die systematisch-vereinheitlichende Anpassung der unterschiedlichen Arten typografischer Auszeichnung nicht durchgeführt; diese sind von Richter nämlich nach ihrer jeweiligen Funktion unterschieden.

Zudem wurde bei offensichtlichen Fehlern in die Fassung des Erstdrucks editorisch eingegriffen, sofern vorhanden unter Berücksichtigung weiterer Ausgaben. Die vorgenommenen Emendationen sind: »von den beiden Herrinen der Archæologie« > »von den beiden Herrinnen der Archæologie« (24); »Dampfes soll zu Erfindung« > »Dampfes soll zur Erfindung« (100); »*Leibnitz*« > »*Leibniz*« (97); »vor sich zieht« > »vor sich sieht« (97); »chose très necessaire« > »chose très nécessaire« (97); »dem brüchtigsten ontologischen« > »dem berüchtigten ontologischen« (98); »Luft n. a. m.« > »Luft u. a. m.« (103); »das Wesen des Erfindens« > »Das Wesen des Erfindens« (107); »Was *C. G. J. Jaobi* von der mathematischen« > »Was *C. G. J. Jacobi* von der mathematischen« (108); »*lernen* wie daraus« > »*lernen* wir daraus« (108); »diese war wohl nicht philosophisch« > »diese war wohl echt philosophisch« (148); »zwar den Lehrauftrag, den Gehalt, aber niemals« > »zwar den Lehrauftrag, das Gehalt, aber niemals«

(148); »Grundlage der Staatenförderation« > »Grundlage der Staatenföderation« (217); »berühmte und wohbegründete These« > »berühmte und wohlbegründete These« (239).

Quellenverzeichnis

Guido Adler: »Musik und Musikwissenschaft. Akademische Antrittsrede, gehalten am 26. Oktober 1898 an der Universität Wien«, in: *Jahrbuch der Musikbibliothek Peters* 5 (1898), 29–39.

Ludwig Boltzmann: »Antrittsvorlesung, gehalten in Wien im Oktober 1902« [Prinzipien der Mechanik], in: *Physikalische Zeitschrift* 4 (1902/03), 274–277.

Ludwig Boltzmann: »Ein Antrittsvortrag zur Naturphilosophie«, in: *Die Technisch-Naturwissenschaftliche Zeit vom 11. Dezember 1903* (= Beilage zu Nr. 432 der Wiener Tageszeitung »Die Zeit«), 1 f.

Franz Brentano: *Ueber die Gründe der Entmuthigung auf philosophischem Gebiete. Ein Vortrag gehalten beim Antritte der philosophischen Professur an der k. k. Hochschule zu Wien am 22. April 1874*, Wien 1874.

Alexander Conze: *Ueber die Bedeutung der classischen Archæologie. Eine Antrittsvorlesung gehalten an der Universität zu Wien am 15. April 1869*, Wien 1869.

Heinz Kindermann: »Theaterwissenschaft als Lebenswissenschaft«, in: *Rundbrief des Zentralinstituts für Theaterwissenschaft an der Universität Wien* 1 (1943), 5–9.

Ernst Mach: »Über den Einfluß zufälliger Umstände auf die Entwickelung von Erfindungen und Entdeckungen«, in: ders.: *Populär-wissenschaftliche Vorlesungen*, Leipzig 1896, 274–296.

Elise Richter: »Zur Geschichte der Indeklinabilien«, in: *Zeitschrift für Romanische Philologie* 32 (1908), 656–677.

Moritz Schlick: *Vorrede zu Moritz Schlicks erster Vorlesung in Wien (Naturphilosophie), Herbst 1922.* Typoskript, 3 Bl. – *Noord-Hollands Archief Haarlem (NL), Wiener Kreis Archiv, Nachlass Moritz Schlick, A .14[b].*

Erich Schmidt: »Wege und Ziele der deutschen Litteraturgeschichte«, in: ders.: *Charakteristiken*, Berlin 1886, 480–498.

Erwin Schrödinger: *Die Krise des Atombegriffs*, Antrittsrede Wien 1956. Handschrift, 18 Bl. – *Österreichische Zentralbibliothek für Physik, Nachlass Erwin Schrödinger, pack 21 n. 9, Sig. W33-801.*

Heinrich Srbik: »Metternichs Plan der Neuordnung Europas 1814/15«, in: *Mitteilungen des Österreichischen Instituts für Geschichtsforschung* 40 (1925), 109–126.

Moriz Thausing: »Die Stellung der Kunstgeschichte als Wissenschaft. Aus einer Antrittsvorlesung an der Wiener Universität im October 1873«, in: ders.: *Wiener Kunstbriefe*, Leipzig 1884, 1–20.